U0262116

浙江省哲社重点课题“浙江古代海洋文明史研究”（10JDHY01Z）最终成果

浙江古代海洋文明史

明代卷

贾庆军　钱彦惠　著

中国社会科学出版社

图书在版编目（CIP）数据

浙江古代海洋文明史．明代卷／贾庆军，钱彦惠著．—北京：中国社会科学出版社，2017.8

ISBN 978－7－5161－8567－4

Ⅰ．①浙…　Ⅱ．①贾…②钱…　Ⅲ．①海洋－文化史－浙江省－明代　Ⅳ．①P7－092

中国版本图书馆 CIP 数据核字（2016）第 157972 号

出 版 人　赵剑英
责任编辑　宫京蕾
责任校对　秦　婵
责任印制　李寡寡

出　　版　中国社会科学出版社
社　　址　北京鼓楼西大街甲 158 号
邮　　编　100720
网　　址　http：//www.csspw.cn
发 行 部　010－84083685
门 市 部　010－84029450
经　　销　新华书店及其他书店

印刷装订　北京市兴怀印刷厂
版　　次　2017 年 8 月第 1 版
印　　次　2017 年 8 月第 1 次印刷

开　　本　710×1000　1/16
印　　张　22
插　　页　2
字　　数　384 千字
定　　价　82.00 元

前　言

关于浙江古代文明史，已经有多部著述问世了。但关于浙江古代海洋文明史的著述还未曾见。当今之时，面向海洋的发展日益成为文明的标志和方向。而当我们迈步向前时，有必要对古代海洋文明的发展有所了解。借鉴前人的经验和教训，可以让我们前进的步伐更顺畅。

笔者不揣冒昧，对浙江明代海洋文明进行了一番巡览，大致内容如下：

一、在海洋政策方面，明政府采取了海禁的政策。在明代，整个浙江的海面在政治上是受管制的。而明代的海禁政策有其文化和政治上的深层原因。明代外交以天道思想作为其外交的指导思想。天道外交的主要思想是夷夏秩序观念、战和观念和义利观念。所谓夷夏秩序，就是在对天道践行程度不同基础上，形成核心国和附属朝奉国之间的单线辐射型关系。在这一秩序中，各国都要做到内安其民，外安其分。同时附属国要履行一种象征性的朝见贡奉礼节，其中也包括朝贡贸易；在天道外交中，战和关系一直存在，明统治者出兵的原因可归为两类：一是在礼数上的冒犯；一是对边境的武装侵犯。不到万不得已，明统治者不会动用武力来对付外夷。而战争也不是肆意杀戮，通过战争使夷人领会天帝仁德之大道，才是明作战的真正目的；在天道外交中，对商贸是不重视的，天道思想追求的是中庸与整体和谐，仁德秩序和礼乐之风是其核心内容，经济并不作为一个独立的领域为人们所欲求。过度的商贸行为是与天道背道而驰的，因此要严加限制。最后，与近现代人道外交相比，天道外交具有其优越性和局限性，其优越性在于：尊天道及由其形成的自然等级秩序，有利于保持世界之整体性与和谐性；其推崇中庸和节制，有利于防止恶性竞争和私欲泛滥。其局限性在于其难操作性和不稳定性，以及无法应对极端的挑战。近现代人道外交要成为一种更完善、更成熟的外交模式，须对天道外交进行更完整、更深入的研究和探索。

浙江无疑成了明天道外交实验的一个典型场所。在与日本的交往中，尤其体现出天道外交之特点。尤其是在其缺陷性上体现得较为明显：首先是其不稳定性。天道外交需要统治阶层的智慧和德行来支撑。在洪武到永乐年间，政治清明，统治稳定，中日关系也较为稳定。而到了嘉靖、万历年间，皇帝怠政、挥霍无度，吏治腐败、军队腐朽、社会动荡，因而导致内忧外患。而内治不举，必然招致“四夷交侵”。出现倭寇现象在所难免。猖獗于浙江沿海的倭患和统治者的才能与德性是有着重大关联的。其次，天道外交无法应对极端挑战之局限性。由于天道秩序寻求一种整体性与和谐性，它不允许发展极端的东西，包括商业和贸易等。它对自然的态度就是整体模仿和利用，就不会将其拆开来当作对手来细致研究和解剖。在传统天道外交来看，整个宇宙应该是和谐的，只是人的妄为才导致了秩序的紊乱，人们要做的就是对付那些人欲过剩的国家或民族，而且在传统社会里，欲望的表达也是有界限的。如此，天道模式下各国家的经济和科技就停留在一种自给自足的状态，不会像近代西方那样无休止地去征服和占有。而这就使其无法应付极端的挑战。尤其是对财产等物欲无限渴求的国家的挑战。近代西方人且不说，就是在传统社会里，也有不安分的国家，如日本等。其对财富和疆土的贪欲令明朝异常头疼。不过，由于日本人仍在传统文化框架内，其武力并没有超出人身之界限，明朝还可以应付。

而近代西方人对生命和财产的追求使其发展出令人震撼的科学技术。其征服的欲望超出了有形的限制，向宇宙无限延伸。依赖先进技术，西方将其势力扩张到全球。虽然人的过度欲望是该受批判的，科技也是其对自然片面理解的产物，但不可否认，欲望是人之自然属性的一部分，科学认知也是对万物的一种认知和理解，这两者部分符合了天道之真理，否则也不会有如此大的影响和效果。而且西方现代人道思想及外交已经渗透到全球了。人道的这种极端的发展就令传统天道无法应付。如前所述，虽然明代统治者也考虑战争与和平、武力和文化的辩证关系，但其对威胁的考虑仍局限于天道自然之水平上，没有预料到一种极端的武力发展，即大大超出人之自然力的机械武器的出现。

所以，浙江沿海的清静必然是暂时的，闭关锁国无法应对极端商业社会的武力入侵，随着西方商业的发展和武器的升级，用枪炮冲击中国海关大门是迟早之事。从长远看来，走向海洋，走向世界是不可避免的。

二、在海洋经济方面。虽明政府较长时间推行“海禁政策”，但对于日趋繁盛的浙江地区海洋贸易潮流却无法遏制，更有甚者政策越严厉执行，而私人贸易就越繁盛，使得有明一代整个浙江沿海对外贸易呈现两极分化态势，一方面是官方贡使贸易时涨时落，一方面是私人走私贸易持续高涨。这是明代海洋经济的鲜明特点。

这种海洋经济及海外贸易形式和当时浙江经济的发展有着密切的关系。首先是其农业生产具有了商品化倾向。其次是明代浙江商品经济的发展。其海洋经济形成了自己的特色。其具体表现是：（一）商贸意识的日趋增强与海洋的进一步开发。（二）私人贸易的越发活跃与商帮的出现。（三）海洋资源的开发与海洋贸易的继续发展。（四）“倭患”对浙江海洋经济的影响巨大。其规律是：倭患严重时，中日正当贸易受到极大威胁，海上私人贸易呈勃兴的态势；倭患被平定，海上环境趋于平静时，中日正当贸易呈现上升态势，但同时一些私人海上的活动也并未消退，海洋贸易呈稳定增长的状态。

三、在海防建设和海上军事外交方面。在海防建设上，明代军事设置采用卫所制，而浙江卫所是明政府军事设置的重点。后来发生了海贼倭乱之后，为了剿贼抗倭需要，浙江卫所数量不变，而千户所则有所增加，增加至31所。为了应付倭寇，明政府加大了战船的制造，浙江成了明政府战船制造的主要基地之一，浙船成为明三大海船之一。

正是由于出现了海贼倭乱，在浙江海面就发生了长时期的剿贼抗倭斗争。发生在浙江的战役不胜枚举，较为著名的有双屿港之战、普陀山之战、石塘湾之战、曹娥江之战、桐乡之围、慈溪之战、梁庄战役、舟山战役、剿灭王直、台州大捷等。

虽然抗倭最终取得了胜利，但也暴露了明朝军事和政治上的弱点：在军事上，明代军事将领很少懂得谋略。这使得明朝将领在军事上的胜利难以长久维持。另外，将领的腐败导致军力削弱。最后，军事将领之间互不信任，拉帮结派，互相拆台，给脆弱的军队又雪上加霜。而军事上的脆弱归根结底乃明朝政治所导致。

在政治上，家天下式的管理使各种弊端积重难返。家天下式的管理方式必然会滋生腐败，最终是统治动荡、内外交攻，不堪一击。可以说倭乱就是统治失衡的结果。统治者不能明察沿海居民所求，强制推行海禁，而不是利导之，最终致使谋利之徒公然犯禁。而与倭寇作战过程中更显示了朝廷之昏庸，上面赏罚不明、任人不智，下面则欺瞒矫饰，导致军队战斗力每况愈下。剿贼抗倭功臣朱纨、胡宗宪没有死在贼寇之手，却死在同僚倾轧、皇帝昏庸之手。政治上的昏聩必然致使外交上的混乱和失败。虽然抗倭战争最终艰难地取得了胜利，但其军事和政治的脆弱已经显露无遗。当其遇到一个更强大的对手时，其崩溃之期也就不远了。

四、在海外交流方面。明代浙江地区的对外文化交流，主要可分为两部分：一部分是与日本的文化交流；一部分是与西方文化的交流。

在明代，宁波成为浙江对外交流的唯一出口，而交流的主要对象就是日本。日本频繁来中国朝贡，除了其经济政治上的交往，同时也有文化上的交流和互动。日本文人频繁来宁波等地与浙江文人进行交往，促进了中国文化向日本的传播。通过这种交往，我们可以看到当时中日文化交流的如下特点：（一）入贡时间虽然间隔较长，但交往仍很密切。（二）日本文人爱慕中华文化之心流露无疑。明代传统文化达到了顶峰，尤其是儒家文化的发展和完善。这就使日本文人倍加敬羡和爱慕，日本文人的主要载体是日本僧人，中国文化在日本的传播也主要是靠这一群体。（三）明士人对日本文人评价很高，皆因其学习和使用中国文化方面达到很高程度。

与西方的文化交流，又可以分为两部分：一部分是科技文化的交流；一部分是宗教信仰文化的交流。在科技文化方面，与西方交流较多的是天文历法知识，其次还有数学和地理知识。在这些交往中展示了明人对西方科技的基本态度：既承认西学之精准，同时又强调中学之源流。仍有一种优越之心态在里面。其将西学这种精准看成好奇、喜新、竞胜之习性的结果，本身就有着一种轻视。

与西方宗教文化的交流方面，体现了传统儒学与天主信仰的冲突和交流。对天主教的主流态度很明显，就是怀疑和拒斥。对于西方人所信仰的天主和耶稣，明廷士大夫皆认为是荒诞不经之物。虽然允许利玛窦等传教，但当其与儒家正统思想发生冲突时，统治者就会考虑禁止并驱逐之。其遭驱逐之普遍原因可归纳如下：（一）天主教传播者妄自称胜，即认为天主教是最高的信仰，贬低其他国家和民族的文化。（二）私自聚众，形成民间势力，威胁社会和朝廷稳定。传统社会是家国体制，稳定和谐是重中之重。任何能够威胁到社会和政权稳定的事情都要禁止。民间的私自集会和信仰活动就是一个敏感的问题。任何活动只有在政府的控制之下才能进行。同时，更要杜绝外来力量对本国民众的驾驭和渗透。

综合这两者，我们可以说，任何宗教信仰，如果在威胁到中国正统和国家权威的时候，就很可能会被禁止。然而，统治者对西方传教士还是有好感的，尤其是利玛窦等走合儒路线的传教士。他们不仅谨慎对待儒家思想，还在现代科技上帮助了明廷，如日食的测定和历法的制定等。这就使明统治者在禁止其传教方面并不走极端，而是睁一只眼闭一只眼。只要传教活动不触动上述两个底线，传教士的活动还是可以开展的。所以我们就看到了浙江的传教士活动，其活动还产生了一定的影响，并产生了一批儒士基督徒，如李之藻、杨廷筠、朱宗元等。他们试图融合儒家思想和天主信仰，但其融合成功与否，令人怀疑。其思想一般由合儒、补儒、超儒三部分组成，然而在其对儒家学说的附会和比较中，多出于误解，这就致使调和的努力最终归于失败。天主信仰始终没有融入明朝主流思想中。

五、在海洋观念和意识方面。通过对明代海洋文学作品和海神信仰的考察，我们可以一窥明代浙江人的海洋观念和意识。明代浙江人的海洋意识基本上是传统的。海边居民对大海有一定的依赖，并希望形成一种和睦的关系。随着对海洋的逐渐熟悉，他们和海洋结成了亲如一家的关系。但这并不是全部，技术的局限和大海的不稳定也给他们带来了困苦和烦恼。他们在感恩大海的同时也恐惧和埋怨它。除了这两种矛盾的心情，还有对海洋的敬畏和信仰，这就是海神崇拜，而对海洋的征服意识似乎并没有占主导位置。而对于社会上层人士甚至统治者来说，对海洋的观念还有所不同，具体表现如下：（一）在政治和疆域上来说，陆地是传统统治者所管辖之区域，也是其权力的边界。大海则是陆地的尽头，它更多被看作疆域的边界和抵御外敌的屏障。（二）大海及海上渔民生活并不是人们谋生的首要选择。在传统社会中，农业是最根本的谋生手段，这也是传统天人合一思想中最为理想的人与自然之关系的反映。（三）海边生活投射在人的精神层面，不同的人有不同的表现。（四）虽然海洋在传统社会难以被权力笼罩，但海洋的状态和国家安定仍有一定的关联。海洋的安定与否影响着陆地的安定。若海不平静，就会影响到在陆地上生存的人和物，使人们没有安全感。所以，传统社会的政治权力虽不会统治大海，但最低限度上要保证大海的安宁，包括不受外来威胁的侵扰。这种感觉会促生古人独有的天下观或国际秩序观。其进一步延伸就是夷夏国际秩序之设想。尽管陆地是权力的界限，但若海外不安定，一国也难安定。因此一国的安定就有赖于整个天下或宇宙的安定。但这种夷夏国际秩序和现代霸权不同，它是防御性的而不是侵略性的。

六、在海洋灾害防护方面。明代浙江雨、雪、水灾甚是频繁。对于民心，明统治者是最在意的，因此，在救灾问题上他们是非常积极和重视的。在救灾措施上有以下几种，即赈灾、修河渠和海塘。明代君臣对赈灾策略和措施有详细的研究和讨论，其赈灾行为也是在具体的策略和措施指导下进行的。

通过对明代浙江赈灾的大致描述，我们可以看出明代赈灾之基本特征：

其一，有系统的理论。皇帝及其大臣都以传统天道思想为其理论基础，论证了赈灾的必要性。其二，有具体的赈灾策略和措施。可以看到，明代君臣不断丰富和充实着赈灾策略和措施，从政府到民间、从朝廷到地方，各个层面所应担负的职责和注意事项都有所考虑。其三，有成熟的经验和较为周到的准备。由于自然灾害频发，明政府已经积累了大量的赈灾经验。在赈灾的储备和应对过程中，明政府的安排还算有条不紊。其四，灾害过多，考验太大。尽管明政府有积极的态度和周密的措施，但其所遭受的自然灾害过于频繁，最终导致其国库空虚，疲于奔命。这也影响了其赈灾的效果，而民间义军的兴起也与此有关。再加上外来入侵，军饷加派，内外交攻，终致明政权摇摇欲坠。

明代在浙江也进行了一系列的河渠、海堤的修建，从中我们还能看到一些特点：首先，除了地方官员要尽职尽责外，平民百姓也可以直接向朝廷提议进行河渠和海堤建设。明朝历代皇帝很重视民间的声音，这也反映了天道生民之法则。其次，海洋灾害频繁，河渠海堤不断被冲毁和重建，这也加大了民众的负担，影响了明朝的国力。

综观明代浙江海洋文明的种种表现，我们可以看出，明代浙江的海洋文明基本上是在传统的范围之内。其海洋政策、海洋经济、海外战争、海外交往、海洋文化等各方面皆表现出了传统的特色。在没有遇到西方大规模入侵之前，这种文明还是有周旋余地的。而当进入现代的西方挟着一种极端的力量来叩关时，传统文明就难以抵挡了。因为传统文明追求的是一种整体平衡，尽管这种平衡很脆弱且往往又被昏庸的君王和贪婪的大臣所打破，但它一直是传统社会的追求。这种平衡社会很难抵御极端社会的攻击，如极端发展物质力量的现代西方。这促使我们思考，传统社会的整体构想和平衡发展思想是否有它的可取之处？我们目前的极端发展能否再在一个更高层面上实现整合和平衡？这恐怕是当前从事历史研究的学者们所无法回避的重要问题，值得我们去认真思考和探索。

鉴于笔者学力之不足，所探讨之领域和所归纳之观点仍有待扩展和深入之处，敬请专家不吝赐教。

目　录

第一章　明代政权的建立与海洋政策的调整 …………………………（1）
第一节　明政权的建立及对浙江控制的强化 …………………………（1）
一　明政权的建立与其对外政策构想 …………………………（1）
二　明统治者的海洋政策 …………………………（55）
第二节　明在浙江统治的确立及其浙江海洋政策的调整和发展 ……（60）
一　明在浙江统治的确立 …………………………（60）
二　明代浙江的海洋政策 …………………………（61）
第二章　明代浙江海洋经济的发展 …………………………（63）
前言 …………………………（63）
第一节　明代浙江海洋经济发展的动力原因 …………………………（79）
一　自然资源与交通条件对浙江海洋经济的影响 …………………………（79）
二　政府政策对浙江海洋经济的影响 …………………………（84）
三　中外贡使关系对浙江海洋经济的影响 …………………………（110）
四　明代浙江社会状况对海洋经济的影响 …………………………（115）
第二节　明代浙江海洋贸易发展概况 …………………………（128）
一　浙江商品经济的发展 …………………………（129）
二　浙江海洋经济的发展 …………………………（159）
第三章　明代浙江海防与对外交流 …………………………（171）
第一节　明代在浙江的军事设置和海防建设 …………………………（171）
一　明代浙江的卫所设置 …………………………（171）
二　明代浙江海防建设 …………………………（173）
三　明代浙江的军备情况 …………………………（178）
第二节　明代浙江的对外军事活动——剿贼抗倭斗争 …………………………（181）
一　双屿港之战 …………………………（182）

二　十余年抗倭斗争 ……………………………………………………（183）
第三节　明代浙江对外文化交流 ………………………………………（187）
一　与日本的文化交流 …………………………………………………（188）
二　与西方的文化交流 …………………………………………………（195）
第四章　明代浙江的海洋观念和海神信仰 ………………………………（261）
一　明代文学作品中的海洋观念和意识 ………………………………（262）
二　从明代戏曲《齐东绝倒》看浙人之海洋意识 ……………………（274）
三　明代舟山地区的观音信仰 …………………………………………（282）
第五章　明代浙江海洋灾害与政府的应对 ………………………………（291）
一　浙江雨、雪、水等灾害 ……………………………………………（291）
二　明政府对灾害的应对 ………………………………………………（293）
结语　明代浙江海洋文明的基本特征 ……………………………………（314）
参考文献 …………………………………………………………………（323）
后　记 ……………………………………………………………………（342）

第一章

明代政权的建立与海洋政策的调整

明政权在浙江建立开始，就对海洋政策进行了调整。其海洋政策的突出特点就是严禁。这种严禁部分出于军事安全考虑，部分是传统思想之产物。这种海洋政策的严格执行导致了一种奇怪的贸易形式——朝贡贸易，也招致了嘉靖大倭乱。对这种海洋政策的讨论和思考贯穿了明朝始终，然而最终也没有彻底解决。

第一节　明政权的建立及对浙江控制的强化

一　明政权的建立与其对外政策构想

1368年，明政权建立。从政权建立伊始，明太祖朱元璋就已经思考过了对外关系的问题，并为后世子孙打下了基调。总体看来，明代统治者采取了与宋元不同的海洋政策，而学术界也基本是以海禁来概括明代对外政策特点的。①

---

①　关于明代海禁政策的研究，硕果累累，简要列举如下：王守稼：《明代海外贸易政策研究——兼评海禁与弛禁之争》，《史林》1986年第3期；怀效锋：《嘉靖年间的海禁》，《史学月刊》1987年第6期；刘成：《论明代的海禁政策》，《海交史研究》1987年第2期；晁中辰：《论明代的海禁》，《山东大学学报》（哲学社会科学版）1987年第2期；李映发：《元代海运兴废考略》，《四川大学学报》1987年第2期；黄盛璋：《明代后期海禁开放后海外贸易若干问题》，《海交史研究》1988年第1期；朱江：《唐代扬州市舶司的机构及其职能》，《海交史研究》1988年第1期；邓端本：《论明代的市舶管理》，《海交史研究》1988年第1期；晁中辰：《论明代实行海禁的原因》，《海交史研究》1989年第1期；苏松柏：《论明成祖因循洪武海禁政策》，《海交史研究》1990年第1期；李金明：《明代后期部分开放海禁对我国社会经济发展的影响》，《海交史研究》1990年第1期；陈尚胜：《明代后期筹海过程考论》，《海交史研究》1990年第1期；陈克俭、叶林娜：《明清时期的海禁政策与福建财政经济积贫问题》，《厦门大学学报》（哲学社会科学版）1990年第1期；

（一）明代海禁政策研究巡览

对于明代海禁政策的研究，较突出的学者有晁中辰、李金明、陈尚胜、万明、庄国土、黄盛璋等。其中晁中辰先生对明海禁政策研究较为系统，其专著《明代海禁与海外贸易》是近年研究明海禁政策的力作。在书中，晁中辰全面考察了明代海禁政策的发展历程，他认为，所谓海禁，就是禁止海外贸易，主要是禁止民间海外贸易，同时官方贸易也受到严格限制。在明代以前，要么是官方派船出海，要么是经官方许可后，私人船只出海进行贸易，从未有所谓海禁一说。而朱元璋建立明朝后实行海禁，既不许私人船只出海，也不派官方船只出海贸易，外国商船亦不许来华，中外物品交换被严格限制在规模甚小的朝贡贸易范围内。这实际上是对宋元以来海外贸易发展的反动。永乐年间海禁政策有所松弛，并出现了郑和下西洋，私人海外贸易在暗中渐有发展。正德年间始行抽分制，使明廷在海外贸易中有了真正的税收。这是一个令人瞩目的重要转变。再加上自正德以后西方殖民者陆续东来，私人海外贸易得到较快发展。嘉靖二年"争贡事件"发生后，嘉靖帝再次申严海禁，使迅速发展的私人海外贸易受到遏制。海商们组成大大小小的海商团，进行走私贸易，对明廷的海禁政策进行激烈的反抗。倭寇与海商相结合，形成了嘉靖时期的"倭患"。隆庆帝即位后在漳州月港部分开放"海禁"，私人海外贸易合法化，出现了郑芝龙等海商集团，此时白银大量

陈尚胜：《明代海防与海外贸易——明朝闭关与开放问题的初步研究》，载《中外关系史论丛》第三辑，世界知识出版社 1991 年版；孙光圻：《论明永乐时期的"海外开放"》，载《中外关系史论丛》第三辑；世界知识出版社 1991 年版；晁中辰：《论明代海禁政策的确立及其演变》，载《中外关系史论丛》第三辑，世界知识出版社 1991 年版；李金明：《明代后期海澄月港的开禁与都饷馆的设置》，《海交史研究》1991 年第 2 期；王玉祥：《明代海运衰落原因浅析》，《中国史研究》1992 年第 4 期；沈定平：《明代南北港口经济职能的比较研究》，《海交史研究》1993 年第 1 期；徐明德：《论十四至十九世纪中国的闭关锁国政策》，《海交史研究》1995 年第 1 期；万明：《明前期海外政策简论》，《学术月刊》1995 年第 3 期；陈尚胜：《论明朝月港开放的局限性》，《海交史研究》1996 年第 1 期；李庆新：《明代市舶司制度的变态及其政治文化意蕴》，《海交史研究》2000 年第 1 期；喻常森：《试论朝贡制度的演变》，《南洋问题研究》2000 年第 1 期；章深：《市舶司对海外贸易的消极作用——兼论中国古代工商业的发展前途》，《浙江学刊》2002 年第 6 期；袁巧红：《明代海外贸易管理机构的演变》，《南洋问题研究》2002 年第 4 期；陈尚胜：《明前期海外贸易政策比较——从万明〈中国融入世界的步履〉一书谈起》，《历史研究》2003 年第 6 期；庄国土：《明朝前期的海外政策和中国背向海洋的原因——兼论郑和下西洋对中国海洋发展的危害》，载杨允中主编《郑和与海上丝绸之路》，香港城市大学出版社 2005 年版；薛国中：《论明王朝海禁之害》，《武汉大学学报（人文科学版）》2005 年第 2 期；李金明：《论明初的海禁与朝贡贸易》，《福建论坛（人文社会科学版）》2006 年第 7 期；李宪堂：《大一统秩序下的华夷之辨、天朝想象与海禁政策》，《齐鲁学刊》2005 年第 4 期；尚畅：《从禁海到闭关锁国——试论明清两代海外贸易制度的演变》，《湖北经济学院学报（人文社会科学版）》2007 年第 10 期等。

内流，银本位制得以确立，国内商品经济得到较快发展，社会生活中出现了许多引人注目的新因素。商贸的发展促使中国商民移居东南亚，形成了华人华侨社会的基础。

在海禁政策的整体论述中，晁中臣还对一些热点问题进行了探讨，如明初海禁原因问题的探讨，他认为不是自然经济的原因，也不是西方人东来的刺激，主要原因应是对于政治安全的考虑（张士诚等残余势力和倭寇的威胁）；关于郑和下西洋，晁先生认为，其虽然促进了贸易的发展，却没有推动社会进步。[①]

万明、陈尚胜等则主要探讨了明代前期的海外政策，万明认为，明代前期，即明开国至正德初年的一百多年，是明朝海外政策定型和调整时期，这时期的政策基本确定了整个明代海外政策的基调。在研究过程中，他力图展示明初海外政策制定的动态过程。值得一提的是，万明将朝贡贸易和海禁这两大支柱性的海外政策看作一个整体，海禁正是伴随朝贡贸易的初具规模而出现的，二者之间是相互依存的，前者极力扩展之日，势必就是后者厉禁之时，这一认识慧眼独具。在描述过程中，他将这一时期分为三个阶段：第一阶段是明朝海外政策的形成完备阶段（洪武元年至洪武十六年）；第二阶段是明朝海外政策的有效实施阶段（洪武十六年至宣德八年）；第三阶段是明朝海外政策的调整转换阶段（宣德八年至正德四年）。在通过对明前期海外政策的形成完备、有效实施和调整转换以及对朝贡贸易和海禁的互动进行详尽分析后，万明先生认为，朝贡贸易和海禁相辅相成，盛则同盛、衰则同衰。这三个阶段正展示了朝贡和海禁从形成到极盛再到衰落的过程，从中我们可以看到明代中央集权统治由加强到渐趋衰落的历史轨迹。[②]

在其著作《中国融入世界的步履——明与清前期海外政策比较研究》中，万明将前述论点更推进一步，他认为明代的海洋政策基本是开放的，无论是朝贡贸易还是海禁政策，都没有完全否定海外贸易的存在，而清前期的海禁政策却是完全地禁止海外贸易，包括官方贸易，这就形成了完全不同的结局：明朝出现封建统治的松动和向商品经济的转化倾向，而清政府却形成了闭关锁国的封闭政策，使明朝出现的近代化转向断裂，代之以循环的封建

① 晁中臣：《明代海禁与海外贸易》，人民出版社 2005 年版。
② 万明：《明前期海外政策简论》，《学术月刊》1995 年第 3 期。

统治，使中国错失近代化的机遇。[①]

庄国土则对明清海禁政策一起进行了批判，他认为，明代前期朝廷厉行海禁和敌视海外移民的政策，实际上是明朝抑商和严厉控制人民居留政策的体现，是内政在海外的延续。东南沿海商民的海外开拓，在极端专制的明清政府看来，是游离于朝廷控制的不安定因素，必须予以打击。至于沿海人民的生计，则必须为中央政权的大计而牺牲。郑和则是实施明初海外政策的执行者，其结果是中国背向海洋，毁灭了宋元时期中国走向海洋大国的机遇。郑芝龙海商集团的崛起是中国海洋发展史上的第二次机遇。但清朝建立了同样的极端专制统治，基本上继承明代的内外政策，葬送了明末清初中国海洋发展的第二次机遇。在明清数百年东南沿海商民面向海洋和朝廷背向海洋的抗争中，强大的中央政权都是最后的胜利者。[②]

陈尚胜也考察了明清前期的海外政策，他认为，明代对外政策经历了一个从宽容到严禁的变化过程。在宣布建立明政权之后，朱元璋鉴于元世祖外交政策之教训，决定对海外诸邦国实行以“怀德”为基础的和平外交政策。如此构想包含着一举三得之考虑，即明太祖想以此树立真命天子之形象，缓和士人对新政权之抵触情绪和创造良好国际环境，以便尽快孤立和清除元朝残余势力。[③]

他还认为，万明将明看成是开放的，清看成是封闭的略有不妥，因为在康熙中后期及其以后，中国海商就已经大量合法出海贸易。[④] 而且，对比看来，就政治上的考虑来看，清前期的海洋政策反而更具灵活性。清朝所构建的朝贡制度具有谋求自身安全和边疆稳定的显著用意。与明朝相比较，清朝在处理涉外事务时在实际上已经摒弃了明朝二祖在海外世界扮演“天下共主”的理想，而专注于自身的边疆稳定和安全，使其封贡体系具有周邻性和边疆

---

① 万明：《中国融入世界的步履——明与清前期海外政策比较研究》，社会科学文献出版社2000年版。

② 庄国土：《明朝前期的海外政策和中国背向海洋的原因——兼论郑和下西洋对中国海洋发展的危害》，载杨允中主编《郑和与海上丝绸之路》，香港城市大学出版社2005年版；类似观点也见庄国土《论中国海洋史上的两次发展机遇与丧失的原因》，《南洋问题研究》2006年第1期；徐明德：《明清时期的闭关锁国政策及其历史教训》，载《中外关系史论丛》第3辑，世界知识出版社1991年版；徐明德：《论十四至十九世纪中国的闭关锁国政策》，《海交史研究》1995年第1期等。

③ 陈尚胜：《闭关与开放——中国封建晚期对外关系研究》，山东人民出版社1993年版，第4页。

④ 陈尚胜：《也论清前期的海外贸易》，《中国经济史研究》1993年第4期。同样也见黄启臣《清代前期海外贸易的发展》，《历史研究》1986年第4期；朱雍《不愿打开的中国大门》，江西人民出版社1989年版。

防御体系的突出特征。而清朝将周邻诸国的朝贡事务分别安排于礼部和理藩院两个不同机构进行管理，则反映了清朝统治者对朝贡事务所做的制度安排，一定程度上结合了相关国家和部落的民族特质，体现了清人处理涉外事务的针对性和灵活性。[①] 而从前期商贸制度来看，无论是官方出海贸易政策、海外国家朝贡贸易政策、本国商民出海贸易政策、外商来华贸易政策、关税政策等方面明清都大体一致，没有理由说明代是开放的而清代是封闭的，在某些领域清代反而更进步。所以，中国在近代的落后还得另找原因。[②]

陈先生还进一步从文化的角度来解释明清海禁政策的本质及其结果，他考察了先秦时期儒家等学派的天下观、王霸观、华夷观和义利观，认为这四种观念形态构成了中国传统对外关系的基本理念。天下观支配了中国封建王朝在华夷关系网络中所扮演的角色观念，使封贡关系成为涉外关系的基本模式；王霸观影响了他们处理华夷关系的基本方式，采取“以理服人”而不是“以力服人”的涉外方针；华夷观使中国封建士大夫们乐意于向外输出中国文化，但却妨碍了他们对于域外文化的认识和吸收；而义利观则导致了中国封建君臣轻视国际贸易利益的倾向。[③] 由此我们就自然而然引申出其对明清海禁政策的态度，即无论如何强调明的开放清的封闭，或强调清的灵活和进步，都无法得出它们能够走入近代化的结论，因为它们的观念基本上都是传统的。对这一领域的研究和争论仍在继续。但陈尚胜先生对闭关与开放的循环之超越无疑是理论上的一次提升。跳出“闭关”或“开放”的现代逻辑，只关注事实本身来进行研究的代表，除了陈尚胜，还有谢必震、黄国盛、吴建雍、张彬村等。他们都觉察出带着现代概念和话语去研究历史有先入为主之嫌，当务之急乃是面向事实本身。[④]

---

① 陈尚胜：《试论清朝前期封贡体系的基本特征》，《清史研究》2010 年第 2 期。

② 陈尚胜：《明前期海外贸易政策比较——从万明〈中国融入世界的步履〉一书谈起》，《历史研究》2003 年第 6 期。

③ 陈尚胜：《试论中国传统对外关系的基本理念》，《孔子研究》2010 年第 5 期；类似的还有何芳川：《“华夷秩序”论》，《北京大学学报》（哲学社会科学版）1998 年第 6 期；向玉成：《清代华夷观念的变化与闭关政策的形成》，《四川师范大学学报》（哲学社会科学版）1996 年第 1 期；郭蕴静：《试论清代并非闭关锁国》，载中外关系史学会编《中外关系史论丛：第 3 辑》，世界知识出版社 1991 年版；谢必震、黄国盛：《论清代前期对外经济交往的阶段性特点》，《福建论坛（文史哲版）》1992 年第 6 期；吴建雍：《清前期对外政策的性质及其对社会发展的影响》，《北京社会科学》1989 年第 1 期；张彬村：《明清两朝的海外贸易政策：闭关自守?》，载吴剑雄编《中国海洋发展史论文集：第 4 辑》，“中研院”中山人文社会科学研究所 1991 年版。

④ 陈尚胜：《“闭关”或“开放”类型分析的局限性——近 20 年清朝前期海外贸易政策研究述评》，《文史哲》2002 年第 6 期；陈尚胜：《闭关与开放》，山东人民出版社 1993 年版。

综上所述，可以看出，陈尚胜先生的研究更为客观和全面。笔者经过详细考察，也发现明代海洋政策和陈先生所论相合甚多，还需推进的就是其论点的深入和扩展，从更高远的视角还原当时统治者的心态。笔者将在这方面做一尝试，以期抛砖引玉。

据笔者考察，明代海洋政策体现的是一种与现代截然不同的价值观和宇宙观，对之只有按照当时的价值观去理解它，而不是用当今价值观去评判它，才能如实再现其原貌。

从文化史和思想史上看，明代都是儒家文化发展的顶峰时期。汉独尊儒术之局面被魏晋南北朝所打破之后，唐宋士人致力于恢复和发展儒家思想，程朱理学是儒家思想的系统整理和发展，而到了明代阳明心学这里，儒学达到了顶峰。在明代，理学和心学并为社会的思想主流。而无论是程朱理学还是陆王心学，皆强调天道之重要性。[①] 这种天道思想自然也渗透在统治者的头脑中。

在明代统治者眼中，世界依然是儒道思想中所体悟的世界，在这个世界中，天下万国万民皆为一家，这个宇宙大家庭的运转是靠天道导引的。因此，儒家天道思想是明统治者在制定对外政策时的思想基础。

所谓“天道外交”，就是在天道思想指导下的外交。“天道外交”的基本内涵可表述如下：天地仁德，化生万物，万物之灵长为人。万民凭借对天道之体悟，建邦立国，内安其民，外守己分。但各邦各族资质和能力有所不同，对天道之体悟和践行亦有差别。对天道体悟和践行较早和较深的也就成了最文明和最开化的民族或国家，它负有将天道付诸实践和引导落后种族或国家共赴天道之责任。因此，文明最为开化的国家就成了这一大家庭的中心或大家长，在其周边则是开化较晚或未开化之种族和国家。周边国家就要向核心国家学习和借鉴其先进文明和技术，共同奔向天道所指引的大同盛世。这就形成了天道国际秩序。维系这一秩序的基石是对天道之诚和义。这就需要一种仪式上的保证，即朝贡礼仪。在这个国际秩序中，各个国家拥有根据自己民族特色而独立自由发展的权利，可独立处理民族和国家的内政外交，但在这百花齐放的同时，要有基本的坚守，即是对天道之秩序和仁道之本质精神的坚持。也就是说，在这个宇宙大家庭中，各个国家可自由发展，但自

① 贾庆军：《阳明思想中“良知”与“良能”概念之关系探究——兼论其“意”之分层》，《当代儒学研究》（台北）2012 年第 12 期；贾庆军：《黄宗羲天理人欲之辩——兼论其公私观念》，《宁波大学学报》（人文科学版）2013 年第 3 期。

由的前提还是天道。顺遂天道而取得家长地位的国家要受到其他国家的尊敬和推崇，成为其他国家学习借鉴的榜样。如果其他国家有领悟天道后来居上者，大家长位置也自然流落他处。家长的位子不是僵化不变的，但这一家庭秩序却是不变的。所有国家皆不能悖逆天道（仁道）而行事。破坏天道秩序，漠视大家长指引的种族或国家，将要么听其自生自灭，要么因其肆意妄为而被剿灭。这就是天道外交及其建立的天道国际秩序的基本内涵。

要注意的是，在这个天道秩序中，中国文明的辉煌延续使其权威很少被挑战，大家长的位子一直在这里搁置，时间一长，就形成了中国乃万古不变中心之国的观念。在对外关系中，其家长的开明积极作用有助于推动周边国家的共同发展，但有时也有大家长的颐指气使和傲慢，从而产生许多的问题和冲突。明代的外交政策就是如此，其既继承了天道外交的优点，也制造出不少弊端。明代的海洋政策就是如此，接下来我们将详细论述。

（二）朱元璋及其继任者的海洋政策

要了解明统治者的外交思想和海洋政策，莫过于考察其基本的外交文献，这就是明统治者对海外诸国发布的一系列诏书和敕谕。细致分析这些诏书和敕谕的内容，我们就会发现其对海外诸国的基本态度，而这一态度决定了其政策的方向。笔者发现，在这些诏书和敕谕中，贯穿其始终的是传统的天道（天命）思想。正是在这一天道或天命思想基础上，产生了指导其外交政策的具体的思想和观念。在这里，我们将从几种主要的观念及其具体实施情况着手来进行考察，这些主要观念就是明天道外交中的夷夏观念、战和观念、义利观念等。

1. 天道外交中的国际秩序构想——夷夏观

（1）朱元璋的天道思想

在对天道外交的思想观念研究之前，首先要了解一下明统治者的天道思想。我们以朱元璋的天道思想为例进行剖析。

朱元璋的传统天道思想较明显地体现在其和故元残余兵将打交道过程中。洪武二十二年十二月，朱元璋对居和林之西故元兀纳失里大王下了一道招抚谕，由已降明的太子八郎、镇抚浑都帖木儿往招之，该谕曰：

> 昔中国大宋皇帝主天下三百一十余年，后其子孙不能敬天爱民，故天生元朝太祖皇帝起于漠北。凡达达、回回诸番君长尽平定之。太祖之孙以仁德著，称为世祖皇帝，混一天下，九夷八蛮、海外番国归于一统。百年之间，其恩德孰不思慕，号令孰不畏惧，是时四方无虞，民康

物阜。自脱欢帖木儿皇帝即位，政出权臣，法度废弛，是以上天降乱，民坠涂炭，草野间豪杰因而并起。朕时在淮甸，见生民靡宁，乃与乡党豪杰纠合士马，不四五年群雄悉定。故元番将降附者接踵而至，凡两遣兵直抵漠北。时称帝者脱古思帖木儿奔往也速迭儿之地，遂遇害；其余士马为知院捏怯来、国公老撒、丞相失烈门三人所有，今已悉来降附，朕处于美水草蕃畜牧之所，俾乐生安业。朕今主宰天下，遣使告谕尔兀纳失里大王知之，如有所言，使还，其具以闻，朕有以处之。①

在这里，朱元璋将元取代宋、明替代元都看成是天命的结果。那么天命的内容又是什么呢？在朱元璋看来，就是“仁德”，“太祖之孙以仁德著，称为世祖皇帝，混一天下，九夷八蛮、海外番国归于一统。百年之间，其恩德孰不思慕，号令孰不畏惧，是时四方无虞，民康物阜”。以仁德治理天下，则九夷八蛮、海外藩国皆会归于一统。而仁德的重要内涵就是“爱民”，“昔中国大宋皇帝主天下三百一十余年，后其子孙不能敬天爱民，故天生元朝太祖皇帝起于漠北”。这里的“敬天爱民”体现的既是传统的天人合一也是天人之际思想。在传统思想里，天人既为一体，人就要像天法天；同时天人又有别，因为人可能产生人欲，从而悖天逆天。“敬天爱民”就是天人合一、天人之际的本真逻辑体现，“敬天”就要尊奉天道，而天之最高仁德就是“生生”（《易经·系辞下传》“天地之大德曰生”）。因此，“敬天”就要效仿天“生生”之德而“爱民”，“敬天爱民”体现的就是传统天道思想从天到人的必然逻辑。天之德是“生生”，此生生之德含义深远。首先，生生意味着天地万物皆源于天，天是万物之本源；其次，天既然化生万物，就承认了万物存在的合理性，所以万物都有生存的合理性和必要性。而万物根据自己的秉性各安其分、各守其职，形成一个自然秩序，在这个秩序中，人乃万物之首；再次要注意的是，“天”并不只是乾之天，还包括坤之地，即天地本是一体，共同化生天地万物，所谓天生地成（《易经·系辞下传》“天地之大德曰生”；《易经·序卦传》“有天地，然后万物生焉”）。所以，说到天时，是在天地一体的意义上来说的。作为天地间万物之首，人是最能领悟天道之物种。与天地之大德相应，人之德尤其是统治者之德就是“爱民”。诚如《易经》所言，“天地之大德曰生，圣人之大宝曰位。何以守

① 《明实录》太祖实录卷之一百九十八，洪武二十二年十二月甲子条，1962 年台湾“中央”研究院历史语言研究所影印本。

位？曰仁。”圣人包括圣王最为宝贵的就是在位治民，而其位治正当性就在于其对天道大德之领悟，以天道守其位，治其民，此所谓“仁政爱民”。所以，“爱民”就不仅仅是简单的情感怜悯，而是在领悟天地“生生”大德前提下对万物的合理安排。按朱元璋的话说，就是“四方无虞，民康物阜”。一个有德而合格的君主，就要将天地所生万物打理得井井有条，大到国与国之间，小到百姓寻常日用，莫不遵循天道之自然法度，务必使之各尽其能、各享其成、各司其职、各得其命，如此之治就是一个太平和谐的盛世之治。而不知或违背此天道之统治者，必然会颠倒秩序，荼毒万民，从而受到上天之惩罚，在惩罚其同时，上天亦会重新寻找替天行道者，以重建天道秩序，如朱元璋所言：“自脱欢帖木儿皇帝即位，政出权臣，法度废弛，是以上天降乱，民坠涂炭，草野间豪杰因而并起。朕时在淮甸，见生民靡宁，乃与乡党豪杰纠合士马，不四五年群雄悉定。故元番将降附者接踵而至……朕处于美水草蕃畜牧之所，俾乐生安业。”如此，明代元就是顺应天道的结果，弃元而归明则是正确的选择。可见，在这里，传统天道或天命思想是朱元璋处理与旧朝关系的基础。

朱元璋的子孙们也继承了这样的天道思想，如英宗于正统三年（1438）御制《观天器铭》。其词曰：“粤古大圣，体天施治，敬天以心，观天以器。厥器伊何？璇玑玉衡。玑象天体，衡审天行。历世代更，垂四千祀，沿制有作，其制寖备。……县象在天，制器在人，测验推步，靡忒毫分。昔作今述，为制弥工，既明且悉，用将无穷。惟天勤民，事天首务，民不失宁，天其予顾。政纯于仁，天道以正，勒铭斯器，以励予敬。”① 这里所说的“体天施治，敬天以心”、“惟天勤民，事天首务”等天道思想与朱元璋天道思想同属一辙。朱元璋及其继任者也皆以此来指导其外交活动。

（2）天道外交中的夷夏观

在处理与其他国家的关系时，天道思想依然是朱元璋外交政策的指导思想。洪武元年（1368）、洪武二年（1369）和洪武三年（1370）的四道诏书集中体现了其依天道思想对国际关系与国际秩序所做的设想，这些就构成了其天道外交的核心思想——夷夏观。

洪武元年（1368）十二月，朱元璋在赐高丽国王王颛的玺书中写道：“自有宋失御，天绝其祀。元非我类，入主中国百有余年，天厌其昏淫，亦用殒绝其命，华夷扰乱十有八年。当群雄初起时，朕为淮右布衣，暴兵忽

① 《明史》卷二十五，志第一，天文一。

至，误入其中，见其无成，忧惧弗宁。荷天地眷祐，授以文武，东渡江左，习养民之道十有四年。……肃清华夏，复我中国之旧疆。今年正月，臣民推戴即皇帝位，定有天下之号曰大明，建元洪武，惟四夷未报，故遣使报王知之。昔我中国之君，与高丽壤地相接，其王或臣或宾，盖慕中国之风，为安生灵而已。朕虽不德，不及我中国古先哲王，使四夷怀之，然不可不使天下周知。余不多及。"①

同年，遣知府易济颁诏于安南，诏曰："昔帝王之治天下，凡日月所照，无有远近一视同仁。故中国尊安，四方得所，非有意于臣服之也。自元政失纲，天下兵争者十有七年，四方遐远，信好不通，朕肇基江左，扫群雄，定华夏，臣民推戴，已主中国，建国号曰大明，改元洪武。顷者，克平元都，疆宇大同，已承正统。方与远迩，相安于无事，以共享太平之福，惟尔四夷君长酋帅等，遐远未闻，故兹诏示想宜知悉。"②

洪武二年（1369）八月，朱元璋封高丽王颛为国王，诏曰："自有元之失驭，兵争夷夏者，列若星陈。至于擅土宇，异声教，岂殊于瓜分；虐黔黎，专生杀，不异于五季。若此者将及二纪，治在人思，眷从天至。朕本布衣，君位中国，抚诸夷于八极，各相安于彼此，他无肆侮于边陲，未尝妄兴于九伐尔。高丽天造东夷，地设险远，朕意不司简生衅隙，使各安生。向数请隶而辞意益坚，群臣皆言当纳所请，是以一视同仁，不分化外，允其虔恳，命承前爵，仪从本俗，法守旧章。呜呼！尽夷夏之咸安，必上天之昭鉴。既从朕命，勿萌衅端，故兹诏示，想宜知悉。"③

洪武三年（1370）三月，诏谕日本国王良怀曰："朕闻顺天者昌逆天者亡，此古今不易之定理也。粤自古昔帝王居中国而治四夷，历代相承，咸由斯道。……比尝遣使持书飞谕四夷，高丽、安南、占城、爪哇、西洋、琐里，即能顺天奉命，称臣入贡，既而西域诸种番王，各献良马来朝，俯伏听命。……呜呼！朕为中国主，此皆天造地设华夷之分……果能革心顺命，共保承平，不亦美乎？呜呼！钦若昊天，王道之常，抚顺伐逆，古今彝宪，王其戒之，以延尔嗣。"④

这四道诏书反映了朱元璋典型的夷夏国际秩序构想。在这里，朱元璋明

① 《明实录》太祖实录卷之三十七，洪武元年十二月壬辰条。

② 同上。

③ 《明实录》太祖实录卷之四十四，洪武二年八月丙子条。

④ 《明实录》太祖实录卷之五十，洪武三年三月戊午条。

确使用了“中国”、“华夷”、“四夷”等概念，这些概念背后体现的是天道秩序思想。先看其开头几句，“自有宋失御，天绝其祀。元非我类，入主中国百有余年，天厌其昏淫，亦用殒绝其命，华夷扰乱十有八年。”宋不尊天道，失去对天下之控制，于是天下秩序大乱，中国不成其为中国，华夷秩序颠倒，非华夏之元人得以入主中国。不过元人初时还能认识到恢复天道秩序的重要，其治得以延续百余年。但其终究不是华夏中心之族类，无法忠守天道，久必失道，为天所遗弃。当元败落之际，华夷秩序迎来了再次之大调整，这一过程已经历了十八年之久。

朱元璋接着说，“当群雄初起时，朕为淮右布衣，暴兵忽至，误入其中，见其无成，忧惧弗宁。荷天地眷祐，授以文武，东渡江左，习养民之道十有四年。……肃清华夏，复我中国之旧疆。今年正月，臣民推戴即皇帝位，定有天下之号曰大明，建元洪武，惟四夷未报，故遣使报王知之。”这几句在说，朱元璋正是上天选定来重整华夷秩序之人，经过多年修习体悟上天“养民之道”，其掌握了统御天下之奥秘，在其指引之下，平定了八方，肃清了华夏，恢复了旧有的中国疆土。中心之国的地位终于又名副其实。而围绕中心之国建立的华夷国际等级秩序则需再次得到确认。

这种由中心到周边的夷夏等级秩序古已存在，这是由中国文化或文明的绝对优势所决定的。传统中国人对天道的独特感知、探索和实践，使其创造了强大而辉煌的文明，这为周边国家所羡慕和推崇，进而为其学习和借鉴，由此便形成了以中国为中心的华夷国际秩序。久而久之，就形成了中国人所特有的优越感。本来，严格按照天道思想的话，这个等级秩序应是处于动态当中的，中心可以是任何一个循天道自然上升为核心的国家。但由于天道思想本来就肇始于中国，其体悟和践行的效果又最显著，周边国家根本无法与之相较，中国作为中心之国的地位就一直维持了下来。一个可以变动的中心僵化固定在中国这里，既给中国带来了积极影响，也有消极影响。积极的是促进了民族自信和自豪感，消极的是助长盲目自大、故步自封倾向，容易将灵活而无限的天道误解为一己之固定和僵化的既有文明。对中国固有文明的盲目自信可能限制其对更广大天道的探索和体悟。在没有遇到一个更强大对手之前，中国人对自身文明的优越感一直或隐或显地存在着。朱元璋自然也继承了这一优越感。因此，他将元统治之结束看成是夷不胜正之天道必然，而当其大权甫定，就开始急着昭告天下四方，重新确立华夷之等级秩序，“今年正月，臣民推戴即皇帝位，定有天下之号曰大明，建元洪武，惟四夷未报，故遣使报王知之。”此中所用字眼如“天下之号”、“大明”、“四夷”

等，都反映了朱元璋这种一统天下、唯我独尊的优越心态。

但是，如前所述，作为明智的统治者，虽然已居中心统治地位，但却不能颐指气使、肆意妄为，他也要依据天道而行。夷夏虽有中心与边缘的等级划分，但都同属于一个世界，在这个世界中，各国家和民族应是各安其分，各得其所，各国统治者都应效法天地生生大德，敬天爱民，核心国家不过是在这方面做得比较好而已，除了指导周边国家共赴天道之外，没有其他强制性的权力。周边国家要向中国所学习和借鉴的，也无非是如何使百姓安居乐业而已，如朱元璋所说“盖慕中国之风，为安生灵而已”。这里的“中国之风”，就是“安生灵”之天道思想。这可说是当时中国及其周边国家皆认可的普世思想。而在向周边国家传授爱民之道时，中国统治者还是有分寸的，尽量避免粗暴强硬之姿态，所以，朱元璋的措辞还是很谦逊的，“朕虽不德，不及我中国古先哲王，使四夷怀之，然不可不使天下周知”。这就是说，中国古先哲王深谙敬天爱民之道，为四夷所效仿、崇敬和缅怀，朱元璋也要尽量学习先哲王之风范，建立一个天道导引下的和谐国际秩序，以便受到同样的崇敬和缅怀。作为先哲王的新接班人，朱元璋希望各国能够支持他，共同致力于建立一个国际和谐秩序。

在第二道诏书中，集中体现了朱元璋所设想的国际秩序中国与国之间的关系。他说道：“昔帝王之治天下，凡日月所照，无有远近一视同仁。故中国尊安，四方得所，非有意于臣服之也。”日月所照之处，皆为帝王统治之地，而在这一天下秩序中，所有地区或国家皆“一视同仁”。这里所说的“同仁”并不是权力上的平均或平等，而是指共处于一个以仁爱天道为核心的国际秩序中。在共同尊奉仁爱天道之意义上，所有国家才是平等的，而这并不抹杀其权力和能力上的区别。对仁爱天道体悟和践行深远且广大者，当居于核心领导地位，其他则按此标准鳞次环列其周围，形成人们常说的金字塔形之等级秩序。在这个秩序中，核心领导者如果谨奉天道，保持着稳定和强盛之势头，整个世界则会秩序井然，四方各安其分、各得其所，所谓“中国尊安，四方得所”。在这个状态下，国与国之间关系融洽，自然形成某种崇敬和依附的等级关系，而不是依靠武力和强制形成一种粗暴的君臣关系，所谓“非有意于臣服之也”。由于中国一直以来拥有着领导地位，中国帝王自然就有着建立这样一个自然和谐之等级统治秩序之任务，放弃这样一种任务则就意味着“中国不尊安，四方不得所”。朱元璋对这样一个任务显然了然于胸，所以他才会说，安定中国之后，就要带着周边各国共建和谐的太平世界，“朕……扫群雄，定华夏，臣民推戴，已主中国……已承正统。

方与远迩，相安于无事，以共享太平之福。”这个太平世界最好不通过刀兵实现，故说“相安于无事”。

而在第三道诏书中，更显现出朱元璋不愿建立一个粗暴强制的国际秩序，而是向往一个自愿依附的夷夏和平国际关系。他的国际政治理想是，以中国为核心，安抚诸夷，各自相安无事，所谓“君位中国，抚诸夷于八极，各相安于彼此”。只要相安无事，四夷是否臣服中国听其自便。但高丽王屡次请求依附大明，朱元璋亦不好拂其意，才接受其恳请，为其加封，但实际上仍然让其独立治理国家，一切皆如从前，“仪从本俗，法守旧章”。朱元璋所提的要求只是让其不要挑起事端，目的还是“使各安生”、“尽夷夏之咸安”。所以，按照天道思想，国与国之间尽量不要发生战争，最佳的国际关系就是一种各国共赴天道的兄弟睦邻关系，其间依据对天道践行之程度形成自然的等级和依附。

在第四道诏书中，朱元璋更把这种夷夏秩序固定化，认为“此皆天造地设华夷之分”，要求日本能“革心顺命，共保承平”。在这里，由于对倭寇犯境的不满，朱元璋口气有点强硬，将夷夏关系定为天造地设，居高临下之势赫然。不过即使如此，朱元璋还是想在和平基础上建立朝贡关系，而建立这种关系的主要目的并不是要其臣服，而是要其约束自己国民，不得逆天行事，侵犯他国领土。务必各安其义，共赴美好大同。

这种奠基于天道思想的夷夏自然秩序设想还体现在朱元璋给其他国家的诏书中，如其于洪武二年赐占城国王玺书中说：“朕主中国，天下方安，恐四夷未知，故遣使以报诸国。……今以大统历一本、织金、绮段、纱罗四十匹，专人送使者归，且谕王以道，王能奉若天道，使占城之人安于生业，王亦永保禄位，福及子孙，上帝寔鉴临之，王其勉图，勿怠。”同年，赐爪哇国王玺书曰：“中国正统，胡人窃据百有余年，纲常既隳，冠履倒置，朕是以起兵讨之，垂二十年，海内悉定，朕奉天命已主中国，恐遐迩未闻，故专使报王知之。……颁去大统历一本，王其知正朔所在，必能奉若天道，俾爪哇之民安于生理，王亦永保禄位，福及子孙，其勉图之，毋怠。”同年，赐日本国王玺书曰：“上帝好生，恶不仁者……朕本中国之旧家，耻前王之辱，兴师振旅，扫荡胡番……自去岁以来，殄绝北夷，以主中国，惟四夷未报。……故修书特报正统之事，兼谕倭兵越海之由。诏书到日，如臣，奉表来庭；不臣，则修兵自固，永安境土，以应天休。”①

---

① 《明实录》太祖实录卷之三十九，洪武二年二月辛未条。

这三道诏书中，前两道反映了一种良好的夷夏互动关系。占城和爪哇都承认中国的领导地位，愿意依附，于是朱元璋亦欣然传其爱民安民之天道，而所赐大统历则代表着天道在有形宇宙中最为明显的物质化显现。中国历朝历代统治者都重视修历法之原因也在于此，历法的准确与否和统治者正统（合天道）与否息息相关。而与日本的诏书则显得有些生分，因为日本并未表示臣服，还发生了倭寇冒犯海疆事件，所以朱元璋先对其宣示了自己政权之正统性，并督促其表态，若愿意臣服则奉表来朝，若不臣服也可，但不得骚扰大明海疆。这再次表现了夷夏秩序之灵活性和自然性，中心国家并不强制周边依附，可听其自由选择。但自由选择的前提是，无论其依附还是独立，皆要遵循天道，各安其民，各守其分，不可徒增祸患。

洪武二十七年（1394）四月，朱元璋更定番国朝贡礼仪，规定：凡番国王来朝，先遣礼部官劳于会同馆，明日各服其国服，如有赏赐朝服者，则服朝服于奉天殿朝见，行八拜礼毕，即诣文华殿朝皇太子，行四拜礼，见亲王亦如之。亲王立受后，答二拜。其从官随番王班后行礼，凡遇宴会，番王班次居侯伯之下，其番国使臣及土官，朝贡皆如常朝仪。[①] 这一朝贡礼仪明确体现了夷夏等级秩序观念。

朱元璋之后继者也都秉持这样的一种夷夏秩序观念。

明太宗（后改为成祖）朱棣于永乐八年（1410）十二月敕谕鞑靼太师阿鲁台曰："朕奉天命为天下君，惟欲万方之人咸得其所，凡有来者皆厚抚之，初无远近彼此之间。"[②] 永乐十一年（1413）七月，朱棣封鞑靼太师阿鲁台为和宁王，又对其曰："朕恭膺天命，奄有寰区，日照月临之地罔不顺服。尔阿鲁台，元之遗臣，能顺天道，幡然来归，奉表纳印，愿同内属。爰加恩数，用锡褒扬。特封尔为特进光禄大夫、太师、和宁王，统为本处军民，世守厥土，其永钦承，用光宠命。"[③]

明宣宗朱瞻基于宣德三年（1428）致玺书予阿鲁台曰："朕恭膺天命，承祖宗大位，主宰生灵，改元宣德，大赦天下，咸与维新，一切往事悉置不问。念四海万邦之人皆天所生，故上体天心，一视同仁，皆欲使之安生乐业。王今遣人朝贡，陈词诚恳，深用嘉之。夫上天之心，惟在爱人，人能顺

① 《明实录》太祖实录卷之二百三十二，洪武二十七年四月庚辰条。
② 《明实录》太宗文皇帝实录卷之一百十一，永乐八年十二月丁未条。
③ 《明实录》太宗实录卷之一百四十一，永乐十一年七月戊寅条。

天，天必佑之。王宜益坚至诚，以共享太平之福于无穷。"①

永乐四年（1406）春正月，鉴于日本国王源道义缉捕和约束海寇有功，朱棣褒谕之，并封其国之山曰寿安镇国之山，立碑其地。朱棣亲撰碑文曰："朕承鸿业，享有福庆，极天所覆咸造在廷周，爰咨询深用嘉叹。惟尔日本国王源道义，上天绥靖，锡以贤智，世守兹土，冠于海东，允为守礼义之国。是故朝聘照贡无阙也，庆谢之礼无阙也，是犹四方之所同也。至其恭敬栗栗如也，纯诚悬悬如也，信义旦旦如也，畏天事上之意，爱身保国之心，扬善遏恶之念始终无间，愈至而犹若未至，愈尽而犹若未尽，油油如也，源源如也。……尔源道义能奉朕命，咸殄灭之，屹为保障，誓心朝廷，海东之国未有贤于日本者也。……以尔道义方之，是大有光于前哲者，日本王之有源道义，又自古以来未之有也。朕惟继唐虞之治，举封山之典，特命日本之镇号为寿安镇国之山，锡以铭诗，勒之贞石，荣示于千万世。"②

这些外交诏书都呈现了在传统天道观念指导下的夷夏国际秩序被践行的美好时刻，各周边国家都遵循天道，各守其责，为和谐夷夏秩序做出了贡献。其在日本国王源道义这里尤其达到了顶峰，源道义在尊奉天道礼仪方面可谓表率，"朝聘照贡无阙也，庆谢之礼无阙也"。这里明统治者基本确定了天道秩序下领导国与周边国家的外交内容，即定期到领导国中朝见和贡奉，这是主要内容。除此之外，遇到重要事情，庆谢礼节要周全。③ 而且，这些礼节并不是简单的敷衍，而是要以恭敬、纯诚、信义的态度来完成，"恭敬栗栗如也，纯诚悬悬如也，信义旦旦如也"。这也许就是学者们所称的"朝贡礼仪"了。然而，这些朝贡礼仪并不是天道秩序之全部，还要再加上内政（内安其民）外交（外保其境）之仁政实践。明统治者正是从源道义内勤政安民、外缉捕海盗这些安分守己行为上看到了其对天道的体悟和尊奉，再加上其对外交礼节之恭守，才认为其是一个合格的天道秩序下的成员，嘉许其为"守礼义之国"，也因此才有对其封山立碑之特殊奖励。这一刻也成为中日睦邻友好的最好见证。这一融洽和睦的国际秩序是明代统治者

① 《明实录》宣宗实录卷之三十五，宣德三年正月庚寅条。

② 《明实录》太宗实录卷之五十，永乐四年正月已酉条。

③ 当然，外交礼节具体内容并不这么简单，其间朝聘照贡之国有的还请求册封国号、帝号，还请封一些皇室成员，册封之后再求朝服等的赏赐，如朝鲜国［《明实录》太祖实录卷之二百二十八（洪武二十六年六月丙子条）；太宗实录卷之十七（永乐元年二月甲寅条）；宣宗实录卷之四十七（宣德三年十月乙酉条）；英宗实录卷之四十五（正统三年八月己未条）、二百六十三（景泰七年二月葵卯条）；宪宗实录卷之八十一（成化六年七月壬寅条）］等。多数在朝聘照贡期间还请求互市、贸易等。如此还诞生了学者们所称的"朝贡贸易"。

始终追寻的目标，其外交大政方针基本都是以此为指导制定的。

综上所述，我们可以看到，明朝外交是建基于天道思想上的，其核心内容就是夷夏秩序。其内涵可表述如下：在这一秩序中，有中心和边缘之区分，有地位高低之分，但这种区分并不影响领导者一视同仁。在共同践行仁德天道前提下，所有人都是平等的，皆有生存之权利；但在对天道践行程度不同基础上，又有核心国和附属朝奉国之分。当这种附属关系建立之后，整个体系都遵从天道法则，各国都要做到内安民生民，外安分守己，同时附属国要履行一种象征性的朝见贡奉礼节。当然，核心国也并不强求周边各国加入这一秩序，不想加入的可自为其政，所谓“自为声教”，但要遵守天道之首要法则，即生生，不得侵扰它国。如此建立的国际秩序将会保证各国的和谐与发展。

然而作为一种目标，这样和谐的自然夷夏秩序更多存在于理想状态中，其被践行的美好时刻总是短暂的，总会有偏离和悖逆天道之行事，于是冲突和碰撞就避免不了了。这既包括核心国家内部的政权更替，也包括中心国家与周边国家、周边国家之间的冲突和碰撞。我们的问题是，在天道观念下，明代统治者会怎样看待和处理这些冲突尤其是外部冲突呢？与外邦的战与和之界限或尺度又在哪里呢？我们将通过几个案例来进行剖析。

2. 天道外交中的战和观

在处理与蒙古、朝鲜和日本关系问题上，呈现出明代统治者的战和观念。而其战和观念也是在天道思想基础上产生的。下面我们分别论述。

（1）对元旧部的战与和

在对蒙古残部鞑靼太师阿鲁台的态度中，体现了明统治者独特的战和观念。永乐八年（1410）二月，朱棣发布亲征胡虏诏，诏曰：“朕受天命，承太祖高皇帝洪基，统驭万方，抚辑庶类，凡四夷僻远靡不从化，独北虏残孽处于荒裔，肆逞凶暴。屡遣使申谕，辄拘留杀之。乃者，其人钞边，边将获之，再遣使护还，使者复被拘杀。恩既数背，德岂可怀，况豺狼野心贪悍，猾贼虐噬，其众引领徯苏。稽于天道，则其运已绝；验于人事，则彼众皆离。朕今亲率六师往征之，肃振武威，用彰天讨。”①

这道诏书表明，不到万不得已，明统治者不会动用武力来对付外夷。如前所述，周边夷族之归附是自愿的，若不愿臣服，则各安其政，两不相扰。但元旧部阿鲁台等却不安分，不断骚扰北部边疆，“肆逞凶暴”。屡派使者

① 《明实录》太宗实录卷之一百一，永乐八年二月辛丑条。

去申谕，皆被拘杀；俘获其扰边之人，派人送回，而护送之人又被拘杀。如此豺狼野心、狡诈凶残之人，再仁德之君王也无法忍受，“恩既数背，德岂可怀”。当其天道与人事皆陷入孤绝之时，对其征讨就是天经地义了。在这里，我们可以将明统治者出兵的原因归为两类：一是在礼数上的冒犯；一是对边境的武装侵犯。其实这两类因素可以统归为广义上的礼数问题，但为了叙述方便，才析分为两类。这两类原因皆与天道秩序相违背。天道秩序讲究的就是尊卑秩序和礼数，无论是使者问题上的礼数冒犯，还是边境骚扰之大不敬，阿鲁台所作所为皆为明统治者所不容，对其征讨就不可避免。

然而，即使在战争过程中，明统治者依然以天道之诚劝谕阿鲁台归降，并既往不咎，保其富贵功名。朱棣于永乐八年（1410）六月谕之曰：“上天弃元久矣！纵尔有志，天之所废，谁能违天！人力虽强，岂能胜天！当此时诚能顺天所兴，天必福之，而富贵可保功名不隳矣。……朕今驻师于此，尔能来朝则名爵之荣不替有加，且俾尔子尔孙承袭世世，所部之众仍令统领。朕以至诚待人，如不遵朕言，荒居野处，终身何益？”[①] 朱棣依然想与元旧部建立一种健康的夷夏关系，并给予其相当大的自主性。但阿鲁台犹豫不决，双方不免一战，阿鲁台败走。

永乐八年（1410）十二月，阿鲁台请降，朱棣表示要厚待之，谕之曰：“惟欲万方之人咸得其所，凡有来者皆厚抚之，初无远近彼此之间。”[②] 这表明，无论敌对方有多大罪过，只要真诚悔悟，明统治者皆会厚抚之，并与之一起再度构建和谐夷夏秩序。需注意的是，朱棣并非不知阿鲁台等夷狄心存狡诈，但出于天道之仁，并不计较其狡诈凶顽，反而要用仁德感化之，让其感受自然和谐之夷夏秩序的优越性，对此朱棣曾说：“虏性黠诈，势穷来归，非其本心。然天地之仁发育而已，岂有所择哉！”[③] 永乐十一年（1413）七月，朱棣更封阿鲁台为和宁王，并允许其“统为本处军民，世守厥土”，又封其母为和宁王太夫人，妻为和宁王夫人，俱赐诰命冠服。[④] 朱棣之待阿鲁台可谓厚矣。从这番战和过程来说，明统治者所依据的依然是天道基础上的和谐夷夏秩序构想。对于与自然和谐秩序发生冲突者，核心国家则可能会与之进行战争，而一旦敌对方重新回归夷夏自然秩序，核心国自会抛弃前

① 《明实录》太宗实录卷之一百五，永乐八年六月癸卯条。
② 《明实录》太宗实录卷之一百十一，永乐八年十二月丁未条。
③ 《明实录》太宗实录卷之二百四十七，永乐二十年三月乙巳条。
④ 《明实录》太宗实录卷之一百四十一，永乐十一年七月戊寅条。

嫌，重新接纳其为和睦邻邦，并更从优待之。这就是明统治者独特的战和观念。其所追求的并不是对方的财产、土地和人口，而是一个谦恭诚恳之态度，即对天道秩序和核心领导者地位之认同。而接下来阿鲁台事件的戏剧性更体现了这种战和观念。

阿鲁台归附之后，屡遣使贡马，又遣其子来朝。数年后，其势力逐渐恢复并增强，悖逆之心复萌。他放纵其朝贡之使归途中进行劫掠；恣侮甚至拘留朝廷使者；放纵其部属屡犯边境，终于于永乐二十年（1422）三月大举侵入兴和，导致朱棣再次亲征。① 永乐二十二年五月，大破阿鲁台，俘虏甚众。对于如何处置俘虏，朱棣有所犹豫，到底是杀还是留？留下是否会成为祸患？他与大臣进行了商量，他召文渊阁大学士杨荣、金幼孜至幄中，谕之曰："朕昨夕三鼓梦有若是所画神人者，告朕曰：'上帝好生！'如是者再，此何祥也？岂天属意此寇部属乎？"荣等对曰："陛下好生恶杀，诚格于天。此举固在除暴安民，然火炎昆冈，玉石俱毁，惟陛下留意。"上曰："卿言合朕意。岂以一人有罪，罚及无辜？"即令草敕，遣中官伯力哥及所获胡寇赍往虏，其谕其部落曰："往者阿鲁台穷极归朕，所以待之皆尔等所知，朕何负彼？而比年以来寇掠我边鄙，虔刘我烝黎，累累不厌，其孰之过？朕间者以天人之怒，再率师讨之。……朕体上帝好生之仁，惟翦其枝叶，毁其藏聚，驱出诸旷远之地，岂徒全其余息，亦犹冀其或改而自新也。……有能敬顺天道，输诚来朝，悉当待以至诚，优与恩赉，仍授官职。听择善地，安生乐业。朕此言上通天地，毋怀二三，以贻后悔。"后来，朱棣又召诸将谕曰："古谓武有七德，禁暴乱为首，又谓止戈为武，朕为天下主，华夷之人，皆朕赤子，岂间彼此，今罪人惟阿鲁台，其胁从之众有归降者，宜悉意抚绥，无令失所，非持兵器以向我师者，悉纵勿杀，用称朕体天爱人之意。"②

朱棣释放俘虏的根本依据依然是天帝好生之德。普天之下，无论华夷，皆为天之生物，其不同只是领悟和践行天道程度之别。夷狄凶蛮狡诈，容易悖逆天道，而对它的惩罚就是武力征伐，但征伐并不是目的，如朱棣所说，"盖帝王之武，以止杀非行杀也"，武力是天帝借人间帝王之手，剪裁其悖逆之欲，恢复其仁善本心，"惟翦其枝叶，毁其藏聚，驱出诸旷远之地，岂徒全其余息，亦犹冀其或改而自新也"。最终不是要消灭它，而是让其领悟

---

① 《明实录》太宗实录卷之二百四十七，永乐二十年三月乙巳条。

② 《明实录》太宗实录卷之二百七十一，永乐二十二年五月甲申条。

天帝之道，因为在传统中国人眼中，唯有效仿天之仁德来统治这个世界，才能带来和平与幸福，是天下大同之必由之路。天下之人皆是天之子民，也代天统治之天子的臣民，虽然其领悟天道之程度有别，但不能因其暂时之凶蛮就将之消灭殆尽，如此天下也将无人去治理了。所以，一味地杀戮和武力征服，与天道是相悖的，而且还会带来另一恶果：武力的恶性循环。武力下的和平与稳定也是暂时的，而能跳出这一循环的只有以德怀之。必要的武力只是用来消弭其凶蛮戾气的，不是用来灭族的，若通过战争使凶蛮之人领会了天帝仁德之大道，战争的真正目的就达到了。因此，对那些降服而能体道之人，则不仅不治其罪，反而会给予其更大的恩宠，“有能敬顺天道，输诚来朝，悉当待以至诚，优与恩赉，仍授官职。听择善地，安生乐业”。所以，对朱棣来说，战和是一体的，战是为了和。因此，战和观念仍然是明代统治者体天爱人、以德服人的传统帝王理想的产物，也是中国人传统智慧的结晶。

因此，不难理解，当阿鲁台再次请求纳贡归顺时，明宣宗又再次赦免了他。其谕旨曰：“念四海万邦之人皆天所生，故上体天心，一视同仁，皆欲使之安生乐业。王今遣人朝贡，陈词诚恳，深用嘉之。夫上天之心，惟在爱人，人能顺天，天必佑之。王宜益坚至诚，以共享太平之福于无穷。”① 这与朱棣等人的观念是一致的，只要诚恳悔过，承认核心国之领导地位，懂得了天道之仁德，尊奉夷夏秩序和礼仪，各安其命，则一切从优。

从对蒙古的战和关系中可以看出，明统治者出兵的原因可归为两类：一是在礼数上的冒犯；一是对边境的武装侵犯。而且不到万不得已，明统治者不会动用武力来对付外夷。即使使用了武力，也只是用来消弭对方凶蛮戾气，不是用来灭族的。通过战争使凶蛮之人领会天帝仁德之大道，才是其作战的真正目的。而对手投降之后，则不仅不治其罪，还会从优待之。这都体现了明统治者以德怀人的天道外交宗旨。

（2）对朝鲜的战与和

在与朝鲜的交往中，也体现了类似的战和观念。在与朝鲜的关系中，导致明统治者欲出兵的原因同阿鲁台类似，也可分为两类，即一是在礼数上的冒犯；一是在边境上的侵扰。只不过其表现比较复杂，表现程度也有所不同，因此最终结果亦不同。

礼数不周的问题在高丽国王王颛时期就存在了。在王颛请封初期，还对

① 《明实录》宣宗实录卷之三十五，宣德三年正月庚寅条。

明朝毕恭毕敬，贡奉频繁，以致朱元璋不得不下令限制其纳贡次数，“今高丽去中国稍近，人知经史文物礼乐，略似中国，非他邦之比，宜令遵三年一聘之礼或比年一来，所贡方物止以所产之布十四足矣，毋令过多。”① 朱元璋还谆谆传授王颛治国之道，“为国者未尝去兵，今王武备不修则国威弛。民以食为天，今濒海之地不耕，则民食艰。……历代之君，不间夷夏，惟修仁义礼乐以化民成俗。今王弃而不务，日以持斋守戒为事，欲以求福，失其要矣。……夫王之所以王高丽者，莫不由前世所积，若行先王之道，与民兴利除害，使其生齿繁广，父母妻子饱食暖衣，各得其所，则国永长，修德求福莫大于此。王何不为此而为彼哉！有国之君，当崇祀典，闻王之国牺牲不育，何以供境内山川城隍之祀乎？古人有言：‘国之大事在祀与戎。’若戎事不修，祀事不备，其何以为国乎？”② 这些话语再次体现了天道思想下战争与和平、仁德与武备之间的辩证法。天地之仁德的主要内容就是让人们安居乐业，饱食暖衣，各得其所。然而国内和国外总有凶顽之徒存在，他们威胁着人们安定的生活，因此就需要对其进行教化，使其皈依仁德安居之道。而教化的方法有两种，一种是礼教，一种是武教，即所谓“国之大事在祀与戎”。祭祀和礼仪是一种文明的教化方式，武力则是强制性的教化手段，前者针对蒙昧但有意向接受天道之人，后者针对凶顽不灵需强力驯化之人。鉴于这两种人之存在，王者就必须具备两种教化手段，缺一不可。而王颛一味礼佛，宣扬向善，固然没有错，但却走向了极端，完全钟情于这一种手段，放弃武备，难免陷入国民被外族侵扰之困境。所以，武备是不得已而为之的教化手段，可以使凶顽之入侵者意识到自己行为之界限，进而有所节制，甚至更进一步，让其认识到各安其命之天道。这也是“止戈为武”一语的蕴含所在。战争亦是如此，其是对侵略成性之人的必要之惩戒和教化手段，也唯有此，才能保有长久之和平。在这一意义上，仁德与武备、战争与和平就并不是相互矛盾的，反而是相辅相成、互相依存的。朱元璋对这一辩证法之认识无疑是很深刻的。

而洪武七年（1374）就发生了高丽礼数不周的问题。五月，高丽王王颛遣使奉表并贡方物，有一表请求仍旧每岁入贡。但中书省发现，高丽入贡使者称礼送大府监，而大府监乃元时主收进贡方物机构，明朝没有。高丽入贡已多年，对此不会不知，此妄言意涉不诚，暗含对明政权之侮慢。朱元璋

---

① 《明实录》太祖实录卷之七十六，洪武五年十月甲午条。
② 《明实录》太祖实录卷之四十六，洪武二年十月壬戌条。

命退还其贡，并赐王颛玺书曰：“王使者至，陈其贡礼，王事大之心见矣。……然朕观古昔，自侯甸绥服之外不治，令其国人自治之，盖体天道以行仁，惟欲其民之安耳。不为夸诈，不宝远物，不劳夷人，圣人之心弘矣哉！朕虽不德，未尝不察王之忠，而却来诚之美。若汉唐之夷、彼隋君之东征，在朕今日，苟非诈侮于我，安肯动师旅以劳远人。若不守己分，妄起事端，祸必至矣。自今，宁使物薄而情厚，勿使物厚而情薄，王其思之。”并令中书咨其国，责以“大府监”之失。[①]

在这里，朱元璋发出了征讨之警告，究其根本原因，明以天道之仁对待高丽，而高丽却以狡诈侮慢之心待明，这是对天道之大不敬。对于明统治者来说，依天道而建立的国家间关系应该以诚心来对待。心诚是第一位的，贡物之多寡是次要的，所谓“宁使物薄而情厚，勿使物厚而情薄”。明对高丽可谓仁至义尽，朱元璋尽量效仿古人对夷人之宏大仁德之心，对其诚心待之，体天道之仁，任其自治而民安；不觊觎其宝物，尽量减其贡奉；不使其贡奉成为负担，尽量削减其进贡次数[②]，“不为夸诈，不宝远物，不劳夷人”。对远道而来的贡奉，不会轻言却之，然高丽贡奉失礼，没有诚意，实是不守己分，妄起争端，祸事就不远了。可见，对天道和礼数之尊重在明统治者来说是头等大事，是否诚心对待朝贡礼仪，是其对外夷态度的重要标准，而贡物多寡无足轻重。这也说明，在明统治者看来，共同体悟天道之仁，形成良好的夷夏和谐秩序，相互间如兄弟般以诚相待，是最为理想的国际关系。这种关系是以仁德天道和诚心为基础的，经济利益并不牵涉其中。因此，明统治者发动对外战争常常是因为天道和诚心因素，很少涉及经济因素。前面许多学者也提到了明代统治者对外政策中考虑政治因素多于经济因素，只是他们更多地将政治因素归结为军事安全等现实因素，很少将这一政治因素追溯到其天道之根本思想上。

但不久王颛被宦官所弑，禑王（辛禑）即位（1374—1388），以嗣王名义朝贡，明太祖认为此为奸臣所为，屡却其贡。同时还发生了明使者被杀、边民被掳之事情。洪武十年（1377），朱元璋对此再次发出征伐警告：“今王颛被弑，奸臣窃命。春秋之义，‘乱臣贼子人人得而诛之’，又何言哉？

① 《明实录》太祖实录卷之八十九，洪武七年五月壬申条。

② 洪武五年，朱元璋以高丽贡献使者往来烦数而下谕曰：“今高丽去中国稍近，人知经史文物礼乐，略似中国，非他邦之比，宜令遵三年一聘之礼或比年一来，所贡方物止以所产之布十四足矣，毋令过多。中书其以朕意谕之。”（《明实录》太祖实录卷之七十六，洪武五年十月甲午条）

而其前后使者五至，皆云嗣王遣之。中书宜遣人往问，嗣王如何，政令安在？若政令如前，嗣王不为羁囚，则当依前王所言，岁贡马千匹，差其执政以半来朝。明年贡金一百斤、银一万两、良马百匹、细布一万，仍以所拘辽东之民悉送来还，方见王位真而政令行，朕无惑也。否则弑君之贼之所为，将来奸诈并生，肆侮于我边陲，将构大祸于高丽之民也。朕观彼奸臣之计，不过恃沧海重山之险，故敢逞凶跳梁，以为我朝用兵如汉唐。不知汉唐之将，长骑射短舟楫，不利涉海。朕自平华夏攘胡虏，水陆征伐，所向无前，岂比汉唐之为？”[①] 洪武十一年（1378）十二月，又对高丽使者敕谕曰：“汝承奸臣之诈，不得已而来诳我，今命尔归，当以朕意言于首祸之人曰：‘尔杀中国无罪之使，其罪深矣。非尔国执政大臣来朝及岁贡如约，则不能免问罪之师。尔之所恃者，沧海耳，不知沧海与吾共之尔。如不信，朕命舳舻千里，精兵数十万，扬帆东指，特问使者安在？虽不尽灭尔类，岂不俘囚其大半，尔果敢轻视乎？’”[②] 洪武十三年（1380）春正月，高丽贡不如约，朱元璋又诏问之曰：“曩元之驭宇，运未百年而天命更。朕代元为君，临御十有三载，四夷入贡，惟三方如旧。独尔东夷，固恃沧海，内杀其王，外构民祸，贡不如约。必三韩之地有为，故若是欤！”命使往问，叛服不常，将欲何为。[③]

在这三道谕旨中，我们看到朱元璋给高丽归纳的三种违背天道之表现：内杀其王；外构民祸；贡不如约。后两种行为比较常见，“贡不如约”是礼节的轻慢，“外构民祸”是骚扰明边境、杀明使者招致的恶果。而“内杀其王”则是一种新的罪行，这一罪行也最令朱元璋震惊。在其看来，弑君行为是对天道秩序的最大违背。君臣之义是立国之根本，容忍弑君行为则会动摇统治之基础，使上下失位，动荡不安，若人人效仿，则奸诈横生，国将不国。所以，才会有“乱臣贼子人人得而诛之”之春秋大义。朱元璋考虑得更远，若奸臣得权，不仅会祸乱国内，也会祸乱国外，必会带来外交上的欺诈和冒犯，“弑君之贼之所为，将来奸诈并生，肆侮于我边陲。将构大祸于高丽之民也。”朱元璋发出战争威胁，不要自恃有山海天险，就逞凶放纵，欺诈明君王，杀大明使者，大明军力已非汉唐可比，“如不信，朕命舳舻千里，精兵数十万，扬帆东指，特问使者安在？虽不尽灭尔类，岂不俘囚其大

① 《明实录》太祖实录卷之一百十六，洪武十年十二月癸酉条。
② 《明实录》太祖实录卷之一百二十一，洪武十一年十二月戊辰条。
③ 《明实录》太祖实录卷之一百二十九，洪武十三年正月葵巳条。

半，尔果敢轻视乎？”如此欺诈之政权将会自食恶果，给臣民招致灾难。

然而我们也看到，朱元璋也并非绝对地反对附属国政权更替，篡权行为也并非绝对不能容忍，其根本前提依然是，此政权能否践行天道，内安其民，外尊夷夏之义。所以朱元璋给了新政权一个证明自己合天道的机会，“若政令如前，嗣王不为羁囚，则当依前王所言，岁贡马千匹，差其执政以半来朝。明年贡金一百斤、银一万两、良马百匹、细布一万，仍以所拘辽东之民悉送来还，方见王位真而政令行，朕无惑也。”朱元璋开出数目繁重的贡礼和苛刻的政治要求来检验新政权的诚心。

然而高丽并没有理会朱元璋这些要求，依然故我，贡不如约依旧，傲慢无礼依旧，但高丽也知道行为的界限，并不想走到和明绝交并开战的地步。禑王依然还来贡奉，但并没有按照朱元璋开列的贡单供奉，而是大打折扣，如于洪武十一年贡马六十匹、白黑布一百匹及金银器用等。[①] 此后高丽亦是贡不如约，直到洪武十七年（1384）五月，在朱元璋再次发出绝交和开战的威胁后[②]，高丽才兑现八年前朱元璋所开列的账单。洪武十七年七月，贡马两千匹；洪武十八年（1385）春，高丽遣使进马五千匹、金五百斤、银五万两、布五万匹。这个数量足足超过了朱元璋所列数目五倍之多，几乎将过去所缺之量补足了，足见其诚心。朱元璋对此甚是满意，谕礼部臣曰：“覆载之间，番邦小国多矣。有能知天命守分限，不恃险阻修礼事上以保生民，未有不绵其国祚，若施谲诈、肆侮慢，未有不构兵祸以殃其民。高丽王王颛自朕即位以来，称臣入贡，朕常推诚待之，大要欲使三韩之人举得其安。岂意王颛被弑而殒，其臣欲掩己恶来请约束，朕数不允，听彼自为声教，而其请不已，是以索其岁贡，然中国岂倚此为富，不过以试其诚伪耳。今既听命，其心已见，宜再与之约，削其岁贡，令三年一朝贡，马五十匹，至二十一年正旦乃贡。汝宜以此意谕之。”[③] 在这里，朱元璋再次诠释了夷夏秩序和贡奉之本质。在这一秩序中，各有其分限，各有其礼节，而保持这一分限和礼节要用诚心。在没有足够的信任之前，这一份诚心要靠大量物质化的东西保证，而取得领导者的信任后，除了必要的礼节，物质化的东西就

---

① 《明实录》太祖实录卷之一百一十八，洪武十一年五月丙子条。

② 《明实录》太祖实录卷之一百六十二（洪武十七年五月丙寅条）：“洪武十七年（1384）五月，谕辽东守将唐胜宗等绝高丽，敕曰：‘旧岁今春，高丽之使水陆两至，皆非臣礼，暗行侮慢，明彰亵渎。于是，稽古典知此夷自古至今未尝不侮慢中国而构兵祸者也。验古事迹，可以绝交，不可暂交，况深交者乎！’”

③ 《明实录》太祖实录卷之一百七十，洪武十八年正月戊寅条。

成了无足轻重的。高丽贡物从数以万计变为以十计，贡期从岁贡改为三年一贡，就是对贡奉本质的一个典型诠释。贡奉不过是一种礼节和姿态，它代表的是尊天事大之诚心。只要如期朝奉，诚心待之，不失礼节就够了。至于贡奉数量多寡是无足轻重的，朝奉期间的贸易也是次要的。可见，在天道思想下，外交活动中重要的是诚恳之态度，而不是经济利益。此外，朱元璋再次以天道思想下之战和辩证法警告四夷：知天命而守分限、虔诚修礼事上、尊奉天道保境安民者，其国必然长久；而施谲诈、肆侮慢者，未有不构兵祸以殃其民者。自此以后，明与高丽关系稍微稳定下来。

明与高丽间最后的外交冲突是产生在辽东和女真问题上。表面上辽东属于明管辖，还设置了卫所和辽东都司指挥使，但辽东内各族是高度自治的，尤其是里面的女真人。洪武二十年（1387）开始，高丽屡次提出铁岭土地问题。铁岭北、东、西部之土地在元时被归并，明建立以后，将这部分元旧属土地归辽东统辖，而铁岭南部仍然隶属高丽。朱元璋认为这样的划分是合宜的，因此其答复高丽王说："疆境既正，各安其守，不得复有所侵越。"① 洪武二十一年（1388），王禑再次提出铁岭其他部分土地问题，朱元璋再次指示礼部："以理势言之，旧既为元所统，今当属于辽。况今铁岭已置卫，自屯兵马守其民，各有统属。高丽之言未足为信，且高丽地壤，旧以鸭绿江为界，从古自为声教，然数被中国累朝征伐者，为其自生衅端也。今复以铁岭为辞，是欲生衅矣。远邦小夷固宜不与之较，但其诈伪之情不可不察，礼部宜以朕所言咨其国王，俾各安分，毋生衅端。"② 从这两道谕旨中我们可以看出，辽东地区享有极高的自治权，几乎和高丽处于平级，所以朱元璋才说，其自屯兵马守其民，各有同属，双方应各安其守，勿生事端。这也是天道秩序的基本要求。而作为元所占领之土地，将不予退回，究其根本原因，这是对高丽不尊天道、妄生事端的惩罚。这体现了天道下的战争和占领问题，不尊天道之国，可能会遭受失地、失民甚至失国的惩罚。

然而高丽王不听告诫，依然图谋辽东土地，王禑于洪武二十一年命大将李成桂等进攻辽东，因李成桂等反对而止，而后李成桂相继立王昌、王瑶主政。洪武二十五年（1392）李成桂废掉王瑶，主政高丽，欲更国号和姓名，特来明请命。对于以臣废君，明统治者向来反对，在王颛被废时朱元璋就表示过极大的愤怒，王禑被囚禁使其再次谴责高丽"臣执国柄，废立自

① 《明实录》太祖实录卷之一百八十七，洪武二十年十二月壬申条。
② 《明实录》太祖实录卷之一百九十，洪武二十一年四月壬戌条。

由……盖为坏彝伦，废君道，无人臣礼，大逆不道，非中国之所有”，因而拒绝高丽新王王昌来朝。[①] 但我们也知道，当明统治者了解到新王确能践行天道时，又会承认并接纳之。不久，王昌、王瑶又相继被废，高丽使者奏言两人不得人心、无法执掌朝政，而得大臣和国人拥立者唯有李成桂。朱元璋不得不接受这个现实，谕之曰：“果能顺天道，合人心，以安东夷之民，不启边衅，则使命往来，实彼国之福也。”但朱元璋又不完全相信之，因此建议其“自为声教”，不与之建立更亲密的关系。[②] 几个月后朱元璋见李成桂礼节周到，遂接受了其主政地位，并接受其改国号和更名之请求，高丽国号改为朝鲜，李成桂更名为李旦。但很快就又发生了李旦欲攻辽东之事件。

洪武二十六年（1393）辽东都指挥使司奏，朝鲜国近遣其守边千户招诱女直五百余人，潜渡鸭绿江，欲寇辽东。朱元璋再次发出警告：“高丽屡怀不靖，诡诈日生，数构衅端，屡肆慢侮，诳诱小民，潜通海道。……昔在汉时，高丽寇边，汉兵致伐高丽，由是败灭……辽金至元，尔国屡造衅端，杀其信使，由是屡加讨伐，宫室焚荡，民庶斩虏，国灭君诛，监戒甚迩。尔犹蹈其覆车之辙，岂非愚之甚乎？……朕以尔能安靖东夷之民，听尔自为声教。前者请更国号，朕既为尔正名，近者表至，仍称权知国事。又先遣使辽王、宁王所，逾月方来谢恩，何其不知尊卑之分乎？朕视高丽，不啻一弹丸，僻处一隅，风俗殊异，得人不足以广众，得地不足以广疆，历代所以征伐者，皆其自生衅端，初非中国好土地而欲吞并也。……近者尔国入贡，复以空纸圈数十，杂于表函中，以小事大之诚，果如是乎？尔之所恃者，以沧海之大，重山之险，谓我朝之兵亦如汉唐耳。汉唐之兵长于骑射短于舟楫，用兵浮海或以为难。朕起南服江淮之间，混一六合，攘除胡虏，骑射舟师，水陆毕备，岂若汉唐之比哉！百战之兵，豪杰精锐，四方大定，无所施其勇，带甲百万，舳舻千里，水繇渤澥，陆道辽阳，区区朝鲜不足以具朝食，汝何足以当之。虽然际天所覆，皆朕赤子，明示祸福之机，开尔自新之路，尔能以所诱千户女直之人送京师，尽改前过，朕亦将容尔自为声教，以安夷人，若重违天道，则罚及尔身，不可悔。”[③]

李旦显然又犯了和前任一样的毛病：礼节不周和妄生边衅。这就触动了明统治者的夷夏秩序安排。在礼节上，朱元璋历数其大不敬之处：已请明君

---

① 《明实录》太祖实录卷之一百九十五，洪武二十二年正月庚寅条。

② 《明实录》太祖实录卷之二百二十一，洪武二十五年九月庚寅条。

③ 《明实录》太祖实录卷之二百二十八，洪武二十六年六月壬辰条。

更国号、更名，但称呼依旧，这是对明君权威之不屑；遣使不知尊卑，先拜见辽王、宁王，后才拜见明君，顺序颠倒；入贡没有诚意，欺诳怠慢等。在边境则诳诱小民、潜通海道、图谋不轨。两者叠加，又达至明统治者所承受之限度，不发征讨之威胁，不足以震慑之。

李旦果然惶惧，赶紧遣使奉表，陈情谢罪，并贡物品。但朱元璋并不马上原谅之，为了显示惩戒，短时期内禁止朝鲜人入境。① 还拒绝了李旦对印诰的请求，认为其“实非诚心，固难与之”，令其“自为声教”，“来则受之，去亦勿追”。② 有点让其自生自灭的味道。经过一系列的敲打，朝鲜君臣逐渐对天道礼节有了一个清晰的认识，并逐渐熟稔起来，和明的关系也就越走越近。在永乐期间双方关系达到了融洽，朝鲜再次成为明亲近附属国，双方很少再有礼节和边境上的冲突，朝鲜还屡次将从明海岸逃逸到其岛的倭寇抓捕送归明处置。鉴于朝鲜一直笃行尊天事上之道，在之后发生的外交冲突中，明则开始对朝鲜进行保护和支持。

到了宣德年间，朝鲜与辽东卫所又发生冲突，而明宣宗则显示出对朝鲜的理解和支持。宣德八年（1433），忽剌温野人（女真）头目答兀等劫掠朝鲜人口，朝鲜认为这是建州、毛怜二卫所指使，于是攻建州卫。明宣宗又以天道精神敕谕各方首领：“天之于物，必使各遂其生；帝王于人，亦欲使各得其分。今尔等皆受朝命，而乖争侵犯，为之不已，岂是享福之道？朕为天下主，所宜矜恤。敕至，宜解怨释仇，改过迁善，各还所掠，并守封疆，安其素分。庶上天降康福禄悠久。”③ 当辽东总兵都督巫凯奏请责问朝鲜时，宣宗反让他不可偏听一面之辞。可见宣宗对朝鲜的印象是比较好的。正统年间，建州卫都督凡察与朝鲜发生冲突时，英宗则明显站在朝鲜一边，他赞扬朝鲜外交合乎天道，“然朝鲜自先朝恪守法度，事上交邻未尝违理”，不相信凡察诬告朝鲜之言，反劝凡察要像朝鲜一样恪守天朝和睦精神，“盖朝鲜与尔皆朝廷之臣，惟睦邻守境而相和好，是朕一视同仁之以也，尔其体之。”④ 正统三年（1438），建州卫都指挥李满住等又奏朝鲜杀戮其农人，英宗反问之：“尔能睦邻通好，彼岂贼害无辜？”可见明统治者已对朝鲜尊天事上之诚有了一致认同，因此不相信朝鲜会再做出违反天道礼仪之事，若有

① 《明实录》太祖实录卷之二百二十九（洪武二十六年七月辛亥条）、二百三十（洪武二十六年十月丙戌条）。

② 《明实录》太祖实录卷之二百四十四，洪武二十九年正月乙亥条。

③ 《明实录》宣宗实录卷之一百三，宣德八年六月葵未条。

④ 《明实录》英宗实录卷之二十七，正统二年二月辛酉条。

战事，也必是被迫所为，一如大明对其他国家之行为。朝鲜已被视为和中国一样的礼仪之邦了。所以，英宗很自然就想到，这场冲突定是李满住等错在先，因此才会警告李满住："尔继今宜遵守法度，钤束部署，各守尔土，毋相侵犯，以称朕一视同仁之意。"①

正统六年（1441），凡察、李满住与朝鲜再起冲突时，英宗则完全站在朝鲜这一边了，他将朝鲜看成了兄弟，而凡察、李满住则成了畜类："朝鲜自王之祖考暨王，事我祖宗以至于今，数十年间，恭谨之诚，久而益笃肆，朝廷礼待素加常等。彼凡察、李满住辈，朝廷不过异类畜之……比闻凡察有侵轶王边之谋，朕已遣敕严戒之……犹虑兽心非可必也，故亦有敕谕王备之。"② 明已经视朝鲜为一家了。

景泰时期，明代宗依然持此立场。天顺时期，英宗再次掌位，发生了一件值得注意的事件。即天顺三年（1459），朝鲜王李瑈与建州三卫私下往来，李瑈还给建州卫授官职。这就与明天道秩序思想产生了冲突，在给朝鲜国王李瑈的敕谕中，有明显体现，敕谕曰："先因边将奏王与建州三卫头目交通，朝廷遣敕谕王。今得王回奏，似以为当然，不以为己过。故特再敕谕王，王其明听朕言，毋忽。王以为钦遵敕旨，事理许其往来。宣德、正统年间，以王国与彼互相侵犯，敕令释怨息兵，各保境土，未尝许其往来交通，除授官职。且彼既受朝廷官职，王又加之，是与朝廷抗衡矣。王以为除官给赏，依本国故事。此事有无，朕不得知。纵使有之，亦为非义。王因仍不改，是不能盖前人之愆也。且董山等，王以为有兽心者，今彼自知其非，俱来服罪。而王素秉礼义，何为文过饰非？如此事在已往，朕不深咎。自今以后，王宜谨守法度，以绝私交，恪秉忠诚，以全令誉，庶副朕训告之意。"③明英宗已经告诫过李瑈，不要私下和建州卫来往，但李瑈对此没有在意，不知此举之不当。所以英宗再次敕谕，并深入解释了天道外交的基本法则。在天道思想下，国际秩序中的核心国家只能有一个，就如一个国家中只能有一个君主一样。在《易经·系辞下传》中，对此天道原则有明确规定："阳一君而二民，君子之道也；阴二君而一民，小人之道也。"可见，天之道或君子之道乃一君二民或多民，一民二君或多君乃对天道之悖逆，成为小人之道。在国际关系中，如果周边国家和地区接受核心国家指导并称臣纳贡的

① 《明实录》英宗实录卷之三十九，正统三年二月戊寅条。
② 《明实录》英宗实录卷之七十六，正统六年二月丁酉条。
③ 《明实录》英宗实录卷之三百二，天顺三年四月庚辰条。

话，那么在他们之间就不能再有臣属关系，否则就成了一民（臣）二君，沦为小人之道了。所以，英宗质问李瑈，建州卫已经接受明朝官职，而朝鲜又封其官职，是欲与明朝分庭抗礼吗？如果如李瑈所说，朝鲜此前就有对辽东封赏之旧例，此旧例也是不正义的，和天道原则不容。因此，李瑈有责任改正前人之误，终止类似行为。即使如建州卫董山等被李瑈喻为兽类之人，也已经认识到这一错误，向英宗请罪了。李瑈还有何理由不认错呢？英宗警告李瑈，鉴于其素秉礼义，此事到此为止，不再深咎，但不可再犯了。李瑈应该谨守天道法度，断绝与建州卫等的私下交往，恪秉忠诚，保全其素来之声誉，不辜负明朝之厚望。自此事之后，朝鲜国王尽量不再挑战这一天道法则。

这里又体现了天道国际秩序的一个特点，即附属国家之间不能有臣属关系，而且尽量少往来，尤其是政治往来。因为在天道秩序中，各国一般是一个封闭的小世界，各自独立践行天道就够了。天道之核心内容就是安民生民，只要一个国君认真履行仁德之政，基本能做到保境安民，不需要与外面再进行经济等的交往。因此，一个附属国在外交上要做的只是定期朝贡，其余交往纯属多余。附属国之间的政治交往尤其会破坏稳定秩序，必须断绝。如此，天道下的国际关系就是这个样子，即各附属国与核心国的单线交往。在这一单线交往里，更多的是政治秩序和地位的确认，经济并非主要内容。

正因为朝鲜积极践行天道，其内政、外交无不效法明朝，朝奉礼节一丝不苟，获得了明统治者的高度认同。双方关系进而发展到共同进行军事行动的地步。在成化年间建州女真屡寇边陲，明宪宗出兵镇压，同时令朝鲜王李娎遣兵应援，抓捕逃入朝鲜境内女真叛军，共剿女真巢穴。李娎配合得力，使明对女真战事顺利，很快建州卫都督就服罪来降，允诺朝贡如期。[①] 这种互助行动之后，明和朝鲜关系又进了一步，所以在朝鲜发生倭寇入侵的情况时，明统治者会毫不犹豫伸出援手。

万历二十年（1592）五月，听闻朝鲜遇倭寇入侵后，明神宗当即令辽东抚镇发兵两支应援朝鲜。[②] 而且这一援助就是七年，耗费巨大。事后明神宗对此行为的解释如下。万历二十七年（1599），神宗在平倭诏和对朝鲜国王李昖之敕谕中皆谈到了援朝之理由，在平倭诏中，他说："朕念朝鲜，世称恭

① 《明实录》宪宗实录卷之一百九十五（成化十五年十月丙申条）、二百（成化十六年二月壬申条）、二百一十八（成化十七年八月戊辰条）。

② 《明实录》神宗实录卷之二百四十九，万历二十年六月庚寅条。

顺，适遭困厄，岂宜坐视，若使弱者不扶，谁其怀德，强者逃罚，谁其畏威。况东方为肩臂之藩，则此贼亦门庭之寇，遏沮定乱，在予一人。于是少命偏师，第加薄伐。……虽百年侨居之寇，举一旦荡涤靡遗。……永垂凶逆之鉴戒，大泄神人之愤心。于戏，我国家仁恩浩荡，恭顺者无困不援；义武奋扬，跳梁者虽强必戳。兹用布告天下，昭示四夷，明予非得已之心，识予不敢赦之意。毋越厥志而干显罚，各守分义以享太平。凡我文武内外大小臣工，尚宜洁自爱民，奉公体国，以消萌衅，以导祯祥。"在敕谕中说："朕念王世共职贡，深用悯恻，故兹七年之中，日以此贼为事，始行薄伐，继示兼容，终加灵诛。盖不杀乃天之心，而用兵非予得已。"① 可以看出，援朝的理由依然根基于天道秩序观念。在天道秩序下，各国君臣皆应洁自爱民、奉公体国，各守分义，如此才能永享太平。悖逆这一秩序者，恃强凌弱，必然会遭到惩罚。作为大家长的核心领导国就是这一惩罚的实施者。如果弱者不扶、强者逃罚，不但是大家长的失职，天道仁德精神也将遭践踏，如此天下将秩序大乱、人兽不分。因此，对于敢于越界者一定要惩戒。何况朝鲜向来恭顺，是尊天事上的典型，更要对其进行援助了。此外，朝鲜亦如中国之肩臂一样，近在咫尺，在中国家门口动武，更是对大家长的挑衅和不敬，必要施加薄罚。因此，无论是考虑整体天道即天下稳定，还是中国之安全，皆有理由讨伐倭寇。所以神宗说，四夷一定要"明予非得已之心，识予不敢赦之意"。他再次重申大家长"恭顺者无困不援，跳梁者虽强必戳"之决心，并警告四夷，不可再效法倭寇"越厥志而干显罚"，应"各守分义以享太平"。

从明朝和朝鲜的战和关系中，我们看到了更复杂的因素，这也使我们更具体地了解了天道下的国际秩序的内涵。影响核心国与附属国关系的，除了礼节上真诚和边境上的安分外，附属国的政权更迭和附属国之间的政治关系也是主要因素。如果附属国废立行为不符合天道人心②，附属国之间不顾大

---

① 《明实录》神宗实录卷之三百三十四，万历二十七年四月丙戌条。

② 天启年间，朝鲜又发生废立事件，明熹宗令两名明朝官员会同朝鲜文武官员七百多人联合调查，调查结果表明，废掉李珲而立李倧乃符合天道之举。其论据如下："人之所以为人者，以其有人伦也。人伦灭绝，而子不父其父，臣不君其君，则无复为人之理，而其违禽兽不远矣，亦安能君国子民，而保天子之宠命乎！此废君之所以自绝于天，而一国臣民之所以为嗣君请命者也。……必欲无已，则亦观于天命之去就，人心之离合而已。一则戕人伦而得罪于天，一则抚植民彝而迓续天命，此二者不待辩说而明若观火矣。……呜呼！父子君臣，纲常之重，穷天地、亘万古而不泯。苟或一日得罪于斯，则匹夫匹妇犹不得保，况为千乘之君乎！其神怒人怨，众叛亲离，而自底灭亡，理所必至，无足怪者。"（《明实录》熹宗实录卷之四十一，天启四年四月辛亥条，1941 年梁鸿志影印本）鉴于李珲确有逆天行为，明熹宗才接受此废立行为，未加讨伐。

家长权威擅自私交和封赏，也会导致大家长的讨伐。因此，在天道思想指导下，核心国与周边附属之关系主要体现为一种单线辐射的关系，并不是一种交织交错的关系。而在这些单线外交活动中，重要的是诚恳之态度，而不是经济利益。在这一秩序中，大家长考虑的是政治稳定，而不是经济往来(稍后会论及)，因此，只要发生恃强凌弱现象，大家长就会主持天道，扶持弱者，讨伐恃强凌弱者，务必保证一个各安其分、共赴天道之和谐秩序。

（3）对日本的战与和

再来看明朝和日本的关系，还会不会发现什么新的因素影响双方的战与和。通过外交文献来看，影响中日关系的，同样是边境问题和礼节问题。只不过其具体表现形式又有所不同。

在边境问题上，就是倭患了。洪武二年（1369）正月，倭人入寇山东海滨郡县，掠民男女而去。[①] 朱元璋在赐日本国王玺书中发出警告："上帝好生，恶不仁者……山东来奏倭兵数寇海边，生离人妻子，损伤物命，故修书特报正统之事，兼谕倭兵越海之由。诏书到日，如臣，奉表来庭；不臣，则修兵自固，永安境土，以应天休。如必为寇盗，朕当命舟师扬帆诸岛，捕绝其徒，直抵其国缚其王，岂不代天伐不仁者哉。惟王图之。"[②] 这里朱元璋说得很明白，天道仁德，入寇他国则为逆天道，若不收敛，将代天兴兵讨之。而且朱元璋口气很不客气。

然而日本并没有回应，而且在抓住的倭寇口中得知，犯边之事似乎非日本国王故意使之，因此，朱元璋仍然给日本保留着外交大门。洪武三年（1370）三月，遣莱州府同知赵秩持诏谕日本国王良怀[③]曰："朕闻顺天者昌逆天者亡，此古今不易之定理也。……惟彼元君，本漠北胡夷，窃主中国，今已百年。污坏彝伦，纲常失序……朕……复前代之疆宇，即皇帝位已三年矣。比尝遣使持书飞谕四夷，高丽、安南、占城、爪哇、西洋、琐里，即能顺天奉命，称臣入贡，既而西域诸种番王，各献良马来朝，俯伏听命。……蠢尔倭夷，出没海滨为寇，已尝遣人往问，久而不答，朕疑王使之故扰我民。……方将整饬巨舟，致罚于尔邦，俄闻被寇者来归，始知前日之寇，非王之意，乃命有司暂停造舟之役。呜呼！朕为中国主，此皆天造地设华夷之

---

① 《明实录》太祖实录卷之三十八，洪武二年正月乙卯条。

② 《明实录》太祖实录卷之三十九，洪武二年二月辛未条。

③ 良怀实为"怀良"亲王，乃日本南北朝时期南部醍醐天皇政权的主要亲信，受封征西大将军。朱元璋派去的使节多遭遇怀良亲王，因此误认其为日本国王。

分，朕若效前王，恃甲兵之众，谋士之多，远涉江海，以祸远夷安靖之民，非上帝之所托，亦人事之不然。或乃外夷小邦故逆天道不自安分，时来寇扰，此必神人共怒，天理难容，征讨之师控弦以待，果能革心顺命，共保承平，不亦美乎？呜呼！钦若昊天，王道之常，抚顺伐逆，古今彝宪，王其戒之，以延尔嗣。”① 结合上一道诏书，朱元璋是恩威并施，并给出优厚的条件。首先，让日本国王明白，明政权不是那个曾讨伐过日本的孱弱元政权了，中华正统再次建立，若再以往常态度对待中国，将有大祸临至；其次，臣与不臣可自己选择。若不臣，则安守其分，不得骚扰周边；若臣，则可受大明保护，延其子嗣。两者相较，当然后者更具诱惑力了。所以，日本国王良怀决定奉表称臣入贡。洪武四年（1371）十月，日本国王良怀遣其臣僧祖来进表笺、贡马及方物，并僧九人来朝，又送回明州、台州被虏男女七十余口。②

但在其入贡过程中，又出现了礼节不周之事，导致双方关系紧张。其礼节不周具体表现为表文问题、拘使问题、越级入贡问题、言语不敬问题等。

洪武七年（1374）六月，日本南北政权斗争加剧，而良怀为南部政权代表，北部为持明政权，且双方皆遣使入贡。国王良怀遣僧宣闻溪、净业喜春等来朝，贡马及方物。但其给中书省的国臣之书却无表文，朱元璋命却其贡，但仍给予他们赏赐。并敕中书省曰：“向者国王良怀奉表来贡，朕以为日本正君，所以遣使往答其意，岂意使者至，彼拘留二载，今年五月去舟才还，备言本国事体，以人事言，彼君臣之祸有不可逃者，何以见之？幼君在位，臣擅国权，傲慢无礼，致使骨肉并吞，岛民为盗，内损良善，外掠无辜，此招祸之由，天灾难免。天地之间，帝王酋长因地立国，不可悉数。雄山大川天造地设，各不相犯，为主宰者，果能保境恤民，顺天之道，其国必昌。若怠政祸人，逆天之道，其国必亡。今日本蔑弃礼法，慢我使臣，乱自内作，其能久乎？尔中书其移书谕以朕意，使其改过自新，转祸为福，亦我中国抚外夷以礼，导人心以善之道也。”③ 在这里，朱元璋详细向日本解释了天道及其礼节：天地间因地立国，帝王酋长为各地主宰者，各不相犯。为主宰者能保境恤民，顺天之道，其国必昌；若怠政祸人，逆天之道，其国必亡。而现今日本臣擅国权，已经不合天道，其行为也必然导致“内损良善，

① 《明实录》太祖实录卷之五十，洪武三年三月戊午条。
② 《明实录》太祖实录卷之六十八，洪武四年十月癸巳条。
③ 《明实录》太祖实录卷之九十，洪武七年六月乙未条。

外掠无辜”，因此才产生了“蔑弃礼法，慢我使臣”之不当行为。如果日本不改过自新，顺天而行，必然招致祸端。

同时，日本国北朝守护岛津氏久等亦遣僧道幸等进表贡马及茶、布、刀、扇等物，朱元璋以氏久等无日本国王之命而私入贡，亦命却之，敕谕氏久等曰：“夷狄奉中国礼之常经，以小事大，古今一理，今志布志岛津越后守臣氏久以日本之号纪年，弃陪臣之职，奉表入贡，越分行礼，难以受纳。氏久等当坚节以事君，推仁心以牧民，则不为祸首，享福无穷，如或不然，乱尔国，凶尔家，天灾有莫能逃者。”① 臣下越级私下入贡，就更加不合天道了，所以朱元璋劝其忠诚其君王，辅助国王行仁政，否则就是国家祸乱之罪首，必受天惩。

洪武九年（1376）四月，日本国王良怀遣沙门圭庭用等奉表贡马及方物，且对倭寇犯境表示谢罪，但朱元璋认为良怀所上表词语不诚，又诏谕之曰：“嘉王笃诚，遥越沧溟来修职贡……纳王土物良骑，于心甚愧。然览表观情，意深机奥，略露其微，不有天命，恃险负固昭然矣。易云：‘天道亏盈而益谦。’盖尚勇者不保，不道者疾灭，凡居二仪中，皆属上天、后土之所司，故国有大小，限山隔海，天造地设，民各乐土，于是殊方异类者处于遐漠，阴命王臣以主之使，不相矛盾。有如其道者，上帝福佑之，否其道者，祸之。……方今吾与日本止隔沧溟，顺风扬帆，止五日夜耳。王其务修仁政，以格天心，以免国中之内祸，实为大宝，惟王察之。”② 朱元璋指出良怀王言语上的不诚，这是不符合尊天事上之礼义的，盖其以沧海天险自恃。因此朱元璋警告他，若不诚敬事天，任其有多大本领，也会顷刻覆灭。并暗示良怀王，明大军止五日就可抵达日本，其应当仁政事天，以免招致祸端。

洪武九年五月，日本人滕八郎以商人身份至京，献弓、马、刀、甲、硫黄之属，并以其国高宫山僧灵枢所附马二匹来贡，朱元璋仍以其不合礼仪却其献，但仍赐白金遣之。③

洪武十二年（1379），良怀王遣使来贡，礼仪周全，朱元璋待其从善，而洪武十三年（1380）五月，良怀王入贡又无表，朱元璋再次以其不诚却之。九月，北朝使者入贡，没有天皇之命，只有征夷将军足利义满给丞相的

---

① 《明实录》太祖实录卷之九十，洪武七年六月乙未条。

② 《明实录》太祖实录卷之一百五，洪武九年四月甲申条。

③ 《明实录》太祖实录卷之一百六，洪武九年五月壬午。

信，不知尊卑，且言辞傲慢，朱元璋亦却其贡。[①] 十二月，朱元璋遣使诏谕日本国王，再次警告之，若再纵民为非、四扰邻邦、傲慢不恭、不尊天道，必将招致祸殃。[②]

洪武十四年（1381）七月，日本国王良怀遣僧如瑶等贡方物及马十四，朱元璋命却其贡，并命礼部移书责其国王曰："王居沧溟之中，传世长民，今不奉上帝之命，不守己分，但知环海为险，限山为固，妄自尊大，肆侮邻邦，纵民为盗，帝将假手于人祸有日矣。……王若不审巨微，效井底蛙仰观镜天，自以为大，无乃构隙之源乎？……自汉历魏、晋、宋、梁、隋、唐、宋之朝皆遣使奉表，贡方物、生口，当时帝王或授以职，或爵以王，或睦以亲，由归慕意诚，故报礼厚也。若叛服不常，构隙中国，则必受祸……千数百年间，往事可鉴也，王其审之。"同时亦移书日本征夷将军："日本天造地设，隔崇山，限大海，语言风俗殊，俾自为治，然覆载之内，外邦小国非一所也，必有主以司之。惟仁者天必辅之，不仁者天必祸之。前将军奉书我朝丞相，其辞悖慢，可谓坐井观天而自造祸者也。……今日本迩年以来，自夸强盛，纵民为盗，贼害邻邦，若必欲较胜负，见是非，辩强弱，恐非将军之利也，将军审之。"[③] 在这里，朱元璋依然对良怀纵容倭寇犯境和征夷将军的傲慢耿耿于怀，在对其重申天道秩序和礼节之后，再次严厉警告二者，若不认真践行尊天事上之礼节，将招致祸端。尽管这里面也许有着诸多误会，如日本正值南北朝分裂时期，局势动荡，地方领主皆无法全力约束部下，导致倭寇盛行；来明朝贡者有的并非良怀所遣，而是打着其旗号之九州大名所为等。[④] 但这些行为确实和明统治者之天道外交思想产生了冲突。

而面对朱元璋的严厉指责，良怀回信表明了自己之态度，他写道："臣闻三皇立极，五帝禅宗，惟中华之有主，岂夷狄而无君。乾坤浩荡，非一主之独权，宇宙宽洪，作诸邦以分守。盖天下者，乃天下之天下，非一人之天下也。臣居远弱之倭，褊小之国，城池不满六十，封疆不足三千，尚存知足之心。陛下作中华之主，为万乘之君，城池数千余，封疆百万里，犹有不足之心，常起灭绝之意。夫天发杀机，移星换宿。地发杀机，龙蛇走陆。人发杀机，天地反复。昔尧、舜有德，四海来宾。汤、武施仁，八方奉贡。臣闻

① 《明实录》太祖实录卷之一百二十五（洪武十二年五月丁未条）、一百三十一（洪武十三年五月己未条）、一百三十三（洪武十三年九月甲午条）。

② 《明实录》太祖实录卷之一百三十四，洪武十三年十二月丙戌条。

③ 《明实录》太祖实录卷之一百三十八，洪武十四年七月戊戌条。

④ 李映发：《明代中日关系述评》，《史学集刊》1987年第1期，第58页。

天朝有兴战之策，小邦亦有御敌之图。论文有孔孟道德之文章，论武有孙吴韬略之兵法。又闻陛下选股肱之将，起精锐之师，来侵臣境。水泽之地，山海之洲，自有其备，岂肯跪途而奉之乎？顺之未必其生，逆之未必其死。相逢贺兰山前，聊以博戏，臣何惧哉。倘君胜臣负，且满上国之意。设臣胜君负，反作小邦之差。自古讲和为上，罢战为强，免生灵之涂炭，拯黎庶之艰辛。特遣使臣，敬叩丹陛，惟上国图之。”①

在这封信函中，良怀表面上强硬，实际是在表达一种缓和的立场。其所叙述的国际关系面貌，其实和朱元璋所设想的天道秩序没有太大区别。首先，他反对一人一国独霸天下，提倡天下人之天下，而明统治者所说之天道亦是如此，亦强调各国自治；其次，良怀也不反对贡奉，只是其贡奉对象要和尧舜汤武一样德怀天下。这就又默认了一个领导核心大国的存在，四方小邦可向其贡奉，这与朱元璋夷夏秩序亦很相似；最后，良怀反对的是好战和贪婪之中国，他向往也是一个各守己分、和平相处的国际世界。这再次暗合了天道下的国际秩序。因此，从本质上来说，良怀并不反对明统治者之世界秩序构想，只是限于朱元璋之强硬态度，为了面子，而亦摆出强硬之姿态。当然，其间也夹杂着些许误会：朱元璋威胁要征讨之，不是中国好战，而是因为日本不能约束倭寇犯乱，然后就是外交礼节上的一些冲突；而日本进贡者有的并非良怀所遣，礼节上的冒犯不能都加之良怀身上。再加上良怀对朱元璋之仁德是否能和中国古贤人相若也没有把握，所以其贡奉之心没有那么虔诚，也是可以理解的。诸如此等因素存在，产生冲突在所难免。

正因为朱元璋看到了良怀所言并不和其天道外交设想有很大冲突，所以，朱元璋才只是从言语上警告对方，没有付诸行动。而且，在其所立《皇明祖训》中，特将其列为不征之国。不过，双方在基本问题上的矛盾还是没有解决，良怀在信函中也并没有表示要解决礼节和倭寇问题，再加上其强硬口气，朱元璋仍然拒绝了其贡奉。② 再加上胡惟庸案的发生，朱元璋断绝了与大多数番国使臣和商旅之往来，也包括与日本政府之联系。虽然如此，朱元璋对民间人员流动还是允许的。他曾多次赏赐国子监日本生，并赐其官职。③

---

① 《明史》卷322，列传第二百一十：日本。文渊阁四库全书。

② 《明实录》太祖实录卷之一百七十九，洪武十九年十一月辛酉条。

③ 《明实录》太祖实录卷之一百九十七（洪武二十二年十月丁酉条）、二百八（洪武二十四年五月乙巳条）。

从这件事上又可看出，明统治者是不会轻易对周边国家诉诸战争的，礼节上的冒犯最多是给予警告，而边境上的骚扰如果不是统治者所直接指使的话，明统治者还是能以宽怀之心对待的。当屡次给对方机会而对方没有积极表示时，才会和其断交，将其从天道秩序中剔除，任其自生自灭。不过，当对方后悔且能改过时，明统治者仍旧会重新接纳之，这就是天道仁德思想的结果。

十几年后，当内外局势皆较稳定时，朱元璋又开始考虑与诸番通好之事宜。洪武三十年，听闻礼部奏诸番国使臣客旅不通后，朱元璋将打开对外关系的出口定在三佛齐（印度尼西亚）这里，因为当初断绝海外关系也是因之而起。朱元璋让礼部通过暹罗国王转达给爪哇国王这一信息，再让爪哇国王转给其所统属之三佛齐。礼部给暹罗的咨文如下："自有天地以来，即有君臣上下之分，且有中国四夷之礼，自古皆然。我朝混一之初，海外诸番莫不来庭，岂意胡惟庸造乱，三佛齐乃生间谍，绐我信使，肆行巧诈……皇上一以仁义待诸番国，何三佛齐诸国背大恩，而失君臣之礼？……或能改过从善，则与诸国咸礼遇之如初，勿自疑也。"①

在这里，明廷再次申明君臣之分、夷夏之礼。三佛齐不尊礼节，招致绝交，其他国家亦受牵连。如果三佛齐能够改过从善，遵守礼节，那么明廷将和当初一样礼遇之。其他国家也是如此。这是朱元璋再次向诸国伸出双手的开始，包括日本。可惜不久他就去世了，和日本关系的解冻，就留给继任者了。

明太宗朱棣初一即位，就遣使诏谕安南、暹罗、日本、西洋等国，并谕礼部臣曰："太祖高皇帝时，诸番国遣使来朝，一皆遇之以诚，其以土物来市易者悉听其便，或有不知避忌而误干宪条，皆宽宥之，以怀远人。今四海一家，正当广示无外，诸国有输诚来贡者，听尔其谕之，使明知朕意。"②朱棣做好了接纳四方宾客的准备。对于任何来朝国家，皆以诚相待，并听任其进行贸易；即便有犯忌讳之礼节小问题，一皆宽宏待之。希望各方皆以诚易诚。

此时源道义（足利义满）已统一日本，亦希望和明建立友好关系，朱棣诏书正中其下怀。永乐元年（1403）九月，日本国遣使入贡，登陆宁波府。礼部尚书李至刚奏担心其私载兵器刀槊等违禁物品，向朱棣请示要不要

---

① 《明实录》太祖实录卷之二百五十四，洪武三十年八月丙午条。

② 《明实录》太宗实录卷之十二，洪武三十五年九月丁亥条。

没收，朱棣则认为要宽大为怀，“外夷向慕中国，来修朝贡，危蹈海波，跋涉万里，道路既远，赀费亦多，其各有赍以助路费，亦人情也，岂当一切拘之禁令。”令官府以市场价收购违禁武器等物品，“无所鬻则官为准中国之直市之，毋拘法禁以失朝廷宽大之意，且阻远人归慕之心。”① 这充分表明了明政府的大度和真诚。

明政府的真诚也换来了日本国王的真诚，源道义积极响应明政府缉捕海寇之要求，尽歼对马、壹岐等岛海寇，朱棣大感欣慰。如前所述，永乐四年春，朱棣遣使赍玺书褒谕日本国王源道义，嘉奖其勤诚，赐白金千两、织金及诸色彩币诸物，还有海舟二艘，又封其国之山曰寿安镇国之山，立碑其地。朱棣亲自撰文并铭诗于碑上②，中日关系在此达到一个高峰。

但源道义死后，其子源义持开始渐渐疏远明廷，到后来甚至数年不修职贡，亦放纵倭寇犯边。永乐十五年（1418）十月朱棣遣使谕国王源义持，警告其曰：“尔父道义能敬天事大，恭脩职贡，国人用安，盗贼不作。自尔嗣位，反父之行，朝贡不供，屡为边患，岂事大之道？天生斯民，立之主宰，大邦小国，上下相维，无非欲遂民之生耳。尔居海东，蕞尔之地，乃凭恃险阻，肆为桀骜，群臣屡请发兵问罪，朕以尔狗盗鼠窃，且念尔父之贤，不忍遽绝，曲垂宽贷，冀尔悔悟。比日本之人复寇海滨，边将获其为首者送京师，罪当弃市。朕念其人或尔所遣，未忍深究，姑宥其罪，遣使送还。尔惟迪父之行，深自克责，以图自新，凡比年并海之民被掠在日本者，悉送还京，不然尔罪益重，悔将无及。”③ 朱棣再次申明父辈的天道秩序思想，并以宽大胸怀留给源氏修好之机会。

然而，据说源义持态度强硬，欲与明断绝往来，而明使吕渊等为了不辱使命，收买日本人回国，谎称其为日本国王使者前来谢罪④，并奉上言辞恳切之表章，朱棣以其词顺，特恕其罪。⑤

然而在朱棣余年源义持并未再来贡奉，朱棣亦没有对其进行讨伐，原因可推测如下：首先是谢罪表所博取的信任。尽管日本使者的身份有待考察，但朱棣似乎并没有怀疑；其次，和日本约定的是十年一贡，而源义持不入贡之时间并未超过十年。且十年约期还未到，朱棣就已经驾崩了。所以，并没

① 《明实录》太宗实录卷之二十三，永乐元年九月己亥条。

② 《明实录》太宗实录卷之五十，永乐四年正月巳酉条。

③ 《明实录》太宗实录卷之一百九十三，永乐十五年十月乙酉条。

④ 李映发：《明代中日关系述评》，《史学集刊》1987 年第 1 期，第 60 页。

⑤ 《明实录》太宗实录卷之一百九十九，永乐十六年四月乙巳条。

有十足理由责问之。

到了宣德年间，源义教继任为征夷将军，重新致力于与明修好关系。宣德八年（1433），源义教遣使来朝贡马及方物。明宣宗对其赏赐有加，并于六月遣使至日本再行赏赐，嘉奖源义教再续先人职贡之举。[①] 从此中日关系恢复正常。

但之后的中日外交关系又有了新变化，由于幕府对大名和地方豪强的控制逐渐松弛，对贡使的派遣和倭寇的缉捕也渐渐失控。由于约束不力，还发生日本贡使劫掠居民，殴伤官员之事[②]；为了谋取经济利益，日本贡使经常不按惯例入贡（十年一贡，人不过百，船不过三），或贡期提前，或规模超出。[③] 明统治者对此皆宽大处之。

双方关系紧张的时候是在嘉靖时期，这一时期，日本内乱频繁，大名势力已盖过幕府，并开始争夺对明的朝贡权。由此引发了著名的嘉靖宁波"争贡事件"。嘉靖二年（1523）六月，日本大名大内氏遣宗设谦导等赍方物来贡，持有抢来的正德新堪合。而大名细川氏也遣瑞佐、宋素卿等来朝贡，持有从幕府强要的弘治旧堪合。两队人马俱泊宁波，互争真伪。结果，瑞佐被宗设等杀死，宋素卿则窜至慈溪。而宗设纵火大掠，还杀了明廷指挥刘锦、袁琎，蹂躏宁、绍，后夺船出海逃回日本。[④] 如此大不敬行为，致使明廷大怒，逮捕并处死宋素卿等人，还勒令日本国王将元凶宗设等人缉捕缚送中国，以听天讨，否则，将闭绝贡路，并考虑征讨之。[⑤] 为了显示宽容，征讨只是停留在书面上。但亦要给予一定的惩戒，以便维护领导国的威严。明世宗下令禁绝日本朝贡。直到嘉靖十八年（1539）才接受日本国王源义晴再次入贡之请求。[⑥]

然而，接下来的贡奉之路并不平坦，日本贡使不是贡不及期，就是超出规模。嘉靖二十三年（1544）八月，还未到十年，日本又来入贡，且无表文和正使，被礼部阻回[⑦]；嘉靖二十六年（1547），日本遣使周良等求贡，

---

① 《明实录》英宗实录卷之一百二（宣德八年五月甲寅条）、一百三（宣德八年六月壬辰条）。

② 《明实录》英宗实录卷之二百三十四，景泰四年十月丙戌条。

③ 《明实录》英宗实录卷之二百三十六（景泰四年十二月甲申条）、二百三十七（景泰五年正月乙丑条）；《明实录》世宗实录卷之八十（嘉靖六年九月丙戌条）。

④ 《明实录》世宗实录卷之二十八，嘉靖二年六月甲寅条。

⑤ 《明实录》世宗实录卷之五十二，嘉靖四年六月己亥条。

⑥ 《明实录》世宗实录卷之二百二十七，嘉靖十八年七月甲辰条。

⑦ 《明实录》世宗实录卷之二百八十九，嘉靖二十三年八月戊辰条。

仍未到贡期，且人数和船只都超过规定数量，再次被阻回[①]；嘉靖二十七年（1548），周良等六百余人驾海舟百余艘入浙江界，再次求诣阙朝贡。礼部认为其表词恭顺，且去贡期不远，不好再加拒绝，但只允许其五十人赴京。至于互市、防守事宜，俱听斟酌处置。[②]

自此以后，倭寇日益猖獗，日本朝贡之路再次被断，嘉靖三十四年（1555）四月，巡按浙江御史胡宗宪认为，日本入贡，多不及期，待其复来应该谢遣。并以倭寇问题责问其王。礼部同意胡宗宪的做法，上奏明世宗："倭夷犯顺穷凶，无过今日，苟轻容再贡，外损国体，请如宗宪议，遵例阻回，谕以贡有常期，必当遵守，仍当委曲开导，使之心服，不得径情直率，致拂夷心。至于彼国僻居穷海，岛夷背其君长，藉口为寇，沿海奸民互相勾结，揆之理势，请因其入贡，即令抚按衙门移谕日本国王：连年犯顺，何人猖乱？令于半年之间立法钤制，号召还国，即见效顺忠款。虽使贡期未及，亦必速为奏请，如或不能钤服，则是阳为入贡，阴蓄异谋，仍禁遵例，径自阻绝。"明世宗同意此奏。[③] 自此，日本进贡之路又被阻绝。

明世宗在积极抗倭的同时，还寄希望于日本国王能约束和缉捕倭寇。但胡宗宪遣使日本才得知，日本国乱，国王及其宰相俱死，诸岛夷不相统摄，各自为政。若想取得其合作，须遍谕诸岛。但希望各夷不来入犯是很难的。胡宗宪差生员陈可愿、蒋洲往谕日本，止及丰后、山口等岛。两岛皆来入贡，但丰后虽有进贡使物而实无印信勘合，山口虽有金印回文而又非国王名称，不合明外交礼节。但念其真有畏罪乞恩之意，仍犒赏其使，以礼遣回，并令其转谕日本国王立法钤制各地倭乱，将勾引内寇一并缚献，以表其忠顺，如此便可重开市贡。[④]

然而明统治者这一要求显然是奢望，日本内乱依旧，倭寇依然肆虐。当嘉靖四十年左右倭寇被基本清除后，中日外交关系没有什么变化。而到了万历年间，中日之间的民间武装对抗演化成了政府间之武装冲突。这就是万历十九年的抗倭援朝战争。这种对抗关系一直延续到明朝终结。

从明代中日的战和关系中，我们看到了天道外交的更丰富的体现。由于日本距中国较朝鲜更为险远，其对中国的需要并不迫切。再加上元讨伐的失

---

① 《明实录》世宗实录卷之三百三十，嘉靖二十六年十一月丁酉条。

② 《明实录》世宗实录卷之三百三十七，嘉靖二十七年六月戊申条。

③ 《明实录》世宗实录卷之四百二十一，嘉靖三十四年四月辛巳条。

④ 《明实录》世宗实录卷之四百三十四（嘉靖三十五年四月甲午条）、四百五十（嘉靖三十六年八月甲辰条）。

败，使其对中国之威胁感更大为减少。所以，中国的天道国际秩序所提供的保护对其没有太大吸引力，能吸引它的更主要的还是经济上的利益。当它意识到通过朝贡可以获取巨大经济利益时，它便开始与明接近并建立起友好之关系。如此，中日关系和中朝关系便有了些许不同。在日本国王看来，中日关系更多的是经济关系，所以我们常常会看到日本使团提前入贡之行为，且入贡时所带物品也是最多的，其对互市的要求也是最迫切的。在明实录记载中，日本朝贡互市之行为是最明显的。而当日本无法忍受明朝尊卑之礼节和经济利益的欲望被遏制时，中日关系就开始走向冷淡和对抗。倭乱便是日本经济利益诉求的强硬表达。日本就成了明朝天道秩序中最不稳定的因素。无论在礼节上还是在边境问题上，都和明朝天道国际秩序产生了冲突，且其程度远超过朝鲜。因此，明政府接连和日本发生了两次武装冲突：抗倭斗争是明政府和日本民间武装力量的直接冲突；抗倭援朝则是两个政府间的直接武装对抗。不过，在这两次冲突中，明政府都是被动的一方。其原因除了明中叶以后国力逐渐削弱而日本又具有较大的独立性和侵略性外，依然起主导作用的还是其天道仁德外交思想：不到万不得已，核心国家不会发动战争，其武力使用尽可能是用于制止武装侵犯上。天道思想下的武力和战争观念决定了明政府大多数情况下都是被动出兵的特点。

从这三个战与和的案例来看，在明代统治者所构想的天道国际秩序中，是遵循着一定的法则的：核心国家和周边国家有着尊卑之别，其区别以贡奉形式体现出来；核心国家与周边国家的关系一般是一种单向流动。这种单向性并不是说只来不往，而是说其往来更多的是周边国家学习和效仿核心国家的制度、礼节和文化；在贡奉过程中要遵守一定的礼节和规范；若不修贡奉，就要遵守起码的天道生生之德，安分守己。如果在礼节和边境上遵守天道法则，外交关系就会和睦安好，若不能做到尊天奉上、安境保民，就要受到核心国家的断贡惩罚甚至武力征讨。

3. 天道外交中的义利观

在天道思想下，明代外交呈现出典型的重义（尊天道秩序）轻利（商业贸易）之特点。如前所述，在天道秩序中，强调的是各安其民、各守其分，各国统治者皆靠自己的力量养民治民，而不是一味地依赖他国。按照天道思想，上天既然生下万民，自然有养育万民之道，无须大费周章，舍近求远。如果说有的国家弄得民不聊生，那就不是天的问题，而是人的问题了。如果人不遵循天道，肆意妄为，结果必然是自取灭亡。因此，在天道外交中，明朝和朝贡国之间的关系除了表明中国是践行天道的典范外，明统治者还要做的是向周边国家传授生养治理万民之天道，至于赏赐和贸易互市，不过是礼节上的客套而已。在明统治者眼中，只要周边国家皆认真践行，自然能自给自足，无须他助。各国家间的往来之主要内容也就是学习如何践行天道，以自己之力量保境安民。如此，各国皆自得其所、自得其乐，整个世界就自然和谐了。所以，在这种自给自足的天道思想中，国家间的贸易往来就是多余的了，既然温饱问题靠自己完全可以解决，还需要什么商业和贸易呢？再延伸来说的话，在传统天道思想下，人们生活的幸福与否与物质财富是有一定关联的，但这一关联并不像现今所强调的那样具有绝对性。传统社会人们生活的最佳状态是物质财富的适度或适足，过少或过多都不利于社会的稳定。过少或过多都会导致人们对物质财富的贪婪和欲望，从而不利于整体的团结和安定。这也是古人常常强调中庸之道的原因所在，中庸之道就是天之道，强调的就是整体的和谐（秩序和适度），而过与不及皆不符合天道。也正是如此，明统治者才不会追求在与他国的贸易中获取多大的利益，也劝朝贡之国尽量不要过于看重经济利益，真正能使其生活安定富足的还是自力更生。下面我们以明和朝鲜、日本、琉球等的朝贡互市往来为例进行剖析。

在与朝鲜的交往中，明统治者明确提出，贡奉并不是图其利益，如朱元璋就曾说："王使者至，陈其贡礼，王事大之心见矣。表言'守侯服于东隅，祖朝鲜之苗裔，自五季以来，常事中国'，王之言是矣。然朕观古昔，自侯甸绥服之外不治，令其国人自治之，盖体天道以行仁，惟欲其民之安耳。不为夸诈，不宝远物，不劳夷人，圣人之心弘矣哉！……若不守已分，妄起事端，祸必至矣。自今，宁使物薄而情厚，勿使物厚而情薄。"[①]"高丽王王颛自朕即位以来，称臣入贡，朕常推诚待之，大要欲使三韩之人举得其安。岂意王颛被弑而殒，其臣欲掩己恶来请约束，朕数不允，听彼自为声教，而其请不已，是以索其岁贡，然中国岂倚此为富，不过以试其诚伪耳。今既听命，其心已见，宜再与之约，削其岁贡，令三年一朝贡，马五十匹，至二十一年正旦乃贡。汝宜以此意谕之。"[②]"朕视高丽，不啻一弹丸，僻处一隅，风俗殊异，得人不足以广众，得地不足以广疆，历代所以征伐者，皆其自生衅端，初非中国好土地而欲吞并也。"[③]

由上可见，贡奉、人口、土地、财富并不是明统治者追求的外交目标。

① 《明实录》太祖实录卷之八十九，洪武七年五月壬申条。
② 《明实录》太祖实录卷之一百七十，洪武十八年正月戊寅条。
③ 《明实录》太祖实录卷之二百二十八，洪武二十六年六月壬辰条。

那么其所需要的是什么呢？如上所述，即奉天事上之诚。奉天就是遵循天道，对内养民治民，对外保境安民、安分守己；事实上就是承认明统治者核心领导之地位，与之一起致力于天道秩序。如朱元璋给王颛的那份传授治国之道的诏书中所说："朕虽德薄，为天下主，王已称臣备贡，事合古礼。凡诸侯之国势将近危，故持危保国之道不可不谕王知之。古者王公设险以守其国，今王有人民无城郭，民人将何所依？为国者未尝去兵，今王武备不修则国威弛。民以食为天，今濒海之地不耕，则民食艰。凡国必有出政令之所，今王有居室而无厅事，则无以示尊严于臣下，朕甚不取也。历代之君，不间夷夏，惟修仁义礼乐以化民成俗。今王弃而不务，日以持斋守戒为事，欲以求福，失其要矣。……夫王之所以王高丽者，莫不由前世所积，若行先王之道，与民兴利除害，使其生齿繁广，父母妻子饱食暖衣，各得其所，则国永长，修德求福莫大于此。王何不为此而为彼哉！有国之君，当崇祀典，闻王之国牺牲不育，何以供境内山川城隍之祀乎？古人有言：'国之大事在祀与戎。'若戎事不修，祀事不备，其何以为国乎？……其间或有强暴者出，不为中国患必为高丽扰。况倭人出入海岛十有余年，必知王之虚实，此亦不可不虑也。王欲御之，非雄武之将、勇猛之兵不可远战于封疆之外。王欲守之，非深沟高垒，内有储蓄，外有援兵，不能以挫锐而擒敌。……且知王欲制法服，以奉家庙，朕深以为喜。今赐王冠服、乐器、陪臣冠服及洪武三年《大统历》、《六经》、《四书》、《通鉴》、《汉书》，至可领也。"[①] 在这里，朱元璋点出了天道秩序下核心国与附属国之间外交关系中的关键内容，那就是向四夷传授天道治国之法，具体来说就是仁义礼乐之治，"历代之君，不间夷夏，惟修仁义礼乐以化民成俗"。而仁义之核心内容就是：对内"与民兴利除害，使其生齿繁广，父母妻子饱食暖衣，各得其所"；对外要修武备扬国威，保境安民。礼乐则是维护仁义的润滑剂，是对国民的培育和教化，体现为国民的整体素质。无怪乎明太祖初定天下，他务未遑，首开礼、乐二局，广征耆儒，分曹究讨。[②] 除此之外，维护天道秩序还需遵奉天道的国家团结一心，共同对付不遵天道者或破坏天道者，"其间或有强暴者出，不为中国患必为高丽扰。……王欲守之，非深沟高垒，内有储蓄，外有援兵，不能以挫锐而擒敌"。果然，后来中朝并肩抵御倭寇入侵。

由上可以看出，天道秩序下的外交主要体现在秩序的维护和治国之道的

---

① 《明实录》太祖实录卷之四十六，洪武二年十月壬戌条。

② 《明史》卷47，志第二十三，礼一（吉礼一）条。

传授与交流上，朱元璋特意送给高丽王《大统历》、《六经》、《四书》、《通鉴》、《汉书》等体现天道之书，其用意显而易见。在这些外交内容中，互市贸易、经济往来并不是主要内容，甚至是无足轻重的。在朱元璋的治国之道中丝毫没有提到商业的内容，这并不奇怪。因为在传统天道中，经济上能自给自足就够了，物质并不是人们极端追求的目标，逐利会导致社会动荡，与天道仁德不相符合。所以，天道秩序的维护更多靠诚和义，靠礼乐而不是经济利益。在传统社会就不会出现以商业立国的国家政策，其对外交贸易的态度就可想而知了。

所以，在与朝鲜之交往中，明统治者谈得最多的还是让其践行天道，自给自足。只有在朝鲜面临危难的时刻，明政府才稍微开放互市之门口，允诺市易给其所急需之物品。如在成化十三年（1477），朝鲜国王李娎以明朝禁外国互市铜、铁、弓角等物，奏言："小邦北连野人，南邻岛倭，五兵之用，俱不可缺。而弓材所需牛角，仰于上国。窃惟高皇帝时，赏赐小邦火药、火炮，待遇异于诸番。今望特许收买弓角，不与胡人一例禁约为幸。"兵部言："朝鲜奉正朔，谨朝贡，恪守臣节，与诸夷不同，若一切禁止，恐失效顺之心。宜讦以互市而限其数。"宪宗以朝鲜奏乞恳切，每岁许买弓角五十，不许过多。[①] 朝鲜急需弓角等武器材料以御外敌，兵部和宪宗考虑到朝鲜奉天事上之诚，犹在他国之上，才准许其可每年购买五十。由此可见明代对外贸易的特点，即贸易的前提是夷国修臣职之诚心，也即仁义在利益之先。而即使是亲近虔诚如朝鲜这样的国家，对其贸易的额度亦有严格的限制。明在外交中对经济贸易之严禁和轻视，再次体现了其不愿用经济利益来衡量外交关系之心态。

而在朝鲜经历了倭寇大劫难之后，明政府也不愿以贸易手段来助其恢复生产，而是鼓励其自力更生、笃行天道。万历三十年（1602），神宗皇帝敕谕朝鲜国王李昖曰："王以倭使数至，胁言兴兵，奏请遣调，以壮声势。朕览之惕然，谓宜体悉。但遣将一员，调兵数百，以战则寡，以守则弱，亦何

① 《明实录》宪宗实录卷之一百七十二，成化十三年十一月乙亥条。成化十七年，朝鲜被女真侵扰，李娎奏言每年五十副弓角不足用，要求不要限制其购买额数，而宪宗只答应每年再许其增买五十副。（《明实录》宪宗实录卷之二百一十二，成化十七年二月丙寅条）万历三十年，为了御倭之需，神宗特许朝鲜该年加买弓角一百副，但下不为例。（《明实录》神宗实录卷之三百七十三，万历三十年六月丙申条）万历三十三年，朝鲜请求购买硝黄、火药，神宗允许其每年购买三千斤，但若朝鲜兵力强盛、外忧解除之后就要停止购买。（《明实录》神宗实录卷之四百一十四，万历三十三年十月庚午条）

济之有？……故莫如自强，一改弦辙，大修耕战。……核实诛名，信赏必罚，时遣使者巡行，讥督不逮，王亦夙宵忧励，增修未备。昔老子贵慈，犹不讳战，文王明德，亦肆钩援，郑侨葛亮，皆以严理。岂以儒缓为弘仁，苟安为休息哉！……王其勉之，毋辜朕意。”① 这既体现了天道秩序下各国自治之原则，也表现出自强自治之传统耕战特征。神宗说得明白，靠外来救援救得了一时，救不了一世，所以最关键的乃是自强。而自强的方法就是修耕战，即文武之道皆备。而这也是天道之整体要求。在自强之道中，我们没有看到商业和贸易的影子，这充分说明其在传统治国中的次要地位。这也从侧面反映出明统治者在与朝鲜交往过程中不会重视商业和贸易的交往。

对朝鲜是如此，其他国家则更不用说了。由于外来各国还是对明之物品充满欲求，其贸易要求越来越强烈，明朝再也不能忽视了。鉴于此，明政府专门设置了市舶司来满足其贸易要求，这就是所谓的朝贡贸易。市舶司在多时曾分设浙江、福建、广东三处。但这种市舶朝贡贸易是非常有限的，它仅是用来安抚四夷热切贸易之心的暂时性机构，也是天道下怀远之心的体现。

关于市舶司及朝贡贸易的怀远性质，可以从几个例子看出来。永乐元年（1403）九月，礼部尚书李至刚奏：“日本国遣使入贡，已至宁波府。凡番使入中国，不得私载兵器刀槊之类鬻于民，具有禁令。宜命有司会检番舶中有兵器刀槊之类，籍封送京师。”上曰：“外夷向慕中国，来修朝贡，危踏海波，跋涉万里，道路既远，赀费亦多，其各有赍以助路费，亦人情也，岂当一切拘之禁令。”至刚复奏：“刀槊之类在民间不许私有，则亦无所鬻，惟当籍封送官。”上曰：“无所鬻则官为准中国之直市之，毋拘法禁以失朝廷宽大之意，且阻远人归慕之心。”② 在朱棣看来，远夷来朝贡，是奉天事上诚心之体现，与这一诚心比起来，允许其夹带些私物，算不了什么，即使是民间禁用物品，也要宽容，大不了政府出钱按市场价全买下来，无论如何不能冷了不远万里来朝之使者的心。所以，“远人归慕之心”是更重要的，这是天道秩序得以建立和维持的基础，也是明天朝大国地位奠定的基础，不能因为其谋一些蝇头小利就阻绝之。而当有司建议对超贡船载来互市之商品进行征税时，朱棣更是断然拒绝，他说：“商税者，国家抑逐末之民，岂以为利。今夷人慕义远来，乃侵其利，所得几何，而亏辱大体多矣。”③ 由此

---

① 《明实录》神宗实录卷之三百七十九，万历三十年十一月辛丑条。

② 《明实录》太宗实录卷之二十三，永乐元年九月己亥条。

③ 《明史》卷81，志第五十七，《食货五（市舶）》。

可看出，明统治者对商业贸易和商税的典型态度：商贸活动乃逐末之举，不应为立国之本，而商税不过是用来抑制商贸行为的手段，并不是国家用来致富和强盛的工具。征税并不会给明朝带来多大的收益，反而会显得小气和吝啬，失了大体。所以，对于外夷这些微薄的商贸利益，就不要进行侵夺了，以免冷了其“慕义远来”之诚心。明统治者允许朝贡贸易的目的主要是向远夷宣传中国礼乐文明，至于那点微薄的贸易利益是无足轻重的。从这里我们也就理解了，为何明统治者不仅没有对朝贡者附带商品征税，反会以高价收购朝贡者所携之私物，并回赐朝贡者更多的物品。这并不是为了贸易，而是为了获得四夷之诚心，以便支撑起一个天道国际秩序。

所以，这种贸易活动绝不可能成为外交关系的核心内容，明统治者反感以商业利益来维系夷夏关系，如果朝贡国物品带得过多，就会受到明政府的限制。为限制贸易规模，明政府出台了明确的条例。如弘治十四年（1501）提督会同馆礼部主事刘纲言：“旧例，各处夷人朝贡到馆，五日一次放出，余日不许擅自出入。惟朝鲜琉球二国使臣则听其出外贸易，不在五日之数。近者刑部等衙门奏行新例，乃一概革去，二国使臣颇觖望。又旧例，夷人领赏之后，告欲贸易，听铺行人等持货入馆开市五日，两平交易。而新例凡遇夷人开市，令宛平、大兴二县委官选送铺户入馆，铺户、夷人两不相投，其所卖者多非夷人所欲之物，乞俱仍旧为便。又新例，外夷到馆凡事有违错，不分轻重輙参问提督、主事及通事伴送人等，且主事在馆，提督不过总其大纲，与通事伴送专职者不同。今一体参问，情既无辜，且不足以示体统于四夷，乞量为处分。”礼部议谓：“前二事，宜如纲奏，外夷到馆如有杀人重事，乃参门提督官，其余事情，止参问通事伴送人等。”从之。[①]

从这番往来奏折中，我们不难看出，对于朝贡人员进行了贸易限制，五日中只允许一天外出进行贸易，只有和明关系较好的朝鲜和琉球例外。在朝贡人员领赏之后，才又允许铺行之人到会馆再与之进行五日贸易。鉴于外交关系的稳定和友好，这种限制到了弘治年间才有所改变，允许各国使者享有朝鲜琉球同等待遇。这方面虽然放开了，但通过对入贡年限和规模的限制，对总体贸易的限制仍然没有放松。如在成化十一年（1475），为了惩罚琉球贡使在福建纵容部下杀人越货之罪，将琉球一年一贡改为二年一贡，并不许朝贡人员超过百人，也不许在正贡物品外私附货物。[②] 成化十四年（1478），

① 《明实录》孝宗实录卷之一百七十，弘治十四年正月壬申条。

② 《明实录》宪宗实录卷之一百四十，成化十一年四月戊子条。

琉球新王尚真继位，再求一年一贡，礼部认为，其动机可疑，不是诚心纳贡，“不过欲图市易而已”，且“其使臣多系福建逋逃之徒，狡诈百端，杀人放火。亦欲贸中国之货，以专外夷之利”，因此“难以其请，命止依前例，二年一贡。”① 由此可见明统治者对朝贡国专务贸易的不满。杀人越货、倒买倒卖，归根结底都是追逐私利之结果，而这与和谐天道秩序是背道而驰的，禁止其贪欲是有必要的。尚真又多次请求一年一贡，甚至是不时进贡，称这是以小事大之诚，但礼部仍认为其“实假进贡以规市贩之利，宜不听其所请”。不仅如此，礼部还建议将其进京人数从五六十降到十五人以内。宪宗皆从礼部所议。② 直到正德年间，念其忠顺，才答应其一年一贡之请求。③ 但到嘉靖年间，又改回二年一贡。④

对日本的贸易限制就更明显了。初时，明统治者还以怀远人之热心对待日本朝贡者，但后来发现其贪利之心远大于事上之诚，就开始对其进行限制了。景泰五年（1454），日本国使臣允澎等奏：“蒙赐本国附搭物件价值比宣德年间十分之一，乞照旧给赏。”帝曰：“远夷当优待之，加铜钱一万贯。”允澎等犹以为少，求增赐，礼部官劾其无厌。⑤ 到了成化年间，开始采取措施抑制日本贡使之贪欲，成化五年（1469），礼部奏：“日本国所贡刀剑之属，例以钱、绢酬其直。自来皆酌时宜以增损其数，况近时钱钞价直贵贱相远。今会议所偿之银，以两计之，已至三万八千有余，不为不多矣。而使臣清启犹援例争论不已。是则虽倾府库之贮，亦难满其溪壑之欲矣。宜裁节以抑其贪。”宪宗从其议。⑥ 对于日本使者之贪婪，明统治者已经无法忍受了。而清启在贡后返回日本时，海上遇风，三艘船损失一艘。他请求明宪宗赔偿其损失，宪宗亦拒绝之。只是为了安抚远夷，象征性地赏赐了些绢布和铜钱。⑦

嘉靖争贡事件之后，更阻绝其贡路，嘉靖十九年（1540）再次通贡时，限制其入贡时间和规模，允其十年一贡，船不过三，人不过百。⑧ 这就大大

---

① 《明实录》宪宗实录卷之一百七十七，成化十四年四月己酉条。

② 《明实录》宪宗实录卷之二百二（成化十六年四月辛酉条）、二百二十六（成化十八年四月甲子条）。

③ 《明实录》武宗实录卷之二十四，正德二年三月丙辰条。

④ 《明实录》世宗实录卷之十四，嘉靖元年五月戊午条。

⑤ 《明实录》英宗实录卷之二百三十七，景泰五年正月乙丑条。

⑥ 《明实录》宪宗实录卷之六十二，成化五年正月丙子条。

⑦ 《明实录》宪宗实录卷之六十三，成化五年二月甲午条。

⑧ 《明实录》世宗实录卷之二百三十四，嘉靖十九年二月丙戌条。

限制了其贸易规模。倭乱后，更断绝了其朝贡行为。

从以上就可以看出，明统治者对外交上的贸易行为是不大看重的，其所看重的是朝贡各国对天道之认真践行，也即奉天事上之诚。朱元璋和礼部给三佛齐的咨文可以说对此进行了总结，其中写道："洪武初，海外诸番与中国往来，使臣不绝，商贾便之。近者安南、占城、真腊、暹罗、爪哇、大琉球、三佛齐……等凡三十国，以胡惟庸谋乱，三佛齐乃生间谍，给我使臣至彼，爪哇国王闻知其事，戒饬三佛齐，礼送还朝。是后使臣、商旅阻绝，诸国王之意遂尔不通。……大琉球王与其宰臣皆遣子弟入我中国受学，凡诸番国使臣来者，皆以礼待之。我待诸番国之意不薄，但未知诸国之心若何？今欲遣使谕爪哇国，恐三佛齐中途阻之，闻三佛齐系爪哇统属，尔礼部备述朕意，移文暹罗国王，令遣人转达爪哇知之。于是礼部咨暹罗国王曰：'自有天地以来，即有君臣上下之分，且有中国四夷之礼，自古皆然。我朝混一之初，海外诸番莫不来庭，岂意胡惟庸造乱，三佛齐乃生间谍，给我信使，肆行巧诈，彼岂不知大琉球王与其宰臣皆遣子弟入我中国受学，皇上锡寒暑之衣，有疾则命医诊之。皇上之心仁义兼尽矣！皇上一以仁义待诸番国，何三佛齐诸国背大恩，而失君臣之礼？据有一蕞之土，欲与中国抗衡。倘皇上震怒，使一偏将，将十万众越海问罪，如覆手耳？何不思之甚乎！皇上尝曰："安南、占城、真腊、暹罗、大琉球，皆修臣职，惟三佛齐梗我声教，夫智者忧未然，勇者能徙义，彼三佛齐以蕞尔之国而持奸于诸国之中，可谓不畏祸者矣？"尔暹罗王独守臣节，我皇上眷爱。如此可转达爪哇，俾其以大义告于三佛齐，三佛齐系爪哇统属，其言彼必信，或能改过从善，则与诸国咸礼遇之如初，勿自疑也。'"①

由上可见，朝贡者来明的主旨是奉天事上，其内容包括修臣职、尽夷夏之礼、学习明朝声教。明了这些，自然就内安其民，外守己分，上下内外皆称仁义，整个世界则一片和谐。由此建立的天道仁德秩序才是明外交的主要目标，而商旅之便不过是其中的副产品而已。倘若仁义不施行，商贾之路亦会断绝。对商业贸易如此轻视，使我们就不难理解明市舶司屡次被裁撤的命运了。

综上所述，在明朝的天道外交中，对义的考虑超过了对利的考虑。但这一"义"并不是寻常所理解的情感或道德。"义"是对天道仁德秩序的尊奉和践行，这既表现在朝贡者尊天事上之诚心上，也表现在其内政外交之具体

① 《明实录》太祖实录卷之二百五十四，洪武三十年八月丙午条。

实践上。当然，对“义”的追求并不排斥“利”，也并不全然否定对外贸易。但是，对“利”的认可是建立在天道思想基础上的。在天道思想中，“利”只能适宜，而不能过度。适宜的“利”可以改善人的生活水平并拉近彼此之感情，但过度地追求“利”则会破坏社会和人心，导致秩序动荡。因此，对于朝贡国过度的利益追求明朝是反对和压制的。对海外贸易的限制就给人们一种印象，即明实行的是海禁政策。对海禁及其背后的天道外交思想的不理解或不接受又导致了沿海骚乱和边境侵扰，而这又致使明朝加剧海禁之程度。如此就形成了一种“海禁——倭患——加强海禁”之恶性循环。天道外交就面临着解体之危险。

这种天道外交到底有没有可取之处，它又有何局限，在现代社会其又有何借鉴之处，通过前面的描述和分析，我们来试着对这些问题进行解答。

通过前面的论述，我们对明代天道外交作一总结：明代外交是在天道思想指导下进行的。在天道思想中，天下万民皆属一家，但在这一家之中，对天道之领悟和实践程度有别，因此就有了夷夏等级之分。夷夏秩序在明统治者看来是天道下的自然等级秩序。在这一秩序中，华夏中国在践行天道过程中遥遥领先，因此成为天道自然等级中的核心领导者，稍为落后的周边四夷则成为领导者的附属成员。各国共同组成了一个国际大家庭。在这个大家庭中，领导者地位和权威的确立要通过一定的形式体现出来，这就是朝拜和贡奉。所以，学界又将以这种形式建立起来的夷夏国际秩序称为“朝贡体系”。在夷夏秩序中，领导国和朝奉国各有自己的义务，领导国应尽的义务有：（1）传授以天道治国之经验，即内修耕种、礼乐以安其民，外修战备以保其民。明统治者向各国馈赠的《大统历》和儒家书籍、允许文化和生员交往等就是典型体现。（2）嘉奖诚心奉天事上、拥护天道秩序者。如应朝奉国要求，向其国王赐金印，以正其正统；向王室成员赐官服和谥号；对朝贡国家给予大量赏赐；允许一定的商贸往来等。这都是对忠诚之嘉奖，同时也是对朝奉国地位的正统性与合法性的承认和庇护。（3）维护夷夏秩序稳定，促进国家间和平，保护朝奉国安全。明代平安南篡国扰邻之权臣政权、抗倭援朝等皆是此义务之体现。朝奉国应尽的义务有：（1）定期朝奉领导国，诚心奉天事上。（2）积极践行天道，内安其民，外安其分。（3）与核心领导国建立起稳固的单一联系，尽量减少平行国家间的政治、军事联合行为。（4）与领导国一起保护天道秩序稳定，有时需采取一致武装行动来平定挑战天道者。如果双方将上述事宜安排得较为妥当，那么夷夏秩序就是和平与稳定的。而这只是一种理想状态，在核心领导国和朝奉国之间，多数时间存在着冲突和矛盾。导致冲突甚至战争的原因是多方面的，归纳起来有如下几点：（1）对朝奉礼节的不尊重。如言辞和态度傲慢、无表文、贡不如期、慢待甚至拘役截杀明朝使节等。（2）内政不稳，有篡位和弑君等逆天行为等。（3）外不守己分，侵扰邻国边境。这都是违反天道之行为，明朝常因此与朝奉国断交，甚至是出兵征伐之。不过要注意的是，由于秉承天地生生之德，明统治者一般不会主动出兵，而是被动出兵，出兵是为止戈，而非穷兵黩武。最后，天道外交中对商贸是不重视的，因为在传统天道思想中，追求的是中庸与整体和谐，因此仁德秩序和礼乐之风是其核心内容，经济并不作为一个独立的领域为人们所欲求。对经济的要求是适度而非过度，而这只靠农耕就足够了。过度的商贸行为是与天道背道而驰的。天道尚中庸和整体和谐，而不尚极端和片面。因此商贸行为在明代外交中是受限制的。

这就是明天道外交的大致内容。而且，笔者认为这种天道外交不仅仅限于明朝或清朝，在传统的中国社会，几乎都是持有这种态度。尽管有学者强调唐、宋、元的对外开放性，但从其总体精神上说，似乎并没有太大出入。天道思想几乎贯穿中国整个传统社会。

那么这种传统天道外交有何利弊，与西方近现代人道外交相比，它又有何借鉴价值呢？

首先，我们来看明代天道外交的优点。其优点可归纳如下：

（1）尊天道及由其形成的自然等级秩序，有利于保持世界之整体性与和谐

尊天道，首先就要秉承其生生之德，由此就要尊重天下万事万物、各族各邦之生存。“生生”就是天道下的自然特性和自然权利，具体到每个种族，都要落实“自己活也要让别人活”的天则。在天道自然权利基础上，又产生了其特有的自治和自由思想。有在履行一定的朝贡礼节后，明代统治者承认各族各邦可根据自己风俗和民族特色进行自治，有着决定自己政治经济决策之自由。即使不参加夷夏国际秩序，只要其安分守己，不侵扰他国，明统治者亦听任其自为生教。这就是天道思想下的自然权利、自治和自由。所以，在天道下，有可能真正实现现代人所热衷的“自己活也要让他人活”之自然权利，让人的自然权利拥有真正的基础。此外，在天道思想下，根据各国发展和践行天道水平之不同，形成自然的权威和等级秩序，而且在这一等级秩序中，依附和朝奉是自愿的而非强迫的。这都符合天道自然之法则。最后，在皆为天地子民前提下，所有民族和邦国都将变为朋友而非敌人。所

以在外交中明统治者始终都怀着将四夷化敌为友的心态。这和孔子所说的“有朋自远方来，不亦说乎”之思想也是契合的。

与此相对应，西方近代人道思想下的自然权利、自治和自由呈现出不同特征。所谓的人道、人权思想产生于西方近代。而这一近代人道产生的基础却是对生存的恐惧。霍布斯对此有着详尽的论述。正是在生存恐惧的基础上，才诞生了西方近现代自然权利观（生存权、发展权、幸福权），也即人权观。而保证这一自然权利或人权的基础就是财产。对这一思想做出论证的是洛克。在自然权利（人权）和财产权基础上，又产生了近现代自治和自由观念，进而演化成近现代的契约制度（自由民主、社会民主）。[①] 然而，其基础的不牢固导致其自然权利、自治和自由观念漏洞百出。因其基础就是对生存的恐惧感和陌生感，包括对自然（灾难）和人（人性恶）的恐惧。斯宾格勒对此有精到的描述，他说，西方人对自然和他人的恐惧感和陌生感导致了其对自然和社会的无限控制欲，这样就诞生了西方近代社会科学和自然科学。这两者是其获得生存条件（财产）、谋求安全感的保证条件。[②] 这一欲望的无限延伸，就成了现今的西方社会。对安全感无限寻求的最终结果，就是以人造世界（必然和受控）取代自然世界（偶然而不可控），人要靠技术建立一个永久的安全岛，无论自由民主还是社会民主，都谋求人及其意志的绝对性和对一切的计划控制。[③] 近代思想大师马基雅维利、霍布斯、洛克、卢梭、黑格尔、尼采等对这一目标的实现都作出了贡献。如此的人道及其社会，就必然导致对“力”和“量”的崇拜，这就决定了现代社会的大生产特征和对外征服特征。[④] 最后尼采的话被验证了，所谓的人道和人性不过是近现代人伪造的自然权利，其背后真正起作用的其实是权力意志。而这一权力意志最终演化成了国家的综合实力，反映到内政和外交上就是残酷的强者生存的逻辑。[⑤]

虽然近现代西方人高喊着人道、人权、民主、自由，但其背后的生存恐惧常常使这些堂皇的口号不堪一击。为了保证自己的安全，消灭潜在的威

---

① ［美］列奥·施特劳斯：《自然权利与历史》，彭刚译，三联出版社 2003 年版，第 168—257 页。

② ［德］奥·斯宾格勒：《西方的没落》，陈晓林译，黑龙江教育出版社 1988 年版，第 284 页。

③ ［美］列奥·施特劳斯：《自然权利与历史》，第 176—179、280—287 页。

④ ［德］奥·斯宾格勒：《西方的没落》，第 297—300 页。

⑤ ［美］列奥·施特劳斯：《自然权利与历史》，第 190—200 页。

胁，近现代西方人所有的理想主义莫不回归到现实主义起点上。现今其外交上的现实主义和保守主义发展到这一步并不奇怪，即从打击来犯之敌发展到打击潜在之敌。现代人道外交沦为强权外交是其逻辑发展的必然。出现这样的问题，正是人道思想的起点出了问题。其起点就已经设置了“敌—我”思维模式，其看待世界的眼光注定是分裂的，这种心态从亨廷顿的言论中清晰地表现了出来，他说：

“憎恨是人之常情。为了确定自我和找到动力，人们需要敌人：商业上的竞争者、取得成功的对手、政治上的反对派。对那些与自己不同并有能力伤害自己的人，人们自然地抱有不信任，并把他们视为威胁。一个冲突的解决和一个敌人的消失造成了带来新冲突和新敌人的个人的、社会的及政治的力量。正如阿里·马兹鲁伊所说：‘在政坛上，“我们”与“他们”相对立的趋势几乎无所不在。’”在当代世界，“他们”越来越可能是不同文明的人。冷战的结束并未结束冲突，反而产生了基于文化的新认同以及不同文化集团（在最广的层面上是不同的文明）之间冲突的新模式。①

这种“敌—我”思维模式几乎表现在西方社会的方方面面，小到个人与他人、社团和社团、阶级与阶级，大到国家与国家、文明与文明，甚至人类和宇宙，都被阐释成“敌—我”之对立关系。以至于西方人走到了亨廷顿所说的极端境地：不得不在敌人那里找到自我，而没有敌人他就无法生活，敌人成了其生存的基本动力。美国哈佛大学政治学教授、政府多名高参的导师、“保守主义王子”哈维·曼斯菲尔德更是教导人：朋友就是敌人的敌人；唯有身处敌意，才能活出尊严。② 近现代人道外交的最好注解，就是英国两任首相（迪斯累利和丘吉尔）都说过的话：“我们没有永恒的敌人，也没有永恒的朋友，我们的使命就是为我们的利益而奋斗。”这体现出一种西方独有的自我中心主义倾向。其和他者的关系只能表现为征服或者同化，否则其就永远没有安全感。

而亨廷顿所说的憎恨或恐惧再往前追溯的话，可能来自其传统的主客体二元思维模式。从古希腊而来的主体与客体、精神和物质、人类和自然等的区分和对立造就了西方近代的自我中心和人类中心主义思想，进而产生了其

① ［美］塞缪尔·亨廷顿：《文明的冲突与世界秩序的重建》，周琪等译，新华出版社 1998 年版，第 135 页。

② 萌萌主编：《启示与理性——哲学问题回归或转向》，中国社会科学出版社 2001 年版，第 31、32 页。

霸气十足的人道外交。

与天道外交相比，人道的局限性就很明显了。天道外交将天地万物看作一个整体，人与人、人与国家、人与自然皆处于一个整体中，在这个整体中，万物和谐相处、各安其分、各司其职，没有谁征服谁、消灭谁的问题。被征服和消灭的只有那些率先不让别人生存下去的人或国家。遵循天道有助于修正人类意志泛滥导致的负面影响。而人道外交一开始就将人和他人、国家与国家、人和自然等区分开来，对他人和自然展开了双重的征服行动。如此，现代新自由主义所倡导的“自己活也要让他人活”就只停留在了口头上。而天道智慧则是有可能保证其实现的。对宇宙的这种片面的理解使西方社会面临了一系列社会、自然、外交等问题。可以说，人道导致的人类主观意志的泛滥使之将一个完整的世界撕扯得面目全非。人类历史上规模最大的两次世界大战，与人道思想及其指导下的人道外交不无关系。基督信仰对此似乎也束手无策，它反而更拔高了西方人类中心主义倾向，因为在基督信仰中，依然没有给自然宇宙留有地盘。而东方传统的天道思想和天人合一观念可能对这种倾向有所修正。

（2）天道外交中的中庸和节制，有利于防止恶性竞争和私欲泛滥

天道外交崇尚的是整体性和中庸之道，它不允许极端的和片面的发展。所以它表现出的是一种物质和精神的浑然一体之发展，不允许物质超越精神或脱出精神之控制。如此，它对经济的兴趣就着重在农耕上而不是商贸上。在它看来，农耕是最接近自然天道和生命本质的生产，而商贸则是自然生产基础上的副业。因此在天道外交中，就不会出现推崇商贸之情形，更多的是对自给自足农耕礼乐文明之提倡。如此，它也就不会鼓励各国间的经济交往，而是强调其自给自足、安居乐业、各安其分。如果维持得好的话，这样精神下的一个国际秩序将会减少恶性竞争和经济私欲之泛滥，形成较为稳定而和谐的世界局面。

而西方近代以来的人道外交则明显钟情于经济商贸的往来，这是将财产作为生存的核心内容之后的必然结果。然而，获取多少财产才是安全和幸福的呢？谁也无法确定，于是现代人只能无止境地追求下去。最后，对财产的无限欲望而不是财产本身成了其生存的动力。① 而这必然导致无止境的竞争和私欲之泛滥，在国际关系上就体现为无休止的殖民、征服和战争。

当然，天道外交也有其缺点，其缺点可归纳如下：

---

① ［美］列奥·施特劳斯：《自然权利与历史》，第255、256页。

（1）天道外交的难操作性和不稳定性

天道外交的难操作性和不稳定性在于，它面对的是天地万物、宇宙整体。它试图按照整个世界甚至是整个宇宙的本来面目来适应和管理之。而这就对人类的智慧和悟性提出了挑战。中国先贤以其高超的智慧对天道进行了不懈探索，其不断的体悟和实践取得了明显的效果，这使之在广袤的土地上建立了辉煌而长久的文明。这说明其对天道之体悟是具有合理性的。其建立的以仁德为核心的等级统治秩序在某种程度上符合了天道法则。按照万物特性和能力之不同而设立等级秩序，既是这一秩序之优点，也是其难操作和不稳定性所在。因为如此设立的等级体系如果想要稳定和长久，一定要尽量真正地洞察万事万物的自然区别，然后让其各尽其能、各得其所。而如此就需要统治者和管理者拥有极高的智慧和德行。其智慧足以使其合理地安排好天地万物万民之生业，使其各得其所；其德行能够使他们公正地解决所有的冲突和矛盾。然而问题正在这里，统治者高超的智慧和德行恰是没有保障的。没有智慧和德行能够永远保持在巅峰状态的统治者。所以，我们会看到，古代中国人无比信奉这一天道等级秩序之优越性，几千年来没有动摇过对它的信心。但同时我们也看到，没有哪一个朝代能够长久统治下去。因为其将天道秩序的核心设置为一个家族世袭统治，虽在某种程度上保持了稳定，但同时也制造了矛盾和冲突。一个家族的才能和德行是不稳定的，其智慧和德行随着其地位的稳固和生活的舒适而有逐代下降的趋势。具体到明代，洪武、永乐时期的励精图治迎来了其鼎盛发展，而接下来坐享其成的继任者就开始走下坡路了，正所谓“生于忧患，死于安乐”。于是，朝代不断更替但统治模式却依然不变的现象，就成了古代中国历史的固有规律。

而外交的兴衰也和朝代的兴衰保持着一致性。当统治者有着足够的智慧和德行时，内政外交都会安排得井井有条，其德行也会为外邦所信服，因此愿意来朝奉，于是天道国际秩序就较为稳定与和谐；当统治者能力不足以安邦、德行不足以服众时，整个朝政就会腐败滋生、恶行肆虐，上行下效、社会动荡，外交上也就不会有什么建树，甚至还会诱使外邦趁机入侵。天道国际秩序也就有名无实了。

明代外交体现的正是这一规律，到了万历年间，皇帝怠政、挥霍无度，吏治腐败、军队腐朽、社会动荡。[①] 而统治阶层的智慧和德行是支撑天道秩序的支柱，这时的支柱已然发生朽坏，大厦将倾，只在时日。而神宗及其臣

① 南炳文、汤纲：《明史》（下册），上海人民出版社1991年版，第647—833页。

僚也认识到了这一问题。万历十九年七月，大学士许国等奏："昨得浙江、福建抚臣共报日本倭奴招诱琉球入犯，盖缘顷年达虏猖獗于北，番戎蠢动于西，缅夷侵扰于南，未经大创，以致岛寇生心，乘间窃发，中外小臣争务攻击，始焉以卑凌尊，继焉以外制内。大臣纷纷求去，谁敢为国家任事者，伏乞大奋乾刚，申谕诸臣各修职业，毋恣胸臆。"神宗谕六部都察院曰："祖宗设官分职，使之上下相统，内外相维。体式俱存，纪纲攸系，是以官守言责，各有司存，岂容紊乱。近年以来，人各有心，众思为政，或以卑凌尊，或以新间旧，或以僚属而詈官长，或以外吏而排阁臣，以致国是纷纷，朝纲陵替。……国无其人，谁与共理？内治不举，外患渐生，四夷交侵。职此之故，今后但有干名犯分，抵冒诬蔑，肆无忌惮者，宪典昭然，定不轻贷。"①神宗和许国都意识到统治秩序发生了紊乱，导致内忧外患。究其根源，乃在官僚管理阶层的紊乱。按许国的说法，诸臣不修职业，妄恣胸臆，遇事纷纷躲避，不敢任事，致使"中外小臣争务攻击，以卑凌尊，以外制内"；神宗则更清楚指出，各级官员应各守其职，"上下相统，内外相维，官守言责，各有司存"，在此官僚体系上，才会产生纲纪，维系天道。因此，维持这一体系，切忌私心和僭越。然而现今则是"人各有心，众思为政，或以卑凌尊，或以新间旧，或以僚属而詈官长，或以外吏而排阁臣，以致国是纷纷，朝纲陵替"，各自以一己之私心行事，完全不顾整体秩序，以下犯上，以外排内，互相倾轧，秩序大乱。而内治不举，必然招致"四夷交侵"。神宗和大学士都号召整顿朝纲、规范官守，这确实是治理天道秩序的良方。但他们都忘了关键的一环，即皇帝之能力和操守。如果说官员是完善天道秩序之关键环节的话，皇帝则是关键中的关键。皇帝不能洞察和实践天道，使百官各得其所、各司其职，赏罚不分明、不克己奉公，就会成为朝纲紊乱的源头。万历神宗皇帝就是如此，他自己的本分未尽到，反而要求下属达到要求，只能是自欺欺人。所以，我们也不难想象，其措施收效微乎其微。

这正是天道统治和天道外交的弱点所在，由于其过度依赖统治者的才能和德行，以至于只要出现一个昏庸的皇帝，就会导致秩序大乱，国家整体力量衰退。②既然尊不为尊，那么卑也就不甘为卑了，中外小臣纷纷欲越权夺

① 《明实录》神宗实录卷之二百三十八，万历十九年七月葵未条。

② 接下来继任皇帝亦是如此，上梁不正，下官相随，腐败行为层出不穷。党争不断，宦官专权等等就不必说了，就是边关武将也开始不听指挥，典型如在海外驻扎的抗倭和遏制女真的援辽总兵毛文龙经常谎报军情，欺上瞒下，索饷而自肥，骄横而不服管制，被袁崇焕诛杀。见《明实录》熹宗实录卷之七十一（天启六年五月甲子条）、崇祯实录卷之二十三（崇祯二年六月申戌条）。

权，因此就出现了“达虏猖獗于北，番戎蠢动于西，缅夷侵扰于南，岛寇生心”的局面，天道国际秩序也就无法维持了。

（2）天道外交无法应对极端挑战之局限性

首先，天道是无限广大的，没有哪个国家或民族能够说已经全部掌握了它。中国古人对天道整体性之体悟也远不是完善的，其体悟和践行也是存在问题的。如前所述家天下的统治方式可能是天道的僵化表现。这种僵化助长了统治阶层在内政外交中的傲慢和自大，由此产生了一系列问题。如日本源义持统治时期因明使者胡作非为而拒绝入贡等。[①]

此外，即使其能保证统治者的充分智慧和德行，天道外交也会面临巨大的挑战。由于天道秩序寻求一种整体性与和谐性，它不允许发展极端的东西，包括商业和贸易等。它对自然的态度就是整体模仿和利用，就不会将其拆开来当作对手来细致研究和解剖。在传统天道外交来看，整个宇宙应该是和谐的，只是人的妄为才导致了秩序的紊乱，人们要做的就是对付那些人欲过剩的国家或民族，而且在传统社会里，欲望的表达也是有界限的。如此，天道模式下各国家的经济和科技就停留在一种自给自足的状态，不会像近代西方那样无休止地去征服和占有。而这就使其无法应付极端的挑战。尤其是对财产等物欲无限渴求的国家的挑战。近代西方人且不说，就是在传统社会里，也有不安分的国家，如日本等。其对财富和疆土的贪欲令明朝异常头疼。不过，由于日本人仍在传统文化框架内，其武力并没有超出人身之界限，明朝还可以应付。

而近代西方人对生命和财产的追求使其发展出令人震撼的科学技术。其征服的欲望超出了有形的限制，向宇宙无限延伸。依赖先进技术，西方将其势力扩张到全球。虽然人的过度欲望是该受批判的，科技也是其对自然片面理解的产物，但不可否认，欲望是人之自然属性的一部分，科学认知也是对万物的一种认知和理解，这两者部分符合了天道之真理，否则也不会有如此大的影响和效果。而且西方现代人道思想及外交已经渗透到全球了。人道的这种极端的发展就令传统天道无法应付。如前所述，虽然明代统治者也考虑战争与和平、武力和文化的辩证关系，但其对威胁的考虑仍局限于天道自然之水平上，没有预料到一种极端的武力发展，即大大超出人之自然力的机械武器的出现。

在这一意义上，我们可以说，西方人道思想和人道外交也是对世界和宇

① 李映发：《明代中日关系述评》，《史学集刊》1987年第1期，第60页。

宙的一种探索和实践，只不过它是天道思想和外交的另一种表达方式，而其对天道思想和外交的也做出了推进和发展，它亦使我们认识到古代天道外交的优越性及其局限性。

如此，就出现了两种天道思想和天道外交：古代天道和现代天道。只不过后者是以人道的形式体现出来。这就提醒我们，我们对天道思想及其外交的探索和实践远没有结束，在新的时代，仍需要对天道思想的内涵进行更深入的思考，对宇宙的真理进行更全面和更深入的探讨，这一过程是开放的和无止境的。

通过前面的对比评价，传统天道外交的现代价值就较为清楚了。天道外交以其对世界整体性与和谐性的关注，可以弥补近现代人道外交的自我中心与功利主义，缓解由此带来的对自然的过多开发和破坏，对他国的侵略和蹂躏；同时，对宇宙和谐与至善的认识还可以将现代科技和科学进一步完善，引导其为建立一个充满和睦和善意的世界而服务；最后，通过对天道外交的考察，我们认识到，天道外交并没有过时，现代人道亦不过是天道的一种变形体现，它必须通过对天道的更完整、更深入的研究和实践，才能成为一种更完善、更成熟的外交模式，避免现今所出现的种种弊端。

二　明统治者的海洋政策

在天道外交模式下，明统治者对海外贸易的态度就明了了。其所追求的的是礼乐之治，而非片面的经济立国。如在《明史》中有清楚记载，朱元璋政权甫定，首先设立的政府机构就是礼、乐二局，“《周官》、《仪礼》尚已，然书缺简脱，因革莫详。自汉史作《礼志》，后皆因之，一代之制，始的然可考。欧阳氏云：‘三代以下，治出于二，而礼乐为虚名。’要其用之郊庙朝廷，下至闾里州党者，未尝无可观也。惟能修明讲贯，以实意行乎其间，则格上下、感鬼神，教化之成即在是矣。安见后世之礼，必不可上追三代哉。明太祖初定天下，他务未遑，首开礼、乐二局，广征耆儒，分曹究讨。”[①] “古先圣王，治定功成而作乐，以合天地之性，类万物之情，天神格而民志协。盖乐者心声也，君心和，六合之内无不和矣。是以乐作于上，民化于下。秦、汉而降，斯理浸微，声音之道与政治不相通，而民之风俗日趋于靡曼。明兴，太祖锐志雅乐。是时，儒臣冷谦、陶凯、詹同、宋濂、乐韶凤辈皆知声律，相与究切厘定。而掌故阔略，欲还古音，其道无由。太祖亦

① 《明史》卷47，志第二十三，礼一（吉礼一）。

方以下情偷薄，务严刑以束之，其于履中蹈和之本，未暇及也。文皇帝访问黄钟之律，臣工无能应者。英、景、宪、孝之世，宫县徒为具文。殿廷燕享，郊坛祭祀，教坊羽流，慢渎苟简，刘翔、胡瑞为之深慨。世宗制作自任，张鹗、李文察以审音受知，终以无成。盖学士大夫之著述止能论其理，而施诸五音六律辄多未协，乐官能纪其铿锵鼓舞而不晓其义，是以卒世莫能明也。稽明代之制作，大抵集汉、唐、宋、元人之旧，而稍更易其名。凡声容之次第，器数之繁缛，在当日非不烂然俱举，第雅俗杂出，无从正之。”①可以看出，在明统治者看来，礼、乐是教化万民、安定统一的关键手段，凡社会动荡、统治不稳者，皆因其不识礼、乐之真义，徒具虚名和空相。所以朱元璋等力求恢复古代礼、乐真义，务求合天地之道，以便社稷稳固，江山长存。

对礼乐的看重就不会过度强调商业和贸易的重要性，只要其能满足基本的生活所需即可，不必过穷或过奢。海外商业行为和贸易则更是不必要的。因此其基本态度是禁止或限制海外贸易，只有在外邦一再要求下，为了安抚远夷，明统治者才特意恩准其进行有限的朝贡贸易。但是一旦外邦有冒犯和不敬行为，连有限的朝贡贸易也会当即禁绝。

所以，明初朱元璋就定下了对外贸易的基调，也即学界所说的“海禁”，其具体体现就是那篇经典的文献——《关律》。其内容摘要如下：

> 凡将马牛、军需、铁货、铜钱、段匹绢、丝锦私外境货卖，及下海者，杖一百。挑担驮载之人，减一等。物货船车，并入官，于内以十分为率，三分付告人充赏，若将人口、军器出境及下海者，绞。因而走泄事情者，斩。其拘该官司，及守把之人，通同夹带，或知而故纵者，与犯人同罪。失觉察者，减三等，罪只杖一百，军兵又减一等。
>
> 凡守把海防武职官员，有犯受通番土俗哪哒、报水分利、金银物货等项，值银百两以上，名为买港，许令船货私入串通交易，贻患地方及引惹番贼海寇出没戕杀居民，除真犯死罪外，其余俱问受财枉法罪名，发边卫永远充军。
>
> 凡夷人贡船到岸，未曾报官盘验，先行接买番货及为夷人收买违禁货物者，俱发边卫充军。
>
> 凡沿海去处下海船只，除有号票文引许令出洋外，若奸豪势要及军

① 《明史》卷61，志第三十七，乐一。

民人等擅造二桅以上违式大船，将带违禁货物下海，前往番国买卖，潜通海贼，同谋结聚及为向导劫掠良民者，正犯比照谋叛已行律处斩，仍枭首示众，全家发边卫充军。其打造前项海船卖与夷人图利，比照私将应禁军器下海，因而走泄事情律，为首者处斩，为从者发边卫充军。若止将大船雇与下海之人分取番货，及虽不曾造有大船但纠通下海之人，接买番货与探听下海之人番货到来私货，贬卖苏木胡椒至一千斤以上者，俱发边卫充军，番货并入官。其小民撑使单桅小船给有执照于海边近处捕鱼打柴，巡捕官军不许扰害。

私自贬卖硫黄五十斤，焰硝一百斤以上者，问罪，硝黄入官。卖与外夷及边海贼寇者，不拘多寡，比照私将军器出境因而走泄事情律，为首者处斩，为从者俱发边卫充军。若合成火药卖与盐徒者，亦问发边卫充军，两邻知而不举各治以罪。①

凡夷人朝贡到京，会同馆开市五日。各铺行人等将不系应禁之物入馆，两平交易。染、作、布、绢等项立限交还。如赊买及故意拖延，骗勒夷人久候不得起程者，问罪，仍于馆门首枷号一个月。若不依期日及诱引夷人潜入人家私相交易者，私货各入官，铺行人等照前枷号通行。守边官员不许将曾经违犯夷人起送赴京。②

从以上条例就可以看出，如此严禁一方面有军事安全的考虑，另一方面也体现了明统治者的传统外交思想，即对过度的商业贸易的轻视。所以我们看到，明统治者并不反对海洋渔业操作，因为这也是民生的一项内容。但其对海外贸易的限制就极为严格了。其允许外邦进行交易，只是为了满足其部分利益需求，换取其对夷夏秩序的支持。但就是这有限的朝贡贸易也是受限制的，许多商品都是违禁品，如马牛、军需、铁货、铜钱、缎匹绢、丝锦等。而有些商品即使允许，也要在规模上进行限制，如贩卖苏木胡椒至一千斤以上者，俱发边卫充军等。明代市舶贸易就是受制于明统治者上述天道外交思想和路线的。

明初，海外诸国入贡，允许其附载方物与中国贸易。因此设市舶司，置提举官进行管辖。以此来满足外邦通商要求，并增进彼此情谊。同时也抑制了奸商的不法行为，消除其挑衅等不端行为，“所以通夷情，抑奸商，俾法

① 《大明律集解附例》卷15《兵律》三《关津·私出外境及违禁下海》。
② 《大明律集解附例》卷10，《户律》，把持行市。

禁有所施，因以消其衅隙也。”[①] 洪武初，市舶司设于太仓黄渡，不久就撤销了。接下来又于宁波、泉州、广州三处分设市舶司。宁波通日本，泉州通琉球，广州通占城、暹罗、西洋诸国。琉球、占城诸国皆较为恭顺，任其定时入贡。唯日本叛服不常，故独限其期为十年，人数为二百，舟为二艘，以金叶勘合表文为验，以防其诈伪侵轶。后由于胡惟庸案发，市舶司暂罢，又开始严禁濒海居民及守备将卒私通海外诸国。

永乐初年，西洋剌泥国回回哈只马哈没奇等来朝，随船载来胡椒与明民互市。有司请征其税。朱棣曰：“商税者，国家抑逐末之民，岂以为利。今夷人慕义远来，乃侵其利，所得几何，而亏辱大体多矣。”[②] 不听有司之议。由此可看出，明统治者允许朝贡贸易的目的主要是向远夷宣传中国礼乐文明，至于那点微薄的贸易利益是无足轻重的。所以并没有对朝贡附带商品征税。但如果远夷的朝贡行为没有使其教化，并忠诚事天奉上，明统治者就会随时罢免市舶司。

永乐三年，诸番贡使越来越多，于是置馆驿于福建、浙江、广东三市舶司以接待之。福建馆驿曰来远，浙江馆驿曰安远，广东馆驿曰怀远。不久又设交趾云屯市舶提举司，接待西南诸国朝贡者。

开始时，朝贡的海船到了，有司则封好标识，等待奏报朝廷之后，才起运至京。到了宣宗时期，命令只要贡船到了，立即驰奏皇上，可不待奏报回复，随送至京。

武宗时期，市舶司的职务被镇巡和三司官所分领，提举市舶太监毕真要求重归市舶司，他说：“旧制，泛海诸船，皆市舶司专理，近领於镇巡及三司官，乞如旧便。”[③] 由此市舶司重掌权力。

嘉靖二年，日本朝贡使宗设、宋素卿分道入贡，互争真伪。市舶中官赖恩接受了素卿贿赂，将素卿座位安排在宗设之右，宗设大怒，遂大掠宁波。给事中夏言因此奏言，倭患起于市舶。遂罢市舶司。

市舶既罢，日本海上商贾却仍往来自如，海上的奸商和豪强与之交往密切，明法禁对其无计可施，这些人遂转为寇贼。嘉靖二十六年，倭寇近百艘船长时间停泊在宁、台，数千人登岸焚烧劫掠。皆是因为海禁堵塞了其牟利之路。浙江巡抚朱纨、胡宗宪相继剿灭之。

---

① 《明史》卷81，志第五十七，《食货五（市舶）》。
② 同上。
③ 同上。

嘉靖三十九年，凤阳巡抚唐顺之奏议复开三市舶司，暂时得到允许。但嘉靖四十四年，浙江巡抚刘畿言罢撤市舶司，浙江市舶司仍旧未恢复。福建则开而复禁。万历中期，复通福建互市，只是禁买卖硝黄。接着两市舶司都恢复了。①

从明代市舶司的罢设过程中，我们看到，朝贡贸易和海禁实是一体的，朝贡贸易就是海禁的具体表现。因此，朝贡贸易就不是明代重视和提倡海外贸易的表现，反而是海禁的典型特征。朝贡贸易是为明代统治者的夷夏国际秩序服务的，它着眼于一个安定和谐的农业世界国际秩序，而非为了促进商业贸易发展而设立。因此，当其不利于建立这样一个秩序时，就会被裁撤。

在市舶司贸易之外，我们发现明代出现了频繁的海运。然而这些海运没有任何的外贸性质，它主要是用于军事运输的。

洪武元年，朱元璋命汤和造海舟，是为北征士卒运粮饷。天下安定后，朱元璋就募水工运莱州洋海仓粟以给永平。后来辽左及北部边境数次用兵，于是先后有靖海侯吴祯、延安侯唐胜宗、航海侯张赫、舳舻侯朱寿等通过海运补充辽饷，这成为常态。他们令江、浙边海卫军驾大舟百余艘，运粮数十万。而洪武三十年时，辽东军饷已经很富余，而且还令辽军屯种田地，因而就不需要再海运了，海运从此停止。

永乐元年，海运再度被启用，平江伯陈瑄督海运江南粮草四十九万余石至北京、辽东。永乐二年，海运粮饷只到达直沽，然后用小船转运至北京。朱棣命于天津置露天粮囤一千四百多所，广蓄粮草。永乐四年，朱棣规定海陆兼运江南粮草。陈瑄每年运粮百万石，并建粮仓于直沽尹儿湾城，天津卫所派兵士万人戍守粮仓。这时形成两条运粮路线：江南粮草要么海运入京，要么通过淮、黄，然后陆运赴卫河，入通州。为了避免海船触礁沉没，陈瑄还建议朱棣在嘉定青浦建了一座方百丈、高三十余丈的土堡。朱棣赐其名为宝山，并御制碑文纪之。

永乐十三年五月，朱棣复罢海运，唯存遮洋一总，给辽、蓟运粮。正统十三年，更削减登州卫海船百艘为十八艘，用其中的五艘运青、莱、登州的布、花和钞锭十二万余斤，每年赏赐给辽军。成化二十三年，侍郎丘浚建议海运与河漕同时运粮，但未被接受。弘治五年，鉴于金龙口河流决口，大臣又奏请恢复海运，仍未允许。

嘉靖二年，遮洋总运粮时损失粮草二万石，溺死官军五十余人。鉴于此，嘉靖五年令登州停止造船，海运规模更加缩小。直到嘉靖三十八年，辽

① 《明史》卷81，志第五十七，《食货五（市舶）》。

东巡抚侯汝谅奏通天津到辽东的海运，才被接受。但嘉靖四十五年又罢之。同年，又根据给事中胡应嘉所奏，革撤遮洋总。

隆庆五年，由于徐州等地河道淤堵，再次设遮洋总，海运漕粮。隆庆六年，王宗沐督漕运，奏请广行海运，获准。当年运十二万石自淮入海，经三千三百九十里抵天津卫。

万历元年，又出现运粮船翻人亡事故。大臣纷纷建议罢海运，获准。万历二十五年，倭寇兴起，明又开始自登州运粮给朝鲜军。山东副使于仁廉建议海运到朝鲜，但未被接受。直到万历四十六年，山东巡抚李长庚奏行海运，才被接受。

崇祯十二年，崇明人沈廷扬为内阁中书，再次请开海运，并辑《海运书》五卷进呈。崇祯命造海舟试行，果然便利，便命海运登州粮草至宁远。到福王时，命廷扬用海舟防江，但已是无力回天。①

由上可见，无论是市舶贸易还是海运，皆不是用来开展对外商贸活动的，前者是为了怀远安人，后者是为了军事安全。明统治者的海洋政策和措施基本上是封闭的，而这一封闭来自其传统的天道外交思想。

第二节　明在浙江统治的确立及其浙江海洋政策的调整和发展

一　明在浙江统治的确立

1366 年，朱元璋打败张士诚和方国珍之后，就基本占领了浙江。1358 年十二月朱元璋就在婺州设置了中书分省。1366 年攻下杭州后，罢分省，置浙江等处行中书省。洪武三年十二月置杭州都卫，与行中书省同治。洪武八年十月改都卫为浙江都指挥使司。洪武九年六月改行中书省为承宣布政使司。

浙江行中书省下辖十一府，一个州，共七十五个县。其统辖范围西至开化，与江南相接，南至平阳，与福建相邻；北至太湖，与江南相接；东至大海。其所辖府如下：

杭州府（元杭州路），属江浙行省。太祖丙午年（1366）十一月为府。领县九。

---

① 《明史》卷 86，志第六十二，《河渠四》。

严州府（元建德路），属江浙行省。太祖戊戌年（1358）三月为建安府，寻曰建德府。壬寅年（1362）二月改曰严州府。领县六。

嘉兴府（元嘉兴路），属江浙行省。太祖丙午年（1366）十一月为府，直隶京师。十四年十一月改隶浙江。领县七。

湖州府（元湖州路），属江浙行省。太祖丙午年（1366）十一月为府，直隶京师。十四年十一月改隶浙江。领州一，县六。

绍兴府（元绍兴路），属浙东道宣慰司。太祖丙午年（1366）十二月为府。领县八。

宁波府（元庆元路），属浙东道宣慰司。太祖吴元年（1367）十二月为明州府。洪武十四年二月改宁波。领县五。

台州府（元台州路），属浙东道宣慰司。洪武初，为府。领县六。

金华府（元婺州路），属浙东道宣慰司。太祖戊戌年（1358）十二月为宁越府。庚子年正月曰金华府。领县八。

衢州府（元衢州路），属浙东道宣慰司。太祖己亥年（1359）九月为龙游府。丙午年（1366）为衢州府。领县五。

处州府（元处州路），属浙东道宣慰司。太祖己亥年（1359）十一月为安南府，寻曰处州府。领县十。

温州府（元温州路），属浙东道宣慰司。洪武初，为府。领县五。

据统计，浙江行中书省的户数和人口在洪武二十六年时为：编户二百一十三万八千二百二十五，人口一千四十八万七千五百六十七。弘治四年时编户为一百五十万三千一百二十四，人口为五百三十万五千八百四十三。万历六年时编户为一百五十四万二千四百八，人口为五百一十五万三千五。[1]

通过行省体制的确立，明统治在浙江基本确立下来。

二　明代浙江的海洋政策

明统治者在浙江的海洋政策与其全国海洋政策当然是一致的，这就是海禁政策。但在浙江实行海禁，除了上述天道外交思想原因外，还有些具体的地方原因。

首先，元末江浙地方势力与高丽的亲近关系威胁着明统治的稳定，这迫使明对江浙的对外交往更为敏感。元末各地起兵抗元，在江浙沿海起兵者为张士诚、方国珍等。张士诚在杭州称吴王，占据绍兴至徐州广大地区；方国

① 《明史》卷44，志第二十，《地理五》。

珍占据庆元（宁波）、台州、温州等地。他们皆与高丽有往来。为了彻底消灭张士诚、方国珍残余势力，明统治者势必要严格禁止浙江民众与海外之往来。[①]

其次是方国珍余部和沿海民众对朱元璋统治的反抗。方国珍余部占据沿海岛屿不时骚扰明之州府，还有沿海民众如浙江舟山的武装暴动等[②]，都迫使明统治者加强了对沿海的控制。

此外，倭寇在明政权建立时就不时侵犯江浙沿海，这也促使明统治者加强海禁。据统计，洪武年间倭寇就骚扰中国沿海达 44 次之多，其中浙江被扰 16 次，为倭患最多地区。[③]

鉴于这些因素，明统治者在浙江的海禁政策尤其严厉。洪武十七年春正月，朱元璋"命信国公汤和巡视浙江福建沿海城池，禁民入海捕鱼以防倭故也。"[④] 洪武二十三年冬十月，"诏户部申严交通外番之禁。上以中国金、银、铜钱、段定、兵器等物，自前代以来不许出番。今两广、浙江、福建愚民无知，往往交通外番，私易货物，故严禁之。沿海军民官司纵令私相交易者，悉治以罪。"[⑤] 可见，朱元璋对江浙沿海对外交往很重视，为了安全和稳定，对捕鱼和贸易行为要进行严格的限制。

当然，为了怀远夷，朱元璋也专门设立了市舶司进行朝贡和贸易管理，其中就有宁波市舶司的设立，这是专门接待和管理日本朝贡事宜的。但宁波市舶司的命运却是坎坷的，几次被罢撤。洪武三年（1370）首次设立，洪武七年（1374）即遭罢撤；永乐元年（1403）恢复，而永乐后又被罢撤；嘉靖二年（1523）的宁波"争贡事件"导致了市舶司之被关闭；万历四十八年（1620）最后一次被罢撤，终未复用。

由以上可以看出，明统治者在浙江的海禁政策是非常严格的，这成了明海禁政策的一个典型的缩影。对此在下一章我们还将有进一步论述。

---

① 王慕民：《海禁抑商与嘉靖"倭乱"——明代浙江私人海外贸易的兴衰》，海洋出版社 2011 年版，第 6 页。

② 王慕民：《海禁抑商与嘉靖"倭乱"——明代浙江私人海外贸易的兴衰》，第 6、7 页。

③ 王慕民：《海禁抑商与嘉靖"倭乱"——明代浙江私人海外贸易的兴衰》，第 8 页。

④ 《太祖实录》卷之一百五十九，洪武十七年春正月壬戌条。

⑤ 《太祖实录》卷之二百五，洪武二十三年冬十月乙酉条。

第二章

明代浙江海洋经济的发展

前　言

早在汉、晋、唐、宋之际，浙江丰饶的海洋物产及“枕江负海”的区位优势已为众多史家关注：

如《史记·货殖列传》言“夫吴自阖庐、春申、王濞三人招致天下之喜游子弟，东有海盐之饶，章山之铜，三江、五湖之利，亦江东一都会也”①；《汉书·严助列传》曰“会稽东接于海，南近诸越，北枕大江”②；《晋书·诸葛恢传》载“今之会稽，昔之关中，足食足兵，在于良守”③；《隋书·地理志》载“数郡（宣城、毗陵、吴郡、会稽、余杭、东阳等）川泽沃衍，有海陆之饶，珍异所聚，故商贾并凑”④；宋人张津指出“南通闽广，东接倭人，北距高丽，商舶往来，物货丰溢，出定海有蛟门、虎蹲天设之险，实一要会也”⑤。

由上可知，宋代以前学者对这一地区的关注，主要集中在海洋贸易开发的区位优势和物产充盈两方面，而对“海洋贸易”概念、分类、发展历程，浙海一带与全国其他地区的贸易关系，这一地区在全国经贸活动中所处地位等问题鲜有论述。这表明明代以前诸学者对该地区海洋经济发展状况尚缺乏整体认识。明人张瀚在论及浙江时，提到：

浙江右联圻辅，左邻江右，南入闽关，遂达瓯越。嘉禾边海东，有

---

① 《史记》卷129，列传第六九，《货殖列传》，中华书局1982年版。

② 《汉书》卷64上，列传三四上，《严助列传》，中华书局1962年版。

③ 《晋书》卷77，列传第四七，《诸葛恢传》，中华书局1974年版。

④ 《隋书》卷31，志第二六，《地理志下》，中华书局1973年版。

⑤ （宋）张津：《乾道四明志》，宋元浙江方志集成本，杭州出版社2009年版，第2893页。

鱼盐之饶。吴兴边湖西，有五湖之利。杭州其都会也，山川秀丽，人慧俗奢，米资于北，薪资于南，其地实啬而文侈。然而桑麻遍野，茧丝绵苧之所出，四方咸取给焉。虽秦、晋、燕、周大贾，不远数千里而求罗绮缯币者，必走浙之东也。宁、绍、温、台并海而南，跨引汀、漳，估客往来，人获其利。严、衢、金华郛郭徽饶，生理亦繁。而竹木漆柏之饶，则萃于浙之西矣。①

他在分析浙江地理位置优越与物产充盈的同时，还深入探讨了发展对外贸易应具备的条件，即便捷的交通（陆上交通主要分两条：浙东以杭州为中心，浙西严州、衢州与金华为中心；水陆交通则以宁波、绍兴、温州、台州为交通要地），特色化的商品（浙东以茧丝绵苎为大宗，浙西以竹木漆柏为大宗）和高度集中的商业中心（杭、宁、绍、温、台）等。这一方面表明了明代学人对浙江一带经济发展状况认识的提升，另一方面还反衬出明代浙江海洋经济发展的社会现实。

本章的研究对象是浙江海洋经济，笔者认为更完整、深入地解读这一内容需从探讨“海洋经济”的概念入手。

一　海洋经济

“海洋经济”的概念最早由著名经济学家于光远提出，后经相关学者的努力，基本达成共识，认为“海洋经济”是指依赖于海洋而从事的经济活动②。2004年，国务院发布的《全国海洋经济发展规划纲要》也对其进行定名，指出海洋经济“是开发利用海洋的各类海洋产业及相关经济活动的总和”③。

---

① （明）张瀚：《松窗梦语》卷四《商贾纪》，中华书局1985年版。

② 何宏权、程福祜（《略论海洋开发和海洋经济理论的研究》，《中国海洋经济研究》，海洋出版社1984年版）指出，海洋经济是“人类在海洋中及以海洋资源为对象的社会生产、交换、分配和消费活动。海洋经济的活动范围在海洋，就空间地理位置来说有别于陆地，故而称为海洋经济”；杨金森（《发展海洋经济必须实行统筹兼顾的方针》，《中国海洋经济研究》，海洋出版社1984年版）指出，海洋经济是“以海洋为活动场所或以海洋资源为开发对象的各种经济活动的总和”；杨国桢《关于中国海洋社会经济史的思考》，《中国社会经济史研究》1996年第2期）指出“海洋经济”是指人类在海洋中及以海洋资源为对象的生产、交换、分配和消费活动；徐质斌等（《海洋经济学教程》，经济科学出版社2003年版）则指出，“海洋经济是活动场所、资源依托、销售或服务对象、区位选择和初级产品原料对海洋有特定依存关系的各种经济的总称”。

③ 《全国海洋经济发展规划纲要》，《海洋开发与管理》2004年第3期。

张爱诚指出，现代海洋经济研究包括：海洋渔业经济、海运经济、海洋环境经济、海洋空间经济研究和海洋开发战略研究等内容。[①] 杨国桢指出，随着时代推移，海洋经济内涵呈现出由低级向高级的演进状态，“低级层次只是与陆地经济空间地理上的分工，渐次成长为海洋生业的五大板块，即海洋渔业、海水制盐、海洋交通（造船与海运）、海洋贸易和海洋移民”。[②] 但笔者认为，前人对古代“海洋经济”内容的研究尚有进一步探讨的空间。古代“海洋经济”在内容上，应包括海洋渔业经济、海运经济和海洋贸易三方面。

1. 海洋渔业经济

张爱诚指出，海洋渔业经济主要是研究海洋渔业资源的社会生产、交换、分配和消费活动，包括开发海洋渔业资源的合理方式；海洋渔业生产力的合理组织与布局；实现海洋渔业生态经济良性循环的途径和措施；海洋渔业经济的宏观调控；海洋渔业的经济体制；海洋渔业经济结构调整及海洋渔业产品流通问题等。[③] 但笔者认为，张氏后半句所讲的研究内容应仅适用于“海洋渔业经济”发展到成熟阶段的近现代，而不适用于古代。古代海洋渔业经济研究应分为海洋渔业生产与加工、渔业的销售与消费两个部分，这一点白斌《明清浙江海洋渔业与制度变迁》博士学位论文中有过探讨[④]：

其一为渔业生产、渔业加工，即白斌所讲的海洋捕捞和近海养殖两种[⑤]。

浙江的渔业资源开发较早。在河姆渡文化时期，浙东地区民众就楫水荡舟，以渔为生，甚至向海洋索取食物[⑥]，在遗址中还发现有鲟、真鲨、海龟、鲤鱼、鲫鱼等[⑦]遗骸，标志着浙江渔业资源的初步开发；春秋战国时

① 张爱诚：《简论海洋经济学是一门领域学》，《海洋经济研究文集》，山东社会科学院海洋经济研究所1989年版。

② 杨国桢：《关于中国海洋社会经济史的思考》，《中国社会经济史研究》1996年第2期，第3页。

③ 张爱诚：《简论海洋经济学是一门领域学》，《海洋经济研究文集》，山东社会科学院海洋经济研究所1989年版，第17、18页。

④ 白斌：《明清浙江海洋渔业与制度变迁》，博士学位论文，上海师范大学，2012年，第6页。

⑤ 同上。

⑥ 李跃《再议河姆渡人的水上交通工具》（《东方博物》2003年第00期）总结道，自20世纪70年代以来，宁绍平原东部滨海地区、舟山群岛地区，发现新石器时代遗址30多处，有的属于河姆渡三、四层文化类型，距今六七千年；林士民《宁波考古新发现》（《宁波文史资料》第2辑，第64页）中载，遗址中出土木桨六枝，还发现独木舟残舟和陶船（模型）证明，船已是宁波先民水上交通的主要工具了。

⑦ 张如安：《宁波通史·六朝卷》，宁波出版社2009年版，第135页。

期，越自建国始“滨于东海之陂，鼋龟鱼鳖之与处，而鼃黾之与同渚”①。勾践当政时“（遁逃）上栖会稽，下守海滨，唯鱼鳖见矣”②；《史记·货殖列传》载“夫吴自阖庐、春申、王濞三人招致天下之喜游子弟，东有海盐之饶，章山之铜，三江、五湖之利，亦江东一都会也”③；三国时，浙江沿海（以下简称浙海）一带可捕捞的渔业资源有鹿鱼、土鱼、鲮鱼、比目鱼、鲤鱼、牛鱼、石首鱼、黄灵鱼、印鱼以及蚶、蛤蜊等 90 多种④；隋唐后，“宣城、毗陵、吴郡、会稽、余杭、东阳，其俗亦同。然数郡川泽沃衍，有海陆之饶，珍异所聚，故商贾并凑”⑤；宋代《乾道〈四明图经〉》亦记“土产已见郡志，布帛之品，惟此邑之絁，轻细而密，非他邑所能及。若星屿之江瑶，鲒埼之蝤蛑，双屿之班虾，袁村之鱼鲊，里港之鲈鱼，霍鼠之香螺，横山之吹沙鱼，雪窦之榧子，城西之杨梅，泉西之燕笋，公棠之柿、栗，杖锡之山芥，沙堰之薯药，皆其特异者也”⑥；《四明图经》云“若夫水族之富，濒海皆然……取其异者记焉。”⑦ 这些史料充分说明了宋代以前浙海一带民众借助充盈的渔业资源，积极从事捕捞与养殖业。这些渔业资源中以非海产类居多。明代渔业资源得到进一步开采。雍正《浙江通志》曾列举水产种类 170 多种⑧，其中海产品种类增多；杨国帧统计后，指出浙江的海洋渔业资源最为丰富，约有 500 种，鱼类约 420 种，虾类 60 多种。另有贝类 60 多种，藻类 100 多种，等等⑨。

其二是渔业销售与渔业消费，这是海洋贸易的一个重要组成部分，详见后文。

2. 海运经济

张爱诚指出，现代海运经济“主要研究港口与海运业发展方向、规模、

---

① （吴）韦昭注：《国语》卷二十一《越语下》，商务印书馆 1935 年版，第 238 页。

② （东汉）赵晔著、苗麓点校：《吴越春秋》卷五《夫差内传》，江苏古籍出版社 1986 年版，第 55 页。

③ 《史记》卷 129，列传第六九，《货殖列传》。

④ （三国）沈莹撰，张崇根辑校：《临海水土异物志辑校》，农业出版社 1988 年版，第 7—33 页。

⑤ 《隋书》卷 31，志第二六，《地理志下》。

⑥ （宋）罗濬等：《宝庆〈四明志〉》，《宋元浙江方志集成》本，杭州出版社 2009 年版，第八册，第 3425 页。

⑦ （宋）张津：《乾道〈四明图经〉》，《宋元浙江方志集成》本，2009 年版。

⑧ 雍正《浙江通志》卷一百二十一《物产》，台湾商务印书馆影印《四库全书》刊本 1983 年版。

⑨ 杨国帧：《东溟水土——东南中国的海洋环境与经济开发》，江西高校出版社 2003 年版，第 26 页。

速度，包括海港布局；海港开发经济的可行性研究；海港生产力的合理组织和合理运行；海洋运输不同方式的合理配置；海洋运输线路的经济评价与规划；海洋港口与运输经济体制研究"。[①] 而中国古代海运经济研究的范围相对简单，其内容包括造船业发展、港口建设及海洋航线的开辟等。以唐代浙海一带为例，海运经济的发展集中表现在明州港的建立和唐日之间航线由北路向南路的转变。

一是，舟船航海技术的进步与港口建设的完善。

舟船航海技术的提高。在浙江鄞县辰蛟，宁波八字桥，舟山白泉、大巨及浙江其他地区，都发现了相近于河姆渡文化遗址中的舟船遗存，这说明在公元前五千年前后，浙海一带居民已掌握了一定的舟船制造技术。吴玉贤、王振镛从地理因素、海洋生物遗骨发现、航海探险家模拟实验及古代欧美的近似事例、附近有关新石器时代遗址等四方面，肯定了河姆渡人涉足海上的可能性。[②]《艺文类聚》引《周书》"周成王时，于越献舟"[③]。11 世纪末叶，指南针被应用到航海。北宋朱彧《萍洲可谈》载"舟师识地理，夜则观星，昼则观日，阴晦观指南针"[④]。入明后，浙海一带航运活动进一步频繁，造船技术也有了进一步提高。以宁波为例，1994 年象山涂茨镇出土的一明代前期海船，残长 23.7 米，宽 4.9 米。全船由 12 道舱壁将船体分为 13 个船舱，水密性很好，舱底还采用"下实土石"技术，以增加船的稳定和抗风性。[⑤] 史料亦云，1548 年明朝军队攻陷宁波双屿走私港后，缴获 2 只未完工的大船，其中"一只长十丈、阔二丈七尺、高深二丈二尺；一只长七丈、阔一丈三尺、高深二丈一尺"[⑥]。"海舟以舟山之乌槽为首。福船耐风涛，且御火。浙之十装标号软风、苍山，亦利追逐。……网梭船，定海、临海、象山俱有之，形如梭。竹桅布帆，仅容二三人，遇风涛辄舁入山麓，可哨探"[⑦]。

港口建设逐渐完善。据考，句章一名最初见于《战国策》"且王尝用滑於

① 张爱诚：《简论海洋经济学是一门领域学》，《海洋经济研究文集》，山东社会科学院海洋经济研究所 1990 年版，第 18 页。

② 吴玉贤、王振镛：《史前中国东南沿海海上交通的考古学观察》，《中国与海上丝绸之路论文集》，福建人民出版社 1991 年版，第 278、279 页。

③ （唐）欧阳询：《艺文类聚・舟船部》，上海古籍出版社 1965 年版，第 1230 页。

④ （宋）朱彧：《萍洲可谈》，中华书局 1985 年版。

⑤ 宁波市文物考古研究所、象山县文管会：《浙江象山县明代海船的清理》，《考古》1998 年第 3 期。

⑥ （明）朱纨：《甓余杂集》卷二《捷报擒斩元凶荡平巢穴以靖海道事》，见于《明经世文编》。

⑦ 《明史》卷 92，志第六八，《兵志四》。

越，而纳句章”[①] 的记载；《后汉书·臧洪传》章怀太子注引《十三州志》云“勾践之地南至句无，其后并吴，因大城句[②]，章伯功以示子孙，故曰句章”[③]，明确提出句章故城始建于春秋晚期。

通过对句章故城的考古调查与勘探，考古工作者已基本明确了城址的位置在今宁波市江北区慈城镇王家坝村与乍山翻水站一带，并以乍山翻水站围墙内癞头山为中心。故城始建年代至迟在战国中晚期，废弃年代约在东晋末年的孙恩之乱中，并推测在隆安五年（401）或稍后，迁至今宁波市区西门口一带。[④] 另从句章故城最新勘探发现的东汉—东晋时期遗址中，已发现有码头、河道、墓葬、窑址等遗迹，其中码头发现于后河尾段北岸，河道分别位于后河尾段北侧和东汉—东晋时期城址堆积的东部边缘。[⑤] 这些资料为我们解读汉晋时期浙海一带港口建设提供了依据。

隋文帝平陈后，将余姚、鄞和鄮三县并入句章[⑥]；唐武德四年（621），析句章县置鄞州。八年（625）废鄞州，更置鄮县，隶属越州[⑦]；开元二十六年（738），分越州，在鄮县境内置明州[⑧]；最初州治在鄞江边的小溪镇（今鄞州鄞江镇），长庆元年（821）迁至三江口（今宁波市区），即“三月，浙东观察使薛戎上言，明州北临鄞江，城池卑隘，今请移明州于鄮县置，其旧城近南高处置县，从之”[⑨]。

浙海一带在这一时期得到进一步开发，明州港也拥有了固定的码头泊位（在罗城鱼浦门附近）。1973 年，考古工作者在宁波市区和义路、东门口发现了江南首个唐、五代、宋明州鱼浦城门遗址、城址与城外造船（场）遗址，出土唐青瓷、漆器、陶器及建筑材料构建等 900 余件文物和一艘龙舟遗物。遗址所在地南边是子城，北侧紧靠余姚江南岸，东南为三江口，从位置上判断，

---

① 鲍彪云“（句章）属会稽”。（（西汉）刘向辑录，范祥雍笺证，范邦瑾协校：《战国策笺证》上，上海古籍出版社 2006 年版，第 784 页）

② （北魏）阚骃纂《十三州志》（中华书局 1985 年版，第 46 页）中为“句余”二字。

③ （宋）范晔撰，（唐）李贤等注：《后汉书》卷 58，列传第四八，《臧洪传》，中华书局 2011 年版，第 1884 页。

④ 王结华、许超、张华琴：《句章故城若干问题之探讨》，《东南文化》2013 年第 2 期。

⑤ 宁波市文物考古研究所编著：《句章故城考古调查与勘探报告》，科学出版社 2014 年版，第 60 页。

⑥ 《隋书》卷 31《地理志》“句章”注。

⑦ （宋）欧阳修、宋祁撰：《新唐书》卷 41《地理志》“鄮”注，中华书局 1975 年版。

⑧ （后晋）刘昫等撰：《旧唐书》卷 40《地理志》“江南东道”，中华书局 1975 年版。

⑨ （宋）王溥：《唐会要》卷 71《州县改制》“江南道”条，中华书局 1985 年版。

具有固定的码头泊位。[1] 9至11世纪，由于唐后期吐蕃和宋时西夏等少数民族政权的阻碍，丝绸之路由陆路为主转为海路为主，海外贸易之利也日渐突显，正如《宋史》所云“东南之利，舶商居其一”[2]。

另据相关学者统计，浙海一带适宜港岸线达240公里，较重要的港口有35个，属宁波市辖区的有宁波港、镇海城关港、宁波小港、穿山港、石浦港、薛岙港等；舟山地区的有定海港、长涂港、高亭港、大冲港、沥港、普陀山港、台门港、沈家门港等；温州市辖区的港口有温州港、温州小港、盘石港、龙江港、瑞安港、清水浦港、洞头港、鳌江港等；台州市辖区的有海门港、松门港、健跳港、江口港、浦西港、黄岩港、前所港、西岭港、坎门港等[3]，其中一些港口在明代及其以前就已经存在。

二是，海洋航线的开辟。

《越绝书》云，越人“水行而山处，以船为车，以楫为马，往若飘风，去则难从。”[4]《史记·越王勾践世家》亦载，越国大夫范蠡辅佐勾践灭吴称霸后，“乃装其轻宝珠玉，自与其私徒属乘舟浮海以行，终不反。于是勾践表会稽山以为范蠡奉邑。范蠡浮海出齐，变姓名，自谓鸱夷子皮，耕于海畔”[5]。由此可知，春秋战国时越人已可以进行近海航行；至汉代，一些地方的海运活动日渐繁盛，政府已开通了通往日本[6]、南海诸国[7]的航线。浙

---

① 林士民：《浙江宁波东门口罗城遗址发掘收获》，《东方博物》1981年创刊号。

② 《宋史》卷一八六《食货志下八·互市舶法》，中华书局1985年版。

③ 杨国帧：《东溟水土——东南中国的海洋环境与经济开发》，江西高校出版社2003年版，第21页。

④ （东汉）袁康：《越绝书》卷八《外传记地传》，上海古籍出版社1992年版。

⑤ 《史记》卷41，世家第一一，《越王勾践世家》，第1752页。

⑥ 《汉书·地理志》载“乐浪海中有倭人，分为百余国，以岁时来献见云”；（《汉书·地理志》，第1658页）《后汉书·东夷传》也载“倭在韩东南大海中，依山岛为居，凡百余国。自武帝灭朝鲜，使驿通于汉者，三十许国，国皆称王，世世传统”。（《后汉书·东夷传》，中华书局2011年版，第2820页）建武中元二年（公元57年），倭奴国奉贡朝贺，使人自称大夫，光武帝赐以印授，“汉倭奴王”金印已于1784年由日本的两个农民，在日本北九州地区博多湾志贺岛发现。

⑦ 《汉书》卷28下，志第八下，《地理志》载：“自日南障塞、徐闻、合浦船行可五月，有都元国；又船行可四月，有邑卢没国；又船行可二十余日，有谌离国；步行可十余日，有夫甘都卢国。自夫甘都卢国船行可二月余，有黄支国，民俗略与珠厓相类。其州广大，户口多，多异物，自武帝以来皆献见。有译长，属黄门，与应募者俱入海市明珠、璧流离、奇石异物，赍黄金杂缯而往。所至国皆禀食为耦，蛮夷贾船，转送致之。亦利交易，剽杀人。又苦蓬风波溺死，不者数年来还。大珠至围二寸以下。平帝元始中，王莽辅政，欲耀威德，厚遗黄支王，令遣使献生犀牛。自黄支船行可八月，到皮宗；船行可二月，到日南、象林界云。黄支之南，有已程不国，汉之译使自此还矣。”（《汉书·地理志》，第1671页）

东一带海上活动也日渐频繁，武帝时横海将军韩说曾自句章浮海[①]；东晋孙恩起兵于浙东海上，除攻略浙东沿海诸地外，还一度取海路北上至京口（镇江）、广陵（扬州）和郁洲（连云港），向南又攻打过台州临海[②]；入唐后，沿海航线进一步扩大，逐渐由安东扩展到海南岛，航线也由沿海航线扩展到远洋航线。[③] 中唐以后，唐日航线除登州二条北道航线外[④]，又兴起了从明州、台州出发，横渡东海经值嘉岛（今日本五岛），到日本博多（今福冈）的南道航线[⑤]；五代时期，建都杭州的吴越政权，“多因海舶通信”[⑥]，并设置“沿海博易务”以管理对外活动。政府还在一些国外海商的侨居地，设立供其居住的坊，如黄岩有新罗坊“以新罗人居此故名”[⑦]。

7—9世纪的唐日航路问题早在20世纪初就已引起了日本学者的关注：明治三十六年（1903）《历史地理》第五卷第二号上刊有人由水生的论文《遣唐使》，文中提到遣唐使从九州岛赴唐航路有二，北路（隋至唐初的古航道，自九州岛经三韩、渤海湾口、山东半岛登州、莱州一带上陆）和正西航路（从九州岛西侧值嘉岛一带朝正西，直航扬子江口）。木宫泰彦将唐日之间交往航路变化分为四个时期，第一期自舒明二年（630）到齐明五年（659）为止，走北路（新罗路）赴唐；第二期有两次，即天智四年（665）和天智八年（669），因战争原因，只迎送唐使到达百济；第三期从大宝二年（702）到天平宝字三年（759），走南岛路；第四期从宝龟八年（777）到承和五年（838），走南路。森克己对此进行了修改，即将第一、二期合称为前期，第三期是为中期，第四期称为后期，又将南路改称为“大洋路”[⑧]。汪义正对“大洋路”提出质疑，他指出两点：一是“大洋路”的提

---

① 《汉书》卷95，列传第六五，《闽粤王传》言“上遣横海将军韩说出句章，浮海从东方往”师古注曰“说，读曰悦。句章，会稽之县”。（《汉书·闽粤王传》，第3862页）

② （唐）房玄龄等：《晋书》卷100，列传第七，《孙恩传》，中华书局1974年版。

③ 黄公勉，杨金森：《中国历史海洋经济地理》，海洋出版社1985年版，第144页。

④ 陈尚胜指出，这两条海道，一是从登州城所在地蓬莱北上渡渤海然后沿辽东半岛和朝鲜半岛海岸航行的航线，另一条为从登州所属的石岛港出航直接渡黄海而到达新罗和日本。（《“怀夷”与“抑商”：明代海洋力量兴衰研究》，山东人民出版社1997年版，第13页）

⑤ 陈尚胜：《“怀夷”与“抑商”：明代海洋力量兴衰研究》，山东人民出版社1997年版，第13页。

⑥ （宋）杨亿《谈苑》，转引自《日本国志（上卷）》卷五《邻交志上二》（（清）黄遵宪著，吴振清、徐勇、王家祥点校整理：《日本国志》，天津人民出版社2005年版，第114页）。

⑦ 《嘉定赤城志》卷2《坊门市》引自曾其海《有关台州的韩国僧贾的史料和史迹》，载于《韩国研究》第2辑，杭州大学出版社1995年版。

⑧ ［日］山田佳雅里：《遣唐判官高階遠成の入唐》，《密教文化》2007年版，第219页。

法出现在宋代，而森氏"张冠李戴地把这十二三世纪的航路套到遣唐使航路上"；二是，他认为唐代的航海技术不足以懂得掌握季风规律和逆黑潮而行。而这些说法提出的根源在于森克己的"东海逆转循环回流"规律。他认为森氏"一口气横渡东海"的说法"完全是凭空拍脑袋拍出来的空泛之论，没有任何学术性的说服力"。[①] 从张友信两次唐日往来所用时间短推测，唐代晚期南路已经存在。如唐大中元年（847）六月底，张友信自明州望海镇上帆，在三日夜内到达日本值嘉岛那留浦[②]；咸通三年（862）9月3日至9月7日，他又自日本肥前值嘉岛到达明州石丹岙[③]。

明代中期，中国海商又开辟一条新航线，即从日本五岛始航，至浙江海面的陈钱、下八等岛，后分路，"若东北风急，则过落星头而入深水蒲岙，到蒲岙而风转正东，则入大衢沙塘岙，而进长涂，到长涂而风转东北，则由两头洞而入定海，到长涂而风转南，则由胜山而入临观，到临观而南风大作，则过沥海而达海盐、澉浦、海宁，此陈钱向正西之程也"[④]。这一航线大大缩短了航程，正如王慕民等所提，由五岛、长崎至宁波300里，耗时8—14天；至舟山普陀为280里，需要5—14天。[⑤]

3. *海洋贸易*

唐以前，中日交流是以使臣为媒介的文化、技术交流为主[⑥]。唐中期以后，伴随着日中新航线的开辟，浙江沿海地区尤其是明州港逐渐成为对日交往的重要港口。王慕民等认为，中日关系在这一时期进入高潮期，其标志是日本使团的派遣，明州与日本交流的最大成就是明州成为中日交往首要港地位开始确立，民间贸易成为中日交往的主流，私商成为中日交往的主角[⑦]；

---

① 汪义正：《遣唐使船是日本船学说的臆断问题》，《第十一届明史国际学术讨论会论文集》，天津古籍出版社2007年版。

② 王慕民、张伟、何灿浩：《宁波与日本经济文化交流史》，海洋出版社2006年版，第32页。

③ 同上书，第33页。

④ （明）王在晋：《海防纂要》卷一"海岙"，四库禁毁书丛刊史部17，北京出版社1997年版。

⑤ 王慕民、张伟、何灿浩：《宁波与日本经济文化交流史》，海洋出版社2006年版，第162页。

⑥ 《宁波与日本经济文化交流史》及《日中文化交流史》中指出，汉魏晋南北朝及其以前，中日交往的主要内容有民间移民、官方使节往来（遣使、封赐）、技术交流（20世纪70年代以来，日本各地古坟中发现大量边缘断面呈正三角形，背面中央纹饰以神、兽为母题的铜镜，即为"三角缘神兽镜"，伴随出土的还有一些三角缘佛像镜，存续年代在公元3—4世纪前后，即属于东吴镜）。

⑦ 《宁波与日本经济文化交流史》，第19页。

宋政府也基本上实行鼓励海外贸易的政策[①]，南宋时明州逐渐被指定为中商前往日本、高丽贸易的唯一港口[②]；入明以后，浙江一带“海运经济”进一步发展，并呈现出前期以勘合贸易为主、后期以私人贸易为主的时代特征。明代前期（1368—1566）为管理中外贸易，政府重申了海外诸国入明朝贡的制度，准许这些国家以朝贡名义随带一定额的货物，由官方给价收买。这种贸易在海禁严厉时，几乎成了唯一的海外贸易渠道。嘉靖大倭患平定后，明政府被迫重新拟定海外贸易政策。隆庆元年（1567），福建巡抚都御史涂泽民奏请开放海禁，由是福建漳州、海澄、月港部分开放海禁，准许私人出海贸易。这也标志着维持200年的朝贡贸易结束，而私人海外贸易逐渐展开。

私人海上贸易集团的形成与走私贸易的盛起成为私人海上贸易发展的重要表现。这一时期浙江地区逐渐形成了许栋、李七、汪直、陈东、叶明等一些资本雄厚的海上私人集团，这些集团“或五只、或十只、或十数只，成群分党，纷泊各港”[③]。宁波商帮即为其典型代表，这一商帮在经营国内贸易的同时，还经营海外贸易。借助明政府法定专通日本唯一港口和日本使臣、僧、商出入中国独一通道的便利条件[④]，宁波商帮与日本海上贸易活动更趋兴盛起来。

鄞人万表撰于1552年的《海寇议》中指出，1523年争贡事件之前，宁波尚无“过海通番”的私商，但之后却发生变化。那些宁波商人开始出海“勾引番船，纷然往来”。明政府便以祸起市舶为名，关闭宁波市舶司，后虽又恢复，但已名存实亡。即便如此，走私贸易却更加兴起，正如徐光启所言“官市不开，私市不止，自然之势也。”[⑤]《明史·食货志》中亦云“市

① 如宋人杨仲良《续资治通鉴长编纪事本末》卷六六《神宗皇帝·三司条例司》中载，宋神宗言“东南利国之大，舶商亦居其一焉。昔钱镠窃据浙广，内足自富、外足抗中国者，亦由笼海商得术也。卿亦创法讲求，不惟岁获厚利，兼使外蕃辐辏中国，亦壮观一事也”。南宋时更是因“经费困乏”而“一切倚办海舶”（（明）顾炎武《天下郡国利病书》卷一二〇《海外诸蕃》，艺文印书馆1956年版），也如《宋会要辑稿·职官》中宋高宗所言“市舶之利最厚，若措置合宜，所得动以百万计”。

② 王慕民、张伟、何灿浩：《宁波与日本经济文化交流史》，海洋出版社2006年版，第50页。

③ （明）万表：《玩鹿亭稿》卷五《海寇议》，见张寿镛辑刊《四明丛书》第七集，广陵书社2006年版。

④ 王慕民、张伟、何灿浩：《宁波与日本经济文化交流史》，海洋出版社2006年版，第122页。

⑤ （明）徐光启：《海防迂说》，见《明经世文编》卷四九一，中华书局1985年版。

舶既罢，日本海贾往来自如，海上奸豪与之交通，法禁无所施。"[①] 更有双屿港成为走私贸易的大本营，据《明经世文编》载"有等嗜利无耻之徒，交通接济，有力者自出赀本，无力者转展称贷，有谋者诓领官银，无谋者质当人口，有势者扬旗出入，无势者投托假借，双桅三桅连樯往来，愚下之民，一叶之艇，送一瓜运一罇，率得厚利，驯至三尺童子，亦知双屿之为衣食父母，远近同风，不复知华俗之变于夷矣。[②]"

二 浙江海洋经济的三要素

通过对古代浙江海洋贸易的解读，笔者认为海洋贸易经济应具备三个要素，即商品、交通与买卖双方。就商品而言，海洋贸易的商品除了传统的丝绸、陶瓷、茶叶外，还应包括渔、盐等海产品；就交通而言，便利的海路运输成为海洋贸易坚实的后盾；就贸易规模而言，海洋贸易应包括国内贸易与国外贸易两种。

一是海产品贸易在国内贸易中占一定比重。海产品既包括海洋渔业资源，也包括海盐资源。

早在春秋时，浙江一带的海盐资源已得到开发，如《史记·货殖列传》言"浙江南则越。夫吴自阖庐、春申、王濞三人招致天下之喜游子弟，东有海盐之饶，章山之铜，三江、五湖之利，亦江东一都会也"[③]；到唐代，又"分钱塘置盐官县"[④]；宋绍兴二年（1132）十一月初，"榷明州卤田盐"。[⑤] 高宗时又在永丰门内设盐仓"[⑥]。《定海县志》"县御前水军云屯数千灶，人物阜繁，鱼盐富衍"[⑦]；《四明谈助上》引用《七观》宋注中云，黄帝时诸侯宿沙氏始以海煮盐。管子教桓公观山海之法，曰："海王之国，谨正盐筴"。唐代，政府虽仍行榷盐之法，但同时还有不少私盐商。如《宁波通史》云"明州出现的盐商，既有遵守'国家榷盐，粜于商人，商人纳榷，粜于百姓'政策的合法商人，又不乏以私盐法商人干禁挠

---

① 《明史》卷81，志第五十七，《食货五》。

② （明）朱纨：《甓余杂集》，卷三《双屿填港工完事》，《四库全书存目丛书·集部》第78册，齐鲁书社1996年版。

③ 《史记》卷129，列传第六九，《货殖列传》，第3267页。

④ 《旧唐书》卷40，志第二十，《地理》。

⑤ 《宋史》卷27，本纪第二十七，高宗四，第501页。

⑥ （清）徐兆昺：《四明谈助》上，宁波出版社2000年版，第250页。

⑦ 《定海县志》，《宋元浙江方志集成》本，第3491页。

法的事例”①。

至宋代，借助充盈的渔盐资源，明州地区卖鱼贩盐活动更加盛行，即宋人张津所讲“明得会稽郡之三县，三面际海，带江汇湖，土地沃衍，视昔有加。古鄮县乃取贸易之义，居民喜游贩鱼盐”②。

二是借助便利的海洋运输条件，而从事的海上贸易活动，即海运经济。

海船制作技术的改进与新航线的开辟为浙海一带海外贸易的发展提供了技术基础。中外商品的互补性为双方贸易规模的扩大提供了条件。日本需求的商品大抵也可从宁波及其腹地得到。

三是根据贸易范围区分，海洋贸易可分为内向型的国内贸易和外向型的国际贸易（下以宁波为例）。

内向型的国内贸易。这既包括地区间的贸易，又包括明州与属于唐朝辖区内其他地区的贸易。如《宁波通史》所讲，“慈溪县城（今慈城镇）大街阔七丈，两边设有店肆铺。宁海迁徙至广度里后也是人烟辐辏，商贾贸迁，店肆遂兴”③；黄宗羲《四明山志》亦提到，晚唐王可交从四明山携至州城区卖的药酒，非常畅销以至“明州里巷皆言王仙人药、酒”④。唐代明州人已可以顺着浙东大运河，渡过钱塘江⑤。然后再顺着大运河北上，进行长途贩运。晚唐时，明州人杨宁、孙得言结伴经商，足迹达太湖流域⑥；陆龟蒙到四明山时，作诗云“云南更有溪，丹砾尽无泥。药有巴賨卖，枝多越鸟啼。夜清先月午，秋近少岚迷。若得山颜住，芝荖手自携”⑦。其中巴賨即为巴蜀，也就是说巴蜀地区的药在四明山已小有名气，这说明了明州与巴蜀进行了贸易活动。

外向型的国际贸易。唐代明州已成为重要的对外贸易中心，尤其是在8世纪前中期，由于“新罗梗海道，更繇明、越州朝贡”⑧，明州港

① （唐）韩愈：《论变盐法事宜状》，转引自《四明谈助》上，第241页。

② （宋）张津：《乾道四明志》，宋元浙江方志集成本，杭州出版社2009年版。

③ 傅璇琮：《宁波通史·史前至唐五代卷》，宁波出版社2009年版。

④ 《四明山志》卷三《灵迹》，转引自《宁波通史》第一卷《史前至唐五代卷》。

⑤ 施存龙：《浙东运河应划作中国大运河东段》，《水运科学研究》2008年第4期，第40页；乐承耀《宁波古代史纲》中亦指出“船只从明州州治三江口出发，经鄞县、慈溪、余姚，至余姚江上游的通明堰，再经梁湖堰、风堰、太平堰、曹娥堰、西兴堰和钱清堰，抵曹娥江、钱塘江，到达杭州，与大运河相连”。

⑥ （清）光绪《鄞县志·卷六六》，转引自《宁波通史》第一卷《史前至唐五代卷》，第242页。

⑦ （唐）陆龟蒙：《甫里集·四明山九诗·云南》，文渊阁四库全书本第1083册，台湾商务印书馆1987年版，第317页。

⑧ 《新唐书》卷220，列传第一百四十五，《日本传》，第6209页。

开始成为对日贸易的重要港口。入明后，中日两国商品的互补性更加明确，时人姚士麟指出，“大抵日本所须，皆产自中国，如室必布席，杭之长安织也；妇女须脂粉，扇漆诸工须金银箔，悉武林造也。他如饶之瓷器、湖之丝绵、漳之纱绢、松之棉布，尤为彼国所重”[①]；唐枢亦云，中日之间“有无相通，实理势之所必然。中国与夷，各擅土产，故贸易难绝，利之所在，人必趋之。……夫贡必持货与市兼行，盖非所以绝之”[②]。对于宁波与日本贸易的研究，成果颇多。著作类有：刘恒武的《宁波古代对外文化交流：以历史文化遗存为中心》[③]、王慕民等的《宁波与日本经济文化交流史》[④]、林士民的《万里丝路——宁波与海上丝绸之路》[⑤] 等。文章类有李小红、谢兴志的《海外贸易与唐宋明州社会经济的发展》[⑥]、林浩的《唐代四大海港之一“Djanfou”不是泉州是明州(越府)》[⑦]、李蔚、董滇红的《从考古发现看唐宋时期博多地区与明州间的贸易往来》[⑧]、虞浩旭的《论唐宋时期往来中日间的“明州商帮”》[⑨]及王勇的《唐代明州与中日交流》[⑩]、丁正华的《论唐代明州在中日航海史上的地位》[⑪]、傅亦民的《唐代明州与西亚波斯地区的交往——从出土波斯陶谈起》[⑫] 等。这些成果对唐代明州地区海外贸易，特别是中日贸易与文化交流进行了系统探讨。明清宁波海外贸易的研究亦有不少成果，例如王万盈的《东南孔道——明清浙江海洋贸易与商品经济研究》等。

---

① （明）姚士麟：《见只编》，丛书集成初编本卷上（第3964册），中华书局1985年版。

② （明）唐枢：《复胡梅林论处王直》，见于《明经世文编》卷270。

③ 刘恒武：《宁波古代对外文化交流——以历史文化遗存为中心》，海洋出版社2009年版。

④ 王慕民、张伟、何灿浩：《宁波与日本经济文化交流史》，海洋出版社2006年版。

⑤ 林士民、沈建国：《万里丝路——宁波与海上丝绸之路》，宁波出版社2002年版。

⑥ 李小红、谢兴志：《海外贸易与唐宋明州社会经济的发展》，《宁波大学学报（人文科学版）》2004年第5期。

⑦ 林浩：《唐代四大海港之一“Djanfou”不是泉州是明州（越府）》，《三江论坛》2007年第5期。

⑧ 李蔚、董滇红：《从考古发现看唐宋时期博多地区与明州间的贸易往来》，《宁波大学学报》（人文科学版）2007年第3期。

⑨ 虞浩旭：《论唐宋时期往来中日间的“明州商帮”》，《浙江学刊》1998年第1期。

⑩ 王勇：《唐代明州与中日交流》，宁波与“海上丝绸之路”国际学术研讨会论文集，2005年版。

⑪ 丁正华：《论唐代明州在中日航海史上的地位》，《中国航海》1982年第2期。

⑫ 傅亦民：《唐代明州与西亚波斯地区的交往——从出土波斯陶谈起》，《海交史研究》2000年第2期。

三　古代“海洋经济”具有商品经济特性

古代海洋经济具有明显的商品经济特性。在海洋开发上，表现在海贝成为古代中国最早的货币；在海洋贸易上，表现在海洋贸易是商品经济发展到一定阶段的产物，是一种特殊形式的商品经济。

贝之为币的文字记载。太史公书中载“农工商交易之路通，而龟贝金钱刀布之币兴焉”①，及“古者以龟贝为货，今以钱易之，民以故贫，宜可改币”②，肯定了贝曾作货币使用；《说文解字》“员”字下云“员物数也，从员”金坛段氏释之曰“从贝者，古以贝为货物之重者也”。但以上表述过于宽泛，也未对贝之为币价值尺度、支付手段及储藏手段的使用情况进行详细解读。汉代以前成书的《诗·小雅》中有“既见君子，锡我百朋”，“朋”即为贝币的计量单位；黄锡全试读商父庚罍上的族氏名字应为“二十朋五夅（降）”或“二十五朋夅（降）”，认为“夅”如不是量词，就应是下、差等意，即不是二十朋零五或二十五朋；如为量词，其数则小于朋。他还进一步指出，如一朋按十贝计算，约为200枚或250枚。③ 这样贝就具有了价值尺度的功能，与《周易·益》中“或益之十朋之龟”类同。可知，贝在商代已具有了价值尺度的职能。

贝之为币的考古学分析。考古资料表明，早在新石器时代，海贝已开始出现在中国内陆各地区。如临潼姜寨第一期文化遗存M275④、河南仰韶村和芮城礼教村彩陶遗址⑤、青海乐都柳湾马家窑文化马厂类型墓葬⑥、齐家文化墓葬⑦、辽宁敖汉旗大甸子原始社会末期遗址（假贝）⑧、四川凉山地区普格小兴场附近瓦打洛遗址⑨等。而从出土位置等遗迹现象推测，这一时期海贝应主要作为装饰品而存在。又由不是所有的史前墓葬都有贝饰出土推

① 《史记》卷30，书第八，《平准书》，第1442页。

②《汉书》卷86，列传第五六，《师丹传》，第3506页。

③ 黄锡全：《商父庚罍铭文试解》，《古文字论丛》，台北艺文印书馆1999年版。

④ 半坡博物馆：《姜寨——新石器时代遗址发掘报告》，文物出版社1988年版，第410页。

⑤ 王毓铨：《中国古代货币的起源和发展》，科学出版社1957年版，第11页。

⑥ 张永熙：《试论青海古代文化与原始货币的产生与发展》，《中国钱币论文集》第二辑，中国金融出版社1992年版。

⑦ 同上。

⑧ 中国社会科学院考古研究所辽宁工作队：《敖汉旗大甸子遗址1974年试掘简报》，《考古》1975年第2期。

⑨ 刘世旭、秦荫远：《四川普格县瓦打洛遗址调查》，《考古》1985年6期。

测，有无贝饰或可成为区分等级差别与贫富分化的标志。

殷周时期，贝的价值尺度①、流通手段②、贮藏手段③和支付手段④等货币功能更趋完善，并成为商品价值的表现物。选择海贝作为货币是有一定社会必然性的，如马克思《资本论》所讲，作为特殊商品的货币"它究竟固定在哪一种商品上，最初是偶然的。但总的说来，有两种情况起着决定作用。货币形式或者固定在最重要的外来交换物品上，这些物品事实上是本地产品的交换价值的自然形成的表现形式；或者固定在本地可让渡的财产的主要部分，如牲畜这种使用物品上。"⑤ 而海贝对于殷人而言，属外来品，不易得到，再加上其天然具有携带方便，易于保存的优点，故便于充当货币使用。到殷王朝后期，由于社会经济发展，社会中逐渐出现了金属铸币——铜贝。1953 年安阳大司空村晚期殷墓中发现三枚铜贝；1969 年至 1977 年在殷墟西区第三墓区 62 号墓中发现二枚铜贝⑥。总之，无论是贝币使用，还是铜贝的出现，都表明了海洋开发与商品贸易已紧密联系在一起。

获取海贝成为早期人们开发海洋的动力。铜币出现后，海贝逐渐丧失其货币职能。但这并不意味着海洋开发的衰减，笔者认为可能是因为中原王朝统治地域不断扩大，沿海地区多包含其中。沿海各地海洋得到大规模开发，使得海贝较易获得，海贝的"外来交换物品"地位消失。以货币交换为特征的海洋贸易从一开始便是海洋经济的重要组成部分，以后随着海洋贸易的发展，其在海洋经济中的主体地位也越发表现出来。

"海洋贸易"是指依赖海洋而进行的商品生产和商品贸易活动，是海洋经济的重要组成部分。海洋生产目的由自给自足到适应小批量交换，再到用

---

① 《易·益》曰"或益之十朋之龟"。

② 1953 年大司空村一个车马坑中一辆战车的车舆偏西部发现贝币 50 余枚（《1953 年安阳大司空村发掘报告》，《考古学报》第九册，1955 年版）；1969 年至 1977 年在殷墟西区发掘的九百三十九座殷代晚期墓葬中，就有三百多座墓葬出土贝，百枚以上者占四座（《1969—1977 年殷墟西区墓葬发掘报告》，《考古学报》1979 年第 1 期）；1976 年冬殷墟妇好墓中出土货贝达 7000 余枚（参见王守信《建国以来甲骨文研究》，中国社会科学出版社 1981 年版）。如此普遍的货贝随葬现象应可推测出当时商品贸易发展的成熟。

③ 甲骨文卜辞云"取有贝"。（铁 104、4）"光取贝二朋，在正月取"（候 27、田野考古报告第一册）。

④ 殷商时期的铜器铭文中也有这方面不少记载。例如，"癸巳王赐巨邑贝十朋，用作母癸尊彝"。（陶齐吉金录 5，32）这种赏赐行为亦可作为一种支付行为，如上记载在青铜铭文中不在少数，此不赘述。

⑤ 马克思：《资本论》第一卷，人民出版社 1975 年版，第 107 页。

⑥ 《1953 年安阳大司空村发掘报告》，《考古学报》第九册，1955 年版；《1969—1977 年殷墟西区墓葬发掘报告》，《考古学报》1979 年第 1 期。

于大批量交换甚至用于海外贸易。随着海洋开发程度的深入，又逐渐衍生出了具有海洋贸易特点的海洋文化意识，如商品货币意识、开放意识以及由改善航海、造船技术而引发的重视自然科学知识的意识等。当然，海洋贸易就范围而言，最初应以域内贸易为主。《史记·管晏列传》云，“管仲既任政相齐，以区区之齐在海滨，通货积财，富国强兵，与俗同好恶”[①]；《史记·货殖列传》言“齐带山海，膏壤千里，宜桑麻，人民多文彩布帛鱼盐。临菑亦海岱之间一都会也”；“夫吴自阖庐、春申、王濞三人招致天下之喜游子弟，东有海盐之饶，章山之铜，三江、五湖之利，亦江东一都会也”。可见，汉代海洋贸易以境内贸易为主。这种状况到唐代才发生较明显变化，浙海一带，亦是如此。随着造船技术的进步与海运航线的完善，中外交往在这一时期除了互派使节、移民及文化交流外，还进行着广泛的贸易活动。木宫泰彦《日中文化交流史》中对中日贸易从商船往来、贸易品和贸易方法等方面总结道，五代十国时，中日交通仍不绝如缕，商船往来分外频繁[②]；入宋以后，中日贸易更加频繁，南宋时期，日宋虽未建邦交，但私船往来却颇为频繁，如《开庆四明续志》载“倭人冒鲸波之险，舳舻相衔，以其物来售”[③]。木宫泰彦还指出，“日本商船驶往宋朝所以如此之多，一则可能由于当时日本武家兴起，倾向进取，尤其平清盛极力奖励海外贸易，一则由于宋朝贪图贸易之利，欢迎外国船只驶来”[④]。以后各朝，海外贸易更是繁盛，虽曾一度因“海禁政策”而萎靡，但却激发出更大规模的私人海外贸易活动。它的商品经济特性决定了海洋经济研究必须以关注商品经济发展状况为前提。

总之，本书试图运用“海洋经济”相关理论来概括古代浙江沿海一带经济发展状况。古代“海洋经济”从内容上包括海洋渔业经济、海运经济与海外贸易。海洋贸易有三要素：一是商品，即海产品贸易在国内贸易中占一定比重；二是交通，即海产品贸易是借助便利的海洋运输条件，而从事的国内或海外贸易活动；三是买卖双方，即根据双方国籍，海洋贸易可分为内向型的国内贸易和外向型的国际贸易。海洋贸易是海洋经济的主体，并具有浓厚的商品经济特性，这就决定了区域海洋贸易的研究还应关注对这一地区

---

① 《史记》卷62，列传第二，《管晏列传》。

② 木宫泰彦：《日中文化交流史》，商务印书馆1980年版，第222页。

③ 《开庆四明续志》卷八《蠲免拍博倭金》条，见清咸丰四年刻《宋元四明六志》，宁波出版社2011年版。

④ 木宫泰彦：《日中文化交流史》，商务印书馆1980年版，第295页。

商品经济发展状况的研究。

第一节　明代浙江海洋经济发展的动力原因

自东汉至南朝，江南地区得到不断开发，浙江一带经济水平有了明显提高。大运河的开通，使得浙江地区与北方紧密联系在一起，经济腹地随之扩大；北宋时，“国家根本，仰给东南”[①]，浙江地区也成为中国与日本交通往来的重要港口；入明后，这一地区的海洋资源得到进一步开发。借助着便利的交通、政策，浙东一带的海洋经济得到更深入地发展。这一时期，宁波也逐渐发展成明政府法定专通日本的唯一港口和日本使臣、僧、商出入中国的唯一通道。

一　自然资源与交通条件对浙江海洋经济的影响

1. 海产资源充盈对浙江海洋贸易的影响

如前所讲，笔者认为浙江一带“海洋贸易”发展有三要素，即商品、交通与买卖双方。这一地区自古就与海洋有着千丝万缕的联系，沿海民众从海中捕鱼，过着“以海为生”的日子。早在新石器时代，浙江渔业资源便得到初步开发。在河姆渡新石器时代地层中，考古工作者发现了鲟、真鲨、海龟、鲤鱼、鲫鱼等[②]遗骸；《国语》中载，越自建国“滨于东海之陂，鼋龟鱼鳖之与处，则蛙龟之欲同渚”[③]。勾践当政时，“上栖会稽，下守海滨，唯鱼鳖见矣”[④]；三国时，浙江沿海可捕捞到鹿鱼、土鱼、鲮鱼、比目鱼、鲤鱼、牛鱼、石首鱼、黄灵鱼、印鱼以及蚶、蛤蜊等[⑤]；唐宋时，绍兴沿海渔民“浅海滩涂捕捞已甚普遍”[⑥]。宋代，更大规模的海洋渔业捕捞有了更多的文献记载[⑦]；元代《大德昌国州图志》载，舟山地区出产大小黄鱼、带

---

① （元）脱脱等撰：《宋史》卷三三七《祖禹列传》，中华书局1977年版。

② 张如安：《宁波通史·六朝卷》，宁波出版社2009年版，第135页。

③ 尚学锋、夏德靠译注：《国语》，中华书局2007年版，第390页。

④ （汉）赵晔著，张觉译注：《吴越春秋全译》，贵州人民出版社1993年版，第176页。

⑤ （三国）沈莹撰，张崇根辑校：《临海水土异物志辑校》，农业出版社1988年版，第7—33页。

⑥ 绍兴县地方志编纂委员会编：《绍兴县志》，中华书局1999年版，第766页。

⑦ 慈溪市地方志编纂委员会编：《慈溪县志》，浙江人民出版社1992年版，第303页。

鱼、墨斗鱼、鳓鱼、鲳鱼、马鲛鱼等57种海产品[①]；明清时，浙江可开发利用的渔业资源更加丰富，《弘治温州府志》中载。仅温州一带海产品种类就有67种[②]。

渔业开发规模的扩大，离不开渔猎知识的丰富与技术的提高。自明代始，浙江沿海渔民总结祖辈留下的经验，发现了浙江海洋鱼类的鱼汛期，如陆容《菽园杂记》载“石首鱼，四五月有之。浙东温、台、宁波近海之民，岁驾船出海，直抵金山、太仓近处网之，盖此处太湖淡水东注，鱼皆聚之”[③]。

渔船规模与数量也逐渐增大增多。戚继光《纪效新书》载，浙江捕鱼苍船“吃水六七尺”[④]（合现在两米），按照一般船只长宽深7:1:0.6的比例，其长度应超过30米；时任福建兵备副使的宋仪望在剿灭倭寇后，向朝廷上《海防善后事宜疏》，他要求将温州、台州、宁波等地渔船列入海防的辅助力量，并指出捕黄鱼的沙船梁头达一丈四尺（即宽应4.7米左右），可装载三十五人。[⑤]由此推知，此时浙江沿海的渔船无论是在规模，还是在技术上，多符合军事用船的要求[⑥]；另从顾炎武《天下郡国利病书》“宁、台、温大小舡以万计”[⑦]中，也可窥视出当时浙江渔业资源的开发场景。

渔业经济在浙江区域经济中占有一定比重。以宁波为例，舟山群岛附近，自古就是重要的渔场。每到鱼汛，宁波及其浙江沿海渔民纷纷“岁驾船出海，直抵金山、太仓等处网之”[⑧]。明代晚期，这一地区的渔业生产与开发规模得到进一步扩大，并出现了更细致的行业分工。明代王士性《广

---

① （元）冯福京修，郭荐纂：《大德昌国州图志》卷4《叙物产·海族》，《宋元方志丛刊》本，中华书局1990年版，第6089页。

② 《弘治温州府志》（（明）王瓒、蔡芳编纂，胡珠生校注：《弘治温州府志》卷7《土产·海族》，温州文献丛书，上海社会科学院出版社2006年版，第120—124页）中列举海族类有，鲨鱼、鲛鱼、魟鱼、黄驹、鳗鱼、吴鲚、鲈鱼、鮸鱼、石首鱼、鲳鱼、箭鱼、鳓鱼、青鱼、乌鱼、银鱼、针鱼、比目鱼、海鳜鱼、海鲫鱼、青鳞鱼、鳗鲡鱼、黄脊鱼、白脊鱼、石勃卒、竹夹鱼、鲻鱼、海鹞鱼、带鱼、蚝鱼、弓鱼、栏胡等。

③ （明）陆容：《菽园杂记》卷13，《元明史料笔记丛刊》，中华书局1985年版，第156页。

④ （明）戚继光：《纪效新书》卷18《治水兵篇·海沧说》，《中国兵书集成》编委会编：《中国兵书集成》（第18册），解放军出版社1995年版，第683页。

⑤ （明）宋仪望：《海防善后事宜疏》，见《皇明经世文编》卷362《宋督抚奏疏》，中华书局1985年版，第3902页。

⑥ 《明史》卷227，列传第一一五，《宋仪望列传》。

⑦ （清）顾炎武撰：《天下郡国利病书》卷6《苏松》，《续修四库全书》本（第595册），上海古籍出版社2002年版，第757页。

⑧ （明）陆容：《菽园杂记》卷十三，《元明史料笔记丛刊》，中华书局1985年版，第156页。

志绎》云：

> 浙渔俗傍海网罟，随时弗论，每岁一大鱼汛，在五月石首发时，即今之所称鲞者。宁、台、温人相率以巨舰捕之，其鱼发于苏州之洋山，以下子故浮水面，每岁三水，每水有期，每期鱼如山排列而至，皆有声。渔师则以篙筒下水听之，鱼声向上则下网，下则不，是鱼命司之也。柁师则夜看星斗，日直盘针，平视风涛，俯察礁岛，以避冲就泊，是渔师司鱼命，柁师司人命。长年则为舟主造舟，募工每舟二十余人。惟渔师、柁师与长年同坐食，余则颐使之，犯则棰之，至死不以烦有司，谓之五十日草头天子也。舟中床榻皆绳悬。海水咸，计日困水以食，窖盐以待。鱼至其地，虽联舟下网，有得鱼多反惧没溺而割网以出之者，有空网不得只鳞者。每期下三日网，有无皆回，舟回则抵明之小浙港以卖。港舟舳舻相接，其上盖平驰可十里也。舟每利者，一水可得二三百金，否则贷子母息以归。卖毕，仍去下二水网，三水亦然。获利者，鏦金伐鼓，入关为乐，不获者，掩面夜归。然十年不获，间一年获，或偿十年之费。亦有数十年而不得一赏者。故海上人以此致富，亦以此破家。①

可见，明末，浙江沿海地区的渔业生产中已出现了专业分工和雇佣工人②。捕鱼过程中，渔师、舵师、长工等各司其职、各尽其责，具有严格的组织性。这段资料还详细记述了浙海一带捕鱼、售鱼及其获利情况，为我们了解一般渔民生活状况提供了依据。

盐业兴废是关乎国计民生的大事。政府在垄断食盐资源的同时，还实行了“开中法”。“开中法”规定，商人可通过运输军需品到北境的办法，换取相应盐引，凭借这些盐引到指定盐场取盐，并售往相应地区。这种垄断食盐的政策盛行于浙江一带。据《松窗梦语·商贾纪》载“吾浙富厚者多以

---

① （明）王士性：《广志绎》卷4《江南诸省》，中华书局1981年版，第75—76页。

② 渔船上主要成员有长年、渔师、舵师、水手等20人左右。长年为船主，职责是筹集资本、购置船只、招募水手等；渔师的职责是选定下网、收网时机；舵师的职责是掌管罗盘、观察天象、航道，以便行船、停泊；渔师关乎捕鱼的成效“司鱼命”；舵师关乎全船的安危“司人命”。渔师、舵师、长年“同坐食，余则颐使之，犯则才棰之至死，不以烦有司，谓之五十日草头天子也”。正如张守广《宁波帮志·历史卷》指出的，就渔船组织看，这种渔船组织，将约20个人组织在一起，各司其职，分工严密，纪律严明，小农散漫无组织状况在这里荡然无存（中国社会科学出版社2009年版，第25页）。

盐起家，而武林贾氏用鬻茶成富，至累世不乏”[1]。这一时期，食盐流通中的商人既有官商，又有私商。官府基本上控制着整个国家的盐业经营与销售。如《明史·食货志》中言“煮海之利，历代皆官领之。太祖初起，即立盐法，置局设官，令商人贩鬻，二十取一，以资军饷”[2]，那时共设都转运盐使司六，即两淮、两浙、长芦、山东、福建和河东。而两浙所辖又分成四司，“曰嘉兴，曰松江，曰宁绍、曰温台；批验所四，曰杭州，曰绍兴，曰嘉兴，曰温州；盐场三十五，各盐课司一”[3]。为便利食盐的流通，明政府还放松了对一些私商贩盐的限制。成化年间，宪宗朝对“他处商人夹带余盐，掣割纳价”的情况并未强力禁止，而是采取了“惟多至三百斤者始罪之”[4] 的宽容态度。推动了浙海一带海盐贸易活动的繁荣。

可见，海产品丰富是地区“海洋贸易”发展的重要条件。这里的“海洋贸易”，从内涵上讲，包括两个内容：一是海洋商贸活动，即借助便利的海洋运输条件而从事的海内、海外贸易活动；二是以海产品为商品的贸易活动。明清时，浙海一带逐渐进入“海洋社会”。这一社会的典型标志是“靠海吃海”生活方式、海洋意识与“海洋信仰”体系的建立。

2. 便捷交通对浙江海洋经济发展的影响

便捷的交通运输条件是商品流通的重要渠道。明朝立国后，修复和完善了全国的驿递系统，这为便利地区间的商品流通提供了条件。

明政府进一步疏通了运河河道。永乐九年，明成祖命工部尚书宋礼，“发山东及徐州、应天、镇江民三十万”疏通挖掘，“二十旬而工成”；十三年五月，又命平江伯陈瑄开凿淮安附近的青浦江，“自淮安城西管家湖，凿渠二十里，为清江浦，导湖入淮，筑四闸以时宣泄”[5]，这就大大减少了大运河的负担。浙江一带商人从事长途贩运，主要依靠水路交通，而大运河便成为浙江商贸经济发展的重要渠道。借助大运河河道，浙商可自钱塘江口溯江而上，到达严州、金华、衢州；或自钱塘江西行，经浙东大运河到达绍兴、宁波。

船是水运的主要交通工具。有明一代，船主要分官船和民船两类。明代

---

① （明）张瀚撰：《松窗梦语》，中华书局 1985 年版。

② 《明史》卷 80，志第五六，《食货志四》。

③ 同上。

④ 同上。

⑤ 《明史》卷 153，列传第四一，《宋礼传》。

官造船，除郑和下西洋所用的“宝船”与各种战舰外，还有海舟①、漕船②、马船③、快船④等。明代民船名目繁多，三吴、浙西一带以三吴浪舡较为常见；东浙为西安舡，多见于浙东常山、开化、遂安至钱塘江一带。

商业城市间还出现了一些专业的运输户，如水乡有船户，平原有车户等。船户“专搭空身行旅”，《士商必要》载自杭州到镇江等航线的船，有专门乘搭旅客的客船。车户有出租车马者，出租骡马者为骡马店，这类店铺在北方商业比较繁盛的地方易见到。

浙江的驿道主要分两类，一是省内驿道，一是省外交通道路。就省内驿道而言，主要以省城杭州为中心，通往各府州县的驿道。这又可分为四条：一是从杭州武林驿，经富阳、桐庐、建德、兰溪、龙游、衢州、常山，取道江西玉山、广信、铅山，进入福建崇安、建宁，直抵福州；二是从杭州浙江水驿出发，渡钱塘江经西兴、萧山、钱清、绍兴，东渡曹娥江到上虞、余姚和宁波，然后从陆路取道奉化、宁海、临海、黄岩、太平、乐清、永嘉到温州；三是从杭州浙江水驿出发，溯钱塘江而上，由水路依次到达严州、兰溪和金华，再改行陆路，取道武义到处州府；四是从杭州省城出发，经北新关、澉山、菱湖到湖州。⑤

浙江通向省外的交通要道，既有陆路又有水路。如有从衢州江山翻越仙霞岭，到福建浦城、建宁的山路；有从衢州常山出省，取道江西玉山，到湖南、广东等地的陆路；有从杭州经余杭、於潜、昌化，直抵徽州府的山路；有从湖州出省，渡太湖到南直隶、宜兴的水路；从嘉兴、嘉善到松江府的水路等。⑥

为适应日趋活跃的商品经济，明代中晚期江南水乡各城镇间还开通了“夜航船”（即傍晚发船，翌日清晨到达目的地），以湖州府最为发达。据黄汴《一统路程图记》记载，从城四门开往各地的夜航船有：

---

① 海舟，又名遮洋浅船，皆漕船长一丈六尺，阔二尺五寸，驾船水手百人，可载米二千石，是明初的海运船只，专供辽东与北京的军粮。（《中国经济通史·明代经济卷（下）》，第588页）

② 漕船，又名粮舡，从南方往北京运输粮食的专用船，约有一万二千只，每船可载米三千石。按规定该船不得装载其他私人货物，但运粮军人往往携带一些土特产到北方贸易。为制止这一倾向，成化年间规定每船所带土产不得超过十石；万历时，“凡运军土宜，每船许带六十石”。（同上）

③ 马船，明初长江上游，运送四川、云南地区市易马骡及各族贡马到南京的专用船，约八百只。（同上）

④ 快船，原为南京锦衣等四十卫的军用船，迁都北京后，改为上贡物品及运送军器的专用船，原约一千六七百只，后逐渐裁减，存留一千只左右。（同上）

⑤ 陈剩勇：《浙江通史·明代卷》，浙江人民出版社2006年版，第269页。

⑥ 《浙江通史·明代卷》，第269页。

东门夜船：70 里至震泽，又夜船 130 里至苏州密渡桥；至南浔 60 里（南去嘉兴府）；至乌镇 90 里；至琏市 70 里；至新市 80；至双林 50 里。

西门夜船：至浩溪、梅溪，并 90 里；至四安 120 里；至长兴县 60 里。

北门夜船：90 里至夹浦；过太湖，广 40 里，入港 90 里，至宜兴县。

南门夜船：至瓶窑 140 里，至武康县 170 里，至德清县 90 里。

南门夜船：36 里至龙湖，又 36 里至澉山，又 20 里至雷店，又 20 里至武林港，南 50 里至北新关，20 里至杭州府。①

为便于商贩远来贸易，官府在各地设立了驿传、递运所和急递铺，还有塌房，即“京师军民居室皆官所给，比舍无隙地。商货至，或止于舟，或贮城外，驵侩上下其价，商人病之。帝乃命于三山诸门外，濒水为屋，名塌房，以贮商货”②。沿路还设有一些私人开的旅店和饭馆，以供客商往来之用。另外，郑和下西洋和新航路的开辟，也为海外贸易市场的扩大提供了条件。

二　政府政策对浙江海洋经济的影响

元末农民战争和朱元璋、张士诚、方国珍等集团的战争，不仅破坏了江浙地区的安定，还沉重打击了浙江地区经济的发展，致使这一地区的不少地方出现了“道路榛塞，人烟断绝”，“耕桑之地，变为草莽”③ 的破落局面。清代学者金准也指出，混战后，浙西一代“市镇乡村多被摧毁”④；正德《桐乡县志》记载，元代的嘉兴府桐乡县城，兵燹之余，“故家旧族十存一二，仅成墟落而已”⑤。

明朝初立，全国的工作重心转移到社会经济的战后重建中去。为规范社会经济与保障经济安全，统治者采取了海禁与商税政策。

1. 海禁政策

洪武二年至十九年，明政府曾积极开展与外国的官方关系，但由于倭寇的侵略活动，对日外交的失败，及防范张士诚、方国珍等残余势力从海上卷

---

① 黄汴：《一统路程图记》，山西人民出版社 1992 年版，第 213—224 页。

② 《明史》卷 81，志第五七，《食货五》。

③ 《明实录》太祖实录之卷二八，洪武元年七月；卷五〇，洪武三年三月。

④ （清）金准：《濮川所闻记》卷一《开镇源流》，《中国地方志集成 · 乡镇志专辑》，上海书店 1992 年版。

⑤ （明）任洛修，谭桓同纂：正德《桐乡县志》卷 1《市镇》，明正德九年（1514）修，嘉靖补修，清抄本，南京图书馆藏。

土重来，明太祖多次申明了“片板不许入海”① 的海禁政策。洪武四年十二月初七（1372年1月13日），“诏吴王左相靖海侯吴祯：籍方国珍所部温（州）、台（州）、庆元三府军士及兰秀山无田粮之民尝充船户者，凡十一万二千七百三十人，隶各卫为君。仍禁濒海民不得私出海”②。这也是明王朝开始实行“海禁”的标志；洪武十四年（1381）七月，明太祖又下令“禁滨海民私通海外诸国”③；1387年胡惟庸“通倭”谋反案严重损害了中日正常邦交。据《明史·日本传》载，丞相胡惟庸“预籍日本为助”谋反，“厚结宁波卫指挥林贤”，假奏报林贤有罪，将其贬谪日本。不久又奏请恢复林贤的职位，遣使诏还，并秘密致书日本国王，希望能借兵助己推倒朱元璋。当林贤回国时，日本国王派僧如瑶率兵400余名，“诈称入贡，且献巨烛，藏火药、刀剑其中”。后此事被揭露，明太祖诛灭林贤一族，并且“怒日本特甚，决意绝之，专以防海为务”，自是“朝贡不至”④。由此宁波一度断绝了与日本的官方联系，至太祖去世才逐渐恢复。同年，太祖还下令“徙福建海洋孤山断屿之民，居沿海新城，官给田耕种”⑤；二十七年（1394）正月，指示有关官员“敢有私下诸番互市者，必置之重法”⑥；三十年（1397）四月，再一次“申禁人民，无得擅出海与外国互市”⑦ 等。为保证海禁措施的实施，明太祖还在制定的《大明律》中专门拟定了“私出外境及违禁下海”条文。值得说明的是，明朝的“海禁”不是单指明政府对贡使贸易或对私人海上贸易活动某一方面的禁止，还泛指明政府对海事活动进行的一系列限制政策的统称，迁海即属海禁政策的重要措施。1387年太祖颁行“迁海”诏令，浙江、广东、山东等地纷纷执行迁海政策。在浙江，“宁（波）、台（州）、温（州）滨海皆有大岛，其中都鄙或与城市半，或十之三，咸大姓聚居。国初汤信国奉敕行海，俱引倭，徙其民市居之，约午前迁者为民，午后迁者为军。”⑧

明太祖时海禁政策的主要内容是，禁止百姓私自出海和贩卖使用“番

---

① 《明史》卷205，列传第九三，朱纨。
② 《明实录》太祖实录之卷七十，洪武四年十二月条。
③ 《明实录》太祖实录之卷一三九，洪武十四年七月条。
④ 《明史》卷322，列传第二一〇，日本。
⑤ 《明实录》太祖实录之卷一五八，洪武二十年条。
⑥ 《明实录》太祖实录之卷二三一，洪武二十七年正月条。
⑦ 《明实录》太祖实录之卷二五二，洪武三十年四月条。
⑧ 王士性：《广志绎》卷四《江南诸省》，《元明史料笔记丛刊》，中华书局1981年版，第73页。

货”“番香”等海外舶来品。《大明律》中亦规定，违反海禁者，最严重者要斩首，次者处以绞刑，轻者杖打一百。严格的“海禁”政策，不仅使沿海人民长时间蒙受“生理无路”[①]的痛苦，还抑制了宋元以来中国民间海外贸易势力的正常发展，导致了这一地区海洋经济由唐、宋的鼎盛期向明、清的衰败期转变。后继诸帝多承此“祖宗之法”，奉行海禁政策。直到 1567 年，海防危机的出现才迫使政府对此政策做出局部调整。

明成祖即位后，也重申了“海禁之法”，如其“即位诏”云，“缘海军民人等，近年以来，往往私自下番交通外国，今后不许。所司一遵洪武事例禁治”[②]。他还积极地拓宽对外关系网。即位初，成祖申明了“今四海一家，正当广示无外，诸国有输诚来贡者”[③]的对外态度；永乐元年，“依洪武初制于浙江、福建、广东设市舶提举司，隶布政司”[④]（洪武九年，浙江明州、福建泉州、广东广州的市舶司曾被罢免）；不久后，又派遣郑和数次率领两万余人规模的船队出访东、西洋地区的数十个国家，创造了中国海外交通史上的奇迹；另据笔者统计，从永乐元年至六年，海外“朝贡”使臣入明记录有 11 次之多。但这一开放的政策，却又被其后频发的倭寇劫掠沿海事件阻断。自永乐七年至二十年，14 年中日本贡使来华仅有两次（见表一）。可见，成祖在这段时间，基本上仍奉行“海禁”政策。

表一　明代日本贡使、倭寇扰华情况

时间	日本贡使	倭寇侵扰	资料来源
洪武二年	倭王良怀遣彝僧十人随秩入贡	三月寇苏州，五月复寇温州中界山、玉环诸处	乾隆《温州府志》卷八《兵制》
洪武三年		倭寇山东、浙江、福建滨海州县	《明史》卷二《太祖纪》
洪武四年	安南、浡泥、高丽、三佛齐、暹罗、日本、真腊入贡	夏四月戊申，倭寇胶州	《明史》卷二《太祖纪》
洪武七年	遣僧宣闻溪、净业喜春等来朝贡马及方物，诏却之	秋七月壬申，倭寇登、莱	《明史》卷二《太祖纪》；《明太祖实录》卷九十
洪武七年	日本国以所掠濒海民一百九人来归		《明太祖实录》卷九十

① 顾炎武：《天下郡国利病书》卷 95，《福建五》。

② 《明实录》太宗文皇帝实录之卷 10 上，洪武三十五年秋七月壬午朔条。

③ 《明实录》太宗文皇帝实录之卷 12 上，洪武三十五年九月丁亥条。

④ 《明实录》太祖实录之卷 21，永乐元年八月丁巳条。

续表

时间	日本贡使	倭寇侵扰	资料来源
洪武八年	撒里、高丽、占城、暹罗、日本、爪哇、三佛齐入贡		《明史》卷二《太祖纪》
洪武九年	览邦、琉球、安南、日本、乌斯藏、高丽入贡		《明史》卷二《太祖纪》
洪武九年	日本国王良怀遣沙门圭庭用等奉表贡马及方物且谢罪		《明太祖实录》卷一零五
洪武十二年	占城、爪哇、暹罗、日本、安南、高丽入贡。高丽贡黄金百斤、白金万两，以不如约，却之		《明史》卷二《太祖纪》
洪武十三年	琉球、日本、安南、占城、真腊、爪哇入贡，以日本无表却之		《明史》卷二《太祖纪》
洪武十三年	日本国遣僧明悟、法助等来贡方物，无表，止持其征夷将军源义满奉丞相书，辞意倨慢。上命却其贡		《明太祖实录》卷一三三
洪武十四年	日本国王良怀遣僧如瑶等贡方物及马十匹，上命却其贡		《明太祖实录》卷一三八
洪武十七年	王遣僧如瑶率兵卒四百余人，诈称入贡		《明史》卷三二二《日本传》
洪武十九年	日本国王良怀遣僧宗嗣亮上表贡方物，却之		《明太祖实录》卷一七九
洪武二十四年		八月癸酉，海盗张阿马引倭夷入寇	《明太祖实录》卷二一一
洪武二十四年		九月，倭夷寇雷州遂溪县	《明太祖实录》卷二一二
洪武二十七年		时海上有倭寇之警	《明太祖实录》卷二三二
洪武二十七年		十月己巳，辽东有倭夷寇金州，卒入新市，烧屯营粮饷，杀掠军士而去	《明太祖实录》卷二三五
洪武三十一年		二月乙酉，倭夷寇山东宁海州，由白沙海口登岸，劫掠居人，杀镇抚卢智，宁海卫指挥陶鐸及其弟铖出兵击之，斩首三十余级，贼败去	《明太祖实录》卷二五六

续表

时间	日本贡使	倭寇侵扰	资料来源
洪武三十一年		倭贼两千余人，船三十余艘，入寇海澳寨楚门，千户王斌、镇抚袁润等御之，贼势暴悍，斌等力不能胜，皆战死	《明太祖实录》卷二五六
永乐元年	朝鲜入贡者六，自是岁时贡贺为常。琉球中山、山北、山南，暹罗，占城、爪哇西王，日本、剌泥，安南入贡		《明史》卷六《成祖纪》
永乐元年	日本贡使达宁波		《明史》卷三二二《日本传》
永乐二年	占城，别失八里，琉球山北、山南，爪哇，真腊入贡。暹罗，日本，琉球、中山入贡者再		《明史》卷六《成祖纪》。乾隆《温州府志》卷八《兵制》
永乐二年	日本国王源道义遣使梵亮奉赍贡马及方物，谢赐冠带印章		《明太宗实录》卷三十五
永乐二年	日本国王源道义遣使永俊等奉表贺册立皇太子，并献方物		《明太宗实录》卷三十六
永乐三年	日本贡马，并俘获倭寇为边患者		《明史》卷六《成祖纪》
永乐三年		镇守宁波指挥庞义、乔英备倭失机，命斩之以循	《明太宗实录》卷四十
永乐四年	暹罗，占城，于阗，浡泥，日本，琉球中山、山南，婆罗入贡		《明史》卷六《成祖纪》
永乐四年	日本国王源道义遣使圭密等贡名马方物，谢赐冠服		《明太宗实录》卷五十五
永乐五年	琉球中山、山南，日本，别失八里，阿鲁，撒马儿罕，苏门答腊，满剌加，小葛兰入贡		《明史》卷三二二《日本传》；《明史》卷六《成祖纪》
永乐六年	瓦剌，占城，于阗，暹罗，撒马儿罕，榜葛剌，冯嘉施兰，日本，爪哇，琉球中山、山南入贡		《明史》卷六《成祖纪》
永乐六年	十一月再贡。五年、六年频入贡，且献所获海寇		《明史》卷三二二《日本传》

续表

时间	日本贡使	倭寇侵扰	资料来源
永乐七年		柳升败倭于青州海中，敕还师	《明史》卷六《成祖纪》
永乐七年		倭寇犯东海	《明太宗实录》卷八十七
永乐八年		冬十月，倭寇犯福州	《明史》卷六《成祖纪》
永乐八年		倭寇攻破大金、定海二千户所、福州罗源等县，杀伤军民，劫掠人口及军器粮储	《明太宗实录》卷一一零
永乐八年	日本国王源义持遣使主密等奉表贡方物，谢赐父谥及命袭爵恩		《明太宗实录》卷一零三
永乐九年		倭寇攻陷昌化千户所，千户王伟等战败被杀，军士死亡甚众，城中人口食粮军器皆被劫掠	《明太宗实录》卷一一三
永乐十一年		倭寇三千余人寇昌国卫。贼死伤者众，众遂退走至楚门，千户所备倭指挥佥事周荣率兵追之，贼被杀及溺死者无算	《明太宗实录》卷一三六
永乐十一年		倭贼攻劫楚门	《明太宗实录》卷一四一
永乐十三年		倭贼入旅顺口	《明太宗实录》卷一七一
永乐十四年		直隶金山卫奏，有倭船三十余艘，倭寇三千余在海往来	《明太宗实录》卷一七六
永乐十四年		登州卫奏有贼舡三十三艘泊靖海卫杨村岛	《明太宗实录》卷一七七
永乐十四年		倭寇登岸劫掠居民	《明太宗实录》卷一七八
永乐十五年		倭寇犯松门、金乡、平阳	《明史》卷三二二《日本传》
永乐十五年		内官张谦等奉命使西洋诸番，还至浙江金乡卫海上，猝遇倭寇，时官军在船者才百六十余人，贼可四千，鏖战二十余合，大败贼徒	《明太宗实录》卷一九零
永乐十五年		浙江松门卫奏，倭船在海往来	《明太宗实录》卷一九二
永乐十六年		春正月甲戌，倭陷送门卫，按察司佥事石鲁坐诛。兴安伯徐亨、都督夏贵备开平	《明史》卷七《成祖纪》

续表

时间	日本贡使	倭寇侵扰	资料来源
永乐十六年	行人吕渊自日本还，其国王源义特遣日隅萨三州剌史岛津滕存忠等奉表随来谢罪		《明太宗实录》卷一九九
永乐十六年		金山卫奏，有倭舡百艘，贼七千余人攻城劫掠	《明太宗实录》卷二零零
永乐十七年		倭船入王家山岛，都督刘荣率精兵疾驰入望海埚。贼数千人分乘二十舟，直抵马雄岛，进围望海埚	《明史》卷三二二《日本传》
永乐十七年		海宁乍浦千户所了见赭山西南海洋等处有倭船十余艘，望东南行	《明太宗实录》卷二零九
永乐十七年		金山卫奏有倭船九十余艘在海往来	《明太宗实录》卷二一三
永乐十八年		正月缘海诸卫奏有倭寇三百余人，船十余艘于金乡福宁及井门程溪等处登岸杀掠	《明太宗实录》卷二二零
永乐十九年		广东巡海副总兵指挥李圭于潮州靖海遇倭贼与战，杀败贼众，生擒十五人，斩首五级	《明太宗实录》卷二三三
永乐二十年		倭寇犯象山	《明史》卷三二二《日本传》
洪熙元年		倭寇自蚶嶴、亭屿二港入攻桃渚千户所，城官军御之，众寡不敌，城已陷	《明宣宗实录》卷二
宣德元年	又入贡，逾制		《殊域周咨录》卷二
宣德四年		福建都司奏，倭贼自镇海卫古雷巡检司登岸，攻围城池，劫伤人民	《明宣宗实录》卷五十二
宣德五年		广东海阳县碧洲村倭贼登岸劫掠居民	《明宣宗实录》卷六十九
宣德八年	源义教遣使来。帝报之，赉白金、彩币。秋复至		《明史》卷三二二《日本传》
宣德十年	是年，琉球中山、暹罗、日本、占城、安南、满剌加、哈密、瓦剌入贡；十年十月以英宗嗣位，（日本）遣使来贡		《明史》卷三二二《日本传》；《明史》卷十《英宗前纪》

续表

时间	日本贡使	倭寇侵扰	资料来源
正统四年		五月，倭船四十艘连破台州桃渚、宁波大嵩二千户所，又陷昌国卫，大肆杀掠	《明史》卷三二二《日本传》
正统七年		夏四月丁亥，倭陷大嵩所	《明史》卷十《英宗前纪》
正统八年		五月，寇海宁	《明史》卷三二二《日本传》
正统十四年		山东等处总督备倭永康侯徐安等奏，比见倭寇往来海中	《明英宗实录》卷一八四
景泰四年	是年，琉球中山、安南、爪哇、日本、占城、哈密、瓦剌入贡		
	倭贼登岸杀伤巡检叶旺，攻进城内，劫掠人财		《明史》卷三二二《日本传》；《明英宗实录》卷二二六
景泰四年		至临清，掠居民货	《明史》卷十一《景帝纪》
景泰四年	日本国王遣使臣允澎及都总通事赵文端等来朝贡马及方物		《明英宗实录》卷二三五
景泰五年		日本国使臣允澎等奏，蒙赐本国附搭物件价值比宣德年间十分之一，乞照旧给赏	《明英宗实录》卷二三七
天顺二年	复遣使贡		《殊域周咨录》卷二
天顺三年		倭寇掳掠官船	《明英宗实录》卷三七零
成化四年	琉球、乌斯藏、哈密、日本、满剌加入贡		《明史》卷十三《宪宗纪》
成化四年	遣使贡马谢恩，礼之如制。其通事三人，自言本宁波村民，幼为贼掠，市与日本，今请便道省祭，许之		《明史》卷三二二《日本传》
成化四年	使臣清启复来贡，伤人于市		《明史》卷三二二《日本传》
成化十一年	复遣使周瑞入贡，敕谕倭王宜守宣德中事例		《殊域周咨录》卷二

续表

时间	日本贡使	倭寇侵扰	资料来源
成化十三年	安南、琉球、乌斯藏、暹罗、日本入贡。九月来贡，求《佛祖统纪》诸书，诏以《法苑珠林》赐之。使者述其王意，请于常例外增赐，命赐钱五万贯		《明史》卷三二二《日本传》；《明史》卷十四《宪宗纪》
成化二十年	安南、日本、琉球、哈密、吐鲁番入贡		《明史》卷十四《宪宗纪》
弘治九年	日本、琉球、乌斯藏入贡。弘治九年三月，王源义高遣使来，还至济宁，其下复持刀杀人		《明史》卷三二二《日本传》；《明史》卷十五《孝宗纪》
弘治十八年	冬来贡，时武宗已即位，命如故事，铸金牌勘和给之		《明史》卷三二二《日本传》
正德四年	正德四年冬来贡		《明史》卷三二二《日本传》；《明史》卷十六《武宗纪》
正德五年	日本、占城、哈密、撒马儿罕、吐鲁番、乌斯藏入贡。其王源义澄遣使臣宋素卿来贡，时刘瑾窃柄，纳其黄金千两，赐飞鱼服，前所未有		《明史》卷三二二《日本传》；《明史》卷十六《武宗纪》
正德七年	安南、日本、哈密入贡。七年，义澄使复来贡		《明史》卷三二二《日本传》
正德八年	王源义教遣使来。帝报之，赉白金、彩币		《明史》卷三二二《日本传》
正德八年	秋复至		《明史》卷三二二《日本传》
正德十年	十月以英宗嗣位，遣使来贡		《明史》卷三二二《日本传》
嘉靖二年	贡使宗设抵宁波。未几，（宋）素卿皆瑞佐复至，互争真伪		《明史》卷三二二《日本传》
嘉靖十七年	倭使石鼎、周良来贡		《殊域周咨录》卷二
嘉靖十八年	是年，日本、哈密入贡。十八年七月，义晴贡使至宁波		《明史》卷三二二《日本传》；《明史》卷十七《世宗纪》
嘉靖十九年	是年，琉球、日本入贡		《明史》卷十七《世宗纪》

续表

时间	日本贡使	倭寇侵扰	资料来源
嘉靖二十三年	安南入贡，以日本无表却之。 七月复来贡，未及期，且无表文。部臣谓不当纳，却之。其人利互市，留海滨不去		《明史》卷三二二《日本传》；《明史》卷十八《世宗纪》
嘉靖二十六年	其王义晴遣使周良等先期来贡，用舟四，人六百，泊于海外，以待明年贡期	十二月，倭贼犯宁、台二郡，大肆杀掠，二郡将吏并获罪	《明史》卷三二二《日本传》
嘉靖二十七年	日本国贡使周良等六百余人驾海舟百余艘入浙江界求诣阙朝功，巡抚朱纨以闻		《明史》卷三二二《日本传》《明世宗实录》卷三三七
嘉靖二十八年	是年，日本、琉球入贡		《明史》卷十八《世宗纪》
嘉靖三十一年		倭寇犯浙江。五月戊申，倭陷黄岩	《明史》卷十八《世宗纪》
嘉靖三十二年		二月甲子，倭寇犯温州	《明史》卷十八《世宗纪》
嘉靖三十二年		海贼汪直纠倭寇濒海诸郡。三十二年三月，汪直勾诸倭大举入寇，连舰数百，蔽海而至。浙东、西，江南、北，滨海数千里，同时告警。破昌国卫。四月犯太仓，破上海县，掠江阴，攻乍浦。八月劫金山卫，犯崇明及常熟、嘉定	《明史》卷三二二《日本传》；《明史》卷十八《世宗纪》
嘉靖三十三年		（春正月）戊辰，官军围倭于南沙，五阅月不克，倭溃围出，转掠苏、松。二月庚辰，官军败绩于松江。乙丑，倭犯通、泰，余众入青、徐界	《明史》卷十八《世宗纪》
嘉靖三十三年		（夏四月）甲戌振畿内饥。乙亥，倭犯嘉兴，都司周应桢等战死。乙酉，陷崇明，知县唐一岑死之。五月壬寅，倭掠苏州	《明史》卷十八《世宗纪》
嘉靖三十三年		秋八月癸未，倭犯嘉定，官军败之	《明史》卷十八《世宗纪》

续表

时间	日本贡使	倭寇侵扰	资料来源
嘉靖三十四年		春正月丁酉朔，倭陷崇德，攻德清。三月甲寅，苏、松兵备副使任环败倭于南沙	《明史》卷十八《世宗纪》
嘉靖三十四年		五月甲午，俞大猷击倭于王江泾，大破之。乙巳，倭分道掠苏州属县	《明史》卷十八《世宗纪》
嘉靖三十四年		秋七月乙巳，倭陷南陵，流劫芜湖、太平。丙辰，犯南京。	《明史》卷十八《世宗纪》
嘉靖三十四年		冬十月辛卯，倭掠宁波、台州，犯会稽。十一月倭犯兴化、泉州	《明史》卷十八《世宗纪》
嘉靖三十五年		春正月壬午，官军击倭于松江，败绩。二月巡抚侍郎胡宗宪总督军务，讨倭	《明史》卷十八《世宗纪》
嘉靖三十五年		夏四月甲辰，倭寇犯无为州，同知齐恩战死。辛亥，游击宗礼击倭于崇德，败没。六月丙申，总兵官俞大猷败倭于黄浦。秋七月辛巳，胡宗宪破倭于乍浦。八月辛亥，胡宗宪袭破海贼徐海于梁庄	《明史》卷十八《世宗纪》
嘉靖三十六年		五月癸丑，倭犯扬、徐，入山东界。癸亥，采木于四川、湖广。辛未，倭犯天长、盱眙，遂攻泗州。丙子，犯淮安。六月乙酉，兵备副使于德昌、参将刘显败倭于安东	《明史》卷十八《世宗纪》
嘉靖三十七年		四月辛巳，倭分犯浙江、福建。	《明史》卷十八《世宗纪》

续表

时间	日本贡使	倭寇侵扰	资料来源
嘉靖三十八年		三月癸巳，倭犯浙东，海道副使谭纶败之。甲午，逮浙江总兵官俞大猷。四月丁未，倭犯通州。甲寅，倭攻福州。庚申，倭攻淮安，巡抚凤阳都御史李遂败之于姚家荡，倭退据庙湾。丙寅，副使刘景韶大破倭于印庄。五月甲午，刘景韶破倭于庙湾，江北倭平。八月己未，李遂、胡宗宪破倭于刘家庄	《明史》卷十八《世宗纪》
嘉靖三十九年		二月倭犯潮州	《明史》卷十八《世宗纪》
嘉靖四十一年		十一月乙酉，倭陷兴化	《明史》卷十八《世宗纪》
嘉靖四十二年		夏四月庚申，倭犯福清，总兵官刘显、俞大猷合兵歼之。丁卯，副总兵戚继光破倭于平海卫	《明史》卷十八《世宗纪》
嘉靖四十三年		二月戊午，倭犯仙游，总兵官戚继光大败之，福建倭平。闰月丙申，盗据漳平，知县魏文瑞死之。三月己未，官军击潮州倭，破之	《明史》卷十八《世宗纪》
隆庆四年		春正月，倭入广海卫城	《明史》卷十九《穆宗纪》
隆庆六年		二月丙申倭寇广东，陷神电卫，大掠。山寇复起。闰月乙亥，倭寇高、雷，官军击败之	《明史》卷十九《穆宗纪》
隆庆六年		兵部覆福建擒斩倭贼功次	《明神宗实录》卷八
隆庆六年		浙江抚臣邬琏报，截斩经过浙海倭贼四十一级	《明神宗实录》卷五
万历二年		倭贼突犯宁、绍、台、温等处	《明神宗实录》卷二十七
万历二年		以浙江衢山海洋官兵剿逐倭贼功次	《明神宗实录》卷二十九
万历三年		提督两广殷正茂以追剿双鱼残倭及犯电白新倭擒斩一千七十名	《明神宗实录》卷三十六

续表

时间	日本贡使	倭寇侵扰	资料来源
万历四年		叙擒斩倭贼大郎哥噜等。倭陷兴化。叙双鱼甲子儒峒等地方剿倭功官兵各升赏有差	《明神宗实录》卷四十九
万历四年		五月中浙江山海礁渔山等处官军擒斩倭级	《明神宗实录》卷六十六
万历八年		四月内倭贼突犯浙江韭山等处，外洋官兵先后攻击沉其舟六，擒斩九十五名并列有功効劳文武诸臣应叙赏例	《明神宗实录》卷一零八
万历九年		倭犯澎湖	《明神宗实录》卷一零八
万历十年		三月己卯，倭寇犯温州	《明史》卷二十《神宗纪》
万历十二年		福建巡按御史龚一清查核过南澳铜山功，官兵冲沉倭舡四只，生擒倭贼二十八名，斩首十二级，夺被掳者六十余名文武官于蒿等，优叙奖赏有差	《明神宗实录》卷一四五
万历十七年		倭船三突至浙江外洋，官兵亟击之，沉其船，斩首四十八级，生擒者六	《明神宗实录》卷二零八
万历十九年		浙江福建抚臣共报，日本倭奴招诱琉球入犯	《明神宗实录》卷二三八
万历二十二年	十月丁卯，诏倭使入朝		《明史》卷二十《神宗纪》
万历二十二年		崇明县报获倭船一只，倭三十四名	《明神宗实录》卷二七四
万历三十二年		兵部覆福建总兵朱文达等，擒斩倭贼功次，沉夺倭船二十五只，擒斩一百三十二颗，夺回男妇一百七十五口，器仗一千二百九十三件	《明神宗实录》卷三九六
万历三十四年	倭国王清正将被虏人王寅兴等八十七名，授以船只，资以米豆，并倭书二封与通事王天佑送还中国		《明神宗实录》卷三七一
万历三十七年		夏四月，倭寇温州	《明史》卷二十《神宗纪》

续表

时间	日本贡使	倭寇侵扰	资料来源
万历三十七年		倭至，昌国参将刘炳文不敢击，复匿不以报，遂至温州麦园头，毁兵船，抵虾饭湾登岸，杀我兵温、处	《明神宗实录》卷四六二
万历三十八年		浙江巡抚高举以沿海官军败倭大陈	《明神宗实录》卷四七五

说明：本表据《明史》《明实录》《殊域周咨录》《温州府志》等编制。

明仁宗、宣宗、英宗、孝宗时，海禁政策得到严格执行。仁宗初即位，提出罢“西洋宝船、迤西市马及云南、交阯采办”①；宣宗宣德十年“严私下捕鱼”，对一些敢“私捕”“故容”者“悉治其罪”②。

宪宗朝虽仍严禁私人贸易，但从日本使臣清启事件的处理上，可看出明政府对日贡使贸易在管理上开始松动。成化五年二月，清启谎称三艘贡船中有一艘因“海上遭风，丧失方物”，希望“如数给价回国”。宪宗最后力排众议“特赐王绢一百匹，彩缎十表里”以及“铜钱五百贯”③；其后，孝宗朝，借日本使者在济宁州持刀杀人之事，限制了日本的贡使人数，但对双方的贡使关系却未予过分干预。

武宗、世宗、穆宗时，海禁政策禁弛反复，并向废弛方向演化。④《明史·职官四》载，世宗嘉靖元年“给事中夏言奏倭祸起于市舶，遂革福建、浙江二市舶司，惟存广东市舶司”⑤；嘉靖二年，宁波争贡事件后⑥，政府又严格了对海禁的执行；嘉靖十二年，世宗针对“海贼为患，皆由居民违禁贸易，有司既轻忽明旨，漫不加察，而沿海兵巡等官，又不驻守信地，因循养寇，贻害地方”的情况，实施了“兵部其亟檄浙、福、两广各官，督兵防剿，一切违禁大船，尽数毁之。自后沿海军民，私与市贼，其邻舍不举者

① 《明史》卷8，本纪第八，《仁宗纪》。

② 《明实录》英宗实录之卷七，宣德十年七月乙丑条。

③ 《明实录》宪宗实录之卷六十三，成化五年二月甲午条。

④ 王万盈：《东南孔道——明清浙江海洋贸易与商品经济研究》，海洋出版社2009年版，第54页。

⑤ 《明史》卷75，志第五一，职官四。

⑥ 宁波“争贡事件”，是指嘉靖二年（1523）日本封建藩主大内义兴和细川高国所遣的两个朝贡使团，在宁波为争夺贸易领导权，而引发的一场殃及中国官民的大规模劫掠烧杀事件。这一事件的发生，将贡赐勘合贸易的内在矛盾暴露无遗。它将明朝以宗主国自居的政治虚荣心撕得粉碎，使得中日关系蒙上阴影，也宣告了维持朝贡贸易政治基础的破裂。

连坐。各巡按御史速查连年纵寇，及纵造海船官，具以名闻”① 的政策。

海禁政策带来的一个重要后果是，福建浯屿和浙江双屿港等走私贸易的繁荣。王慕民指出“以1545年为标志，并延至50年代，双屿和舟山群岛的中日私人海上贸易进入鼎盛时期”②。《明史·日本传》载，嘉靖二十三年（1544）七月，僧寿光为首的贸易团共3船158人来宁波求贡，因无表文，又不到贡期而被拒绝。船队由是“利互市，留海滨不去”③，并由中国私商接引至双屿港贸易。

在僧寿光商团交易完成后，徽商许栋派刚从日本回来的王直（安徽歙县人，日本史料中称其为“五峰船主”）等人，率“哨马船随贡使至日本交易”④。1545年完成交易后，王直又招引日本海商“博多津、倭助、才门等三人，来市双屿。明年，复行风布其地”⑤。之后，双屿岛的私人贸易更加繁荣。

在浙江沿海劫掠事件频发情况下，嘉靖二十六年，世宗破例任命力主厉行海禁的朱纨为浙江巡抚兼管闽浙两省军务。朱纨到任后，严厉执行海禁政策；嘉靖二十七年（1548）二月，他拟订对双屿港的作战计划，征调惯于征战的水兵1000余名、乡勇1000名及兵船30只等。三月上旬，朱纨由福建经温州抵达宁波亲临指挥作战。四月初二，明军在双屿岛以南的九山洋，同日本船只相遇，结果擒杀中日海商若干人。明军又于四月六日巳时“部署兵船，集港挑之。贼初竖壁不动，迨夜风雨昏黑，海雾迷目，贼乃逸巢而出。官兵奋勇夹击，大胜之，俘斩溺死者数百人”⑥。双屿之役及同时实行的“革渡船，严保甲，搜捕奸民”⑦ 措施，摧毁了中外走私海商在双屿港的设施，重创了该处的走私贸易。但此举遭到了反海禁派与葡人走私贸易者的强烈反对，嘉靖二十八年朱纨革职自杀。自此“中外摇手不敢言海禁事”，

---

① 《明实录》世宗实录之卷一五四，嘉靖十二年九月辛亥条。

② 王慕民，张伟，何灿浩：《宁波与日本经济文化交流史》，海洋出版社2006年版，第171页。

③ 《明史》卷322，列传第二一〇，日本。

④ （明）郑若曾撰，李致忠校：《筹海图编》卷八《寇踪分合始末图谱》，中华书局2007年版。

⑤ （明）郑舜功：《日本一鉴穷河话海》卷六，《海市》，第2页，1939年影印本。

⑥ 《筹海图编》卷五《浙江倭变记》。

⑦ 《明史》卷205，列传第九三，《朱纨传》。

闽浙沿海也“撤备弛禁”①。嘉靖三十年四月改施“宽海禁”② 政策。

穆宗朝虽仍坚持“于通之之中，寓禁之之法”的立场，申明“凡走东西二洋者，制其船只之多寡，严其往来之程限，定其贸易之货物，峻其夹带之典刑，重官兵之督责。行保甲之连坐，慎出海之盘诘，禁番夷之留止，厚举首之赏格，蠲反诬之罪累”③ 的规定。但却又不得不在隆庆元年（1567）开放月港。之后，海禁政策只得在矛盾中执行。

这种海禁政策事实上既不能遏制浙江地区海洋贸易的发展，也不能阻碍私人贸易快速发展的脚步。正如王万盈所讲“明政权在较长时期内采取严厉闭关海禁政策，使得有明一代整个浙江沿海对外贸易呈现两极分化态势，一方面是官方贡使贸易时涨时落，一方面是私人走私贸易的持续高涨”④。这里所说的私人贸易并不是所有的私商贸易，而主要指私商从事的未经政府许可的贸易。对于私商贸易，明初有着严格的管理，《明史·食货四》载，“洎乎末造，商人正引之外，多给赏由票，使得私行”⑤，即当时明政府发行给一些私家正引、票据作为准营证，对无证据者则采取严厉禁止措施。明初“各边开中商人，招民垦种，筑台堡自相保聚，边方菽粟无甚贵之时”，但其后由于“赴边开中之法废，商屯撤业”，导致了“菽粟翔贵，边储日虚”⑥，严重威胁国防安全。鉴于这方面考虑，明政府逐渐地放宽了对某些商人的限制。

2. 重农抑商，打击豪强

明政府的经济政策依然是“以农为本”，《明史·食货一》载：

> 《记》曰：“取财于地，而取法于天。富国之本，在于农桑。”明初，沿元之旧，钱法不通而用钞，又禁民间以银交易，宜若不便于民。而洪、永、熙、宣之际，百姓充实，府藏衍溢。盖是时，劭农务垦辟，土无莱芜，人敦本业，又开屯田、中盐以给边军，餫饷不仰藉於县官，故上下交足，军民胥裕。其后，屯田坏于豪强之兼并，计臣变盐法。于是边兵悉仰食太仓，转输佳往不给。世宗以后，耗财之道广，府库匮

---

① 《明史》卷205，列传第九三，《朱纨传》。

② 金云铭：《陈第年谱》，《台湾文献史料丛刊》，台湾大通书局1987年版。

③ （明）许孚远：《疏通海禁疏》，见《明经世文编》卷四百，第4334页。

④ 王万盈：《东南孔道——明清浙江海洋贸易与商品经济研究》。

⑤ 《明史》卷80，志第五六，《食货四》。

⑥ 同上。

竭。神宗乃加赋重征，矿税四出，移正供以实左藏。中涓群小，横敛侵渔。民多逐末，田卒污莱。吏不能拊循，而覆侵刻之。海内困敝，而储积益以空乏。昧者多言复通钞法可以富国，不知国初之充裕在勤农桑，而不在行钞法也。夫彊本节用，为理财之要。明一代理财之道，始所以得，终所以失，条其本末，著于篇。①

这段文字反映了明清时代人们对经济生活的主要看法。对他们来说，经济生活的根本是农桑，而不是货币交易。社会的富足和稳定在于"彊本节用"。"彊本"即为务农；"节用"则是节约用度，不能消耗过大。若要做到这样，就需要打击豪强，兼并土地，稳固根本，使百姓不去逐末，商品经济和货币交易不应是明政府关注的重点，而应作为经济发展的一种不得已的补充。

明初，统治者为了尽快恢复农桑经济，实施了大规模移民垦荒措施。浙江大量无田者被迁他处去垦殖，即如《明史·食货一》载：

尝徙苏、松、嘉、湖、杭民之无田者四千余户，往耕临濠，给牛、种、车、粮，以资遣之，三年不征其税。……复徙江南民十四万於凤阳。户部郎中刘九皋言："古狭乡之民，听迁之宽乡，欲地无遗利，人无失业也。"太祖采其议，……后屡徙浙西及山西民于滁、和、北平、山东、河南。……又徙直隶、浙江民二万户于京师，充仓脚夫。太祖时徙民最多，其间有以罪徙者。建文帝命武康伯徐理往北平度地处之。成祖覈太原、平阳、泽、潞、辽、沁、汾丁多田少及无田之家，分其丁口以实北平。自是以后，移徙者鲜矣。②

此外，明统治者还对浙江的富民进行了抑制和迁徙。明统治者将贫富分化、兵民多难的罪魁祸首定为富民，因此频频打击并迁徙富民。如《明史·食货一》载：

初，太祖设养济院收无告者，月给粮。设漏泽园葬贫民。天下府州县立义冢。又行养老之政，民年八十以上赐爵。复下诏优恤遭难兵民。然惩元末豪强侮贫弱，立法多右贫抑富。尝命户部籍浙江等九布政司、应天十

① 《明史》卷77，志第五十三，《食货一》。
② 同上。

八府州富民万四千三百余户，以次召见，徙其家以实京师，谓之富户。成祖时，复选应天、浙江富民三千户，充北京宛、大二县厢长，附籍京师，仍应本籍徭役。供给日久，贫乏逃窜，辄选其本籍殷实户佥补。宣德间定制，逃者发边充军，官司邻里隐匿者俱坐罪。弘治五年始免解在逃富户，每户征银三两，与厢民助役。嘉靖中减为二两，以充边饷。太祖立法之意，本仿汉徙富民实关中之制，其后事久弊生，遂为厉阶。①

同时，政府还出台了打击富户的政策，即编鱼鳞图册。据《明史·食货志》载：

元季丧乱，版籍多亡，田赋无准。明太祖即帝位，遣周铸等百六十四人，覈浙西田亩，定其赋税。复命户部核实天下土田。而两浙富民畏避徭役，大率以田产寄他户，谓之铁脚诡寄。洪武二十年命国子生武淳等分行州县，随粮定区。区设粮长四人，量度田亩方圆，次以字号，悉书主名及田之丈尺，编类为册，状如鱼鳞，号曰鱼鳞图册。先是，诏天下编黄册，以户为主，详具旧管、新收、开除、实在之数为四柱式。而鱼鳞图册以土田为主，诸原坂、坟衍、下隰、沃瘠、沙卤之别毕具。鱼鳞册为经，土田之讼质焉。黄册为纬，赋役之法定焉。②

可见，鱼鳞图册编订的主要原因是两浙富户逃避赋役现象频发。打击这些富户，不仅可以增加赋税收入，还可更好地对农耕经济进行管理，坚固以农立国的国策。

这一时期的浙江成了明政府赋税和官俸的主要来源地。如据《明史·食货志》载：

初，太祖定天下官、民田赋，凡官田亩税五升三合五勺，民田减二升，重租田八升五合五勺，没官田一斗二升。惟苏、松、嘉、湖，怒其为张士诚守，乃籍诸豪族及富民田以为官田，按私租簿为税额。而司农卿杨宪又以浙西地膏腴，增其赋，亩加二倍。故浙西官、民田视他方倍蓰，亩税有二三石者。大抵苏最重，松、嘉、湖次之，常、杭又次之。

① 《明史》卷77，志第五十三，《食货一》。
② 同上。

洪武十三年命户部裁其额，亩科七斗五升至四斗四升者减十之二，四斗三升至三斗六升者俱止徵三斗五升，其以下者仍旧。时苏州一府，秋粮二百七十四万六千余石，自民粮十五万石外，皆官田粮。官粮岁额与浙江通省埒，其重犹如此。建文二年诏曰：'江、浙赋独重，而苏、松准私租起科，特以惩一时顽民，岂可为定则以重困一方。宜悉与减免，亩不得过一斗。'成祖尽革建文政，浙西之赋复重。宣宗即位，广西布政使周干，巡视苏、常、嘉、湖诸府还，言：'诸府民多逃亡，询之耆老，皆云重赋所致。如吴江、昆山民田租，旧亩五升，小民佃种富民田，亩输私租一石。后因事故入官，辄如私租例尽取之。十分取八，民犹不堪，况尽取乎。尽取，则民必冻馁，欲不逃亡，不可得也。仁和、海宁、昆山海水陷官、民田千九百余顷，逮今十有余年，犹征其租。田没于海，租从何出？请将没官田及公、侯还官田租，俱视彼处官田起科，亩税六斗。海水沦陷田，悉除其税，则田无荒芜之患，而细民获安生矣。'帝命部议行之。宣德五年二月诏：'旧额官田租，亩一斗至四斗者各减十之二，四斗一升至一石以上者减十之三。著为令。'于是江南巡抚周忱与苏州知府况钟，曲计减苏粮七十余万，他府以为差，而东南民力少纾矣。……正统元年令苏、松、浙江等处官田，准民田起科，秋粮四斗一升至二石以上者减作三斗，二斗一升以上至四斗者减作二斗，一斗一升至二斗者减作一斗。……英宗复辟之初，令镇守浙江尚书孙原贞等定杭、嘉、湖则例，以起科重者徵米宜少，起科轻者徵米宜多。乃定官田亩科一石以下，民田七斗以下者，每石岁征平米一石三斗；官民田四斗以下者，每石岁征平米一石五斗；官田二斗以下，民田二斗七升以下者，每石岁征平米一石七斗；官田八升以下，民田七升以下者，每石岁征平米二石二斗。凡重者轻之，轻者重之，欲使科则适均，而亩科一石之税未尝减云。①

明初，浙江官田成为政府官俸的重要来源，据《明史·食货六》记载，"明初，勋戚皆赐官田以代常禄。其后令还田给禄米。公五千石至二千五百石，侯千五百石至千石，伯千石至七百石。百官之俸，自洪武初，定丞相、御史大夫以下岁禄数，刻石官署，取给于江南官田。十三年重定内外文武官

① 《明史》卷78，志第五十四，《食货二》。

岁给禄米、俸钞之制，而杂流吏典附焉。”①

事实上，朱元璋对浙江征收重税和广置官田源于这里农桑经济的发达。然而，沉重的赋税负担刺激了这一地区农民的流亡和弃农逐他业现象的频发，也加重了社会的不稳定性。所以，洪武后期，政府开始裁减浙江赋税；宣宗和英宗时期，不仅裁减了民田赋税，还使官田租税向民田靠拢，以求减轻民众负担。这些措施在一定程度上促进了浙江农桑经济的发展。

嘉靖朝，干脆将官田和民田税赋一起对待，不再有别。如《明史·食货二》载，“嘉靖十八年，大学士鼎臣言：

‘苏、松、常、镇、嘉、湖、杭七府，供输甲天下，而里胥豪右蠹弊特甚。宜将欺隐及坍荒田土，一一检核改正。’于是应天巡抚欧阳铎检荒田四千余顷，计租十一万石有奇，以所欺隐田粮六万余石补之，馀请豁免。户部终持不下。时嘉兴知府赵瀛建议：‘田不分官、民，税不分等则，一切以三斗起征。’铎乃与苏州知府王仪尽括官、民田裒益之。履亩清丈，定为等则。所造经赋册，以八事定税粮：曰元额稽始，曰事故除虚，曰分项别异，曰归总正实，曰坐派起运，曰运馀拨存，曰存馀考积，曰徵一定额。又以八事考里甲：曰丁田，曰庆贺，曰祭祀，曰乡饮，曰科贺，曰恤政，曰公费，曰备用。以三事定均徭：曰银差，曰力差，曰马差。著为例。”②

到了嘉靖中后期，边境骚乱频发，粮饷需求渐增。当时政府财赋岁入二百余万两，然到了后期兵饷高达五六百万两，政府不得不加派赋税，如《明史·食货二》载：

世宗中年，边供费繁，加以土木、祷祀，月无虚日，帑藏匮竭。司农百计生财，甚至变卖寺田，收赎军罪，犹不能给。二十九年，俺荅犯京师，增兵设戍，饷额过倍。三十年，京边岁用至五百九十五万，户部尚书孙应奎蒿目无策，乃议于南畿、浙江等州县增赋百二十万，加派于是始。嗣后，京边岁用，多者过五百万，少者亦三百余万，岁入不能充岁出之半。由是度支为一切之法，其箕敛财贿、题增派、括赃赎、算税

① 《明史》卷82，志第五十八，《食货六》

② 《明史》卷78，志第五十四，《食货二》。

契、折民壮、提编、均徭、推广事例兴焉。其初亦赖以济匮，久之诸所灌输益少。又四方多事，有司往往为其地奏留或请免：浙、直以备倭，川、贵以采木，山、陕、宣、大以兵荒。不惟停格军兴所征发，即岁额二百万，且亏其三之一。而内廷之赏给，斋殿之经营，宫中夜半出片纸，吏虽急，无敢延顷刻者。三十七年，大同右卫告警，赋入太仓者仅七万，帑储大较不及十万。户部尚书方钝等忧惧不知所出，乃乘间具陈帑藏空虚状，因条上便宜七事以请。既，又令群臣各条理财之策，议行者凡二十九事，益琐屑，非国体。而累年以前积逋无不追徵，南方本色逋赋亦皆追徵折色矣。[1]

这些加派无疑会影响浙江经济的发展。但困境远不止于此，倭寇来袭又增加了江南各地的额外加派。如据《明史·食货二》载，“东南被倭，南畿、浙、闽多额外提编，江南至四十万。提编者，加派之名也。其法，以银力差排编十甲，如一甲不足，则提下甲补之，故谓之提编。及倭患平，应天巡抚周如斗乞减加派，给事中何煃亦具陈南畿困敝，言：‘军门养兵，工部料价，操江募兵，兵备道壮丁，府州县乡兵，率为民累，甚者指一科十，请禁革之。’命如煃议，而提编之额不能减。”[2] 额外加派的不仅是赋税，还有徭役、兵役等，而且即使倭乱平定了，额外赋税也不会一时减免。这对浙江经济的影响不言而喻。

学者们经常强调明代矿业和丝织业的发展及其商品化趋势，但却忽视了政府对这些行业的管理仍是非常严格的，沉重的赋税和对市场行为的严禁，导致其发展的艰难和命运的曲折。

先看银矿业的发展。

永乐间，银矿开采开始出现，政府便向开矿省份开征金银课。其税额逐渐增大，福建岁额增至三万余两，浙江增至八万余；到宣宗初，税额曾一度减少，但其后又增加，福建课增至四万余，浙江亦增至九万余；英宗时，下诏封坑穴，撤闸办官，但岁额却未除。虽然禁止开矿，但奸民仍不顾禁令，私开坑穴。这就导致了利益之争，官民互相倾轧。英宗见严禁不能止，便应下方要求，复开银场，又命侍郎王质往经理，定岁课，福建银二万余，浙江加倍。政府还分遣御史曹祥、冯杰提督，课税沉重，导致民

---

① 《明史》卷78，志第五十四，《食货二》。

② 同上。

困而盗愈众。最后出现邓茂七、叶宗留等盗匪骚扰浙、闽，很长时间才得平定；景帝时，尝试图封闭矿业，但盗矿者依然很多。兵部尚书孙原贞请开浙江银场，因并开福建，命中官戴细保提督之；天顺四年，命中官罗永之浙江，课额浙、闽大略如旧；成化中，浙江银矿以缺额量减，云南屡开屡停。①

可以看出，明政府并不打算将银矿业作为一种正当的行业来经营，更不想使其商业化。政府对银矿开采的勉强态度，主要是为了阻止民间盗矿。

至于织染业，也是如此。

明初设南北织染局，两京皆有织染。南京有神帛堂、供应机房。内局以应上供，外局以备公用。苏、杭等府亦各有织染局，岁造有定数。而苏、杭织造，间行间止。自万历中期开始，才频频派造，每年达十五万匹，成为常例。② 其具体发展情况如下。

洪武时，置浙江绍兴织染局，又置蓝靛所于仪直、六合，种青蓝以供织染用。不过时间不长就罢撤了。接着又罢了各地织缎机构。赏赐人员时则使用后湖织造局所织绢帛；永乐中期，才复设歙县织染局；正统时，置泉州织造局；天顺四年遣中官往苏、松、杭、嘉、湖五府，要求在常额外增造彩缎七千匹。工部侍郎翁世资请减之，结果被下锦衣狱，谪衡州知府。增造坐派从此始；孝宗初期，曾停免苏、杭、嘉、湖、应天织造，不久后复设，其产品是给中官的盐引。③

正德元年，尚衣监言："内库所贮诸色纻丝、纱罗、织金、闪色，蟒龙、斗牛、飞鱼、麒麟、狮子通袖、膝襕，并胸背斗牛、飞仙、天鹿，俱天顺间所织，钦赏已尽。乞令应天、苏、杭诸府依式织造。"④ 皇帝推准其建议，三府制造了一万七千余匹。成、弘时期，颁赐甚谨。自刘瑾主事以来，滥赏日增，对织造的控制和监督，成了威劫官吏的手段。中官通过监管织造局索要盐引，关钞越来越多，由此滋生腐败和祸乱。世宗时，仍令中官监织于南京、苏、杭、陕西，其祸患依然存在。直到穆宗登极，诏撤中官，才稍有控制，但不久又恢复了旧制。⑤

万历七年，大学士张居正力陈年饥民疲，不堪催督，建议撤回中官，其

① 《明史》卷 81、志第五十七，《食货五》。

② 《明史》卷 82，志第五十八，《食货六》。

③ 同上。

④ 同上。

⑤ 同上。

建议被接受。但不久明政府再次遣中官组织织造。居正去世后，添织渐多。苏、杭、松、嘉、湖五府岁造之外，又令常、镇、徽、宁、扬、广德诸府州分造，增加了万余匹。陕西织造羊绒七万四千有奇，南直、浙江纻丝、纱罗、绫紬、绢帛，山西潞紬，都比原来的规模有所扩大。两三年间，织造费用就达至百万，不够之数就从军饷中扣留。部臣科臣屡次争议，皇帝皆不听。万历末年，还令税监兼司织造，奸弊日益滋长。①

综上，可以看出，织染业的发展纯粹是为了满足皇室和大臣的享受。明政府并没有将其发展为一个可以谋取利润和利益的行业。对传统观念来说，生活上的享受是多余的欲望，应该节制。社会的运作根本是农桑。桑的发展是让人有衣穿，而不是奢侈享受。因此，丝织业作为一种正当的行业是有争议的，其存在是受限制的。当皇室和社会织染的费用影响到国家的收入和民众的生活时，就会被禁止。所以我们看到大臣们屡次建议皇帝削减甚至停止织造支出，其原因也在于此。所以，丝织业是无法作为一个正当的行业在传统社会蓬勃发展的。

可见，明代统治者的经济政策依然是传统的，对商业仍采取限制政策。不过，明代的商业，尤其是浙江商业还是有了一定的发展，以后我们会详细论述。

3. 商税、货币和钞关等政策对海洋经济的影响

为保证国家财政和皇室收入，明政府通过商税与增置邸舍的方法，对经营国内贸易的商贩进行管理。

明朝建立后，设立了完整的商税征收机构：府设税课司，县设税课局，市镇设分司、分局，水陆交通关津设竹木抽分局。各司局征收的商税，在年终解送布政司，然后再由布政司送交京师承运等库。这些商税分为营业税和过境税两种。为了恢复和发展经济，明初政府还采取了轻税、免税政策。就营业税而言，明朝初建立，太祖对元末以来的重税情况进行了清算，规定“凡商税，三十而取一，过者以违令论”②，洪武元年（1368）诏令“田器等物不得征税”③。洪武十三年（1380）下令“嫁娶丧祭之物，舟车丝布之类皆勿税”④；成祖即位后，继续实行轻税或免税政策，如永乐初“嫁娶丧祭时节礼物、自织布帛、农器、食品及买既税之物、车船运已货物、鱼蔬杂

① 《明史》卷82，志第五十八，《食货六》。
② 《明史》卷81，志第五十七，《食货五》。
③ 《明实录》太祖实录之卷三十，“中研院”历史语言研究所缩印本。
④ 《明实录》太祖实录之卷一三二，洪武十三年六月戊寅条。

果非市贩者，俱免税”[①]。

就过境税而言，其主要征收的是实物，税率自十分抽一至三十分抽二不等，如杭州“凡竹木等物，每十分抽一分”[②]。税率确定后，又明确了“凡客商匿税，及卖酒醋之家，不纳课程者，笞五十”[③]。

晁中辰对明初商税研究后指出，洪武时全国一年的商税总额为20万两白银，而宋仁宗嘉祐三年商税为2200万两白银，明初商税仅为北宋时期的百分之一[④]；明孝宗弘治年间商税是“四千六百余贯以银计之不过一十三万八千五百四十两有奇耳”[⑤]；明世宗嘉靖二十三年全国课税折银为十五万六千两[⑥]。与之后相比，这一时期的商税税额并不大，这促进了明初商业的发展。永乐年间，运河沿岸的淮安、济宁、东昌、临清、德州、直沽等，四方商贩所集，至于杭州、南京、扬州等地，更是发展成著名的商业和手工业中心。

但这种轻税情况到明朝中后期发生了变化。《明史·食货五》载“关市之征，宋、元颇繁琐。明初务简约，其后增置渐多，行赍居鬻，所过所止各有税。其名物件析榜于官署，按而征之，惟农具、书籍及他不鬻于市者勿算，应征而藏匿者没其半”[⑦]；“自隆庆以来，凡桥梁、道路、关津私擅抽税，罔利病民，虽累诏察革，不能去也”；万历初，又规定在此前各种税目之外，商人从事长途贩运，进京城贩货要在崇文门交纳正税、条税和船税等，在地方则有“天津店租，广州珠榷，两淮余盐，京口供用，浙江市舶，成都盐茶，重庆名木，湖口、长江船税，荆州店税，宝坻鱼苇及门摊商税、油布杂税”[⑧]；万历二十六年，又“水陆行数十里，即树旗建厂。视商贾懦者肆为攘夺，没其全赀。负戴行李，亦被搜索。又立土商名目，穷乡僻坞，米盐鸡豕，皆令输税。”[⑨] 正如王圻所言“无物不税，无人不税”[⑩]。

---

① 《明史》卷81，志第五十七，《食货五》。

② 朱元璋敕定：《诸司职掌》卷六《工部》，洪武二十六年（1393）三月内府刊印。

③ （明）申时行等：《明会典》卷一六四《律例五》，中华书局1989年版。

④ 晁中辰：《明代海禁与海外贸易》，人民出版社2005年版，第32—33页。

⑤ 《钦定续文献通考》卷十八《征榷考》，文渊阁四库全书本。

⑥ 王万盈：《东南孔道——明清浙江海洋贸易与商品经济研究》，海洋出版社2009年第一版，第35页。

⑦ 《明史》卷81，志第五十七，《食货五》。

⑧ 同上。

⑨ 同上。

⑩ 王圻：《续文献通考》卷三〇《征榷考·杂征下》，“元明史料丛编”第1辑，第11册，第1803页。

浙江的商税征收数量在这一时期有了明显增加。据统计，嘉靖后期，浙江地区11个府的课税正额已高达130万锭，再加上额外征收的所谓“闰加”，合计140多万锭（见表二），在同时期全国各地区中名列前茅①。到万历六年，仅浙江“布政司商税门摊（并酒醋鱼课）等钞共二百二十八万三千四百四十三锭五贯一百七十七文”② 折合白银三十四万多两。崇祯时仅杭州北新关商税额即为白银八万两。浙江商税额在明朝中晚期的增长，一方面反映了政府对商业控制的严格，另一方面也从侧面说明了这一时期浙江商品经济的发展。

表二　明嘉靖（1522—1566）后期浙江各府课程额（单位：锭 贯 文）

府别	正额	闰加（额外征收）	总额
杭州	621054·2·571	42272·0·967	663326·3·538
嘉兴	112063·0·763	13080·3·460	125143·4·223
湖州	119842·4·735	9595·2·092	129437·6·827
严州	30549·4·440	1896·4·743	32445·9·183
金华	52354·1·251	3320·4·170	55674·5·421
衢州	18969·3·803	1266·3·799	20235·7·602
处州	108896·0·022	6891·0·379	115787·0·401
绍兴	116310·2·131	8767·1·102	125077·3·233
宁波	47721·0·542	4394·2·652	52115·3·194
台州	24156·1·814	918·1·608	25074·3·422
温州	78009·0·127	5188·0·813	83197·0·940
合计	1329923·22·199	97587·25·785	1427510·47·984

资料来源：嘉靖《浙江通志》卷17《贡赋志》；陈国灿《浙江城镇发展史》，第195页。

宣德年间为促进宝钞的流通③，明政府规定商人可以钞纳门摊税。宣德四年更“以钞法不通”为由，采取“商居货不税”政策，致使“京省商贾凑集地、市镇店肆门摊税课，增旧凡五倍”④。但由于明代发行宝钞无金银或丝为钞本（即储备金），所以宝钞发行后钞价猛跌。

---

① 陈国灿：《浙江城镇发展史》，杭州出版社2008年版，第195页。

② 《钦定续文献通考》卷十八《征榷考》，文渊阁四库全书本。

③ 洪武七年（1374）设宝钞提举司，次年发行“大明通行宝钞”，并严禁私铸钱币，“每钞一贯，准钱千文，银一两；四贯准黄金一两”。宝钞发行后，“百文以下止用钱”，禁止民间以金银交易，准许铜（钱）（宝）钞兼行。

④ 《明史》卷81，志第五十七，《食货五》。

政府虽有民间不得以金银交易的规定，但在经济较发达的沿海一带却仍有使用银的情况。如温州府，在洪武二十四年（1391）“本府所属共收钞七百二十八锭四贯，易银七百八两八钱，送纳其后，岁办遂以为例。近虽禁使银，而商税鱼课仍征银”①。至洪武三十年（1397）“更申交易用金银之禁”②，杭州诸郡商贾，不论贵贱，一律以金银定价③；永乐年间，政府虽仍严禁使用金银，“犯者以奸恶论”④，但却收效甚微；宣德时，“民间交易，惟用金银，钞滞不行”⑤；至英宗正统元年，明政府又有田赋米麦折银征收，从此政府“弛用银之禁，朝野率皆用银，其小者乃用钱，惟折官俸用钞，钞壅不行”⑥。明前期发行宝钞本为便于民间交易，但在实际中却因不限制发行量，币值不稳而阻碍了日趋繁盛的商品经济发展。笔者认为，从上述宝钞在浙江一带兴用、废止的过程中，也可看出浙江一带商品经济发展的情况。

钞关是明政府在全国各商运中心地段设立的税收机关，要求用纸币“大明宝钞”交税，故名。它最初设立于宣德四年（1429），当时设立的钞关有：杭州的北新关、苏州的浒墅关、江西的九江关、南直隶淮安府的、两淮关、江苏的扬州关、山东的临清关和天津的河西务等⑦。为了避免由地方官徇私舞弊而引起的征不足额现象，弘治以后，户部直接派税务官员，以负责征收商品流通税。宣德年间，钞关增至33处，在浙江境内的有嘉兴、杭州和湖州3处。杭州北郊的北新关是明代最大钞关之一，其税额在弘治元年（1488）至六年（1493），每年征收到白银4000余两；嘉靖二十三年（1544）增至34970余两，包括船料买钱钞银4754两，丝余银1564两，私商税原额银4776两，附余银23879两；万历三十九年（1611）增至49700两；天启六年（1626），增至89700两；崇祯元年（1628）为84000两，三年（1630）增至104000两，十三年（1640）增至142000两。⑧ 为逃避这些苛捐杂税，商人逃税现象更加普遍，逃税的主

① 《明实录》宣宗实录之卷八〇，宣德六年条。

② 《明史》卷81，志第五十七，《食货五》。

③ 《明实录》太祖实录之卷二五一，洪武三十年三月甲子条。

④ 《明史》卷81，志第五十七，《食货五》。

⑤ 同上。

⑥ 同上。

⑦ 《浙江通史·明代卷》，第281页。

⑧ 雍正《浙江通志》卷八六《榷税》，1983年台湾商务印书馆影印《四库全书》刊本，第521册，第288—289页。

要方法是官商勾结偷税漏税。

如张燮所讲“官人不得显收其利权。初亦渐享奇赢，久乃勾引为乱，至嘉靖而弊极矣”[①]。官僚阶层在这一时期享受着免税、减税特权，所以一些富商大贾们多去倚傍高官权贵，或去捐纳官职以获得减免税收的好处；一般商人也会通过行贿官员，将货物搭载于马船，或藏匿于漕船，或寄载于免税官船等方式逃税。冯梦龙《警世通言》描述道，一商主人往往“揽一位官人乘坐……不要那官人的船钱，反几十两银子送他，为孝顺之礼，谓之坐舱钱”[②]，并以此免去路上钞关税卡的课税。

综上，海禁政策的严厉执行，不仅反映了官方贡使贸易的变化情况，还促使了私人走私贸易的持续高涨；明初的轻税政策，为经济的恢复提供了条件。中后期，包括市舶税在内税额的大增，宝钞的兴用、废止过程和钞关的设置、管理情况等，都侧面反映了浙江商品经济的发展。

三 中外贡使关系对浙江海洋经济的影响

严格来讲，贡使关系与贡赐关系[③]为不同概念，两者的主要区别是：贡使关系既包括政治上的纳贡、宗藩关系和两国间的使节交往关系，又包括经济上的朝贡使节领导的以商人为主体的勘合贸易。而贡赐贸易，多以藩国向宗主国纳贡，宗主国向藩国礼赐方式而进行的经济往来活动，这种关系一般建立在承认上下藩属关系的基础上。

明代贡使贸易多由官方控制，即“凡外夷贡者，我朝皆设市舶司以领之。在广东者专为占城、暹罗诸番而设，在福建者专为琉球而设，在浙江者专为日本而设。其来也，许带方物，官设牙行，与民贸易，谓之互市。是有贡船即有互市，非入贡即不许其互市”[④]，即准许外国官方遣使来朝时，随带货物，与明进行官方贸易，而不许外国私人来华贸易。据笔者统计（见表一），各阶段日本遣使来朝次数为：太祖洪武年间13次、成祖永乐年间13次、宣宗宣德年间3次、代宗景泰年间2次、英宗天顺年间1次、代宗

① （明）张燮：《东西洋考》卷七《饷税考》，文渊阁四库全书本。

② （明）冯梦龙：《警世通言》卷十一《苏知县罗衫再合》，人民文学出版社1956年版，第134页。

③ 即为纳贡与赏赐，最早见于《韩非子·外储说右下》第三十五，“苏代为秦使燕，见无益子之，则必不得事而还，贡赐又不出，于是见燕王乃誉齐王”。陈奇猷集释“贡，谓向齐纳贡。赐，谓赏赐苏代。”

④ 《续文献通考》卷三十一《市籴考》；《筹海图编》卷十二《开互市》。

成化年间6次、弘治年间2次、武宗正德年间6次、世宗嘉靖年间8次、神宗万历年间2次。

为便于管理与外贡使贸易，明政府建立了完整的贡船体制，其具体内容如下：

其一，不允许外国商人到中国民间进行私人贸易，仅准许海外各国以政治“朝贡”的名义来中国，进行官方贸易；

其二，只有被明政府正式承认的海外国家才能来华朝贡，而不是所有国家；

其三，这些朝贡国，要在规定时间、规定地点进行朝贡，并对朝贡期限、船只数量、人员数量、具体线路等进行明文限定；

其四，禁止外国人以个人身份来华。前来中国朝贡的船只必须携带正式的官方公文，即“表文”方能通行。其后又采取更为严格的“勘合”[①]；

其五，为管理前来朝贡的外国人，明政府设立了专门的机构——市舶司。

这五项政策，在浙江也得到了严格的实施。为管理中日贡舶贸易，明政府1370年在宁波设置了专门的市舶司。市舶司的主要职责是执掌日本“朝贡贸易之事，辨其使人表文勘合之真伪，禁通番，征私货，平交易，闲其出入而慎馆谷之”[②]，其下另辖有市舶库、市舶码头、四明驿、安远驿、嘉宾堂、迎宾馆等一系列完整的附属机构。

木宫泰彦《日中文化交流史》中对宁波市舶司的职责进行了较为详细的叙述。他指出，日本遣明使团居留宁波和赴京至杭州间的茶饭、口粮，以及进京人员启程时所乘的舟船，由宁波市舶司供给。允澎入明时，率使团300余人在城南月湖乘上四明驿提供的驿船，经慈溪、余姚驶到曹娥江后，在“上虞县换船”[③]，驶向杭州。另使团来华时市舶司提供特定的供给，嘉靖十八年（1539）湖心硕鼎使团在宁波停留时，宁波市舶司的供给为：官人廪给白米五升，其外十三色（茶、盐、酒、肉、鱼、水果等）；口粮（一般成员）黑米二升，其外四色。市舶司支送该使团自宁波至杭州之间的下程供给为：官人廪给白米五升，其外八色；口粮（一般成员）白米二升，

① 所谓勘合，是指由政府办理的发给海外诸国朝贡所用的官方凭证。

② 《明史》卷75，志第五十一，《职官志》。

③ ［日本］木宫泰彦：《日中文化交流史》，商务印书馆1980年版，第581、582页。

其外七色[①]。这一严密的供给制度在反映中日官方交往程序严明的同时，还进一步说明了中日双方和平贡使贸易朝着有序方向的发展。后来市舶司却由于各种原因，屡遭裁撤。据统计，在明朝270多年中，市舶司总共关闭了60年。

明初实行朝贡贸易，是试图用海外诸国频繁入贡来打造“万国来朝”“四夷威服”的形象，把朝贡作为一种羁縻手段，以笼络海外诸国。厉行海禁时，朝贡贸易也成了当时明朝与海外诸国经济交往的唯一正当渠道。通过这一渠道，中国的锦、绮、纱、罗、绒为主的丝织品和瓷器、铜钱、麝香等物品输往国外。而国外的金、银、香料、马匹、刀剑、矿石、药材、大米等数十种物品及珍禽异兽输入中国，补充了双方的经济需要[②]。随着朝贡贸易的发展，宁波在中日勘和贸易中的“唯一交通港”地位逐渐确立[③]。

王慕民等提到，勘和贸易是为防止私人非法贸易和海盗走私而实行的。勘合，是指由明政府发给海外国家进行朝贡贸易的官方凭证。洪武十六年（1383），明政府第一次向暹罗发放勘合。永乐二年（1404）开始向日本发放勘合。以日本为例，明朝礼部将日本二字分开，制作日字号、本字号勘合各100道，及勘合底薄各2册，将日字号勘合100道、日字号和本字号勘合底薄各1册藏于明政府礼部，将本字号勘合底薄1册交由浙江布政司，其余则发给日本。日本发往中国的朝贡贸易船只需经严密的核查后，方准许登岸、赴京朝贡。[④]

勘合贸易实行的政治基础是日本承认与中国的藩属关系。这一贸易中，明政府多奉行薄来厚往的原则，对前来朝贡的日本赐予丰厚的回赠。政府需求以外的货物，允许其在指定市场销售。也如王辑五评价的“明代之海外贸易与唐宋不同，唐宋恒奖励海外互市，以收市舶之利而实国用；一方更欲籍怀柔政策以安边夷。惟降至明代，此传统政策略有变更，仅注意于四夷之安抚，而忽于市舶之赢利。故明代对日贸易，殆成为政治与军事上之手段，此实为明日通商互市之一特征也。”[⑤]

有明一代，从永乐二年（1404）到嘉靖二十七年（1548），以宁波为出入门户的中日勘合贸易历时145年。期间，日本室町幕府共向明朝遣使17

---

① 《日中文化交流史》，第584、585页。

② 傅衣凌主编，杨国桢、陈支平著：《明史新编》，人民出版社1993年版，第104页。

③ 《宁波与日本经济文化交流史》，第132页。

④ 《宁波与日本经济文化交流史》，第133页。

⑤ 王辑五：《中国日本交通史》，商务印书馆1937年版，第149页。

次，派船 87 艘；中国则向日本遣使 8 次。若再细化，这 145 年大致可分为三个阶段：

第一阶段从永乐二年（1404）到永乐八年（1410），这七年是明代中日关系史上最为和谐友好的时期。日本向中国遣使 6 次，派船 37 艘。明使赴日也不下 4 次，可谓是你来我往，不绝于道。学界多对这一阶段的中日关系给以好评。足利义满执政时，推行严禁倭寇、接受册封的与明通好政策，中日关系十分密切，双方使团络绎不绝。据统计，这一阶段日本朝贡勘合船队赴明的使者有永乐二年的明室梵良（永俊）、永乐三年的源通贤、永乐四年、六年和八年（义持执政期）的坚中圭密等。这一时期，明日之间处于频繁交往期，基本上不受"永乐事例"的影响[①]。

随着足利义满的去世，幕府内部不少人开始对义满接受明廷册封有辱国格的行为进行反对。义持掌权后，开始改变对明政策。永乐八年（1410）派坚中圭密使明，正式的贡舶勘和贸易告一段落。永乐九年（1411）王进事件（该年二月，成祖派中官王进出使日本，义持拒绝其进入京都，并试图将他扣押，结果王进在一日本妇女指引下，才能从一条与以往勘合船不同的航路，逃回宁波[②]）则标志着义持一朝断绝同明朝邦交，中日贡使贸易进入第二阶段。这一阶段，从永乐九年（1411）到宣德七年（1432），历时 22 年，两国关系处于停顿状态。长时间的中断邦交使得日本幕府失去了获厚利的机会，也造成了日本国内的财政危机。

为解决财政危机，义教继承将军后，恢复了对明修贡的政策。中日勘和贸易进入第三阶段，即从宣德八年（1433）到嘉靖二十七年（1548），历时 116 年。宣德九年（1434）春夏之交，明使送上勘合，并重新定出条约（"宣德条约"或"宣德事例"），规定日本十年一贡，人勿过三百，舟勿过三艘。日本政府此后也多遵循这一规定。这期间日本室町幕府向中国派出勘合贸易船队 11 次[③]，计船 50 艘，平均 10 年 1 次，每次有船 4—5 艘，中国向日本遣

① 据《明史》卷 322，志第二一〇，《日本传》载，明成祖二年诏告日本"十年一贡，人止二百，船止二艘"，还准备"赐以二舟，为入贡用"。

② 汪向荣：《中日关系史资料汇编》，中华书局 1984 年版，第 280 页。

③ 分别是：宣德八年（1433）五月进京的龙室道渊；宣德十年（1435）十月进京的恕中中誓；景泰四年（1453）九月进京的东洋允澎；成化四年（1468）十一月进京的天与清启；成化十三年（1477）九月进京的竺方妙茂；成化二十年（1484）十一月到京的子璞周玮；弘治八年（1495）五月到宁波的尧夫寿蓂；正德五、六年（1510、1511）春到宁波的宋素卿、了庵桂悟；嘉靖二年四月到宁波的宗设谦道、鸾冈瑞佐；嘉靖十八年（1539）五月到宁波，次年抵京的湖心硕鼎；嘉靖二十七年（1548 年）三月进入宁波的策彦周良。

使1次[①]。这一阶段虽恢复了勘和贸易，但由于应仁之乱后幕府失势，其对通贡贸易也逐渐失控。据文献载，“大倭王懦弱不制，诸岛各拥强争据”；“倭王微弱，号令已不行于国中，即使通贡，果能禁诸岛之寇掠乎”？[②]

中日勘和贸易，虽是合法的官方贸易，但随着商品经济的发展，这种贸易的弊端和内部矛盾日益突出，其直接后果有二：一是，勘和贸易是对贡期、参与人员、船只数量及明政府赠予勘合数量等问题进行的限制，这使得两国商品贸易限制在了较为狭小的范围内。为改变这一状况，日本贡舶多在驶达宁波港之前，或驻留宁波和进京往返途中，进行私下贸易。如《明史·日本传》和《筹海图编》载，1495年尧夫寿蓂使团入明进抵宁波时，曾与朱澄交易，因其亏欠货值就将朱澄之侄做人质带回日本。浙江巡抚朱纨亦提到，日本贡船“往往贡毕京回，守候物价，累年不得归国”，而且此情况已非“一朝一夕”了。[③]

二是，私人海上贸易日益繁盛。徐光启曾提到，“彼中（日本）所用之物有必致于我者，势不能决也。自是以来，其文物渐繁，资用亦广，三年一贡，限其人船，所易货物，岂能供一国之用。于是多有先期入贡，人船逾数者，我又禁止，则有私通市舶者，私通者商也”。[④]《明史·日本传》中讲到，冒充贡船来宁波的日本商船达8批之多。明政府对这批商船拒不接纳，但为保盈利，这些日船多与中国沿海私商勾结，“潜舶海山私通”[⑤]。

综上所述，有明一代虽有官方贡舶贸易，但官道大开的最大受益者却是私商。诸多私商以贡舶之名驶入中国，登岸后虽遭拒绝，但仍可通过走私贸易的形式获利颇丰。鄞人万表《海寇议》中指出，1523年争贡事件之前，宁波尚无“过海通番”的私商，但之后却发生变化。那些宁波商人开始出海“勾引番船，纷然往来”。明政府又以祸起市舶为名，关闭宁波市舶司，后虽又恢复，但市舶司已名存实亡。即便如此，走私贸易却更加兴起，正如徐光启所言“官市不开，私市不止，自然之势也”[⑥]。《明史·食货志》亦云“市舶既罢，日本海贾往来自如，海上奸豪与之交通，法禁无所施”[⑦]。

---

① 《宁波与日本经济文化交流史》，第136—142页。

② 周希哲等纂：嘉靖《宁波府志》卷二二《海防书》，明嘉靖三十九年（1560）刻本。

③ （明）朱纨：《甓余杂记》卷二《哨报夷船事》，《四库全书存目丛书》集部，第78册，齐鲁书社1995年版。

④ （明）徐光启：《海防迂说》，见《明经世文编》卷四九一。

⑤ （明）郑舜功：《日本一鉴穷河话海》卷七《贡期》1939年影印本。

⑥ （明）徐光启：《海防迂说》，见《明经世文编》卷四九一。

⑦ 《明史》卷81，志第五十七，《食货五》。

明政府虽采取过禁止私人海上贸易的举措，但却遭到了来自沿海商人与外来番商的反对，并由此引发了两个不良后果：一是走私贸易兴盛和寇乱迭起。如张燮《东西洋考·饷税考》中提到“成弘之际，豪门巨室，间有乘巨舰贸易海外者，奸人阴开其利窦”①；二是官商勾结现象层出不穷，官僚系统腐化进一步加剧。这些情况也从侧面反映出，浙江一带私人海上贸易已演变成了不可抑制的经济势力。

四　明代浙江社会状况对海洋经济的影响

1. 人地关系紧张是浙江海洋经济发展的助推器

宋代，浙江人地关系紧张的情况已出现。奉化一带甚至出现了“地狭人稠，日以开辟为事，凡山颠水湄，有可耕者，垒石堑土，高寻丈而延袤数百尺不以为劳。”② 有明一代，人地矛盾仍未缓解。

山阴、会稽、余姚等地出现了“生齿繁多，本处室炉田土，半不足供”人地关系紧张的局面。③ 人口的增多和粮食需求的增加，推动了浙江农产品市场的繁荣与粮食海运业的发展。顾炎武的《天下郡国利病书》讲到，“浙之米价每溢于吴，浙商舳舻昼夜不绝，居民之射利者又乐与之，以至吴民尝苦饥，而浙商倍获利。”④ 明金木散人的《鼓掌绝尘》指出“两京各省客商都来兴贩，城中聚集各行做生意的，人烟凑集，如蜜蜂筒一般。城池也宽，人家也众，粮食俱靠着四路发来。那些湖广的米发到这里，除了一路盘桓食用，也有加四五利钱。”⑤

这种“江、浙、闽三处，人稠地狭，总之不足以当中原之一省，故身不有技则口不糊，足不出外则技不售”⑥ 情况，也促使浙海民众冲破大陆限制，努力向海外谋生。正如《明经世文编》载，“向来定海、奉、象一带贫民以海为生，荡小舟至陈钱下八山，取壳肉紫菜者，不啻万计。”⑦ 另外，这种具有商品经济特性的海洋经济的发展，还促使了浙人“穷日夜之力，

---

① （明）张燮：《东西洋考》卷七《饷税考》，文渊阁四库全书本。

② （宋）罗濬《宝庆四明志》卷十四《奉化县志·风俗》，宋元浙江方志集成本。

③ 顾炎武：《肇域志》，《顾炎武全集》，上海出版社 2012 年版。

④ （清）顾炎武：《天下郡国利病书》，《浙江下·绍兴府志·军制》，《四部丛刊本》。

⑤ （明）金木散人：《鼓掌绝尘》第十三回《耍西湖喜掷泥菩萨，荆州怒打假神仙》，江苏古籍出版社 1990 年版。

⑥ （明）王士性：《广志绎》卷四《江南诸省》，《元明史料笔记丛刊》，中华书局 1981 年版。

⑦ （明）陈子龙等：《御倭杂著·倭寇论》，见于《明经世文编》卷二百七十，中华书局 1962 年版。

以逐锱铢之利，而遂忘日夜之疲瘁也”逐利之风的盛行。

2. 浙江商业意识提升对浙江海洋经济的影响

浙地之民自古就有经商传统。《鄞县舆地记》在探鄮县名称由来时，指出“邑中以海中物产，方山下贸易，因名‘鄮’县”；唐宋以来浙江商品经济继续发展，北宋时在明州设立市舶司。宝庆年间更出现了“会稽数郡川泽沃衍，有海陆之饶珍异所聚，故商贾并凑”[①]。是时，浙江地区经商风气已盛，甚至有不少学者公开倡导“农商并重”，强调“商藉农而立，农赖商而行”，认为“农商一事”[②]；南宋时，经商之风几乎影响到社会的各个阶层。范浚在谈到两浙地区盛行经商之风时，指出“今世积居润室者，所不足非财也，而方命其子若孙倚市门，坐贾区，頫取仰给，争锥刀之末，以滋贮储。有读一纸书，则夺取藏去，或擘裂以覆瓿，怒而曰：吾将使金柱斗，牛马以谷计，何物痴儿，败我家户事，顾欲作忍饥面翻故纸耶！”[③]

到明代，工商业更加发达。在这一背景下，有关工商业的思想得到重新整合。

明太祖朱元璋在洪武年间多次谈到商业的地位，如：

洪武十八年（1385），太祖告谕户部：

> 朕思足食在于禁末作，足衣在于禁华靡。尔宜申明天下四民，各守其业，不许游食；庶民之家，不许衣锦绣，庶几可以绝其弊也。[④]

十九年（1386）三月，太祖在《大诰续编序》中指出：

> 上古好闲无功，造祸害民者少……由是士农工技，各知稼穑之艰难，所以农尽力于田畎亩，士为政以仁，技艺专业，无敢妄谬。维时商出于农，贾于农隙之时。四业题名，专务以三：士、农、工，独商不专，易于农隙。此先王之教精，则野无旷夫矣。[⑤]

---

① 《宝庆四明志》卷一《郡志·叙郡》，宋元浙江方志集成本。

② （宋）陈亮：《陈亮集》卷十一《四弊》，中华书局 1974 年版，第 127 页。

③ （宋）范浚撰：《香溪集》卷二二《张府君墓志铭》，中华书局 1985 年版。

④ 《明太祖实录》卷一七五，洪武十八年九月戊子条。

⑤ 钱伯诚等主编：《全明文》卷三〇《大诰续编序》，上海古籍出版社 1992 年版。

《大诰续编》中指出：

> 市井之民，多无田产，不知农业艰难，其良善者将本求利，或开铺面于市中，或作行商出入，此市中良民也。有等无籍之徒，村无恒产，市无铺面。绝无本作行商，其心不善，日生奸诈，岂止一端。①

同年四月，明太祖又对“四业题名，专务有三”做了修改：

> 古先哲王之时，其民有四，曰士农工商，皆专其业。所以国无游民，人安物阜而治雍雍也。朕有天下，务俾农尽力畎亩，士笃于仁义，商贾以通有无，工技专于艺业。所以然者，盖于各安其生也。然农或怠于耕作，士或隳于修行，工贾或流于游惰……然则民食何由而足，教化何由而兴也。尔户部即榜谕天下，其令四民，务在各守本业，医卜者土著，不得远游。②

明太祖对商业的态度，还促使明人评述商业地位风气的盛起。成化、弘治时，理学家胡居仁云，“农工商贾皆有益于世。如农之耕，天下赖其养；工之技，天下赖其器用；商虽末，亦要他通财货”③。海瑞言，“今之为民者五，曰士、农、工、商、军。士以明道，军以卫国，农以生九谷，工以利器用，商贾通焉而资于天下。身不居一于此，谓之游惰之民。游惰之民，君子所不齿也”④；著名思想家李贽，提到“商贾亦何可鄙之有？挟数万之赀，经风涛之险，受辱于关吏，忍诟于市易。辛勤万状，所挟者重，所得者末”⑤；李晋德《客商一览醒迷·悲商歌》云：

> 四业惟商最苦辛，半生饥饱几曾经。
> 荒郊石枕常为寝，背负风霜拔雪行。
> 举目山河异故乡，人情处处有炎凉。

---

① 《全明文》卷三〇《大诰续编·士民不许为吏卒》。

② 《明实录》太祖实录之卷一七七，洪武十九年二月壬寅条。

③ 胡居仁：《居业录》卷五《古今制度》，中华书局1985年版。

④ （明）海瑞著，陈义钟编校：《海瑞集》下编六《杂记类·乐耕亭记》，中华书局1962年版。

⑤ 李贽：《焚书》卷二《书答·又与焦弱侯》，中华书局1975年版。

须知契合非吾里，自古男儿志四方。[①]

冯梦龙《醒世恒言》载，“士子攻书农种田，工商勤苦挣家园。世人切莫闲游荡，游荡从来误少年”[②]。这些对商人及其经营活动的正面描述，预示了明后期人们对商业态度的转变。

中国古代传统本末思想中，本业专指农业[③]，而此处的农业，主要指农桑之业。到明代中后期，“本业”内涵发生变化，它既包含以自给自足为目的的传统农桑业，又包括新兴商品作物的种植。正如时人徐献忠云“湖俗务本，诸利俱集。春时看蚕一月之劳，而得厚利；其他菜麦、麻苧、木棉、菱藕、萝蘼、姜芋，各随土宜，以济缺乏，逐末者与之推移转徙；山中竹、木、茶、笋亦饶，故荒歉之年，不过减其分数，不至大困”。[④]

明末清初浙江桐乡人张履祥《补农书》载道：

桐乡田地相匹，蚕桑利厚。东而嘉善、平湖、海盐，西而归安、乌程，俱田多地少。农事随乡，地之利为博，多种田不如多治地。盖吾乡田不宜牛耕，用人力最难。又田壅多，工亦多，地工省，壅亦省；田工俱忙，地工俱闲；田赴时急，地赴时缓；田忧水旱，地不忧水旱。俗云：“千日田头，一日地头而已”。况田极熟，米每亩三石，春花一石有半，然间有之，大约共三石为常耳。下路湖田，有亩收四、五石者，田宽而土滋也。吾乡田隘土浅，故止收此。地得叶，盛者一亩可养蚕十数筐，少亦四五筐，最下二三筐。米贱丝贵时，则蚕一筐，即可当一亩之息矣。

---

① 李晋德：《客商一览醒迷·商贾醒迷》，山西人民出版社1992年版。

② （明）冯梦龙编，顾学颉校注：《醒世恒言》第十七卷《陈孝基陈留认舅》，人民文学出版社1956年版。

③ 春秋时期思想家多主张农业是“本业”，而以“雕文刻镂”一类奢侈品生产、流通为末业，如《管子·治国》中提出“凡为国之急者，必先禁末作文巧。末作文巧禁则民无所游食，民无所游食则必农。……故禁末作，止奇巧，而利农事”；战国末年，韩非进一步将“末”的范围扩大到整个工商业，从而形成“农本工商末”的完整概念；西汉以来，“末”的含义除泛指工商业外，多专指商业和商贾，此思想在《史记·货殖列传》《汉书·食货志》《盐铁论》中均有说明；东汉时期王符提出新的本末划分标准，如他在《潜夫论》中指出，以“农桑”“致用”“通货”为本，以“游业”“巧饰”“鬻奇”为末（《潜夫论·务本》），而不是将工商一概称为“末”。但此说并未真正跳出农桑为本，淫巧为末的怪圈；在以后各朝虽有反对抑末之说，但对本末业的理解却未发生大的变化，直到明末清初，黄宗羲在《明夷待访录·财计》中抨击世儒“以工商为末，妄议抑之”，提出了工商“皆本”的观点，才真正确立了新的本末观。

④ （明）徐献忠撰：《吴兴掌故集》卷十三《物产类·蔬菜》，上海古籍出版社2010年版。

米甚贵，丝甚贱，尚足与田相准。虽久荒之地，收梅豆一石，晚豆一石，近来豆贵，亦抵田息，而工费之省，不啻倍之，况又稍稍有叶乎。但田荒一年熟，地荒三年熟，人情欲速，治地多不尽力，其或地远者，力有所不及耳。俗云：种桑三年，采叶一世。未尝不一劳永逸也。①

另外，在自给自足的自然经济占主导的中国古代社会，农业是以栽培农作物和饲养牲畜为主的生产事业。随着海洋经济的发展，渔业成为农业生产的重要组成部分。最早的渔民也都是由农民转化而来的。这些出身于沿海沿江的农民，为获得更多经济效益，多选择过着亦农亦渔的生活。

本业内涵转变的另一表现是“工商皆本”的提出。黄宗羲《明夷待访录·财计三》指出“今夫通都之市肆，十室而九，有为佛而货者，有为巫而货者，有为倡优而货者，有为奇技淫巧而货者，皆不切于民用，一概痛绝之，亦庶乎救弊之一端也。此古圣王崇本抑末之道。世儒不察，以工商为末，妄议抑之；夫工固圣王之所欲来，商又使其愿出于途者，盖皆本也”②。他还进一步抨击了世儒“以工商为末，妄议抑之”，提出了工商“皆本”的观点。笔者认为，本、末实际上只是一种政府宣传，随着社会生产力的进步，末业与本业在宣传内容上发生变化。

明人张瀚的《松窗梦语》中提到，“人情徇其利而蹈其害，而犹不忘夫利也。故虽敝精劳形，日夜驰骛，犹自以为不足也。夫利者，人情所同欲也，同欲而共趋之，如众流赴壑，来往相续；日夜不休，不至于横溢泛滥，宁有止息”③；万历《金华志》指出，金华居民“急于进取，善于图利”④；时人王士性《广志绎》亦载，“本地止以商贾为业”，而海滨之民“以有海利为生不甚穷，以不通商贩不甚富”和“身不有技则口不糊，足不出外则技不售”⑤；明人何良俊也以正德为界，称“昔日逐末之人尚少，今去农而改业为工商者，三倍于前矣”⑥。可见，时人学者已认识到了浙江一带逐利之风的日趋盛行。

王毓铨等研究后，指出“明代对商的重视和肯定，是建立在视‘游民’

---

① （清）张履祥：《杨园先生全集》卷五〇，中华书局2014年版。

② 《明夷待访录·财计三》，第40、41页。

③ 《松窗梦语》卷四《商贾纪》。

④ 金华市地方志编纂委员会整理编：万历《金华府志》，国家图书馆出版社2014年版。

⑤ （明）王士性：《广志绎》卷四《江南诸省》，《元明史料笔记丛刊》中华书局1981年版。

⑥ 何良俊：《四友斋丛说》卷一三《史九》，中华书局1959年版，第112页。

为‘末’的基础上的，并不是用商和农相比较。也就是说，明人看待商的地位，是看它是否于社会有益。这种摆脱了传统的农商之间的本末之辨，既是时代进步的结果，也为社会的进一步发展提供了思想条件”①。

“士商平等”及“四民异业同道”论，在这一时期广泛流行。李梦阳言，“文显尝训诸子曰：夫商与士异术而同心，故善商者处财货之场，而修高明之行，是故虽利而不污；善士者引先王之经，而绝货利之径，是故必名而有成。故利以义制，名以清修，各守其业，天之鉴也。如此则子孙必昌，身安而家肥矣”②；王守仁（1472—1529，绍兴府余姚人）云，“古者四民异业而同道，其尽心焉，一也。士以修治，农以具养，工以利器，商以通货，各就其资之所近，力之所及者而业焉，以求尽其心。其归要在于有益于生人之道，则一而已。士农以其尽心于修治具养者，而利器通货犹其士与农也，工商以其尽心于利器通货者，而修治具养犹其工与商也。故曰：四民异业而同道”③；冯应京认为“士农工商，各执一业，又如九流百工，皆治生之事业”④；凌濛初指出，一些商人聚集之地，甚至出现了“以商贾为第一等生业，科举反在次着”⑤ 的风气；黄宗羲（1610—1695）在《明夷待访录》中，指出“世儒不察，以工商为末，妄议抑之。夫工固圣王之所欲来，商又使其愿出于途者，盖皆本也”⑥。

明代中晚期，“重农抑商”政策虽仍为国策，但重商主义却已成为一股重要的社会思潮，其内容有二：一是对商业地位、价值的重新认识，即提倡工商皆本（此说可追溯到南宋永嘉学派，到明末清初，浙东学人黄宗羲（1610—1695）在《明夷待访录》中又进行了详细的阐述；二是对商业地位的重新估价，指出商高于工农，甚或不逊于士。⑦

这一时期，浙江沿海之民“以商贾为第一等生业”的情况不在少数。如杭州地区已出现“本地止以商贾为业，人无担石之储，然亦不以储蓄为

---

① 王毓铨主编：《中国经济通史 · 明代经济卷（下）》，经济日报出版社 2000 年版，第 800 页。

② 李梦阳《明故王文显墓志铭》，见《空同先生集》，伟文出版社 1976 年版。

③（明）王阳明：《节庵方公墓表》，见《王阳明全集》卷二十五，上海古籍出版社 1992 年版。

④（明）冯应京：《月令广义》卷二《岁令二》引《客商规略》中语，《四库全书存目丛书》本，齐鲁书社 1997 年版。

⑤（明）凌濛初：《二刻拍案惊奇》卷三七《叠居奇陈客得助》，上海古籍出版社 1985 年版。

⑥（明）黄宗羲：《明夷待访录 · 财计三》，中华书局 1981 年版。

⑦ 万明：《晚明社会变迁问题与研究》，商务印书馆 2005 年版，第 130 页。

意。即舆夫仆隶奔劳终日，夜则归市覶酒，夫妇团醉而后已，明日又别为计。故一日不可有病，不可有饥，不可有兵，有则无自存之策"；浙东的宁波、绍兴等地民众"竞贾贩锥刀之利，人大半食于外"①；"以有海利为生不甚穷，以不通商贩不甚富"；绍兴、金华二郡"人多壮游在外"，其中山阴、会稽、余姚尤甚。许多奔波于外者，"儇巧敏捷者入都为胥办"，"次者兴贩为商贾，故都门西南一隅，三邑人盖栉而比矣"②；时人何良俊估计，嘉靖以后"大抵以十分百姓言之，已六七分去农"，其中改业工商者三倍于前"，故而他站在农本立场上，指出"今一申所存无四五户，则空一里之人，奔走络绎于道路。谁复有种田之人哉！吾恐田卒污莱，民不土著，而地方将有土崩瓦解之势矣，可不为之寒心哉！"③

商人的社会地位经历了较大起伏。明代前期，富商大贾虽家财万贯，但其社会地位仍不可与士人、农民相提并论；明代中晚期，随着商品经济的发展，一些富商大贾凭借其积累的大量财富，或培养子弟读书入仕，或通过买官鬻爵的方法，努力跻身入官僚特权阶层。

余英时提到，"十六世纪以后商人确已逐步发展了一个相对'自足'的世界。这个世界立足于市场经济，但不断向其他领域扩张，包括社会、政治与文化：而且在扩张的过程中也或多或少地改变了其他领域的面貌。改变得最少的是政治，最多的是社会与文化……这里应该提及的是：士商合流是商人能在社会与文化方面开辟疆土的重要因素"④。这一论断，也同样适用于浙江地区。按照商人拥有的资金实力，明代浙商可分为富商大贾、中等商人、小摊小贩三种。富商大贾，顾名思义，是指通过从事长途贩运而获得巨大财富的商人。

明代中叶后，浙江一带涌现了一批规模较大的商人势力。龙游商帮和徽商频繁地往来于这一地区，如汪道昆一家皆为徽商，自祖父一辈到浙江做食盐生意，往来于杭州、温州、处州之间，迅速地发财致富，后定居杭州，成为杭州城中有名的富商⑤。有些富商大贾往往结交官府，致富后在家中还蓄

---

① 《广志绎》卷四《江南诸省》。

② 同上。

③ （明）何良俊：《四友斋丛说》卷十三《史九》。

④ 余英时：《士商互动与儒家转向——明清社会史与思想史之一面相》，见《士与中国文化》，上海人民出版社2003年版，第542页。

⑤ 汪道昆：《世叔十一府君传》，《太函集》卷三九，"四库全书存目丛书·集部"第117册，第495页。

养大批奴仆，富埒王侯。这一时期商人阶层的服饰开始崇尚奢丽，湖州府乌青镇上，出现了富家子弟竞相“以红紫为奇服，以绫纨为衵，衣罗绮”[①]。嘉靖以后，森严的礼法制度和伦理规范受到冲击，奢靡之风在社会中迅速传播。从权贵高官、富商大贾和士大夫到下层百姓，人民“华侈相高”，互相攀比，“服饰以绮绣相尚，燕今以珍馐相竞，倡优盈市，炮酪腥禽森列于肆者，不下百余家。”[②] 这种社会风气更随着景泰年间卖官鬻爵政策的推行而日趋严重。

为缓解政府财政危机，景泰年间，政府又推行了“捐监”政策，规定秀才缴纳一定额的钱粮，可进入国子监读书，从国子监出来后可获授为官。成化年间，朝廷又取消了对捐监的限制，规定只要能加倍缴纳钱粮，或向朝廷“纳赀”，或向宦官行贿，即可入国子监或授官。由是“四方白丁、钱虏、商贩、技艺、革职之流，以及士大夫子弟，率夤缘近侍内臣，进献珍玩，辄得赐太常少卿、通政、寺丞、郎署、中书、司务、序班，不复由吏部，谓之传奉官”[③]。这些措施进一步促使了士商合流风气的形成。

社会中还出现了亦儒亦商者。如明人安遇时《包龙图判百家公案》中记述了杭州人和县书生柴胜虽然“少习儒业，家亦富足”，但婚后其父母仍要求柴胜“出外经商，得获微利，以添用度”[④]；龙游有一个名叫童珮的书商，自幼跟着他的父亲在江南一带贩书。归有光在《震川先生文集》中提到他早年就曾见过童氏父子在昆山贩书的情形；《友松胡翁墓志铭》中亦载，“崇德业种蚕，而长州织工为盛，翁往来二邑间，贸丝织缯绮，通贾贩易，竟用是起其家”，致富后，他在长洲“筑居第，结婚姻，教子读书就文儒”[⑤]。

社会中还有商人高利贷者。《嘉兴县志》卷三二说，“新安大贾与有力之家，又以田农为拙业，每以质库居积自润”。虽明朝法律规定“凡私放钱债及典当财物，每月取利并不得过三分，年月虽多，不过一本一利”，但在实际生活中，此律却形同虚设。有些高利贷商人往往对一些欠债者百般凌辱，如万

---

① 同治《湖州府志》卷二九《风俗》引《乌程志》，光绪癸未年重刊本，第5页。

② 万历《崇德县志》卷十一《纪事·风俗》，转引自《嘉兴府城镇经济史料类纂》，第258页。

③ 郑晓：《今言》，中华书局1984年版，第80页。

④ 安遇时撰：《包龙图判百家公案》第十卷《三官经》。

⑤ 《陆尚宝遗文·友松胡翁墓志铭》，《明清史料汇编》第7册，台湾文海出版社，第6集，第201页。

历时“（归安县）里中沈双溪先生，访一友人董姓者，其家锁一负券人于小楼上。先生睹锁者面容不佳，谓董曰：可亟放之。其人至家当夕卒”[①]，即使出现了这种把债户逼迫致死的人命案，也未见官府出面干涉。正统年间，浙江还出现了“各处豪民私债，倍取利息，至有奴其男女、占田产者”[②]。

浙人商业意识的提升，促使了浙江一带商品经济的进一步发展，也为海洋经济的发展提供了思想支持。

但值得说明的是，浙江地区的商业发展水平并不均衡。如浙江绍兴府新昌县的蔡岙市，建于成化年间，在此之前“新昌山居地僻，往时贸迁者甚少，至成化九年，余姚王金三始来为之，台、剡商民仅有至者，今稍稍辏集，其所贸易不过日常常物，无珍馐异品”[③]。可见直到明万历年间，此地的商品经济较其他地区仍很落后，海洋经济更是如此。

3. 明末“倭患”对浙江海洋经济的影响

自明初始，倭寇经常在沿海进行骚扰和劫掠。到明末，倭患更加肆虐。一般学者认为，明朝倭患主要分两个时期：

前期从14世纪中叶至16世纪20年代，这一时期倭寇多为寇掠朝鲜半岛与中国沿海的日本海盗；

后期从16世纪20年代嘉靖年间开始，持续到80年代的万历年间。倭寇的主体与性质都发生了变化[④]。

郑若曾指出“壬子岁（1552），倭寇初犯漳泉，仅二百人。其间真倭甚寡，皆闽浙通番之徒，髡颅以从”[⑤]。《明史·日本传》也不得不承认，王直、徐海、陈东诸辈，“悉逸海岛为主谋。倭听指挥，诱之入寇。海中巨盗，遂袭倭服饰、旗号，并分艘掠内地，无不大利，故倭患日剧。……大抵真倭十之三，从倭者十之七”[⑥]。郑晓在《皇明四夷考》中，指出“大抵贼中皆我华人，倭奴直十之一二”。[⑦]

据不完全统计，嘉靖年间，绍兴、宁波、台州、温州四府发生不同规模的“倭患”146次（见下表）。倭寇所到之处，烧杀抢掠无恶不作。据《嘉靖

① 李乐：《续见闻杂纪》卷十，见《四库全书存目丛书·史部》，第242册，第371页。
② 《明实录》英宗实录卷之一六七，正统十三年六月甲申条，第17册，第3240页。
③ （明）田管纂修：万历《新昌县志》卷二区域志·市镇，上海古籍出版社2010年版。
④ 《宁波与日本经济文化交流史》，第180页。
⑤ （明）郑若曾：《筹海图编》卷三《广东倭变记》。
⑥ 《明史》卷322，志二一〇，《日本传》。
⑦ （明）郑晓撰：《皇明四夷考》，文殿阁书庄1937年版。

东南平倭通录》载，寇患之时“官庾民舍，焚劫一空，驱掠少壮，发掘冢墓。束婴孩竿上，沃以沸汤，视其啼号，拍手笑乐。捕得孕妇，卜度男女，刳视中否为胜负，饮酒。荒淫秽恶，至有不可言者。积骸为陵，流血成川，城野萧条，过者陨涕”①；嘉靖十六年（1537）六月，倭寇侵入上虞，城内百姓闻讯大为惊恐，“男女弃家号奔如蚁”，纷纷争渡曹娥江西逃，“堕水死者累累”②；嘉靖三十一年（1552）倭寇攻陷台州黄岩县城，次年，攻破宁波昌国县城；嘉靖三十三年（1554）后，倭寇多次进逼杭州，劫掠四郊，“屯城北关，焚劫闾舍，掳掠子女，湖墅荡然一空”③。受倭患影响，初见恢复的杭州城，再次陷入萧条境地，大量居民外迁，商业一落千丈。正如万历《杭州府志》所讲，“市井委巷有草深尺余者，城东西僻有狐兔为群者”④；嘉靖三十五年（1556），倭寇两次进攻宁波慈溪县城，攻入台州宁海和仙居县城，这些都阻断了明日双方正当的商贸活动，使得浙江沿海一带私人贸易高涨。

表三　　明嘉靖年间（1522—1566）浙江沿海倭患次数

地区	府城	所属各县	合计
绍兴	2	36	38
宁波	2	29	31
台州	4	38	42
温州	1	34	35
合计	9	137	146

说明：本表根据各府县地方志及朱九德《倭变事略》、徐学聚《嘉靖东南平倭通录》、郑若曾《筹海图编》等有关记载编制。

《明世宗实录》载，嘉靖年间民间造巨船下海通藩者，有三次：嘉靖四年（1525），“浙江巡按御史潘仿言，漳泉等府，黠猾军民，私造双桅大舡，下海，名为商贩，时出剽劫，请一切捕治获之”⑤；十二年（1533），“兵部言，浙、福并海接壤，先年漳民私造双桅大船，擅用军器火药，违禁商贩，因而寇劫⑥”；十三年（1534）初，“直隶、闽、浙并海诸郡奸民，往往冒禁入海，越境回易以规利，官兵追贼至海上。会奸民林昱等舟五十余艘，前后

① 《嘉靖东南平倭通录》附录二，《国朝典彙》。

② 光绪《上虞县志枝续》卷23，《建置志》。

③ 《松窗梦语》卷3《东倭纪》。

④ 杭州市地方志编纂委员会编：万历《杭州府志》卷19《风俗》，中华书局2015年版。

⑤ 《明世宗实录》卷五十四，“嘉靖四年八月甲辰条”。

⑥ 《明世宗实录》卷一百五十四，“嘉靖十二年九月辛亥条”。

至松门海洋等处，因与官兵拒敌，多少杀伤，寻执之”。[①]

倭患盛起的另一产物是双屿港走私贸易的兴起。嘉靖初年，“闽、浙两市舶司，复因海疆不靖，罢置”，这时“商人为逃免税饷，于是漳州的海沧、月港、浯屿遂成为中外互市之地。”既而皆避抽税，省陆运，福人导之，改泊海沧、月港。浙人又导之，必舶双屿。每岁夏季而来，望春而去。”[②] 嘉靖二年（1523），“宋素卿入扰以后，边事日隳，遗祸愈重，闽、广、徽、浙无赖亡命，潜匿倭国者不下千数。居民里巷，街名大唐。有资本者，则纠倭贸易；无财力者，则联夷肆劫，巨室为之隐讳，官府惟务调停。”[③]

因明日贸易属互补贸易（即以其所有，易其所无），故通倭贸易每致厚利。时人唐枢曾透彻地指出，明日之间“有无相通，实理势之所必然。中国与夷，各擅土产，故贸易难绝，利之所在，人必趋之。……夫贡必持货与市兼行，盖非所以绝之”，因此“私相商贩，又自来不绝”[④]。仅以中国输入日本商品白丝而言，产地“每百斤值银五六十两，取去者其价十倍”[⑤]。于是浙海商人为逐厚利纷纷违禁下海，一些商船，甚至伪造文引，东西移用。据《明神宗实录》载，万历四十年（1561），“浙抚臣以盘获通倭舡犯，并擒海洋剧盗奏言……臣檄行文武官密行缉访。无何，金齿门、定海、短沽、普陀等处，屡以擒获报至。杭之惯贩日本渠魁，如赵子明辈，亦并捕而置之”[⑥]；万历四十一年（1562），“浙江嘉兴县民陈仰川、杭州萧府杨志学等百余人，潜通日本贸易财利，为刘河总练杨国江所获”[⑦]。

明代海上贸易兴盛之地，首在广东，次为浙江宁波的双屿。在双屿港，徽、浙、粤商人多共同参加海上贸易活动，如《日本一鉴 穷河话海》中，提到“浙海私商，始自福建邓獠，初以罪囚按察司狱。嘉靖历戊五年（1526），越狱逋下海，诱引番夷，私市浙海双屿港，投托合澳之人卢黄四等，私通交易”[⑧]；嘉靖十九年（1540），贼首李光头、许栋，引倭聚双屿港为巢。浙江也成为福建海商集聚之地，他们以福建、浙江、广东三省为本，联络外省商人共同从事海上贸易活动。《广福浙兵船会哨论》中提到，“又

① 《明世宗实录》卷一百六十六，“嘉靖十三年八月壬子条”。
② 《筹海图编》卷十二《经略》。
③ 同上。
④ （明）陈子龙等：《复胡梅林论处王直》，见《明经世文编》卷二七〇，中华书局1962年版。
⑤ （明）李言恭、郝杰编：《日本考》卷一《倭好》，中华书局1983年版，第30页。
⑥ 《明神宗实录》卷四百九十六，“万历四十年六月戊辰条”。
⑦ 《明神宗实录》卷五百十三，“万历四十一年十月乙酉条”。
⑧ 郑舜功：《日本一鉴 穷河话海》1939年据旧抄本影印。

有一种奸徒，见本处禁严，勾引外省。在福建者，则于广东之高、潮等处造船，浙江之宁、绍置货，纠党入番。在浙江、广东者，则于福建之漳、泉等处造船置货，纠党入番。此三省之通弊也"①。

明代中期，浙江舟山群岛一带，已成为国际海盗商人的贸易中心。每年盛夏以后，"大船数百艘，乘风挂帆，蔽大洋而下。而台、温、汀、漳诸处海贾，往往相追逐"②，海上的双桅大船"连樯往来"，纷至沓往，一片繁忙景象。嘉靖时，参加海外走私贸易的不仅有农民、盐民、渔民，还包括一些衣冠之族、官员乃至宦官。当时吕宋岛的"商贩者至数万人"③，前往日本贸易的海商，以浙江人数为多，"大群数千人，小群数百人，比比蝟起，而舶主推王直为最雄，徐海次之，又有毛海峰，彭老不下十余帅"。其他私商还有，沿海盐民"舍其本业，竞趋海利，名曰取柴卤，曰补盐课，实则与贼为市"④；沿海渔民"私造违禁大舡，不时下海，始之取鱼，继之接济，终之通番"；沿海武官逻卒"阳托捕盗之名，而阴资煮海之利。奸弊相通，禁防尽废"⑤。

16—18世纪，葡萄牙人在闽广海商的引导下，来到宁波洋面。葡人在镇海口外的双屿港设置居留地，开办医院、教堂，据称当时居留在双屿港的葡人多达3000人。到1533年，这里已"非常繁荣"⑥。但葡人来双屿并未得到明政府的同意，为寻求生存空间，他们多与倭寇勾结，危害当地的社会安定。针对葡人的骚扰和日商的不法作为，嘉靖三年，明政府规定"私代番夷收买禁物者"，或"揽造违式海舡，私鬻番夷者"，要处以重刑⑦；八年，又令沿海居民"毋得私充牙行，居积番货，以为窝主"，势豪违禁大船都要"报官拆毁，以杜后患，违者一体重治"⑧。从严禁制造大船发展到大部烧毁大船，亦可看出明朝统治者对私人海上贸易的摧残。法令虽严，但收效却不大，即"虽重以充军处死之条，尚犹结党成风，造舡出海，私相贸易，恬无畏忌"⑨。嘉靖中期，这种海禁措施已发展到登峰造极的地步；嘉靖二十六年（1547），明政府破例任命厉行海禁的朱纨为浙江巡抚，并兼管

① （明）赵鸣词：《广福浙兵船当会哨论》，见《明经世文编》卷二六七。
② 张邦寄：《张文定甬川集》，见《明经世文编》卷一四七。
③ 《明史》卷323，志二一一，《吕宋》。
④ （明）朱纨：《朱中丞甓余集》，见《明经世文编》卷二〇五。
⑤ 《明经世文编》卷二七一，《诘盗议》，第2862页。
⑥ ［美］马士著，张汇文等译：《中华帝国对外关系史》第1卷，上海书店2000年版，第46页。
⑦ 《明世宗实录》卷三八，嘉靖三年四月壬寅条。
⑧ 《明世宗实录》卷一〇八，嘉靖八年十二月戊寅条。
⑨ （明）冯璋：《通番舶议》，见《明经世文编》卷二八三。

闽浙两省军务。他上任后，力行海禁，一方面剿灭“海寇”，捕杀海盗头领许栋、李光头等。翌年四月巳时，“部署兵船，集港挑之”。“贼初坚壁不动，迨夜风雨昏黑，海雾迷目，贼乃逸巢而出。官兵奋勇夹击，大胜之，俘斩溺死者数百人”[①]，即为双屿之役。这场战役重创了中外海商，盛极一时的远东走私贸易港不复存在，葡人与倭寇一道被肃清；另一方面他还“革渡船，严保甲，搜捕奸民”[②]。但这些措施却遭到了“闽浙大姓”的强烈反对，他们暗中指使在朝的周亮等，攻击朱纨，弹劾他“专擅妄杀”，最后朱纨被“落职按问”，于嘉靖二十九年仰药自杀。朱纨死后，“罢巡视大臣不设，中外摇手不敢言海禁事”[③]。嘉靖四十年（1561），倭寇大掠浙东地区的桃渚、圻头，戚继光率军大败倭寇于宁海龙山，倭寇转掠台州。“戚家军”紧追不舍，“先后九战皆捷，俘馘一千有奇，焚溺死者无算”。同时，总兵官卢镗、参将牛天锡又大破倭寇于宁波、温州，这时浙东倭寇才告平定[④]。嘉靖时的倭患消耗了明朝的大量人力物力，直接影响了东南地区社会经济的发展。此次大倭患“首尾七八岁间，所破城十余，掠子女财物数百千万，官军吏民战及俘死者，不下数十万……天下骚动，东南髓膏竭矣”[⑤]。明政府在此剿倭战役中“用兵以百万计，费金钱不计其数，杀人如麻，弃财若泥，以二十年之力，仅而除之，此可谓宇宙以来所无之变矣。”[⑥] 平倭付出的巨大代价，促使明朝统治者更为深刻地认识到“海禁”政策的失误。到隆庆元年（1567）福建巡抚都御史涂泽民，“请开海禁，准贩东西二洋。盖东洋若吕宋、苏禄诸国，西洋若交阯、占城、暹罗诸国，皆我羁我臣，无侵叛，而特严禁贩倭奴者，比于通番接济之例”[⑦]。这一请求得到明政府的允准，但政府却仍禁止对日贸易。

隆庆时期海禁开放后，沿海贸易十分活跃，如周起元言，“我穆庙时除贩夷之律，于是五方之贾，熙熙水国，刳艅艎，分市东西路，其捆载珍奇，故异物不足述，而所贸金钱，岁无虑数十万，公私并赖，其殆天子之南库

① 《筹海图编》卷五《浙江倭变记》。

② 《明史》卷205，志第九十三，《朱纨传》。

③ 同上。

④ 《明史》卷212，列传第一百，《俞大猷》。

⑤ （明）王世贞撰：《弇州史料》卷一十八《倭志》，明万历四十二年（1614）刻本。

⑥ 沈一贯：《沈蛟门文集·论倭贡市不可许疏》，载陈子龙等编《明经世文编》卷四三五，中华书局1962年影印版，第4759页。

⑦ （明）张燮：《东西洋考》卷七《饷税考》，商务印书馆1985年版。

也”[1]；万历年间，以葡萄牙为纽带的中日之间贸易更加频繁，许多中国商人留居日本，主要分布于筑前、博前、长崎诸港；天启五年，明政府兵部题陈“闻闽越三吴之人，住于倭岛者，不知几千百家，与倭婚媾长子孙，名曰唐市。此数千百家之宗族姻识，潜与之通者，踪迹姓名，实繁有徒，不可按核。其往来之船，名曰唐船，大都载汉物以市于倭，而结萑苻出没泽中，官兵不得过而问焉”[2]。由是可知，倭患严重时，中日正当贸易虽被取缔，但私人海上贸易却呈勃兴之势。倭患平定后，中日正当贸易得到恢复，私人海上活动更加兴盛，海洋贸易稳定增长。

第二节　明代浙江海洋贸易发展概况

经过近百年的发展，明代中期，借助地处东海之滨，多港湾河道，背靠太湖流域、宁绍平原、瓯江流域、西南部山区等粮食产地和丝绸、纸张、瓷器产地的区位优势，杭、嘉、湖、宁、绍等地逐渐发展成为内地土特产和外洋货物的集散地。杭州、宁波也成为明代国内外水陆交通的要道和主要港口。这些条件也促进了浙海一带海外贸易的发展。

明代浙江一带著名的商人集团，不仅有以宁波为中心的浙东地区海商和以湖州为中心的浙西地区的丝商，还有金华、衢州地区“遍地龙游”[3]的龙游商帮。这些商人，有的以书贾为主，珠宝、纺织品商次之，有的则为专门从事海外贸易者。受郑和下西洋的影响，浙江一带的商品贸易与海洋贸易规模，都得到了进一步扩大。

浙江海洋贸易的发展，刺激了江浙闽皖等地农业和手工业的快速发展，尤以丝织业发展最快。时人张瀚指出“余尝总览市利，大都东南之利，莫大于罗绮绢纻，而三吴为最。即余先世，亦以机杼起，而今三吴以机杼致富者尤众”[4]。首先我们来了解一下明代浙江商品经济的发展状况。

---

① 《东西洋考》卷首《周起元序》。

② 《明清史料》乙编7本；天启五年（1625），兵部题行条陈澎湖善后事宜残稿，北京图书馆出版社2008年影印本。

③ 乾隆《龙游县志》卷八《风俗》言“秦、晋、滇、蜀，万里视若比舍，俗有遍地龙游之谚”。

④ 《松窗梦语》卷四《商贾记》。

一　浙江商品经济的发展

明代商品经济的发展经历了由农业商品经济向城镇手工业发展的历程。

（一）明代浙江农业经济的商品化

借着农田的垦辟、水利的兴修、生产工具的改良以及生产技术的进步，粮食品种的增加等条件，宋代两浙路的粮食产量大大增加。方如金指出，这一时期，粮食单位面积产量约是战国的四倍，唐代的二至三倍，明清时亦未超过此数。这些地区农业的专业化、商品化，及手工业、商业、海外贸易、货币流通的进一步发展，使之一跃成为全国先进地区。①

明代中后期，由于政府经济政策、人口压力和商品经济发展的刺激与推动，浙江一带经济作物得到更广泛种植。明后期，一些农村，还出现了懂得经营之道的地主或富裕农民。他们一方面开商行、典当、贩盐、开矿、航海、捕鱼，大逐工商之利，不断增殖商业资本；另一方面，又逐渐认识到以"种田利最薄"，雇工种田，"收支两抵"②，无利可图，甚至"亏本折利"③。于是，他们开始大量地"改粮他种"，使农业生产商品化进一步加强。

1. 明代浙江农业经济商品化的动力因素分析

（1）政府政策的导向作用

明太祖为恢复和发展农业生产，采取了推广经济作物种植的政策。早在登基之前的元至正二十五年（1365），他颁布了"农民田五亩至十亩者，栽桑、麻、木棉各半亩，十亩以上者倍之。其田多者，率以是为差，有司亲临督劝，惰不如令者有罚。不种桑使出绢一匹，不种麻及木棉，使出麻布、棉布各一匹"④ 的奖罚措施。建国后，朱元璋又把这一法令推行于全国，并规定，凡种桑、麻者，"四年始征其税，不种桑者输绢，不种麻者输布"⑤。明太祖重视经济作物种植的政策，为后继者沿用。宣德、景泰时多次提倡农民种植这些经济作物；成化、弘治时，棉花的种植"已遍布于天下，地无南北皆宜之，人无贫富皆赖之"⑥。虽有段时间，由于朝廷考课中越来越不重视农桑业绩，一些地方官员出现了不重视果树种植，甚至把原种果树砍掉的

① 方如金：《宋代两浙路的粮食生产及流通》，《历史研究》1988 年第 4 期。

② （清）张履祥：《杨园先生全集》，中华书局 2014 年版。

③ （清）钱咏撰：《履园丛话》卷七，中华书局 1979 年版。

④ 《明太祖实录》卷一，六月乙亥条。

⑤ 《明史》卷 138，列传第二十六，《杨思义传》。

⑥ 《农政全书》卷三十五《木棉》。

行径。对此，明政府下令禁止，要求他们遵守洪武旧制。其后，朝廷推行的折色[1]之法，又进一步推动了经济作物的普及。明代后期，由于经济效益可观，种棉和养蚕更是蔚然成风。

东南沿海及其他地区的“改粮他种”。明末清初浙江桐乡人张履祥在《补农书》卷下中指出，“桐乡田地相匹，蚕桑利厚。东而嘉善、平湖、海盐，西而归安、乌程，俱田多地少。农事随乡，地之利为博，多种田不如多治地。”[2]

万明指出，无论是新兴地主、富裕农民，还是一般个体农户，农业的商品化生产主要围绕蚕桑的种植、加工、贸易与棉花的种植、棉纺织业的发展两方面进行。就浙江而论，农业商品化的重要表现是蚕桑丝织业的发展。借助政府桑麻种植优惠条件的引导，江南苏、杭、嘉、湖等地以蚕桑业为主的农业生产集约化程度进一步提高。以嘉兴府为例，明代中期，蚕桑业成为这里的主导产业，桐乡县“俗务农而习朴，高原树桑麻，下隰种禾麦，尺寸无旷者。”[3]；崇德县“迩来民皆力农种蚕，辟治荒秽，树桑不可以株计”[4]。湖州府更是借舟楫之便，坐收蚕桑之利。王士性言“浙十一郡惟湖最富，盖嘉、湖泽国，商贾舟航易通各省，而湖多一蚕，是每年两有秋也”[5]。成化年间，种桑养蚕已成为杭州府农业生产的重点；万历年间，余杭县“土壤按籍可考，岁易之田三，硗确之亩二之，桑麻之区二，庐室坟墓不毛之地贸易之场三之”，“邑植桑育蚕，四五月，男妇日勤作，比室水火不相通，缫丝出贸易，为输赋宁家之需”[6]。随着蚕桑业的发展，浙江一带，还逐渐兴起了一大批专业市镇。嘉兴县和吴兴县及其邻近的桐乡、崇德等几个县，则是这一时期蚕桑业最为发达的地区。明清时，蚕桑业发达的乡镇主要有濮院、新塍、双林、南浔、菱湖、乌镇等，几乎都在嘉兴和吴兴两县境内。这些乡镇大多在明代就已出现。

加重江南地区田税是推动浙江一带农民商业意识增强的另一项政策。朱

---

① 《中国经济通史·明代经济卷（上）》中指出，所谓折色，是与本色相对的概念。赋税中原定征收的米、麦称为本色，而改征其他实物或银钱的就叫折色。

② 张履祥注：《补农书校释》，农业出版社 1983 年版，第 101 页。

③ 弘治《嘉兴府志》卷二九《桐乡县·风俗》，《四库全书存目丛书·史部》第 179 册，第 396 页。

④ 万历《崇德县志》卷二《纪疆·农桑·物产》，转引自《嘉兴府城镇经济史料类纂》，第 250 页。

⑤ 《广志绎》卷四《江南诸省》，第 70 页。

⑥ 万历《余杭县志》卷二《物产》，《四库全书存目丛书·史部》第 210 册，第 285 页。

元璋定天下田赋“民田减二升”[①]，却“惟苏、松、嘉、湖，怒其为张士诚守，乃籍诸豪族及富民田以为官田，按私租薄为税额。而司农卿杨宪又以浙西地膏腴，增其赋，亩加二倍。故浙西官、民田视他方倍蓰，亩税有二三石者。大抵苏最重，松、嘉、湖次之，常、杭又次之。”[②] 除此之外，朝廷又通过迁徙江南富民的方法，对包括浙东在内的一些江南地区富户进行打压。建文帝二年，用“江、浙赋独重”手段对江南不合作的“顽民”进行打压。后期，一些地方懂得经营之道的地主或富裕农民开商行、典当、贩盐、开矿、航海、捕鱼，大逐工商之利。为迎合政府广种桑、蚕、棉政策，他们还广种经济作物。在实践中，他们认识到“种田利最薄”，雇工种田，“收支两抵”[③]，故纷纷“改粮他种”。这一做法促使农业生产日趋商品化，越来越多的人把商业资本引入农业生产领域，直接从事以交换为目的的商品生产[④]。

明代地方官员也努力提倡种桑养蚕。衢州“凡龙游、开化之野，有桑数万株不浴种者，桎其足，不盆缫者，梏其手。蚕月方竟之时，无或少逸焉”[⑤]。但这种提议并未获得好的效果，西安县“纺织苎麻，蚕桑颇稀”[⑥]；浦江民众“浦民少植桑，故丝缕全无所出”[⑦]。

洪武二十六年（1393），浙江地区在籍人口 2138225 户，10487567 人[⑧]。这接近元代鼎盛时期的规模[⑨]。陈国灿还进一步说明，虽“由于户籍管理的混乱和荫户、脱籍现象的日趋严重，浙江地区的在籍户口统计数呈不断减少之势，但实际人口显然仍在不断增加”[⑩]。随着人口的增多，人地矛盾的突出，该地的赋税负担也在不断增加。明朝初立，政府对江南地区官民田地实行加倍征税政策，致使浙西一带官田、民田赋税高出其他地区数倍乃至十多倍，如《明史·食货志一》载“亩税有二三石者”。

---

① 《明史》卷78，志第五十四，《食货二》。

② 同上。

③ （清）张履祥：《杨园先生全集》，中华书局2014年版。

④ 万明：《晚明社会变迁问题与研究》，商务印书馆2005年版，第60页。

⑤ （清）黄宗羲：《明文海》卷二九二《衢州篇为李太守邦良作》，上海古籍出版社1994年版。

⑥ （明）林应翔修，叶秉敬纂：《天启衢州府志》卷首《西安县志图说》，上海古籍出版社2010年版。

⑦ （明）毛凤韶撰：嘉靖《浦江志略》卷二《民物质·土产》，上海古籍书店1981年版。

⑧ （明）申时行：《明万历会典》卷19《户部六·户口》，中华书局1989年版。

⑨ 陈国灿：《浙江城镇发展史》，杭州出版社2008年版，第221页。

⑩ 同上书，第221、222页。

明中后期，浙江地区的人口与赋税压力加重。从表四看出，明代浙江秋税米征额一直在全国总额中占10%以上，在全国13个布政使司中高居前两名。洪武二十六年（1393），夏税麦征收额为85520石。嘉靖二十一年（1542），增至153952石①，增长了近1倍。《杭州府志》提到，杭州府9县的夏税丝绵，洪武十年（1377）为25590斤左右；成化八年（1472）增至614210两（约38388斤），相当于洪武十年（1377）的1.7倍②。明后期，军费开支用度增大，明政府除加派“辽饷”等名目外，还不断加征地亩税银。在这一压力下，一些农民或改变经营方式，或加入从事专业化、商业化的种植业中；或脱农入商，涌入市镇中③。

表四　明代浙江地区税米征额及与全国比较表

时间	实征额（石）	占全国总额比重（%）	田地面积（亩）	亩均征额（升）	相当于全国亩均征额（%）
洪武二十六年（1393）	2667207	10.8	51705151	5.2	179.3
弘治十五年（1502）	2357527	10.6	47234272	5.0	138.9
万历六年（1578）	2369764	10.8	46696982	5.1	164.5

说明：本表摘自陈国灿《浙江城镇发展史》，杭州出版社2008年版。

正统元年（1436），朝廷又改革税粮征收办法，允许南直隶、浙江、江西等地税粮可以折银征收。这就加快了浙江一带“改粮他种”的步伐。杭嘉湖一带民众，纷纷放弃种粮，改为植桑、植棉。

（2）人口压力的刺激与推动

浙江地区经济的兴衰，与人口增减和流动有着较大关系。永嘉以后，大量北民南迁，人口迁入地集中在京口、晋陵一带；唐安史之乱，尤其是宋靖康之乱后，南方土地得到进一步开垦，经济水平逐渐赶超北方，成为新的经济中心。南移的北民主要集中在建康以东，钱塘江以北，以建康、平江、临安、镇江四府为中心的平原地区。当时绍兴府、明州、秀州（后改名嘉兴府，治今嘉兴）、常州、湖州、池州（治今安徽贵池）、太平州（治今当涂）、江阴军（治今江苏江阴）等府州，都有一定数量的北方移民。④

明代人口增长速度加快，浙江地区人口密度居全国之首。刘士岭统计后

① 章潢：《图书编》卷90《丁粮》，转引自陈国灿《浙江城镇发展史》，第225页。

② 光绪《杭州府志》卷81《物产四》。

③ 陈国灿：《浙江城镇发展史》，第225页。

④ 吴松弟：《宋代靖康乱后江南地区的北方移民》，《浙江学刊》1994年第1期。

指出，洪武二十六年的人口是10784567人（其中军籍人口297000人），人口密度为106.9人/平方公里，高于南直隶。以后，此地人口增长速度为年平均增长3.5‰。中期，依旧保持这一增长速度。据推算崇祯三年，这一地区的人口密度或可增至246.3人/平方公里。[①] 从翰香探讨明代江南地区（浙江、江西和南直隶三省）人口密度和江南相对过剩农业人口的出路时，指出江南地区人口急剧增加，不但不能成为经济持续发展的动力，反而成了该地区生产力发展的障碍。[②] 为满足增殖人口对粮食的需求，这一地区民众，采取了扩大垦荒面积和用境外购入粮食的方法。

（3）粮食供应充足的外部保障

唐宋以来，江浙地区一直是粮食生产中心和商品粮基地，人称"苏常熟，天下足"。对于此类谚语已有不少学者进行过探讨。中国学者一般认为，此语最早见于南宋绍熙三年（1192）成书的《吴郡志》。[③] 周生春提出，"苏湖熟，天下足"应产生在北宋时期。到崇宁以后，太湖地区农业生产达到宋代最高水平，南宋中叶这一地区农业生产再次达到宋代最高水平。[④]

这一情况到16、17世纪发生变化。"湖广熟，天下足"逐渐取代"苏常熟，天下足"。这意味着长江下游三角洲地区的粮食供应，转向依托于长江中游的湖北、湖南及四川、江西等地。日本学者亦对此进行过论述，岩见宏氏指出，"湖广熟，天下足"最初见于16世纪前半期何孟春的《余冬序录》。从谚语中推定，其形成前提是从湖广一带向其他地区（以长江下游地区为主）输出的稻米量应非常大。[⑤]

《地图综要·湖广总论》亦言：

> 楚固泽国，耕稔甚饶，一岁再获。柴桑，吴越多仰给焉。谚曰："湖广熟，天下足。"言其土地广阔，而长江转输便易，非他省比。[⑥]

---

① 刘士岭：《试论明代的人口分布》2005年郑州大学硕士学位论文。

② 从翰香：《论明代江南地区的人口密集及其对经济发展的影响》，《中国经济史研究》1984年第3期。

③ 范金民：《江南社会经济史研究入门》，复旦大学出版社2012年版。

④ 周生春赞同南宋学者薛季宣"苏湖熟，天下足"出现在"田家之言"；而南宋陆游引用这一谚语，是用来说明苏常地区是当时东南之根底。（《论宋代太湖地区农业的发展》，中国史研究，1993年第3期）

⑤ 岩见宏：《湖广熟天下足》，《东洋史研究》20卷4号，1962年版。

⑥ （明）张萱辑：《西园闻见录》，杭州古旧书店1983年版。

“东南之田，所植惟稻”[①] 发生变化。晚明，江浙太湖流域从产粮区变为缺粮区，食所需米粮也多半依赖湖广等处供应。故有江南“地阻人稠，半仰给于江、楚、庐、安之粟”[②]。万历时，杭州府城居民每年需米360万石，都是从外地运来的[③]。徽州则“大半取给于江西、湖广之稻以足食者也”。

土地资源的开垦、水利灌溉工程的兴修及优良早稻的传播、北方麦类等旱作物在南方的种植和美洲农作物的引进等，为浙江一带粮食产量增加提供了直接保证[④]。以金衢地区为例，耕作制度的变革推动了金衢地区粮食产量和人口的增长，也促进了农业的商品化生产[⑤]。这一地区水稻品种很多[⑥]，有籼稻、粳稻和糯稻等。宋代以来，旱地种植的水稻增多。《万历龙游县志·物产》云“神仙稻”，“旱地可艺”；《天启衢州府志·国计志·物产》云“（宋）真宗遣使就福建取占城稻三万斛，给江淮、两浙路，宜浙有遗种，此谷不独耐旱，其熟必在五月，最宜衢莳。盖衢之田燥，岁多旱，何独无此种也。又有二种，曰南安早，曰埔稜，非自占城，办能耐旱，皆宜莳之癯于者。”反映出衢州之地已有占城稻及其他耐寒稻种的推广。游修龄研究后，指出各种耐寒稻种在占城稻引进前或者后即已存在[⑦]。

麦在南方的种植面积逐步扩大。南宋以后，随着大批中原人士的南迁，江南种麦现象普遍起来。“建炎之后，江、浙、湖、湘、闽、广，西北流寓之人遍满。绍兴初，麦一斛至万二千钱，农获其利，倍于种稻。而佃户输租，只有秋课。而种麦之利，独归客户。于是竞种春稼，极目不减淮北”[⑧]。南宋中期，金衢一带出现了种麦记录。淳熙九年（1182），陈亮给朱熹的信

---

① （明）徐光启：《农政全书》卷一二《西北水利议》，中华书局1956年版。

② （明）吴应箕：《楼山唐集》卷一〇《兵事策第十·江防》，转引自王静《试论明清太湖地区种植业结构之变迁》2007年南师大硕士学位论文，第5页。

③ 李伯重：《江南的早期工业化：1550—1850年》，社会科学文献出版社2000年版，第88页。

④ ［美］何炳棣（《明初以降人口及其相关问题1368—1953》，葛剑雄译，三联书店2000年版，第199—228页）指出，近千年间，土地利用和粮食生产的长期革命主要是由优良早稻品种的传播、北方麦类等旱作物在南方的种植以及美洲农作物的引进而推动的。

⑤ 包伟民主编：《浙江区域史研究》，杭州出版社2003年版，第136页。

⑥ 仅以早稻品种为例，《万历龙游县志》卷四《物产》载，早稻品种有白禾、六十日禾、龙泉禾、红禾、江山早、太平早、金裹银等。《浙江区域史研究》（包伟民主编，杭州出版社2003年版，第137页）指出，至迟到明代中期，金衢地区早熟水稻品种已较普遍。

⑦ 游修龄：《占城稻质疑》，《农业考古》1983年第1期。

⑧ （宋）庄绰：《鸡肋篇》卷上《各地食物习性》，中华书局1983年版。

中，提到婺州“一春雨多，五月遂无梅雨，池塘皆未蓄水，亦有全无者，麦田亦有至今未下种者”①。明代，麦成为夏税的一部分。成化八年（1472），金华夏税麦15489石，秋粮米173863石，据载金华府各县都有夏税麦的征收②。

衢州虽没有夏税麦，但麦的种植也已存在，天启《衢州府志》云“大麦粒饭，小麦面饭，又有荞麦，可饼饭”③。另外，金衢地区豆类作物亦得到普遍种植，万历《金华府志》云，这一地区种植的豆种类有“田豆、黄豆、白豆、绿豆、赤豆、黑豆、刀豆、蚕豆、羊眼豆等”④。

玉米原产地在美洲大陆，后于16世纪传入中国。在明代文献中，它又被称为“御麦”“玉麦”“番麦”“西番麦”“玉蜀黍”“玉高粱”等。杭州人田艺衡《留青日札》中载“御麦、出于西番，旧名番麦。以其曾经进御，故曰御麦。干叶类稷，花类稻穗，其苞如拳而长，其须如红绒，其粒如芡实，大而莹白。花开于顶，实结于节，真异谷也。吾乡传得此种，多有种之者。”可见，明代后期玉米等高产作物在浙江一带已有种植。这种作物的高产，使得浙江有限的土地上生产出更多的粮食，为经济作物的种植结余了土地。

土地的进一步开垦为经济作物的种植提供了保证。以宁波为例，北宋时这一地区的灌溉面积有了较大幅度的增长。入明后，这一地区人民扩大了土地的垦殖范围，创造了涂田、圩田、淤田等垦殖方式。王祯《农书》讲，滨海之地“其潮水所泛沙泥，积于岛屿，或垫溺盘曲，其顷亩不等。初种水稗，可为稼田。”宁波府县还采取招抚流民垦荒屯田的政策，使得大量荒芜土地得以开垦。嘉靖三十一年，开垦的土地达40864顷，比元末增长了1.74倍⑤。这些新开垦土地用于植桑种田，所种经济作物不在少数。嘉靖《宁波府志》载，各府县种植的桑树，鄞县5546株，定海4768株，慈溪10768株，奉化23736株，象山13310株；茶叶生产也很普遍，以四明山一

① （宋）陈亮撰：《龙川文集》卷二十《又书》，中华书局1985年版。

② 金华市地方志编纂委员会整理编，（明）王懋德：《万历金华府志》卷八《田赋》，国家图书馆出版社2014年版。

③ （明）林应翔修，叶秉敬纂：天启《衢州府志》卷八《国计志·物产》，上海古籍出版社2010年版。

④ 金华市地方志编纂委员会整理编，（明）王懋德：《万历金华府志》卷八《田赋》，国家图书馆出版社2014年版。

⑤ 乐承耀：《宁波古代史纲》，宁波出版社1995年版，第298页。

带最盛，其中慈溪县在天启年间每年采鲜茶1400斤，贡茶毛尖260斤等[①]；宁波府还以生产棉花而著名，余姚沿海一带的棉花被徐光启誉为“浙花”[②]。

（4）商品意识的指导作用

有明一代，“经商之风”盛行，其最直接的表现是皇宗室人员经商及“皇店”数量的增加。成化、弘治以后，各阶层纷纷从事商业。明初禁止宗室、勋旧经商的指令，到中叶已名存实亡。社会中甚至出现了“楚王宗室错处市廛，经纪贸易，与市民无异。通衢诸细布店，俱系宗室。间有三五人携负至彼开铺者，亦必借王府名色”的现象[③]。另外还有宦官帮助皇室经营珠宝、绸缎、古玩等物的“皇店”。时人王世贞指出“太监于经者，得幸豹房，诱上以财利，创开各处皇店，榷敛商货”[④]，“每岁额进八万”[⑤]。一些文人学士、大臣等也加入经商队伍中，如徐阶提到“自废退以来大治产业……越数千里开铺店于京师”[⑥]。原本江南物产丰富、儒学繁盛、民风淳朴敦厚的情况，到正德、嘉靖年间发生改变。成百上千的士人开始开店设铺，正如万明所讲“晚明社会‘弃儒服贾’‘弃文从商’已蔚然成风。[⑦] 以苏州皋桥孙春阳铺主为例，他原是宁波人，万历中年甫弱冠，应童子试不售，遂弃举子业为贸迁之术。始来吴门，开一小铺（南货铺）”[⑧]。

当然，普通民众逐末经商者亦不在少数。宋代浙江一些乡村中已有了有经营眼光的人。奉化忠义乡曹村人庄思（1040—1112），意识到“一日倾室之㚒具、钱谷数千缗”后，便“经营贸易，不数年箱禀盈衍，百需具备”[⑨]。明代杭州各种手工作坊遍布全城，数量众多，仅生产锡箔的市场，在“孩儿巷、贡院后及万安桥一带，造者不下万家，三鼓则万手雷动，远自京师抵列郡，皆取给”[⑩]。曾任万历朝吏部尚书的杭州人张瀚的先祖，初以一张织

---

① 陈剩勇：《浙江通史·明代卷》，浙江人民出版社，第236页。

② 《农政全书》（石声汉校注：《农政全书校注》卷三五，上海古籍出版社，第961、964页）指出“浙花出余姚，中纺织，棉稍重，二十而得七”。

③ （明）包汝楫：《南中纪闻》，中华书局1985年版。

④ （明）王世贞撰：《弇山堂别集》卷九十七《中官考八》，中华书局1985年版。

⑤ 《弇山堂别集》卷九十七《中官考八》。

⑥ （明）高拱撰：《高文襄公集》卷十七《掌铨题稿》，齐鲁书社1997年版。

⑦ 万明：《晚明社会变迁问题与研究》，第99页。

⑧ 钱泳：《履园丛话》下卷二四《杂记下·孙春阳》，中华书局1997年版，第640页。

⑨ （清）吴文忠纂：《忠义乡志》卷10《庄思传》，上海书店出版社1992年版。

⑩ （清）陈梦雷、蒋廷锡撰：《古今图书集成·职方典》卷949《杭州府部》，中华书局影印本，1934—1940年。

机起家，“后四祖继业，各富至数万金”①。

明人何良俊亦指出，“去农而改业工商者三倍于前”②。随着“经商之风”的兴盛，“本业”内涵也发生变化。“农业它在包含水稻等粮食作物种植外，还包括蚕桑及其他经济作物的种植。”

弘治年间，农业商品化程度增强和弃农经商人数增多，导致了“天下之人，食力者什三四，而资籴以食者什七八”现象的出现。普通农民在收获农作物后，多“变谷以为钱，又变钱以为服饰日用之需”，“天下之民莫不皆然”③。徐献忠亦指出，嘉靖年间，在浙江台州府太平县，百姓有“业于农者”“业于工者”“远而业于商者”“近而业于贾者”。“业于农者”又包括“或田而稼，或圃而蔬，或水而渔，或山而樵，或畲而种植，或操舟于河，或取灰于海，或为版筑，或为佣工，各食其力，而无所惰焉”④。

这一时期，蚕丝、茶叶、烟草、染料等经济作物，有较广阔的市场，销路畅通获利丰厚，所以越来越受农民青睐，其种植面积也增大。

另外，这一地区的典当业较繁盛。据载“浙十一郡惟湖（州）最富，盖嘉（兴）、湖（州）泽国，商贾舟航易通各省，而湖多一蚕，是每年两有秋也。闾阎既得过，则武断奇赢、收子母息者益易为力，故势家大者产百万，次者半之，亦埒封君”⑤；嘉兴府平湖县城“新安富人，挟资权子母，盘踞其中，至数十家”⑥。

2. 明代农业商品化概况

为了更全面了解商品性农业，我们先要探讨商品性农业与传统农业的区别。万明指出，商品性农业是指在农业生产中种植经济作物，并同时进行产品加工和销售，以交换为目的、产品面向市场、追求利润的商品生产。⑦ 他进一步指出，明代商业型农业发展的经济意义，在于其性质的转变，即由最初以种植业为本位，以完纳赋役、养家糊口为目的，转为重点发展商品生产，以获得经济效益为目的。但需要指出的是，商业性农业与传统农业的根本区别，不仅在于生产的内容与目的不同，还反映在“工商业劳动和农业

---

① （明）张瀚撰：《松窗梦语》卷六《异闻纪》，上海古籍出版社 1986 年版。

② （明）何良俊：《四友斋丛说》卷三四，中华书局 1959 年版。

③ （明）丘濬：《大学衍义补》卷二五《市籴之令》，京华出版社 1999 年版。

④ （明）徐献忠撰：《吴兴掌故集》卷一三《农桑》，上海古籍出版社 2010 年版。

⑤ 《广志绎》卷四《江南诸省》。

⑥ （清）朱维熊修：（康熙）《平湖县志》，康熙二十八年（1689）刻本。

⑦ 万明：《晚明社会变迁问题与研究》，第 48 页。

劳动的分离”“商业劳动和工业劳动的分离”“商业和生产的分离”。正如马克思和恩格斯所说，“某一民族内部的分工，首先引起工商业劳动和农业劳动的分离……分工的进一步发展导致商业劳动和工业劳动的分离。”[①] 也就是说，社会分工导致了工商业与农业的分离，还进一步导致了商业劳动和工业劳动的分离；随着社会分工的扩大，又“表现为商业和生产的分离，表现为特殊的商人阶级的形成”[②]。概括地讲，商品性农业发展的过程即是农业和手工业的分离过程，也是生产、加工及其产品销售三者互相分离的过程。[③] 一个完整的生产活动过程，不仅要生产、加工，还要搞好商业销售，三者缺一不可。[④] 可见，商品性农业，旨在把一部分劳动力投向商品生产，使农业活动范围从粮食生产向经济作物生产扩大。这一趋势不仅使农业活动从平原向山区推进，还便利了农业生产与市场的联系，加快了小农经济的商品化倾向。

当然，这一地区的乡村、镇、市仍属基层市场层次。比较高级的镇、市是古代城市的一种新形态，它随着城市市场向农村市场扩张，“草市”不断发展和作为军事据点的镇向经济中心演变而逐渐形成的。[⑤]

传统农业是在自然经济条件下，采用人力、畜力等手工劳动方式和历史上沿袭下来的旧式耕作方法和农业技术，靠世代积累下来的经验，而从事的自给自足的以自然经济占主体的农业。从广义上言，农业除了包括种植业外，还有渔业、林业、畜牧业、副业等，其中渔业即是浙江沿海地区的一项重要经济形态。

宋代，宁波地区在淡水养殖和海洋渔业上都取得了不可忽视的成就。东钱湖已出现了专业的渔户。王安石在疏浚东钱湖时，因影响了渔民生产，还“给渔户钱”[⑥] 以作补偿。自东钱湖至海滨一带，大多数居民亦农亦渔，每当春时，群起下海为生，故有元代袁桷所讲“（鄞）东之民习网罟鱼盐以自业，其地膏沃，有湖可以灌浸，率不善垦治，春至辄率其子弟文身棹歌，出没于海岛，伺危薄险，对面成奸宄，宪令昭著，至死有所不避”。[⑦]

---

① 《马克思恩格斯选集》第1卷，人民出版社1972年版，第25页。

② 同上书，第59页。

③ 万明：《晚明社会变迁问题与研究》，第49页。

④ 同上。

⑤ 张如安：《北宋宁波文化史》，海洋出版社2009年版，第23页。

⑥ （民国）陈训正等：《鄞县通志·文献志》，成文出版社1973年版。

⑦ （元）袁桷撰：《清容居士集》卷十八《新建鄞县尉厅记》，中华书局1985年版。

自宋以来，太湖周边地区六府之地（苏州、常州、松江、杭州、嘉兴、湖州），一直是全国著名的产粮区。这一带的农民还创造了水稻亩产五六石的新纪录，成为全国主要粮仓[①]；入明后，这一地区农民因地制宜，进行多种经营。他们或经营农业，或生产多种手工业原料，或直接从事运输业与商业。这一情况在嘉靖《太平县志》中有详载：

> 民业……今志之可著，则有业于农者：或田而稼，或圃而蔬，或田而渔，或山而樵，或畲而种植，或操舟于河，或取灰于海，或为版筑，或为佣工，各食其力，而无或惰焉。业于工者：八都长屿石仓山有攻石之工，二十二都梅溪有攻木之工，又概县有竹工、皮工、染工，有缝衣之工，有捆履织席之工，率不甚精。远而业于商者：或商于广，或商于闽，或商于苏杭，或商于留都，嵊县以上载于舟，新昌以下率负担运于陆，由闽广来者间用海舶。近而业于贾：或货食盐，率至中津桥阅税云；或货米谷，毋敢越境；或货材木，率于黄岩西乡诸山，近年有至温州、闽中者；或货海鱼者，率用海舶在附近海洋网取黄鱼为鲞，散鬻于各处，颇有羡利；又有以扈箔取者，皆杂鱼，厥利其次。货海错者，率在海涂负担鬻于县境诸民家。其次则屠酤，亦有利，按官法禁屠牛，即有牛合屠者，亦必告诸官归皮角筋骨云。惟屠豕自城市及乡村率有之，一家之利常十之二。酤在宋元时有榷税，今免焉。大率用糯米五斗曲一斗造酒一坛，燔而熟之，越岁不败为老酒。用糯米二斗曲五升造酒一坛，随时食用为时酒。又有金酒，则以面为曲；绿豆酒，以豆为曲；菊花酒，以乾菊花为曲，其制率如老酒，而味加美。计其所得，糟截足以偿酒工及薪樵，而酒之利率十之四五云。又其次有货杂物，肆其居者比比不能尽著。此外又有业医、业巫、业星命、业卜筮、业僧道之流。乃若业儒而为士，不过数十家已耳。[②]

可见，所货之物颇丰富，其中农作物占不小比重。这一时期，商品性农业进一步发展。川胜守在对明清稻谷品种研究后，指出从一般品种的派生及其相互间特性的认识来说，稻谷是面向市场的商品作物，是被当作经济作物

---

① 陈剩勇：《浙江通史·明代卷》，浙江人民出版社，第212页。

② （明）曾才汉修，叶良佩纂，浙江温岭市地方志办公室整理：嘉靖《太平县志》卷三《食货志·民业》，中华书局1997年版。

认识的。高产早熟品种的开发即是为了防止自然灾害的损害，也是为了获取一定的经济效益①。

通过对相关文本的解读，笔者认为，明代浙江农业商品化主要表现在以下几方面：

（1）经济作物的种植

北宋时，明州地区已利用有利的自然条件，种植了大量的桑、麻、茶等经济作物，如诗中所讲“村村桑拓绿浮空”②。入明后，这一情况继续发展，整个杭、嘉、湖地区，更以种桑养蚕为重点，尽逐丝绸之利。杭州府、嘉兴府、湖州府及苏州府成为养蚕缫丝的首产地。

而湖州蚕桑业最盛。时人徐献忠称之为“蚕桑之利，莫甚于湖（湖州）”③；谢肇淛《西吴枝乘》指出“湖民以蚕为田”“尺寸之堤，必树之桑”④；王士性提到“浙十一郡，惟湖（州）最富”“湖多一蚕，是每年两有秋也”⑤。湖丝由于产量高、质量好而驰名海内，除了供应本地、苏州、杭州、南京等地市场外，还为福建、江西、山东等地官营丝织作坊提供原料。杭嘉湖一带织造的绫罗绸缎，不仅销于全国，还售到国外，尤其是日本。嘉靖倭乱后，吕宋成为江南地区出产生丝的转口贸易中心。徐光启提到“有西洋番舶者，市我湖丝诸物，走诸国贸易，若吕宋者其大都会也，而我闽、浙、直商人乃走吕宋诸国，倭所欲得于我者，悉转市之吕宋诸国矣”⑥。这种转手贸易使得湖丝价格飙升，“每斤价至五两者”。温州府的桑叶亦有较大规模种植：永嘉县农桑树二万四千九百八十五株；瑞安县二千株；乐清县一万三千六百五十三株；平阳县三千三百九十五株。⑦

明后期，这一植桑地在全国范围内得到扩展，从“北不逾淞，南不逾浙，西不逾湖，东不至海”的周方千里之地延伸至“楚、蜀、河东及不知

① 川胜守：《十六、十七世纪中国稻谷种类、品种的特性及其地域性》，《九州大学东洋史论集》19号，1991年版，及前揭《明清江南农业经济史研究》第一章“十六—十八世纪中国稻谷种类、品种的特性及其地域性”。

② （明）杨明撰：《天童寺集》附录，《四库全书存目丛书》本，齐鲁书社1996年版。

③ （明）徐献忠撰：《吴兴掌故集》卷一三《农桑》，上海古籍出版社2010年版。

④ 谢肇淛：《西吴枝乘》，明万历三十六年（1608）自刻本。

⑤ （明）王士性：《广志绎》，《元明史料笔记丛刊》，中华书局1997年版。

⑥ （明）徐光启：《海防迂说》，《明经世文编》卷四九一，中华书局影印本，第6册，第5438页。

⑦ （明）王瓒、蔡芳编纂，胡珠生校注：《弘治温州府志》卷7《土产·农桑》，温州文献丛书，上海社会科学院出版社2006年版，第124页。

之方"[①]。浙西地区桑叶的生产能力也达到了较高水平。《沈氏农书》提到，每亩桑树最高可产叶 100 个；若肥料充足、管理得当，每亩产叶八九十个"断然必有"；中等地每亩产叶四五十个[②]。《吴兴掌故集》指出，良地每亩可产叶 80 个，一"个"为 20 斤。[③]农学史家推算，折成今制，每亩产叶最高的可达 2500 市斤，上等桑地产叶 2000—2250 市斤，中等桑地产叶 1000—1250 市斤[④]。长江三角洲的养蚕地带，还建有桑叶市场，获利颇多。据载嘉兴府桐乡等县，"地得（桑）叶，盛者一亩可养蚕十数筐，少亦四五筐，最下二三筐（若二三筐者，即有豆二熟），米贱丝贵时，则蚕一筐，即可当一亩之息矣"。[⑤]

茶叶，作为具有较高经济效益的经济作物，在丘陵、山地地区广泛种植。早在唐朝时，浙东茶已闻名全国。唐人陆羽在《茶经》中指出，"越州上，明州、婺州次。台州下"。当时明州的优质茶一直为官家、民家所喜爱[⑥]。越州名茶之一的余姚瀑布茶更是名播中外，陆羽曾称其为"瀑布仙名"，该茶在此地被大规模种植。孟郊《越州山水》提到"菱湖有余翠，名圃无荒畴"（这里的菱湖应指今天的余姚市梁弄区菱湖乡）；宋代，四明地区茶叶得到了更大规模的种植，这成为此山区开发的重要标志。舒亶《游承天寺望广德湖》中提到，广德湖一带"隐隐茶林隔烟水"。这一带在宋代培育出的名茶有鄞县太白茶、宁海宝严寺茶、"十二雷"白茶等，其中太白山顶茶在经过品茶专家蔡襄的品鉴后，被定为"其品在日铸上"[⑦]；"十二雷"白茶更被宋徽宗钦定为"天下第一茶品"。宋元之际的方凤（1240—1321）在《仙华山采茶诗》中亦云：

轩娥遗瑞草，仙掌撑何年。
苗蕊矗空壁，殊根蟠远天。
蒙头莫可劚，垂脚或争传。
冉冉雪霜饱，亭亭风日蠲。

---

① （清）唐甄：《潜书》下篇《教蚕》，古籍出版社 1955 年版。
② （清）张履祥辑补：《沈氏农书》，中华书局 1956 年版。
③ （明）徐献忠撰：《吴兴掌故集》嘉靖三十九年刊本，上海古籍出版社 2010 年版。
④ 张显清主编：《明代后期社会转型研究》，中国社会科学出版社 2008 年版。
⑤ 张履祥：《补农书后》，中华书局 1956 年版。
⑥ 乐承耀：《宁波古代史纲》，宁波出版社 1995 年版，第 98 页。
⑦ （宋）陈耆卿：《嘉定赤城志》卷 29《寺观门三》，徐三见点校本，中国文史出版社 2004 年版，第 414 页。

危哉梯鸟道，允矣获龙涎。
丛蘖杂丹鼎，湿云伴玉延。
香真千里擅，苞结三生缘。
夜荚抽雷后，春焙贡社前。
一钥滴瀼露，片碾捣和烟。
碧涧规模绝，洪州气味悬。
滑甘矜紫笋，幽馥讶青莲。
既拣兔毫点，应添蟹眼煎。
松涛生远韵，风致想真筌。
七碗赓仝咏，三篇继羽编。
醉乡已失路，摩室将逃禅。
服食益人寿，何当煮汞铅。①

诗中生动地描写了浦江仙华山采茶、制茶的场景，万历《龙游县志》亦载“茶，方山最佳，额供四斛”②；万历《兰溪县志》载有几个产茶的山区：如灵洞源的“灵动山下两旁皆奇峰怪石，山路窈窕可十余里，杨梅、茶、笋、石灰之利出焉”。湛里源的“木沈源西，其源虽不及木沈，有东西两源，源各深十余里，饶产茶笋之利”。溪里源的“源有双溪，深十余里，饶产茶笋之利”③；嘉靖《浦江志略》卷二《民物志·土产》中指出“茶，二都、三都、二十四都、二十八都出”。

棉花最早在浙江地区种植时间，一般认为是在元代。但从元代初年，浙江一带已能生产大量棉花及1966年在兰溪出土的一条南宋时棉毯推测，棉花在宋代应已具备了一定的种植基础④。元人程钜夫诗中言“曾历金华三洞天，风流历历记三川……访古但闻羊化石，因君又喜木生棉”⑤。另外，万历《金华府志》卷六《物产》中载有木棉；嘉靖《浦江志略》卷二《民物志·土产》载，兴贤乡产棉花；万历《兰溪县志》卷一《物产》和万历《龙游县志》卷四《物产》中都有产棉花的记载。徐光启在《农政全书》中也谈到，

① （宋）方凤：《方凤集·五言排律》，浙江古籍出版社1993年版，第28、29页。

② （明）万廷谦修，曹闻礼纂：万历《龙游县志》卷四《物产》，上海古籍出版社2010年版。

③ （明）程子鏊修，徐用检纂，刘芳诘等增补纂修：万历《兰溪县志》卷一《山川》，上海古籍出版社2010年版。

④ 钟遐：《从兰溪出土的棉毯谈到我国南方棉纺织的历史》，载《文物》1976年第1期。

⑤ （元）程钜夫：《雪楼集》卷二六，台湾商务印书馆1986年版。

明末全国形成了三个著名的棉花品种，即“浙花”产于浙江沿海及长江下游地区；“北花”产于山东、河南、河北直隶等地区；“江花”产于湖广[①]。

麻是一种纺织原料作物，在平原和山地都容易种植。万历《金华府志》卷六《物产·杂植》中载有黄麻、苎麻；弘治《衢州府志》卷三《土产·货类》载有苎麻；时人毛凤韶《嘉靖浦江府志》中亦载浦江“出政内乡，长而尖异于他处，种惟平湖地有，故名平湖麻”[②]。

蓝靛是一种用于纺织品染色的作物，至少在明代金衢地区已开始种植。浙江也成了蓝靛的重要产区，台州、金华、处州等府尤盛。如《南荣集》中提到，“括婺大木间……山林深阻，人迹罕至，惟汀（州）之菁民刀耕火耨，艺蓝为生，遍至各邑，结寮而居”。[③] 弘治《衢州府志》卷三《土产·货类》和万历《金华府志》卷六《物产·杂植》也都有蓝靛的记载。

烟草，万历年间由南阳传入闽、广。到明末，大江南北都有种植。在江浙“崇祯末，我地（嘉兴）遍处栽种，虽两尺童子莫不食烟，风俗顿改”[④]。

明代，金衢地区已有了糖蔗种植，如弘治《衢州府志》卷三《土产》云“甘蔗，龙游出”。万历《龙游县志》卷四《物产》指出“蔗，皮色紫，贩鬻他郡”。可见，这时的甘蔗已成为一种商品化的经济作物。这一地区还是柑橘、南枣的产地。其中，柑橘集中产于衢州，南宋时衢橘已在杭州销售，并成为畅销的果品[⑤]。宋人杨万里在《衢州近城果园》中提到“未到衢州五里时，果林一望蔽江湄，黄柑绿橘深红柿，树树无风缒脱枝”[⑥]；南枣是金华地区的特产，在东阳、义乌、浦江和兰溪最为著名。明代《长物志》云“南枣出于浙中者，俱贵甚”[⑦]；时人方以智《物理小识》载，兰溪南枣“摇而知之其肉离核，木细中剞劂”[⑧]；陈元龙的《格致镜原》载，浦江南枣“味甘肉厚，核小肌细”[⑨]；义乌县杏园村《松林骆氏宗谱》亦提到“万

① （明）徐光启：《农政全书》卷三五《木棉》，中华书局1956年版。

② （明）毛凤韶撰：《嘉靖浦江志略》卷二《民物志·土产》，上海古籍书店1981年版。

③ 熊人霖：《南荣集》文选卷一二《防菁议》上，转自张显清主编《明代后期社会转型研究》，中国社会科学出版社2008年版，第54页。

④ （清）王逋撰：《蚓庵琐语》，齐鲁书社1995年版。

⑤ （宋）吴自牧：《梦粱录》卷十六《分茶酒店》，浙江人民出版社1980年版。

⑥ （宋）杨万里撰，杨长孺编：《诚斋集》卷二六，上海古籍书店1987年版。

⑦ （明）文震亨：《长物志》卷十一《枣》，金城出版社2010年版。

⑧ （明）方以智：《物理小识》卷九《草木类·枣》，商务印书馆1937年版。

⑨ （明）陈元龙撰：《格致镜原》卷七四《果类一·枣》，上海古籍出版社1992年版。

历甲申年（1584）拔荣公祀产‘枣园五分’”。[1]

自明代始，金衢山区因缺少耕地和部分地区农副业经济增长加快，致使该地区“耕者少则禾稼亦少”。如据《衢州府志》载“念衢五县，龙游之民，多向天涯海角，远行商贾，几空县之半，而居家耕种者，仅当县之半，耕者少则禾稼亦少。常山孔道，农尽为夫。开化僻壤，山多田少。惟江山之米颇多，可以转济常、开二县”，衢州产米的西安、江山两县为了盈利，把粮食输卖到更加缺粮的严州等地，所以衢州政府不得不推行“遏籴”的政策。[2]

（2）简单的手工业生产

中国古代手工业发展与“男耕女织”的传统农业发展模式是紧密相连的。随着社会经济的发展，明代手工业在生产规模、劳动组织、管理经验等方面，较之前代都有了不同程度的改进和提高，并集中反映在以下几方面：

其一，各种民纺业及官纺业的兴盛。这一时期丝织业生产逐渐形成了专业的生产区域，以江南浙直最盛，生产规模大大超过以前，并以民营为主。据万明研究，苏州、杭州和南京三大丝织城市民营的织机在五万张以上，盛泽等市镇和乡村的织机约有一万五千张，两项合计近七万张。如果加上镇江、嘉兴、湖州等地城镇，江南民间织机的总数当在八万张以上。这种民营丝织业获利颇丰，浙东一带丝织品更是远近闻名。张瀚《松窗梦语》言，“余尝总览市利，大都东南之利，莫大于罗绮绢纻，而三吴为最。即余先世，亦以机杼起，而今三吴之以机杼致富者尤众”“桑麻遍野，茧丝绵苧之所出，四方咸取给焉，虽秦、晋、燕、周大贾，不远数千里而求罗绮缯币者，必走浙之东也”[3]。濮院镇与苏州府盛泽镇齐名，弘治、正德年间，即已“机杼之利，日生万金”。万历年间“肆廛栉比，华夏鳞次，机杼声轧轧相闻，日出锦帛千计，远方大贾，携橐群至”[4]。濮院镇不仅“以机为田，以梭为耒”，而且丝绸行、牙行丛立，丝织品贸易兴旺。王江泾镇在万历年间“多丝绸收丝缟之利，居者可七千余家”。[5]

张显清指出，“杭州地区的丝绸经销全国各地，即使西南川滇之地，‘虽僻远万里，然苏杭新织种种文绮，吴中贵介未披而彼处先得’。这里的

---

① 义乌县志编纂委员会编：《义乌县志》，浙江人民出版社 1998 年版，第 120 页。

② （明）林应翔修，叶秉敬纂：天启《衢州府志》卷十六《政事志 · 户类 · 禁米》，上海古籍出版社 2010 年版。

③ （明）张瀚撰：《松窗梦语》卷四《商贾纪》，中华书局 1985 年版。

④ （清）金淮纂：《濮川所闻记》卷四，《中国地方志集成 · 乡镇志专辑》，上海书店 1992 年版。

⑤ （明）李培修、黄洪宪纂：（万历）《秀水县志》卷一《市镇》，上海书店出版社 1993 年版。

丝绸还被葡萄牙、西班牙商人和中国海外贸易商人远销到亚洲、欧洲和美洲"[①]。浙江一带所产的棉布、麻布、葛布等棉麻制品和绫、罗、纱、绢等丝织品都是当时名品。范金民研究后，指出杭州"自淳祐年有名相传者"106家铺户中直接出售丝绸半成品的有9家，与丝绸有关的19家，合计28家，占总数的26.4%。[②]

明代官丝织业主要由朝廷设置的官织染局进行管理，当时各地方的织染局共23处，而设置于浙江的有杭州、绍兴、严州、金华、衢州、台州、温州、宁波、湖州、嘉兴等府，这些织染局的主要职责是负责织造皇帝赏赐的缎匹[③]。

其二是棉纺业的发展。明以前，纺织业以丝、麻为主，棉纺织业只处于次要地位。入明后，在政府鼓励种棉与棉纺织品巨大经济效益推动下，棉花得到大面积种植。明代中后期，棉纺织业甚至成为当时纺织业的主体。

据载，嘉兴平湖县"比户勤纺织，妇女燃脂夜作，或纱、布，侵晨入市，易棉花以归；或捻棉线以织绸，积有羡余，挟纩赖此，糊口亦赖此"；海盐县"纺之为布者，家户习为恒业，不止乡落，虽城中亦然"，"小民以纺织所成，或纱或布，侵晨入市，易棉花以归，仍沿而纺织之，明日复持以易，无顷刻闲。纺者日可得纱四五两，织者日成布一匹，燃脂夜作，男妇或通宵不寐。田家收获输官偿债外，卒岁室庐已尽，其衣食全赖此"[④]。张显清也指出，温州永嘉县的双线布、乐清县的斜纹布都很有名。[⑤]

其三，一大批著名手工业中心和工商业专业市镇形成。

手工业的发展，在促进农业发展的同时，还推动了商业的繁荣和新兴市镇的形成。明代以前古代市镇，多半带有军事性或政治性，以消费为主。入明后，新兴市镇则多以从事工商业生产为主，是生产型市镇。这种新兴工商业市镇，萌芽于成化、弘治年间，明代后期达到鼎盛。这一时期全国各地形成的市镇，或以手工业生产见长，或以商贸见长，浙江一带亦是如此。[⑥]

万明《晚明社会变迁问题与研究》分析道：

---

① 张显清：《明代后期社会转型研究》，中国社会科学出版社2008年版，第106页。

② 范金民等：《江南丝绸史研究》第4章《宋代江南丝绸业中心地位的形成》，农业出版社1993年版，第50页。

③ 张显清：《明代后期社会转型研究》，中国社会科学出版社2008年版，第98页。

④ （天启）《海盐县图经》卷四《方域篇》。

⑤ 张显清：《明代后期社会转型研究》，中国社会科学出版社2008年版，第121页。

⑥ 万明主编：《晚清社会变迁问题与研究》，商务印书馆2005年版。

成、弘以前，社会生产的重心自始至终是“专以务农重粟为本”，土地和人力、资金等主要投入于粮食作物生产，以解决吃饭问题。成、弘以后，随着官营手工业的衰落和民营手工业的兴起，许多地方在继续发展农业生产，坚持以粮为本的基础上，将生产的中心逐步转向手工业，并使其生产性质和经营方式发生转变，开始从农业中分离出来，成为独立的生产部门。而且同时开始孕育市场竞争机制，以市场为主要导向，按市场需求进行生产，以追求利润为目的。在江南地区，重点是发展纺织业及其商业营销。①

正如张瀚《松窗梦语》中所言：

毅菴祖家道中微，以酤酒为业。成化末年值水灾，时祖居傍河，水淹入室，所酿酒尽败，每夜出倾酒濯甕。一夕归，忽有人自后而呼……因罢酤酒业，购机一张，织诸色紵帀，备极精工。每一下机，人争鬻之，计获利当五之一。积两旬，复增一机，后增至二十余。商贾所货者，常满户外，尚不能应。自是家业大饶。后四祖继业，各富至数万金。②

随着湖州、嘉兴等府商品性农业的发展，农业雇工开始普遍起来。嘉靖时，湖州府出现了“无恒产者雇倩受值，抑心殚力，谓之长工；夏秋农忙，短假应事，谓之忙工”的情况。③ 张显清研究后，指出该府盛产桑蚕，植桑、养蚕和缫丝都有雇工经营者。养蚕的佣工以“后高为善”，每养20筐，得佣金一两；缫丝的佣工，以“南浔为善”，每日一车得佣金四分，最高者可得六分。④

陈国灿总结道，浙江一带，手工业门类齐全，品种繁多。他据万历《杭州府志》的记载，罗列出的万历朝手工业门类，有殴曲、酒、蘖、醋、丝、绵、蜡、纸、革、角、金银锡箔、瓦金、胭脂、铅粉、灰、香、灯、漆、砖瓦、瓶罂、刀戟、扇、珐琅器皿、轿、伞、鞋、巾、琴、瑟、鼓、图画、书籍等50多种。⑤ 杭州城还有为数很多的锡箔生产作坊，如《古今图

① 万明主编：《晚清社会变迁问题与研究》，商务印书馆2005年版，第37页。
② 《松窗梦语》卷六《异闻纪》。
③ 宗源瀚等：同治《湖州府志》卷二九《风俗》，上海书店1993年版。
④ 张显清：《明代后期社会转型研究》，中国社会科学出版社2008年版。
⑤ 陈国灿：《浙江城镇发展史》，杭州出版社2008年版。

书集成》载“孩儿巷、贡院后及万安桥一带，造者不下万家，三鼓则万手雷动，远自京师抵列郡，皆取给”①。

嘉靖以后，杭、嘉、湖地区还出现了众多的新兴市镇，时人郑若曾《筹海图编》云：

> 至于市镇，如湖归安之双林、菱湖、琏市，乌程之乌镇、南浔，所环人烟小者数千家，大者万家，即其所聚，当亦不下中州郡县之饶者。②

这些市镇，户数的增长与人口的增长基本上是同步的。以双林镇为例，“双林始亦一村落，户不数百，口不过千余。明洪武十四年（1381），颁黄册于郡县，令民以户口自实……则户犹未广也。成化时，倍于前矣。嘉靖之季（1522—1566）被倭冠及马道人之变，窜徙失业，稍稍零落。至崇祯朝（1628—1644）征烟户册，实得户三千有奇，口六千有奇。”据此，双林镇在明朝前期百余年间，户口增加了一倍；明朝中后期的一个半世纪中，双林镇户口比明初增加了六、七倍。其他一些乡镇也有类似情况，如震泽镇，元时村镇萧条，居民数十家；成化中，增至三四百家，嘉靖间倍之而又过焉。

乐成耀指出明代嘉靖、万历以后宁波农业商品经济发展主要表现在农村集市贸易的发展、农村商贩的活跃、商业资本的积累和私人农产品的海外贸易发展等。③

另外，租赁制和货币地租的出现，成为金衢地区农业商品化经营的重要表现，学界对此已做过研究。包伟民指出，宋元时期货币地租为个别现象。④ 宋代租钱租粮并提的原因，在于宋人租佃田产，除粮田外，往往还包括屋舍基地及柴桑蔬麻旱地之类。⑤ 南宋嘉定年间（1208—1224），绍兴府买田于安边所，置二庄，以备修堤赡学之费，“券易米而致镪”。租米多折纳为契券（近似于钱币），近乎于货币地租。包伟民还总结道，如按《宝庆四明志》卷二《县学钱粮》，南宋庆元府六县学田租课，见表五：

---

① 《古今图书集成·职方典》卷949《杭州府部》。
② 郑若曾：《筹海图编》卷一二《筑城堡》。
③ 乐成耀：《宁波农业史》，宁波出版社2013年版，第194—200页。
④ 包伟民：《论宋代折钱租与钱租的性质》，《历史研究》1988年第1期。
⑤ 同上。

表五 南宋庆元府六县学田租课

县名	租粮（石）	租钱（贯）
鄞	约286	约300
奉化	约288	约77
慈溪	约296	约47
定海	约564	约60
昌国	约197	约328
象山	约282	约27

摘自：包伟民《论宋代折钱租与钱租的性质》（载《历史研究》1988年第1期）。

入明后，货币地租普遍兴盛起来。明太祖令天下郡县税粮，除诏免外，以银、钱、钞、绢代纳，“洪武九年，天下税粮，令民以银、钞、钱、绢代输。银一两、钱千文、钞一贯，皆折输米一石，小麦则减直十之二。棉苎一疋，折米六斗，麦七斗。麻布一疋，折米四斗，麦五斗。丝绢等各以轻重为损益，愿人粟者听。”十七年“谓米麦为本色，而诸折纳税粮者，谓之折色”[①]，并命江南苏、松、嘉、湖以黄金代输今年田租。三十年，根据高積建议，命洪武二十八年以前全国拖欠的税粮，俱许任土所产，折收布、绢、棉花、金、银等物。

永乐中，“天下本色税粮三千余万石，丝钞等二千余万”[②]；英宗正统元年，副都御史周铨奏称“行在各官俸支米南京，道远用度甚多，辄以米易货，贵买贱售，十不及一。朝廷虚糜廪禄，各官不得实惠。请于南畿、浙江、江西、湖广不通舟楫地，折收布绢、白金，解京充俸。”[③] 英宗与朝廷要员商议之后，下诏仿洪武折征之例，定“米麦一石，折银二钱五分。南畿、浙江、江西、湖广、福建、广东、广西米麦共四百余万石，折银百万余两，入内承运库，谓之金花银。”[④] 其后，行于天下，自起运兑军外，粮四石收银一两解京，以为永利。由是诸方赋入折银者几半。唯北方各省仍以实物地租为主。成化二十三年正月，李敏为户部尚书时，北方夏秋两税皆折征银两。

以上情况推动了浙江一带农业的继续商品化，也加快了社会的进一步分

---

① 《明史》卷78，志第五四，《食货二》。
② 《明史》卷78，志第五四，《食货二》。
③ （清）刘锦藻等：《续通典》卷九《食货》，浙江古籍出版社2000年版。
④ 《明史》卷78，志第五四，《食货二》。

工。生产与销售的分工使手工业脱离农业，发展成为独立的生产部门；区域生产分工也逐渐加强。例如，湖广、四川等以粮食生产为重点，而江浙苏、杭、嘉、湖则以生产丝绸闻名天下等。

（二）明代浙江商品经济的发展

自至元二十一年（1284），江淮行省治所从扬州迁至杭州后，杭州基本上成了元、明两朝浙江一带的省会治所①，使之不仅发展成了“城宽、地阔、人烟稠密”② 的大城市，还逐渐成为对外贸易的重要港口。其商品经济发展的首要表现是城市规模的扩大。马可·波罗在描述杭州时，提到“城中有大市十所，沿街小市无数，尚未计焉。大市方广每面各有半英里，大道通过其间。道宽四十步，自城此端达于彼端，经过桥梁甚众。此道每四英里必有大市一所，每市周围二英里，如上所述。市后与此大道并行，有一宽渠，邻市渠岸有石建大厦，乃印度等国商人挈其行李商货顿止之所，利其近市也”③。十市场周围，还建有高大的屋舍，下层为商铺，专卖香味米酒，售价低廉。城中亦有不少邸店，用美石建造，以储存货物。这里还出现了一些大商人，如有至元十三年（1276）“流寓泉州，起家贩舶”④ 的张存等。以上记载虽不乏夸张色彩，但却依旧能够反映出元代杭州商品经济发达的概貌。

到明代，据统计全国较大的工商业城市33个，南方24个，而江苏、浙江两省就有11个，占全国的三分之一⑤。由此可看出，这一地区工商业的发达。明代的杭州，与南京、扬州比，虽在政治上失去了“东南第一州”的地位，但却借助优越的水路条件，商品贸易得到发展。如万历《杭州府志》载，杭州之地“为水路之要冲，中外之走集，百货所辏会”，特别是在明中叶以后，百业兴旺，“内外街巷绵亘数十里……民萌繁庶，物产浩穰”，“车毂击，人肩摩”；时人王士性指出，“杭城北湖州市，南浙江驿，咸延袤十里，井屋鳞次，烟火数十万家，非独城中居民也。又如宁绍什七在外，不知何以生齿繁多如此。而河北郡邑乃有数十里无聚落，即一邑之众，尚不及杭城南北市驿之半

① 至元二十一年（1284）二月，江淮行省治所自扬州迁至杭州；二十八年（1291）改江淮行省为江浙等处行中书省（简称浙江行省），杭州仍为治所；顺帝至正二十四年（1364）正月，朱元璋自立为吴王，二十六年（1366）改杭州路为杭州府，隶属浙江等处承宣布政使司。

② 陈高华等编：《元典章》卷五七《刑部一九诸禁·禁豪霸·扎忽儿歹陈言三件》，中华书局、天津古籍出版社2011年版。

③ A. J. H. Charignon 注，冯承钧译：《马可波罗行纪》，中华书局1954年版。

④ （元）陶宗仪：《辍耕录》，丛书集成初编本，中华书局1985年版。

⑤ 周峰主编：《元明清名城杭州》，浙江人民出版社1997年版，第7页。

者”。[①] 此处所谓的湖州市、浙江驿指杭州城墙南北的两个商业区，这是杭州城本身延伸到城墙外的部分，仅城墙外的商业区即达到“延袤十里”“烟火数十万家”。又有《北关夜市》诗云“北城晚集市如林，上国流传直至今，青芒受风摇月影，绛纱笼火照春阴，楼前饮伴联游袂，湖上归人散醉襟，阛阓喧阗如昼日，禁钟未动夜将深。”[②] 杭州城内夜市的繁荣也可成为明代杭州城商业繁荣的重要标志。

这一时期，浙江其他地区的商品经济得到较快发展，并集中表现在以下几方面：

（1）浙江小城镇的勃兴

随着江南经济的发展，邻近的绍兴、嘉兴、湖州等城市及南浔、菱湖、富阳、海宁、濮院、塘栖等市镇得到进一步开发。小城镇的勃兴成为浙江地区商品经济发达的重要表现。陈国灿指出，明代城镇勃兴于15世纪中期以后的成化、弘治年间，到16世纪至17世纪初的嘉靖、隆庆、万历年间达到全盛。他还进一步指出，苏州和杭嘉湖地区的城镇数量最多、最密集，工商业也最发达。这一时期，浙江市镇发展集中表现在三方面：

第一，浙江地区镇数量的增加。南宋时，杭州有镇16个，到明后期增至31个（详见下表），增长了近一倍；南宋时，嘉兴有镇6个，除去今隶属上海地区的青龙镇和上海镇，实际上只有4个，到明后期已有30个，是南宋时的7.5倍；湖州在南宋时有镇7个，到明后期增加到18个，增加了1.6倍。从下表的统计中可知，明代中后期，整个杭嘉湖地区共有市镇111个[③]，镇有77个，约占总数的69.4%，超过了南宋时期整个浙江地区镇的总数。

第二，浙江地区镇规模的扩大。这主要包括两个内容，一是空间规模的扩大。以镇的规模（仅为治所范围，而不考虑辖域面积）为例，嘉兴府的乍浦镇在洪武十九年（1368）筑城，周9里13步；同府的澉浦镇也于洪武十九年筑城，周8里17步，嘉靖三十五年（1556）增筑，周9里3步；鲍郎镇到明后期，周6里30步；嘉靖三十二年（1553），魏塘镇筑城，周1316丈（约7里余）等；二是人口规模的增大。宋元时的镇一般只有数百

① （明）王士性：《广志绎》卷四《江南诸省》，中华书局1981年版。

② （明）田汝成著，陈志明校：《西湖游览志》卷十二《南山城内胜迹》，东方出版社2012年版。

③ 据樊树志《明清长江三角洲的市镇网络》（《复旦学报》（社会科学版），1987年第2期，第93页）研究认为，明代中晚期，江南地区工商业市镇总数达316个，其中杭州府43个（未计府城内诸市）、嘉兴府41个、湖州府22个。

户居民，超过千户则已算大镇。到明代，千户以上居民的镇在杭嘉湖地区已较常见，不少镇甚至超过万户（详见表六至表十）。

表六　　明代浙北杭、嘉、湖地区市镇情况

市镇		杭州府	嘉兴府	湖州府	合计
明代	镇	江涨桥、沙田、夹城巷、宝庆桥、德胜桥、石灰坝、北新桥、汤村、临平、塘栖、范浦、长安、硖石、瓶窑、石濑、双溪、黄湖、长乐、闲林、青山、下管、横坂溪、鹤山、西墅、黄潭、渌川、松溪、山溪、洞桥、河桥、手窑	王店、新丰、钟带、新行、朱村、王江泾、濮院、陡门、新城、魏塘、王带、斜塘、陶庄、风泾、干家窑、茶院、半逻、鲍郎、澉浦、沈荡、乍浦、广陈、当湖、新仓、新带、旧带、灵溪、石门、皂林、青镇	南浔、乌镇、施渚、菱湖、塘栖、新市、梅溪、马家渎、递铺、沿四安、和平、皋塘、合溪、水口、双林	76
	市	浙江、湖州、西溪、范村、旧嘉会门、鲞团、郭店、袁花、转塘、黄冈、汤家埠、场口埠、灵椿埠、渔里山埠、洋婆场	彰陵、风鸣、御儿（语儿）、洲钱、卜店、卢坊、钦城、砂腰、梅围、通玄街、角里堰、钱家带、徐家带	菁山、妙喜、琏市、埭溪、三桥埠、上陌埠	34
	合计	46	43	21	110

说明：本表据陈国灿《浙江城镇发展史》（杭州出版社2008年版，第227页）

郑若曾对嘉靖以后，浙江杭、嘉、湖地区工商业市镇勃兴现象进行描述时，称“至于市镇，如湖州归安之双林、菱湖、琏市，乌程之乌镇、南浔，所环人烟小者数千家，大者数万，即其所聚，当亦不下中州郡县之饶者”①。

第三，专业化市镇的勃兴与发展。

表七　　明代杭、嘉、湖地区主要市镇的人口规模

镇名	人口规模	资料来源
浙江杭州	明中期人口30万，后期达百万左右	
秀水王江泾镇	万历时“居者可七千余家”	万历《秀水县志》卷1《市镇》
秀水濮院镇	明中期“流徙卜居者渐繁，人可万余家”	万历《秀水县志》卷1《市镇》
秀水新城镇	居民万余家	
乌程乌镇	居民万余家	
乌程南浔镇	明中后期“烟火万家”	潘尔夔《浔溪文献》
王店	明中后期至清中期“万宅灯火”	《梅里志》卷16《碑刻》

① 《筹海图编》卷一二《筑城堡》。

续表

镇名	人口规模	资料来源
乌青	明万历年间“市井数盈于万家”	万历《湖州府志》卷3《市镇》
新市	明中后期，“泽国鱼盐一万家”	刘仲景《过新市》
新塍	明万历年间，“居者可万余家”	万历《秀水县志》卷一《市镇》
硖石	明后期“烟火万家”	嘉庆《硖川续志》卷11《艺文》
长安	明末“烟火万户”	嘉庆《硖川续志》卷11《艺文》
塘栖	明中后期，“两岸帆樯，万家烟火”	乾隆《塘栖志》卷下
临平	明末“地不满十里，户不满万人”	顺治《临平记》卷1
石门	明万历年间。居民“可数千家”	万历《崇德县志》卷7《纪文》
陡门	明万历年间，“廛居仅二百余家”	万历《秀水县志》卷一《市镇》
白牛	明中期，“居人数百家”	正德《嘉善县志》卷4

说明：本表据陈国灿《浙江城镇发展史》（杭州出版社2008年版）中《明清时期浙北地区部分市镇人口状况》（第230—231页）制。

这一地区的市镇按商品类别，主要分为丝业市镇和绸业市镇两种：

丝业市镇有南浔镇（湖州府乌程县辖）、乌青镇（乌程县与嘉兴府桐乡县合辖）、菱湖镇（湖州府归安县辖）、石门镇（嘉兴府崇德县辖）、塘栖镇（杭州府仁和县与湖州府德清县合辖）、临平镇（杭州府仁和县辖）等。

南浔镇，兴起于南宋，繁盛于明代嘉靖、隆庆年间。万历年间的朱国祯指出，南浔镇“阛阓鳞次，烟火万家”“舟航辐辏”，并感叹道“浔虽镇，一都会也”①。

乌青镇，乌镇与青镇分属乌程县与桐乡县，因相隔一水，隔河相望，当地人习称乌青镇。南宋时已是著名的商业市镇，宋末及元末曾两度由盛转衰。明代成化、弘治年间，重归繁荣。镇上店铺、民房“鳞次栉比，延接于四栅”②。嘉靖以来，该镇还出现了“商贾四集，财富所出甲于一郡”“居民殆万家”“宛然府城气象”的盛况③。

菱湖镇，位于湖州府治南40里。南宋时“兴市廛”，元末毁于兵火；明初复兴，设税务司，由市升镇；嘉靖、万历年间，“节宅连云，阛阓列螺，舟航集鳞”，成为“归安雄镇”④。

① 朱国祯：《修东塘记》，转引自咸丰《南浔镇志》卷六《古迹》，（汪曰桢纂，同治二年刊本）。
② 康熙《乌青文献》，《中国地方志集成》（乡镇志专辑），第23册，上海书店1992年版。
③ 《乌青文献》卷一《建置》。
④ （清）孙志熊：《菱湖镇志》卷一《疆域》，《中国地方志集成》本，上海书店1992年版。

新市镇，位于德清县治东北45里，兴于宋而盛于明，居民近万户。“街衢市巷之盛，人物屋居之繁，琳宫梵宇之壮，蚕丝粟米货物之盛”，为全县之冠。时人谓，湖州所出之丝以新市镇“所得者独正”①。

塘栖镇，位于杭州府治北50里，与德清县接界。正统年间，塘栖因修筑唐岸官道，而成了交通要津。此后，该镇“商货鳞集，临河两岸市肆萃焉”②。

临平镇，位于杭州府治东57里。《临平记》载，此镇“地不满十里，户不满万人”③。经济赖于蚕丝，有“海宁、仁和和上塘蚕丝，于临平市贸易居多”之谓④。

绸业市镇有濮院镇（嘉兴府桐乡县与秀水县合辖）、王江泾镇（秀水镇辖）、王店镇（嘉兴县辖）、双林镇（湖州府归安县辖）、长安镇、硖石镇（杭州府海宁县辖）等。

濮院镇，西南距桐乡县治17里，东北距秀水县治36里。该镇，明初“居者渐繁，人可万余家”“民务织丝纻”“商旅辐辏”⑤；万历年间，“改土机为纱绸，制作绝工，濮绸之名遂著远近，自后织作尤盛”，镇上由是“肆廛栉比，华夏鳞次，机杼声轧轧相闻，日出锦帛千计，远方大贾携橐群至，众庶熙攘。”⑥《濮院所闻记》亦载“接屋连檐，机声盈耳，里人业织者多矣。”⑦织成后，纱绸出售给镇上绸行，由“接手”居间介绍，收取用钱若干。⑧

王江泾镇，位于秀水县治北30里永乐乡，地处浙江与南直隶交界处。该镇“北通苏、松、常、镇，南连杭、绍、金、衢、宁、台、温处”，镇民多以种桑

---

① （明）陈霆纂：正德《新市镇志》卷一《物产》；康熙《德清县志》卷二《市镇》，《中国地方志集成》本，上海书店1992年版。

② （清）光绪《塘栖志》卷一《图说》，《文化塘栖》丛书本，浙江摄影出版社2010年版。

③ （清）沈谦纂，张大昌补遗：《临平记》卷一《事纪》，《中国地方志集成》本，上海书店出版社1992年版。

④ （清）沈谦纂，张大昌补遗：《临平记补遗》卷三《附记》，《中国地方志集成》本，上海书店出版社1992年版。

⑤ 李培修，黄洪宪等纂：万历《秀水县志》卷一《市镇》，上海书店出版社1993年版。

⑥ 李培：《翔云观碑记》（万历十九年），《濮院琐志》卷八《文咏》，《中国地方志集成》（乡镇志专辑本）第21册，第524页。

⑦ （清）金准纂：《濮川所闻记》卷三《织作》，《中国地方志集成》本，上海书店出版社1992年版。

⑧ 王毓铨主编：《中国经济通史·明代经济卷》（上），经济日报出版社2000年版，第934页。

养蚕织绸为业。万历年间，该镇“多织绸，收丝缟之利，居者可七千余家”[①]。

王店镇，位于嘉兴县治东南36里，兴盛于明中叶。极盛之时，该镇“居民稠密，夹岸无隙地”[②]，“蚕丝之利不下吴兴，户勤纺织，人多巧制”[③]。

双林镇，位于湖州府城东南54里。南宋时，此地已是四乡聚商贸易之地。成化年间，双林镇四乡农家精于织绢，吸引各地商贾纷纷到此采购；隆庆、万历以来，更是“机杼之家相沿比业，巧绌百出，有绫有罗，有花纱、绉纱、斗绸之缎，有花有素，有重至十五两，有轻至二三两，有连为数丈，有开为十方，每方有三尺、四尺、五尺，长至七八尺；其花样有四季花、西湖景致、百子图、八宝龙凤。……各直省客商云集贸易，里人贾鬻他方，四时往来不绝”[④]。

丝业市镇中，牙行是丝绸的生产者与客商的中介。他们一方面招揽丝绸的生产者，一方面又接待来自各地前来购买丝绸的客商。这些牙行又被称为丝行或绸行[⑤]。丝行专门收购农家生产的蚕丝，如《濮院琐志》载“乡人抱丝诣行，交错道路，丝行中着人四路招揽，谓之接丝日，至晚始散”[⑥]。财力弱小的小行（又称“钞行”）收购的丝主要转手卖给大行，还有一部分可直接出售给客商。“蚕闭时，各处大郡商课投行收买”[⑦]，形成热闹的丝市。

绸行又称绸庄，专门收购乡人及镇上机户生产的绸绢。“绸既成，有接手持诣绸行售之，每一绸分值若干，谓之用钱”，或“绸行晌午赴市收绸，

① 万历《秀水县治》卷一《舆地·市镇》，《中国地方志集成》（浙江府县志专辑）第31册，第561页。

② （清）杨谦纂：光绪《梅里志》，《中国地方志集成》本。

③ 光绪《梅里志》卷七《物产》。

④ 乾隆《湖州府志》卷四一引《双林志》，《中国地方志集成》（浙江府县志辑本）。

⑤ 据《双林镇志》（民国《双林镇志》卷十六引《姚典薄毅庵日记》）中对牙行的日常经营活动记载道“凡收绢，黎明入市曰上庄，辰刻散市曰收庄。主其事者，有司岁、有司月，皆衣冠揖让，权轻重美恶以定价，无参差，也无喧哗，故取绢者曰绢主，售绢者曰机户，小绢主则惟引远近各乡机户为牙耳”。这些作为沟通个体农民、手工匠与外地商贾中间商的牙行，在对当地商品经济发展发挥积极作用的同时，还往往凭借其在地方上的权势勾结官府、操纵市场，如《见闻杂纪》载“两镇（嘉兴府的乌镇、青镇）通患通弊，又有大者：牙人以招商为业，商货有厚至一二百金者，初至，主人丰其款待，割鹅开宴，招妓演戏以为常。商货散去，商本主人私收用度如囊中己物，致商累月经年坐守者有之。礼貌渐衰，而供给渐薄矣，情状甚惨”（李乐：《续见闻杂纪》卷十一，“四库全书存目丛书·子部”第242册，第412页）。牙行老板还不放过对本地小农的盘剥，如《石门县志》言，万历年间，“民间育蚕如炼丹，力最劳瘁，成败亦在转盼间。而丝行牙侩，愚弄乡民，造大秤至二十余两为一斤，银必玖柒捌色折，折净又捂高低”。

⑥ （清）杨树本纂：《濮院琐志》卷六《岁时》，《中国地方志集成》本。

⑦ 《乌青文献》卷三《土产》。

谓之出庄。其善看绸者，谓之看庄；归行再按，谓之覆庄”。绸收毕，交付练坊练熟，后又“各以其地所宜之货售于客”[1]。来往于杭嘉湖地区、从事丝绸、蚕丝贸易的商人，有本地商人亦有外地客商。较为著名的本地商人有陈禹章[2]、贾子周[3]、胡友松[4]等。

表八　　宋元明时杭、嘉、湖三府主要市镇数统计表

府名	杭州府	嘉兴府	湖州府
宋元时期市镇数	宋代有24个市、6镇：钱塘10，仁和7，海宁5，富阳1，余杭3，临安2，新城2	元代有20个市镇：嘉兴5，嘉善2，崇德6，海盐6，平湖1	宋代有17个市镇：乌程3，归安3，德清2，武康1，安吉2，长兴5，不知归属1
明代市镇数	明中叶有市镇66处：钱塘8，仁和22，海宁7，富阳6，余杭7，临安7，新城5，於潜1，昌化3	明中叶有市镇33处：嘉兴5，秀水5，嘉善6，桐乡4，崇德5，海盐4，平湖4	明中叶有市镇22处：乌程4，归安5，德清2，武康2，安吉3，孝丰1，长兴5

乌镇、濮院、菱湖、王江泾、双林等以手工业、农副产品加工业和商业为主导的市镇，与杭州、嘉兴、湖州等省府县城市连结成线，形成了四通八达的市场网络。

与杭嘉湖三府商业化情况不同的是，浙东、浙南地区（包括沿海的宁波、温州、台州与丘陵山区的金华、衢州、严州、处州等府）仍以自给自足的自然经济为主导，市镇发展缓慢。就绍兴而言，直到万历年间，该府8县境内仍仅有6个规模不大的镇如：山阴县的钱清镇，会稽县的三界镇，萧山县的西兴镇，余姚县的渔浦镇，上虞县的纂风镇，嵊县的蛟井镇。[5]

（2）城市内部市场林立

经过明初百余年的恢复，天顺（1457—1464）、成化（1465—1487）年间，浙江各地城市日趋活跃。嘉兴桐乡县城，自“天顺间知县张泰招徕商贾，聚纳货物，以便民事”后，“环郭之地，渐成民居”。至正德年间

① 《濮川所闻记》卷三《织作》，《中国地方志集成》本。

② 光绪《乌程县志》卷十六《人物》，转引自《湖州府经济史料类纂》，第113页，载“陈禹章，字圣谟，乌镇人。少孤，立两弟子于襁中，遗产悉让之，贾于松江。”

③ （清）蔡蓉升原纂：《双林镇志》卷二〇《人物》，民国六年（1917）上海商务印书馆铅印本，引自《中国地方志集成·乡镇志专辑》第22册，第586页。

④ 《陆尚宝遗文·友松胡翁墓志铭》，见《明清史料汇编》第6集，第7册，台湾文海出版社1969年版，第201页。“崇德业种蚕，而常州织工为盛，翁往来二邑间，贸丝治缯绮，通贾贩易，竟用是起其家”，致富后，他在长洲“筑居第，结婚姻，教子读书就文儒”。

⑤ 陈剩勇：《浙江通史·明代卷》，浙江人民出版社2006年版，第239页。

(1506—1521)，已是“百货骈集，日盛于前”[①]；同府的嘉善县，宣德五年(1430)始由魏塘镇升置。万历年间，城内“室庐鳞次，市廛辐辏”；湖州府德清县，城内居民“以兴贩为能”“豪民拥资则富屋宅，买爵则盛舆服，钲鼓鸣笳用为常乐，盖有僭逾之风”[②]；台州府的太平县，商贾云集，“或货食盐”，“或货材木”，“或货海鱼”，各“颇有羡利”。不少商人还往返于县城与全国各地之间，“或商于广，或商于闽，或商苏杭，或商留都。嵊县以上载于舟，新昌以下率负担运于陆，由闽广来者间用海舶”[③]。

另以杭州为例，至晚明，杭州依旧繁盛。据《钱塘县志》载“入钱塘境，城内外列肆几四十里，无咫尺瓯脱，若穷天罄地无不有也”[④]。在明末清初小说家笔下，杭州城内“上下经商，过往仕客，挜挤满路，实是气色。两边铺面做买卖的，亦挜肩叠背”[⑤]。张瀚《松窗梦语》言，杭州府“虽秦、晋、燕、周大贾，不远数千里而求罗绮缯帛者，必走浙之东也”[⑥]；“城内外列肆几四十里，无咫尺瓯脱，若穷天罄地，无不有也”[⑦]。万历《杭州府志》指出“舟航水塞，车马陆填，百货之委，商贾贸迁，珠玉象犀，南金大贝，珠儒雕题，诸藩毕萃，既庶且富”[⑧]。这些都勾画出明代杭州商贾云集、百物汇集、店铺林立的繁忙景象。

陈国灿研究后，指出万历年间，杭州城内市场主要有寿安坊市、清河坊市、文锦坊市、塔儿头市、东花园市、众安桥市、灯市、褚唐市、旧嘉会门市、沙田市、夹城巷市、宝庆桥市、德胜桥市、石灰坝市、江涨桥市、北新桥市、浙江市、鲞团市、花村市、西溪市等。另外还有3处布市、2处菜市[⑨]。

绍兴、嘉兴、湖州等府级城市的商业也很繁盛。万历《绍兴府志》载，

---

① （明）任洛修，谭桓同纂：正德《桐乡县志》卷一《市镇》，明正德九年（1514）修，嘉靖补修，清抄本，南京图书馆藏。

② （明）郝成性修：嘉靖《德清县志》卷1，上海图书馆藏明刻本。

③ 天一阁藏嘉靖《太平志》卷3《食货志·民业》，上海古籍出版社1981年版。

④ （明）聂心汤纂修：《钱塘县志·纪疆·物产》，光绪十九年刊本，成文出版社1975年版。

⑤ 江木点校，西冷狂者著：《载花船》卷之二第五回《谋营运三姓联盟》，第38页，见《珍珠舶等四种》，江苏古籍出版社1993年版。一般认为作者是浙江杭州人，此书成于清初，因此这里描写的应该就是晚明情景。

⑥ （明）张瀚撰：《松窗梦语》卷四《商贾纪》。

⑦ 余杭区地方志编纂委员会办公室编：万历《钱塘县志·纪疆》，浙江古籍出版社2011年版。

⑧ 杭州市地方志编纂委员会编：万历《杭州府志》卷三三《城池》，中华书局2015年版。

⑨ 陈国灿：《浙江城镇发展史》，杭州出版社2008年版，第193页。

绍兴在浙东地区“最为盛”，其商业之繁盛，人物之多“三倍于宁波”①。

表九　　明代宁、绍、温地区主要的市镇统计表

市/镇	绍兴府（明代）	宁波府（明代）	温州府（明代中后期）	合计
镇	钱清、三界、西兴、渔浦、纂风、蛟井	小溪	白沙、三港、瑞安、平阳、前仓、松山、蒲门、琶艚、石马、馆头、温岭	18
市	平水、马山、樊江、道墟、伧塘、白米堰、曹娥、漓渚、柯桥、夏履桥、安昌、玉山陡叠、临浦、长山、枫桥、黄润、江桥、临山、浒山、姚家店、新坝、梁同、马渚、周巷、天华、店桥、埋马、匡堰、黄清堰、石人山、梁湖、五夫、小越、华堂、上冈、长乐、三界、崇仁、王泽、胡卜、长潭、棠墅、坑西、蔡呑	东津、后市、甬东、宝幢、小白、东吴、下水、韩岭、横溪、栎社、林村、凤呑、石塘、文溪、大隐、黄墓、车厩、渔溪、蓝溪、鸣鹤、奉化、江口、蔡桥、尚田、溪口、南渡、泉口、白杜、袁村、公棠、江南、城西、石湫、澥浦、白石、坟头、南堡、泗洲头、三角、弦歌	南郭、曲郭、西山、永嘉、瞿溪、荆溪、程头、永安、陶山、柳市、新市、逄口、仪山、南监、将军、余洋	100
合计	50	41	27	118

说明：本表据陈国灿著《浙江城镇发展史》（杭州出版社2008年版）表7－7《明清时期宁绍地区市镇情况》与表7－8《明和清前期温州府市镇情况》编。

嘉兴之地，“巨海环其东南，具区浸其西北，左杭右苏，襟溪带湖，四望如砥。海滨广斥，盐田相望”，时人称其为“浙西大府”“江东都会”。这里丝织业发达，如据《嘉兴府志》载，嘉兴一带“衣被他邦，而机轴之声不绝”②。光绪年间续修《嘉兴府志》称“（嘉兴）市廛错列，高门纳驷；甲第连云，红粟流衍”；“富商大贾，长筏巨舶，夷玭海错，鱼盐米布之属，辐辏成市。居民富饶，市邑繁盛”③。

湖州亦为“江表大郡，吴兴第一，山泽所通，舟车所会，雄于楚越。南国之奥，五湖之表，山水清远，江外佳郡”④；时人闵如霖感叹道“（湖州）东连吴会，西达金陵，碧湖荡其脑，具区浸其尾，民艺稻粟麻桑，士习弦诵，四方之贩夫去留阛隘。伟哉，一都会也”⑤。

---

①（明）萧良幹修，张元忭、孙鑛纂：《万历〈绍兴府志〉点校本》，宁波出版社2012年版。

②弘治《嘉兴府志》卷2《风俗》。

③（清）许瑶光修，吴仰贤等纂：光绪《嘉兴府志》卷34《风俗》，引李贞开《烟雨楼记》，蒋静《黄田港闸记》，上海古籍出版社2010年版。

④（明）李贤、彭时等纂修：天顺《大明一统志》卷40《湖州府》，国家图书馆出版社2009年版。

⑤万历《湖州府志》卷1，引闵如霖《南门修成记》，明万历四年刊本。

表十　　明代中后期金衢地区市镇统计表

市/镇	金华府	衢州府	合计
镇	孝顺、香溪、平渡、开化	湖镇、马金	6
市	东关、溪下街、北关、含香、曹村、里浦、何楼、梅溪、阳波、竹马馆、马海（金华县）、河西、杨塘、厚仁、都心、皂衢、板桥、马涧、大塘、横木、石渠、宋昌、赤溪、良渡、茶场、大化、长衢、念三里、倍磊、酥溪、青口、光明、洋滩、赤岸、野墅、楂林、芦寨、江湾、高堰、李溪、前仓、净心、可投、四路口、岩下、芝英、胡堰、龙山、清渭、杨公桥、太平、黄塘、泉溪、苦竹、厚舍、横路、茭道、瑞村、南湖、马海（汤溪县）、酤坊、花园	上坦、五坪、沙埠、云溪、章戴、莲华、安仁、湖骝、灵山、湇市、华埠	73
合计	66	13	79

说明：本表据陈国灿著《浙江城镇发展史》（杭州出版社2008年版）表7－10《明和清前期金衢地区市镇情况》编。

万历《金华志》载，金华城区内有7个市场，每年商税额高达45612锭[①]，如此巨额的商税反映出金华商业的繁荣；弘治《衢州府志》载，衢州城内，街衢纵横，店铺林立，南市街、县西街、水亭街、长街、下街等主要商业街道各有二三百丈长，数丈宽[②]。

随着商品经济的发展，市镇作为农村工商业中心逐渐发展起来，社区分工体系也日渐完善。嘉靖年间，浙东台州太平县的温岭街、夹屿街、南监街、塘下街等，均属于期日市，并有了固定的街道[③]；明代中后期，市镇体系进一步完善，如金华府建立有东关、溪下街、北关、含香、曹村、里浦等62个市，孝顺、香溪、平渡、开化等4个镇；衢州有上坦、五坪、沙垺等11个市，湖镇、马金等2个镇。一些镇，空间规模不断扩大，工商业水平不断提高，街区结构也逐渐完善，如浙北的乌青镇、南浔镇、双林镇等工商业发达的大型镇，已出现了街道、坊巷、市场等市政设施。明清时，这类市

① 金华市地方志编纂委员会整理编：万历《金华府志》卷一《疆域》，卷五《风俗》，卷八《课程》，国家图书馆出版社2014年版。

② 沈杰修，吾冔、吴夔纂：弘治《衢州府志》卷五《坊市》，上海书店1990年版。

③ （清）曹梦鹤主修：嘉庆《太平县志》卷二《坊市》，黄山书社2008年版。另据陈国灿的《浙江城镇发展史》中所言“市的规模普遍较镇要小，其街道结构也较为简单，一般由几条街道和若干市场组成。小型市则没有正式街道。不过，部分规模较大的市，其街区结构的完整性已与镇没有差异”（第260页）；万明则指出“所谓‘市镇’，是‘市’与‘镇’的统称，实际上两者是有所不同的。按照当今的建制，是‘市’大于‘镇’，‘镇’与‘乡’平级，而且都是地方基层政权单位。但在中国古代，从北宋以后一般是‘镇’大于‘市’，‘以商况较盛者为镇，次者为市’，最初是政治中心或军事要地，‘设官将禁防者谓之镇’。后来由于形势变化逐渐转变职能，与‘市’同样成为商业中心，‘有商贾贸易者谓之市’‘商贾所集谓之镇’。此时‘市’‘镇’的职能已经没有差别。”（第57页）

镇中大商人、富裕手工业者的数量都有了显著增加。这为明代浙江海外贸易发展准备了条件。

二　浙江海洋经济的发展

如前所讲，“海洋贸易”是海洋经济的重要组成部分。入明后，浙江一带海洋经济得到进一步发展，并集中表现在以下四点：海洋资源的进一步开发；硬件设施的建设、完善，如港口建设与造船业勃兴；私人海洋贸易活动的频繁与商帮的日渐成熟；浙海一带海洋意识的形成与海洋信仰体系的建立。

1. 海洋资源的进一步开发

古人开发海洋资源的时间较早，认识也日渐完善。就东南一带的海洋资源开发而言，亦不乏史籍记载，兹抄录如下：

《国语》云“滨于东海之陂，鼋龟鱼鳖之与处，则蛙龟之欲同渚”[①]；勾践当政时期，“上栖会稽，下守海滨，唯鱼鳖见矣”[②]；三国时，浙江临海的海洋捕捞动物有鹿鱼、土鱼、鲮鱼、比目鱼、鲤鱼、牛鱼、石首鱼、槌额鱼、黄灵鱼、印鱼、寄度鱼、邵鱼、陶鱼、石斑鱼、乌贼以及蚶、蛎、蛤蜊等 90 多种[③]。

唐宋时期，《隋书·地理志》提到，“宣城、毗陵、吴郡、会稽、余杭、东阳，其俗亦同。然数郡，川泽沃衍，有海陆之饶，珍异所聚，故商贾并凑”[④]；《乾道〈四明图经〉》记“土产已见郡志，布帛之品，惟此邑之絁，轻细而密，非他邑所能及。若星屿之江瑶，鲒埼之蝤蛑，双屿之班虾，袁村之鱼蚱，里港之鲈鱼，霍鼠之香螺，衡山之吹沙鱼，雪窦之榧子，城西之杨梅，泉西之燕笋，公棠之柿栗，杖锡之山芥，沙堰之薯药，皆其特异者也”[⑤]；元《大德昌国州图志》载，舟山地区出产大小黄鱼、带鱼、墨斗鱼、鳓鱼、鲳鱼、马鲛鱼等共计 57 种[⑥]。这些史料都说明了宁波地区渔产品的丰富。依托丰富的海产资源，沿海之民“渔海”的生活方式

① 尚学锋、夏德靠译注：《国语》，中华书局 2007 年版，第 390 页。

② 赵晔撰，周生春著：《吴越春秋辑校汇考》，上海古籍出版社 1997 年版。

③ （三国）沈莹撰，张崇根辑校：《临海水土异物志辑校》，农业出版社 1988 年版，第 7—33 页。

④ 《隋书》卷三一《地理下》。

⑤ （宋）罗濬等撰：《宝庆四明志》，《宋元浙江方志集成》本，第八册，第 3425 页。

⑥ （元）冯福京修，郭荐纂：《大德昌国州图志》卷 4《叙物产·海族》，《宋元方志丛刊》本，中华书局 1990 年版，第 6089 页。

逐渐形成，正如史书所言“濒海小民，业网罟舟楫之利，出没波涛间，变化如神，习使然也”。

《四明图经》云“若夫水族之富，滨海皆然……取其异者记焉”①。宝庆年间，政府因“岁有丰歉，物有盛衰，出其途者有众寡”，“免鲜鱼、蚶、蛤、蛤、虾等”②，这种免税政策进一步激发了人们开发海洋资源的热情。

明清以后，人们对海洋生物的认识进一步深入。两浙沿海地方志书和笔记小说中，亦不乏对海洋资源的记载：

明人小说《三刻拍案惊奇》中载“浙江一省，杭、嘉、宁、绍、台、温都边着海。这海里，出的是珊瑚、玛瑙、夜明珠、砗磲、玳瑁、鲛鮹。这还是不容易得的对象，有两件极大利，人常得的，乃是鱼盐。每日大小鱼船出海，管什大鲸、小鲵，一罟打来货卖。还又有石首、鲳鱼、鳓鱼、呼鱼、鳗鲡各样，可以做鲞；乌贼、海菜、海僧，可以做干；其余虾子、虾干、紫菜、石花、燕窝、鱼翅、蛤蜊、龟甲、吐蚨、风馔、蟺涂、江鳐、（□鱼）螵，哪件不出海中，供人食用、货贩？至于沿海一带，沙上各定了场，分拨灶户刮沙沥卤，熬卤成盐，卖与商人。这两项，鱼有鱼课，盐有盐课，不惟足国，还养活滨海人户与客商，岂不是个大利之薮”③。浙海一带，尽享鱼盐之利。宁波府更是借着“山有金木鸟兽之殷，水有鱼盐珠蚌之饶……川泽沃衍，风俗澄清，海陆珍异，所聚人杂”④ 的自然优势，使“有等嗜利无耻之徒，交通接济，有力者自出资本，无力者转展称贷，有谋者诓领官银，无谋者质当人口，有势者扬旗出入，无势者投话假借，双桅、三桅连樯往来，愚下之民，一叶之艇，送一瓜，运一蹲，率得厚利，驯至三尺童子，亦知双屿之为衣食父母，远近同风，不复知华俗之变于夷矣”⑤。

《浙江通志》中，亦载，杭州、嘉兴、宁波、绍兴、台州、温州等6府的水产品主要有：鲥鱼、石首鱼、箬鱼、鲫鱼、横鱼、石斑鱼、土鳌鱼、逆鱼、五色鱼、金鲫鱼、金银鱼、金鱼、蛙、石蛤、虾鱼、蝤蛑、蟹、蟛蜞、蛏、海蛳、无尾螺、黄玉、河鲀、薰蛸、鳖鱼、鲈鱼、鲻鱼、鲚鱼、鲛鱼、鳓鱼、梅鱼、马皋鱼、比目鱼、河豚鱼、青虾、白虾、黄

① （宋）张津撰：《乾道〈四明图经〉》，《宋元浙江方志集成》本。

② （宋）罗濬等撰：《宝庆四明志》，《宋元浙江方志集成》本，第3194页。

③ （明）梦觉道人：《三刻拍案惊奇》第二十五回《缘投波浪里，恩想笑窗亲》，上海古籍出版社1990年版。

④ 《浙江通志》卷九十九《风俗》，文渊阁四库全书本。

⑤ （明）朱纨：《朱中丞甓余集》，见于《明经世文编》卷二〇五。

虾、海虾、水母、白蟹、蟛蜞、琵蟹、蛏白砚、白蛤、黄蛤、牡蛎、沙虎、海蜇、鳊鱼、鲞鱼、鳜鱼、银鱼、乌鳢、鳗、异形鱼、鱼鲊、铺花鲈鳍、春鱼、梅鱼、鮆鱼、箭鱼、箬鱼、规鱼、魟鱼、马鲛鱼、鲨鱼、吹沙鱼、琵琶鱼、青滑鱼、鲎鱼、四腮鲈、鲻鱼、乌贼鱼、短鱼、银鱼、火鱼、宅鱼、海鳅、风鳗、弹涂、鲱鱼、鱼鲊、海扇、鲒、淡菜、蛸蛑、螺、蛤、虾鲊、虾米、蛏、蚶、蝣、蛑、章巨、肘子、土铁、海镜、绿毛龟、嘉鱼、追红鱼、小责鱼、半面鱼、英茶鱼、三色鲤、鲤花、小麦鱼、烘鱼、风鳗、灵鳗、鳗线、石首鱼、追红鱼、嘉鱼、香鱼、短鱼、烛鱼、鹿鱼、鲮鱼、仔鱼、燕鱼、枫叶鱼、箬叶鱼、石帆鱼、望潮鱼、龙头鱼、铜兑鱼、地青鱼、樶千鱼、梅童鱼、谢童鱼、秀才鱼、金银鲫、飞鱼、金鳗、獭鳗、鱼鳔、松门鲞、车鳌、对虾、潮蛤、石蜐、滚塘、海马、人鬼眼、千人擎、穿山甲、斑鱼、香鱼、鮸鱼、玉鱼、斗鱼、白袋鱼、龙头鱼、黄驹、水母线、琴虾、西施舌等鱼类近一百七十多种[①]。他统计后，指出浙江的海洋渔业资源最为丰富，约有 500 种，鱼类约 420 种，虾类 60 多种。另有贝类 60 多种，藻类 100 多种，等等。[②]

浙海一带海盐资源亦得到较早开发。《史记·货殖列传》中云“浙江南则越。夫吴自阖庐、春申、王濞三人招致天下之喜游子弟，东有海盐之饶，章山之铜，三江、五湖之利，亦江东一都会也”；《旧唐书》载，唐代“分钱塘置盐官县”[③]；《定海县志》指出“县御前水军屯数千灶，人物阜繁，鱼盐衍富”[④]；宋绍兴二年十一月初，榷明州卤田盐，高宗时又在永丰门内设盐仓。[⑤] 这一时期，经营盐业买卖的不只是正当商人，还有一些私商。正如《宁波通史》所说“明州出现的盐商，既有遵守‘国家榷盐，粜于商人，商人纳榷，粜于百姓’政策的合法商人。又不乏以私盐法商人干禁挠法的事例”。[⑥]

2. 港口建设的完善与造船业的勃兴

浙江沿海一带海域面积辽阔，海岸线绵延悠长，这为港口建设提供了便

---

① 《浙江通志》卷一百二十一《物产》，《文渊阁四库全书本》。

② 杨国帧：《东溟水土——东南中国的海洋环境与经济开发》，江西高校出版社 2003 年版，第 26 页。

③ 《旧唐书》卷 40，志第二〇，《地理三》。

④ 《定海县志》，《宋元浙江方志集成》，第 3491 页。

⑤ 《四明谈助》上，第 250 页。

⑥ （唐）韩愈：《论变盐法事宜状》，转引自《四明谈助》上，第 241 页。

利。在此笔者以宁波港为例进行详解。考古资料表明，7000年前河姆渡村，可算得上是我国东南沿海最早出现的原始寄泊点。在句章故城的东汉—东晋时期地层中，发现了码头、河道、墓葬、窑址等遗迹，其中码头发现于后河尾段北岸，河道分别位于后河尾段北侧和东汉—东晋时期城址堆积的东部边缘[①]；句章古港到六世纪时陷入衰落，港城由城山迁往小溪。《浙江通志·宁波府》注云："宋武帝讨孙恩，改筑（句章）于小溪镇"[②]；唐长庆元年（821）州治又从小溪鄞江桥迁到三江口，并在三江口建明州城池[③]；1973年，考古工作者在宁波市区和义路、东门口进行发掘时，发现了江南首个唐、五代、宋明州鱼浦城门遗址、城址与城外造船（场）遗址，并出土唐青瓷、漆器、陶器及建筑材料构件等文物900余件和一艘龙舟遗物。遗址的南边是子城，北侧紧靠余姚江南岸，东南为三江口。从位置上判断，此处已具有了固定的码头泊位[④]；宋代，明州（庆元）地区州城，位于鄞县的三江口，领鄞县、慈溪、奉化、定海（今宁波镇海和北仑区）、象山、昌国（今舟山）六县。道光七年（1827），宁波东门口城下修墙时，发现两块南宋断碑《市舶司记》与《来安亭记》。从碑文可知，南宋时期明州的三江口江厦码头一带已成了国际性的海运码头；[⑤] 1978年8月和1979年4月，考古工作者两次抢救性发掘了位于灵桥门东北、东渡门外的来远亭。经判断，来远亭外、濒临奉化江的下番滩码头应是舶商在庆元城停泊的主要码头，又被称为"江夏码头"，即现在的宁波三江口稍南，灵桥以北，奉化江西岸，大道头运输码头的大致范围。[⑥] 另经考古学者证实的港口，还有位于鱼浦城门外的姚江码头、东门口甬东司码头（即"南至江左街，北至江北"的桃花渡）及在甬江出海口镇海招宝山发掘的码头遗址；洪武三年，明太祖为推行朝贡贸易，罢太仓黄渡市舶司，改在广州、泉州、宁波各设一市舶司，规定"宁波通日本，泉州通琉球，广州通占城、暹罗、西洋诸国"[⑦]。郑和下西洋以后的一段时期内，宁波作为中日勘合通商贸易港把明、日勘合贸易发展到

① 宁波市文物考古研究所编著：《句章故城考古调查与勘探报告》，科学出版社2014年版，第60页。

② （清）李卫等：《浙江通志》卷四十三《宁波府》"古句章城"条，商务印书馆1934年影印本。

③ 林士民：《三江变迁——宁波城市发展史话》，宁波出版社2002年版，第35页。

④ 林士民：《浙江宁波东门口罗城遗址发掘收获》，《东方博物》1981年创刊号。

⑤ 施存龙：《中国东方深水大港——宁波港》，海洋出版社1987年版，第184页。

⑥ 唐勇：《宋代明州"庆元"港城研究》，2006年宁波大学硕士学位论文。

⑦ 《明史》卷81，志第五七，《食货五》。

最大值。这不仅促进了宁波地区海外贸易的发展，也使得宁波港口建设得到进一步完善。

据相关学者统计，浙江适宜港岸线达240公里，较重要的港口有35个。属今宁波市辖区的有宁波港、镇海城关港、宁波小港、穿山港、石浦港、薛岙港等；舟山地区的有定海港、长涂港、高亭港、大冲港、沥港、普陀山港、台门港、沈家门港等；温州市辖区的有温州港、温州小港、盘石港、龙江港、瑞安港、清水浦港、洞头港、鳌江港等；台州市辖区的有海门港、松门港、健跳港、江口港、浦西港、黄岩港、前所港、西岭港、坎门港等[①]，其中一些港口，在明代已存在。

宁波港，作为经济外贸港的区位优势集中表现在两方面：

对内，宁波港借助京杭大运河——这条强劲有力的交通线，经济腹地得到进一步拓展。腹地范围从浙东一带扩大到浙西、浙南、皖南、赣东等东南沿海的其他地区，甚至达到长江以北的广大地区。明人程春宇《士商类要》和黄汴《一统路程图记》中，对这条运河商路的记载，进一步明确了明代由宁波经浙东运河至杭州，再由杭州经江南运河或其他水路至苏州的黄金水道。这条黄金水道，将太湖流域水系与浙东地区钱塘江、浦阳江、曹娥江、姚江、奉化江等水系连为一体，成了沟通太湖流域经济区与浙江其他地区经济往来的交通要道。这使宁波这个专通日本的对外贸易港口城市，与沿途的重要城市、县镇紧密联系在一起。这包括江南的中心城市杭州、苏州、南京，府县城慈溪、余姚、上虞、绍兴、萧山、嘉兴、松江、湖州、无锡、常州、镇江，及大批新兴的商业市镇塘栖、石门等。宁波港的经济腹地，也逐渐形成了包括宁波、绍兴、杭州、嘉兴、苏州、松江、常州、镇江、江宁、太仓等10府1州组成的江南地区。宋元时这一地区的经济有较快发展。明代中期后，农业、手工业商业化趋势更加明显，大批工商业市镇形成。伴随着社会分工的不断扩大，这一地区的蚕桑、丝绸、棉花、棉布、陶瓷、铁器、书籍等商品迅速增加，市场容量也增加。

对外，宁波港充分发挥其港口优势，重视对海船的制造和新航线的开辟。

宁波余姚河姆渡村，发现了距今7000年的独木舟。有学者指出，河姆

---

① 杨国桢：《东溟水土——东南中国的海洋环境与经济开发》，江西高校出版社2003年版，第21页。

渡先民通过独木舟，随着自然洋流、季风的漂流，将稻作农业[①]、有段石锛，传播到太平洋及其岛屿[②]；唐代明州造船业崛起。《头陀亲王入唐略记》载，张友信为亲王打造了海运大船，并亲自从日本驶至明州港[③]。1977 年，宁波市和义路姚江边海运码头附近的一处造船厂遗址中发现一条龙舟，其出土于唐代（大中年间）地层，由一条原木制成龙舟体，龙舟头部与尾部上部结构已损。舟体总长 11.5 米，型宽 0.95 米，型深 0.35 米。L/B = 12.10，B/T = 3.17，首部离基线高（前昂势）0.69 米，后部离基线（后翘势）0.46 米[④]；考古工作者还在奉化江西岸清理出了唐代江岸码头和三处宋代码头。这为复原唐宋明州港江厦国际海运码头的具体位置、规模、特点与它们变迁的历史提供了第一手资料。这里发现的宋代海船是一艘尖头、尖底、方尾的三桅外海船，由龙骨、主桅、抱梁肋骨、船壳板组成，用了减摇龙骨技术，这对改善船舶航海性能、保证航海安全起到重要作用[⑤]。

明成祖在位时，多次指派浙江府造海船，如永乐元年癸亥，命京卫及浙江、湖广、江西、苏州等府卫造海运船二百艘[⑥]；永乐五年丁巳，命浙江、湖广、江西改造海运船十六艘[⑦]；永乐六年二月丁未，命浙江金乡等卫造海船二十三艘[⑧]；永乐七年十月壬戌，命江西、湖广、浙江及苏州等府卫造海船三十五艘[⑨]；九年冬十月辛丑，命浙江临山、观海、定海、宁波、昌国等卫造海船四十八艘[⑩]；十年庚辰命浙江、湖广、江西及镇江等府卫造海运船一百三十艘[⑪]；十一年九月辛丑，命江西、湖广、浙江及镇江等府改造海风船六十三艘[⑫]。这些造船要求不仅促进了浙江一带造船业的发展，还为浙江

---

① 林士民、沈建国：《稻作农业的传播》，《万里丝路——宁波与海上丝绸之路》，宁波出版社 2002 年版。

② 林士民、沈建国：《石锛的发源地》，《万里丝路——宁波与海上丝绸之路》，宁波出版社 2002 年版。

③ ［日］《头陀亲王入唐略记》，《日本东寺》观智院本；《万里丝路——宁波与海上丝绸之路》“头陀亲王与明州”一节，宁波出版社 2002 年版。

④ 林士民：《宁波港沉船考古研究》，《浙东文化论丛》2009 年第二集，上海古籍出版社 2010 年版。

⑤ 同上。

⑥ 《明成祖实录》卷二十一，永乐元年八月癸亥条。

⑦ 《明成祖实录》卷五十四，永乐五年十一月丁巳条。

⑧ 《明成祖实录》卷五十五，永乐六年二月丁未条。

⑨ 《明成祖实录》卷六十六，永乐七年十月壬戌条。

⑩ 《明成祖实录》卷七十九，永乐九年十月辛丑条。

⑪ 《明成祖实录》卷八十五，永乐十年十月庚辰条。

⑫ 《明成祖实录》卷八十九，永乐十一年九月辛丑条。

海洋经济的发展提供了运输交通。

这一时期，宁波地区的造船技术也有较大提高。1994 年象山涂茨镇出土的一条明代前期海船，残长 23. 7 米，宽 4. 9 米。全船由 12 道舱壁将船体分为 13 个船舱，水密性很好，舱底还采用“下实土石”技术，以增加船的稳定性和抗风性。[①] 据载，1548 年明朝军队攻陷宁波双屿走私港后，缴获 2 只未完工的大船，其中“一只长十丈、阔二丈七尺、高深二丈二尺；一只长七丈、阔一丈三尺、高深二丈一尺”[②]。“海舟以舟山之乌槽为首。福船耐风涛，且御火。浙之十装标号软风、苍山，亦利追逐。……网梭船，定海、临海、象山俱有之，形如梭。竹桅布帆，仅容二三人，遇风涛辄舁入山麓，可哨探”[③]。

明代中期，宁波至日本间开辟了新的航道，即从日本五岛始航，至浙江海面的陈钱、下八等岛，后分路“若东北风急，则过落星头而入深水蒲岙，到蒲岙而风转正东，则入大衢沙塘岙，而进长涂，到长涂而风转东北，则由两头洞而入定海，到长涂而风转南，则由胜山而入临观，到临观而南风大作，则过沥海而达海盐、澉浦、海宁，此陈钱向正西之程也”[④]。这一航线大大缩短了航程。据《唐船图》记，由五岛、长崎至宁波不过 300 里，耗时 8—14 天；至舟山普陀仅为 280 里，需要 5—14 天[⑤]。

如果说海船制作技术的改进与新航线的开辟为浙江一带海外贸易的发展提供了可能，那么，中外商品的互补性，则为双方贸易的扩大提供了货物保障。

日本需求的商品大抵可从宁波及其腹地得到，正如时人姚士麟所讲，“大抵日本所须，皆产自中国，如室必布席，杭之长安织也；妇女须脂粉，扇漆诸工须金银箔，悉武林造也。他如饶之瓷器、湖之丝绵、漳之纱绢、松之棉布，尤为彼国所重”[⑥]。明人唐枢也指出，中日之间“有无相通，实理势之所必然。中国与夷，各擅土产，故贸易难绝，利之所在，人必趋之。……夫贡必持货与市兼行，盖非所以绝之”，因此“私相商贩，又自来

---

① 宁波市文物考古研究所、象山县文管会：《浙江象山县明代海船的清理》，《考古》1998 年第 3 期。

② （明）朱纨：《甓余杂集》卷二《捷报擒斩元凶荡平巢穴以靖海道事》。

③ 《明史》卷 92，志第六八，《兵志》。

④ 《海防纂要》卷一《海岙》。

⑤ 《宁波与日本经济文化交流史》，第 162 页。

⑥ （明）姚士麟撰：《见只编》卷上，中华书局 1985 年版。

不绝”[1]。

3. 私人贸易的活跃与商帮的出现

15世纪末期，浙江沿海私人贸易出现了一些新变化。私人海上贸易进一步活跃，并表现出五个特点：即贸易人员组成的集团化、贸易方式的多样化、商品种类的多样化、贸易范围的扩大化和民众择业的功利化等。

就贸易人员规模而言，明后期私人贸易出现了集团化倾向。明代，杭、嘉、湖地区的商贸活动多被徽州商帮操纵。中期以后，随着杭、嘉、湖地区“改粮他种”风气的盛行，这一地区又变成了缺粮区。徽州商人借机把杭嘉湖地区盛产的食盐、丝绸、棉布、茶叶等商品运销到全国其他地区；又把两湖、山东等地的粮食低价收购，在这一地区高价售出，以获取高利。徽商不仅占领了粮食、食盐及木材[2]等大宗商品市场，还广泛出现在杭、嘉、湖一带盛产丝、绸的市镇中。天启《平湖县志》载，该县的新带镇，有中市、东市、西市，有花街，有上塘、下塘，盛产鱼米、花布之属，“徽商麇至，贯镪纷贸，出纳雄盛”[3]。

这一时期浙江地区还出现了许栋、李七、汪直、陈东、叶明等一些资本雄厚的海上私人集团，这些集团“或五只、或十只、或十数只，成群分党，纷泊各港”[4]，使海外贸易的规模进一步扩大。

浙江地区的本土商帮以宁波商帮和龙游商帮为代表。宁波商帮在经营国内贸易的同时，还经营着海外贸易。入明以后，宁波逐渐成为明政府专通日本的港口和日本使臣、僧、商出入中国的唯一通道。凡日船赴明，必先至宁波登岸，明使赴日也必须从宁波起航[5]。宁波商人也多以善于经营著称。如万历年间，宁波人孙春阳，弃举子之业而为“贸迁之术”，来到苏州，在皋桥西开了一家南货铺，由于“店规之严，选制之精”而“天下闻名”。他按货物的不同，把店面分为六个专柜，即南北货房、海货房、腌腊房、酱货房、蜜饯房、蜡烛房；又设统一的收银柜，购买者交钱后领取一票据，持票

① （明）唐枢：《复胡梅林论处王直》，见《明经世文编》卷二七〇。

② 崇祯《开化县志》“开地田少，民间惟栽杉木为生，三四十年一伐，谓之拚山。邑之土产杉为上，姜、漆次之，炭又次之。合姜漆炭之利，只当山利五之一，闻诸故老：当杉利盛时，岁不下十万，以故户鲜逋赋，然必仰给予徽人之拚本盈，而吴下之行货勿滞也”（雍正《浙江通志》卷一〇六，1983年台湾商务印书馆影印《四库全书》刊本，第521册，第669页）。

③ （明）程楷修，杨俊卿纂：天启《平湖县志》卷一《舆地·都会》，《天一阁藏明代方志选刊续编》，上海书店1990年版，第27册，第107页。

④ （明）万表：《玩鹿亭稿》卷五《海寇议》，齐鲁书社1997年版。

⑤ 《宁波与日本经济文化交流史》，第122页。

到库房取货；店铺中还设有“管总”“掌其纲”，负责经营；“一日一小结，一年一大结”，及时计算盈亏①。

海禁实施后，官方贡使贸易航线被阻断，许多商人踏上走私贸易的道路。《东南平倭通录》中指出，“浙人通番自宁波、定海（镇海）出洋”。到嘉靖年间，浙江不少“通番”者与日本进行贸易，其中很多是宁波商人。如鄞县人毛海峰、徐碧溪、徐光亮、叶宗满等人，经常“装载硝黄、丝绵等违禁诸物，抵日本、暹罗、西洋诸互市”②；在“每岁倭舶入五岛开洋，东北风五六昼夜至陈钱、下八”时，定海、奉化、象山一带向来以海为生的贫民也“荡小舟至陈钱、下八山取壳肉、紫菜者，不啻万计”③，双方在陈钱、下八汇合并相互接触。海乡之民“每岁孟夏以后，大舶数百艘，乘风挂帆，蔽大洋而下。而台、温、汀、漳诸处海贾往往相追逐，出入蛟门中”④。

宁波地区的私人贸易主要是通过掮客进行的，这些掮客多为明朝人，其最为著名者要数鄞县人朱漆匠了。他“赊得夷人汤四五郎漆器，价钱入手花费，竟无货偿，贡船归国之秋不得漆器，将告以官，行人虑责，与之催逼，而朱漆匠计出无奈，以子朱缟填去，后更改姓名宋素卿”⑤。随着海上贸易的发展，浙江尤其是浙东一带，已开始广泛地与日本、暹罗、西洋等国进行海上贸易。日本、佛郎机、彭定、暹罗等国，开始也纷纷在宁波双屿港内停泊，进行走私贸易，以致出现“内地奸人交通接济，习以为常”⑥，“直隶、闽、浙并海诸郡奸民，往往冒禁入海，越境回易以规利，官兵追贼至海上。会奸民林昱等舟五十余艘，前后至松门海洋等处，因与官兵拒敌，多少杀伤，寻执之”⑦。考古工作者还在宁波的明代地层中，发现日本、朝鲜、越南等国钱币，如“洪武通宝”“圣元通宝”“绍平通宝”“朝鲜通宝”等⑧。

龙游商帮是明代浙江商人中人数最多的商团，其涵盖了当时衢州府所属的西安、常山、龙游、江山等县的所有商人。衢州府的西安、龙游，多山少

---

① （清）钱泳：《履园丛话·杂记下》，中华书局1979年版。
② 张海鹏：《明清徽商资料选编》，黄山书社1985年版。
③ （明）郑若曾：《御倭杂著二》，见《明经世文编》卷二七〇。
④ （明）张邦奇：《张文定甬川集》，见《明经世文编》卷一四七。
⑤ 徐明德：《明代宁波港海外贸易及其历史作用》，载《浙江师范学院学报》1983年第2期。
⑥ （明）朱纨：《甓余杂集》，见于《明经世文编》卷二四三。
⑦ 《明世宗实录》卷一百六十六，嘉靖十三年八月壬子条。
⑧ 罗丰年：《从宁波发现的邻国钱币看宁波的对外交往》，《宁波金融》1988年第3期。

田，“谷贱民贫，恒产所入，不足以供赋税，而贾人皆重利致富。于是人多驰骛奔走，竞习为商，商日益众”①。明代中叶以后，西安、龙游的民众多以商为业，常山县“地狭民稠，人尚勤俭，事医贾趋利”；瀫水以南，乡民多在家务农，而以北的民众则多以经商为业，以致龙游一带几乎一半的人口外出经商，“几空县之半，而居家耕种者仅当县之半”②。这也如雍正《浙江通志》所讲“挟赀以出，守为恒业，即秦、晋、滇、蜀，万里视若比舍，故俗有遍地龙游之语”③。

龙游商人长期从事长途贩运。他们经营的行业，从木材、漆、纸到书籍、珠宝，如《广志绎·江南诸省》云“龙游善贾，其所贾多明珠、翠羽、宝石、猫睛类轻软物。千金之货，只一人自赍京师，败絮、僧鞋、蒙茸、褴褛、巨疽、膏药皆宝珠所藏，人无知者”④。

浙东地区的渔业生产逐渐被部分家族垄断。如《菽园杂记》载，“但今日之利，皆势力之家专之，贫民不过得其受雇之值耳”⑤。在生产中也有使用雇工者，每当鱼汛，船主就会“造舟募工”，出海捕鱼，得利甚厚。

明代中晚期，还出现了渔帮。白斌《明清浙江海洋渔业与制度变迁》中提到，从清初浙江存在大量渔帮的事实来看，浙江渔帮的产生应大致在嘉靖后期（1552—1566）至崇祯朝（1610—1644）之间⑥。万历二年（1574）正月乙酉，浙江巡抚都御使方弘静，在“条陈海防六事”中，向朝廷申请将浙江沿海渔民按船只编立甲首，建议“边海之人，南自温、台、宁、绍，北至乍浦、苏州。每于黄鱼生发时，相率赴宁波、洋山海中打取黄鱼。旋就近地发卖，其时正值风汛，防御十分当严，合将渔船尽数查出，编立甲首，

---

① 雍正《浙江通志》卷一〇六，1983年台湾商务印书馆影印《四库全书》刊本，第521册，第669页。

② （明）林应翔修，叶秉敬纂：《天启衢州府志》，上海古籍出版社2010年版。

③ 雍正《浙江通志》卷一〇〇，引《龙游县志》，浙江省龙游县志编纂委员会编，中华书局1991年版。

④ （明）王士性：《广志绎》卷四《江南诸省》，中华书局1981年版，第75页。

⑤ （明）陆容：《菽园杂记》卷13，元明史料笔记丛刊，中华书局1985年版。

⑥ 白斌：《明清浙江海洋渔业与制度变迁》，上海师范大学2012年博士学位论文，第182页。藤川美代子（［日］藤川美代子：《闽南地区水上居民的生活和祖先观念》，第二届海洋文化与社会发展研讨会论文集，上海海洋大学，2011年12月，第179页）指出，所谓的“渔帮”，通过对中国福建九龙江口渔村的调查，指出所谓的“渔船帮”是指共享同一个根据港的几个同姓集团形成，其成员有时会组织船队一起出海捕鱼。白斌指出在渔帮组织内部，每一队船中有类似于陆地保甲制度的甲长（另有称牌长），渔帮的头目称为“总柱”（白斌：《明清浙江海洋渔业与制度变迁》）。

即于捕鱼之时，资之防寇”[①]。方案被兵部审议通过后，浙江一带渔民出海结队捕鱼获得政府的许可，这也是渔帮形成的动力。

4. 海洋意识与海洋信仰体系的形成

唐宋时，“江南之俗，火耕水耨，食鱼与稻，以渔猎为业，虽无蓄积之资，然而亦无饥馁之患”[②] 开始转变，逐渐出现了“小人多商贩，君子资于官禄，市廛列肆，埒于二京，人杂五方，故俗颇相类。京口东通吴、会，南接江、湖，西连都邑，亦一都会也。其人本并习战，号为天下精兵。俗以五月五日为斗力之戏，各料强弱相敌，事类讲武，宣城、毗陵、吴郡、会稽、余杭、东阳，其俗亦同。然数郡川泽沃衍，有海陆之饶，珍异所聚，故商贾并凑”[③]；宋人张津《乾道四明志》，提道“明得会稽郡之三县，三面际海，带江汇湖，土地沃衍，视昔有加古。鄮县乃取贸易之义，居民喜游贩鱼盐。故颇易抵冒，而镇之以静，亦易为治。南通闽广，东接倭人，北距高丽，商舶往来，物货丰溢，出定海有蛟门、虎尊天设之险，实一要会也。”[④]

入明后，王士性对浙江各个区域的地理风俗进行概括“浙东俗敦朴，人性俭啬椎鲁，尚古淳风，重节概，鲜富商大贾。而其俗又自分为三：宁、绍盛科名逢掖，其戚里善借为外营，又佣书舞文，竞贾贩锥刀之利，人大半食于外；金、衢武健负气善讼，六郡材官所自出；台、温、处山海之民，猎山渔海，耕农自食，贾不出门，以视浙西迥乎上国矣……宁、绍、台、温连山大海，是为海滨之民……海滨之民，餐风宿水，百死一生，以有海利为生不甚穷，以不通商贩不甚富，闾阎与缙绅相安，官民得贵贱之中，俗尚居奢俭之半。”[⑤]

从上可知两点：一为因为地理环境的不同，浙江区域内部的风俗也各有差异；二为宁波、绍兴、台州、温州等地居民，逐渐形成了“猎山渔海”的生活方式。如《广志绎》载，“明、台滨海郡邑，乃大海汪洋，无限界中，人各有张浦系网之处，只插一标，能自认之，丈尺不差。盖鱼鰕在水游走，各有路径，阑截津要而捕捉之，亦有相去丈尺而饶瘠天渊者。东南境

① 《明实录》神宗实录卷之二一，万历二年正月乙酉条。

② 《隋书》卷31，志第二六，《地理志下》。

③ 同上。

④ （宋）张津：《乾道四明志》，宋元浙江方志集成本，第2893页。又按《十道四蕃志》云“以海人持货贸易与此，故名，而后汉以县居鄮山之阴，乃加‘邑’为鄮。虽或以山，或以县，取义不同，而所以为鄮则一也”。

⑤ （明）王士性：《广志绎》卷四《江南诸省》。

界，不独人生齿繁多，即海水内鱼鰕，桅杹终日何可以亿兆计，若淮北、胶东、登、莱左右，便觉鱼船有数。”[①] 可见，这一时期浙江沿海人民已可以熟练地根据鱼类在水中游走的路径，来辨别鱼种，下海捕鱼的渔船甚至“以兆计”。

浙江有着与其他省相同的海神信仰，如妈祖信仰、观音信仰等。另外，各地还形成了自己的信仰：如台州地区的“渔师菩萨”，温州地区的杨府爷、灵安尊王、陈乌姆（鱼神爷或陈府爷）、陈静姑（陈十四娘娘），宁波地区的鲍盖、罗清宗、黄晟、如意娘娘、姜毛二神、杨甫老大、海囡、燕寓老相公、渔师公、绢珠娘娘、渔师娘娘，绍兴、上虞地区的海神冯俊。伴随着庞大海神信仰体系的建立，浙江海洋社会也逐渐形成。

① （明）王士性：《广志绎》卷四《江南诸省》。

第三章

明代浙江海防与对外交流

在海防建设上，明代军事设置采用卫所制，而浙江卫所是明政府军事设置的重点，一方面是因为这里与海外交流较频繁，需要严加防范；另一方面是因为江浙在元末乃是与朱元璋争权较厉害的地区，明廷自然要多加小心了。虽然明廷没有对海军有多大重视，但相对于前朝，也有了很大发展。而后来发生了海贼倭乱之后，为了剿贼抗倭需要，浙江卫所数量不变，而千户所则有所增加。为了应对倭寇，明政府增加了战船的制造，浙江成了明政府战船制造的主要基地之一，浙船也成为明三大海船之一。由于出现了海贼倭乱，在浙江海面就发生了长时期的剿贼抗倭斗争。虽然抗倭最终取得了胜利，但也暴露了明朝政治和军事上的弱点。

明代浙江地区的对外文化交流，主要可分为两部分：一部分是与日本的文化交流；一部分是与西方文化的交流。前者几乎是一种单向的交流，即中国文化向日本的传播；而后一种看上去是向中国的传播，但并未产生重大影响，还不能撼动根深蒂固的儒家文化。

第一节　明代在浙江的军事设置和海防建设

一　明代浙江的卫所设置

明代军事设置采用卫所制，“自京师达于郡县，皆立卫所。外统之都司，内统于五军都督府，而上十二卫为天子亲军者不与焉。征伐则命将充总兵官，调卫所军领之，既旋则将上所佩印，官军各回卫所。盖得唐府兵遗意。”① 可见，明兵制接近唐之府兵制。只是明之军事将领无法形成府兵制

① 《明史》卷89，志第六十五，兵一。

下的独揽大权现象，这也是统治者防止军权独断威胁其统治之有效措施。但时间一长，将领和军队的分离势必会削弱军队的战斗力，所以《明史》会说，卫所制隐藏着军事国防危机，“文皇北迁，一遵太祖之制，然内臣观兵，履霜伊始。洪、宣以后，狃于治平，故未久而遂有土木之难。”[①] 土木堡之变暴露了卫所之下明兵战斗力之脆弱。所以才有了于谦之军事革新，“于谦创立团营，简精锐，一号令，兵将相习，其法颇善。”[②] 于谦创立的团营有利于兵将的熟悉和操练，无疑加强了军队的战斗力和行动效率。但后世统治者并未将其沿袭下来，反而屡次更改建制，导致军事行动的混乱和低能，并最终致使明朝的崩溃。“宪、孝、武、世四朝，营制屡更，而威益不振。卫所之兵疲于番上，京师之旅困于占役。驯至末造，尺籍久虚，行伍衰耗，流盗蜂起，海内土崩。宦竖降于关门，禁军溃于城下，而国遂以亡矣。”[③]

关于卫所的设置，并不是一蹴而就的，它经历了一个过程。洪武三年，朱元璋升杭州、江西、燕山、青州四卫为都卫，又置河南、西安、太原、武昌四都卫。洪武八年，改在京留守都卫为留守卫指挥使司，在外都卫为都指挥使司，共有十三个，即北平、陕西、山西、浙江、江西、山东、四川、福建、湖广、广东、广西、辽东、河南等。[④]

在浙江的卫所设置也经历了一个过程。在明太祖设浙江都司后，下辖16个卫，5个千户所，分别为：杭州前卫、杭州右卫、台州卫、宁波卫、处州卫、绍兴卫、海宁卫、昌国卫、温州卫、临山卫、松门卫、金乡卫、定海卫、海门卫、盘石卫、观海卫、海宁千户所、衢州千户所、严州千户所、湖州千户所、金华千户所。

后来为了抗倭需要，卫数量不变，而千户所有所增加，增加至31所，分别为：海宁千户所、衢州千户所、严州千户所、湖州千户所、金华千户所、澉浦千户所、乍浦千户所、三江千户所、定海千户所（定海后千户所、定海中左千户所、定海中中千户所）、沥海千户所、三山千户所、大嵩千户所、霏阤千户所、龙山千户所、石浦千户所（石浦前千户所、石浦后千户所）、爵豁千户所、钱仓千户所（水军千户所）、新河千户所、桃渚千户所、

① 《明史》卷89，志第六十五，兵一。

② 同上。

③ 同上。

④ 同上。

健跳千户所、隘顽千户所、楚门千户所、平阳千户所、瑞安千户所、海安千户所、蒲门千户所、壮士千户所、沙园千户所、蒲岐千户所、宁村千户所、新城千户所。①

二　明代浙江海防建设

明代对海防是很重视的。对于自辽东至浙闽、安南沿海之地向来警惕，尤其警惕岛寇倭夷的骚扰，“沿海之地，自乐会接安南界，五千里抵闽，又二千里抵浙，又二千里抵南直隶，又千八百里抵山东，又千二百里逾宝坻、卢龙抵辽东，又千三百余里抵鸭绿江。岛寇倭夷，在在出没，故海防亦重。”日本位置与闽相若，而浙之招宝则关其贡道在焉，故浙、闽为最冲。②

在朱元璋吴王元年之时，就对浙江的军事设置很重视，因为张士诚等部残余盘踞海岛，不时谋求恢复旧有势力。朱元璋命浙江行省平章李文忠在嘉兴、海盐、海宁等地设兵戍守，“浙江行省平章李文忠言，浙江、嘉兴、海盐、海宁等处沿海州县皆是边防之所，宜设兵镇守，上命文忠调兵戍之”。③洪武三年，曹国公李文忠奏置浙江七卫：曰钱塘，曰海宁，曰杭州，曰严州，曰崇德，曰德清，曰金华及衢州。守御千户所计兵总五万二千五百一十三人。从之，后改严州、金华二卫为守御千户所，罢崇德、德清二卫。④

洪武四年十二月，方国珍及张士诚余众多流窜岛屿间，并勾倭为寇。朱元璋则命靖海侯吴祯将俘虏的方国珍在温、台、庆元的军士及兰秀山无田粮之民一共十一万余人，充入各卫所为军，以加强海防军力。同时严禁沿海民众私自出海，以防止其与方、张残余部队勾结。⑤

洪武五年，朱元璋诏令浙江、福建濒海九卫造海舟六百六十艘以御倭寇，其谕中书省臣曰：“自兵兴以来，百姓供给颇烦。今复有兴作，乃重劳之然。所以为此者，为百姓去残害，保父母妻子也。朕恐有司因此重科吾民，反致怨讟。尔中书其榜谕之，违者罪不赦。”省臣对曰：“陛下爱民而预防其患，所费少而所利大。臣尝闻，倭寇所至，人民一空。较之造船之费，何翅千百。若船成，备御有具，濒海之民可以乐业，所谓因民之所利而利之，又何怨？但有司之禁不得不严。先是濒海州县屡被倭害，官军逐捕往

① 《明史》卷90，志第六十六，兵二。

② 《明史》卷91，志第六十七，兵三。

③ 《太祖实录》卷之二十三，吴元年夏四月丁卯条。

④ 《太祖实录》卷之五十八，洪武三年十一月壬子条。

⑤ 《明史》卷91，志第六十七，兵三。

往乏舟，不能追击，故有是命。”[①] 由此可见，虽然当时有倭寇之患，其造成的危害也较受关注，但还没有到明廷倾力抗击的地步，所以海舟的建造才刚提上日程。在造舟的时候朱元璋还小心翼翼，不致耗费太重，征税扰民太过。[②] 到了九月，朱元璋又诏浙江福建濒海诸卫改造多橹快船以备倭寇。[③]

洪武六年，朱元璋听从德庆侯廖永忠的建议，命广洋、江阴、横海、水军四卫增置多橹快船，无事则巡徼，遇寇以大船搏战，快船逐之。同时诏令总兵官领四卫兵、京卫及沿海诸卫军，每春以舟师出海，分路防倭，秋日乃还。[④] 洪武十三年，诏延安侯唐胜宗督浙江属卫官军造海船修城隍。[⑤] 洪武十三年，为勉励抗倭将士，朱元璋赐浙江滨海卫所士卒四万二千余人棉布各三匹。[⑥]

洪武十五年，浙江都指挥使司对浙江卫所防御倭寇之效率有所担忧，建议沿海海口驻扎舟师，以应不测，其言曰：“杭州绍兴等卫，每至春则发舟师出海，分行嘉兴、澉浦、松江、金山防御倭夷，迨秋乃还。后以浙江之舟难于出闸，乃聚泊于绍兴、钱清、汇然，自钱清抵澉浦、金山必由三江、海门，俟潮开洋，凡三潮而后至。或遇风涛动踰旬日，卒然有急，何以应援？不若仍于澉浦、金山防御为便，其台州、宁波二卫舟师则宜于海门、宝陀巡御，或止于本卫江次备御，有警则易于追捕。若温州卫之舟卒难出海，宜于蒲洲、楚门海口备之。”朱元璋准其言。[⑦]

洪武十七年，朱元璋命信国公汤和巡视海上，修筑浙东西沿海诸城，训练军士。接着，又命江夏侯周德兴增加沿海戍兵，移置卫所于要害处，在浙江置定海、盘石、金乡、海门四卫。又置金山卫于松江之小官场，同设青村、南汇嘴城二千户所；又置临山卫于绍兴，设三山、沥海等千户所；宁波、温、台等地，先已置八千户所，分别是平阳、三江、龙山、霩卮、大松、钱仓、新河、松门，皆屯兵设守。为了海上安全，当明和日本冲突发生

① 《太祖实录》卷之七十五，洪武五年秋七月甲申条。

② 朱元璋这种从容之心还见洪武十一年夏丁丑条：浙江都指挥使司言：“台州卫城中军民杂处，请徙营他处。及城垣岁久颓圮，宜加修筑。”上曰：“农事方殷，未可为也。俟秋成议之。”《太祖实录》卷之一百十八。

③ 《太祖实录》卷之七十六，洪武五年九月癸亥条。

④ 《明史》卷91，志第六十七，兵三。

⑤ 《太祖实录》卷之一百三十二，洪武十三年六月甲申条。

⑥ 《太祖实录》卷之一百三十四，洪武十三年冬十月戊辰条。

⑦ 《太祖实录》卷之一百四十四，洪武十五年夏四月辛丑条。

时，朱元璋干脆绝其贡使，倭患一度消弭。[①] 九月，赐浙江诸卫军士棉布每人二匹，老幼者人一匹，大仓、镇海二卫军士亦如之。[②] 十月，浙江定海千户所总旗王信等九人擒杀倭贼并获其器仗，朱元璋命擒杀贼者升职，获器仗者赏之。[③]

洪武二十年，置定海、盘石、金乡、海门四卫指挥使司于浙江并海之地以防倭寇。[④] 洪武二十年，敕福建都指挥使司备海舟百艘，广东加倍，并具器械粮饷，意欲九月会浙江候出占城捕倭夷。又命被贬而谪戍昌国卫的千户和百户镇抚，皆出海捕倭以功赎罪。[⑤]

洪武二十年，赐浙江沿海诸卫所军士六万二千八百五十三人钞，每人五锭。[⑥] 洪武二十三年，浙江都指挥使司言倭夷由穿山浦登岸，杀虏军士、男女七十余人，掠其财物。守御百户单政不即剿捕，致贼遁去。朱元璋诏诛之。[⑦] 可见朱元璋赏罚之分明。洪武二十五年九月，又赏浙江盘石等卫造防倭海船将士八千七百余人钞锭。[⑧]

洪武二十七年，海上有倭寇之警，朱元璋先命浙江都督杨文节制沿海诸军备战，又命魏国公徐辉祖、安陆侯吴杰往浙江训练沿海军士。[⑨] 三月，又令浙江、福建沿海土军交换防守。原因是，按照指挥方谦奏言，土兵经常为害乡里，应该让其调换防守驻扎，其言曰："闽浙滨海之民多为倭寇所害，以于沿海筑城置卫，籍民丁多者为军以御之。而土人为军反为乡里之害。"于是明太祖下令互相交换。不过，又担心以道远劳苦，只让各都司沿海卫所相近者互相交换。[⑩] 八月，浙江定海卫奏报，所属廓衢等千户所，皆濒海地方陆路一百二十里，水路则风涛险远，遇警急，卒难应援，请于穿山筑城，置千户所，分调官军守御。朱元璋准其奏。[⑪]

洪武二十九年，朱元璋改置天下按察分司为四十一道，浙江二道：曰浙

---

① 《明史》卷91，志第六十七，兵三。
② 《太祖实录》卷之一百六十五，洪武十七年九月辛亥条。
③ 《太祖实录》卷之一百六十七，洪武十七年闰十月乙巳条。
④ 《太祖实录》卷之一百八十，洪武二十年春正月甲辰条。
⑤ 《太祖实录》卷之一百八十二，洪武二十年五月庚申、壬戌条。
⑥ 《太祖实录》卷之一百八十七，洪武二十年十一月丙辰条。
⑦ 《太祖实录》卷之一百九十九，洪武二十三年春正月己巳条。
⑧ 《太祖实录》卷之二百二十一，洪武二十五年九月辛酉条。
⑨ 《太祖实录》卷之二百三十二，洪武二十七年三月辛丑条。
⑩ 《太祖实录》卷之二百三十二，洪武二十七年三月甲午条。
⑪ 《太祖实录》卷之二百三十四，洪武二十七年八月戊午条。

东道，治绍兴、宁波、温州、台州、处州、金华、衢州七府；曰浙西道，治嘉兴、湖州、杭州、严州四府。①

洪武三十一年春，浙江都指挥使陈礼言："近者倭贼二千余人，船三十余艘入寇，海澳寨楚门千户王斌、镇抚袁润等御之。贼势暴悍，斌等力不能胜，皆战死。"朱元璋诏发兵出海追捕，赐钞帛恤斌、润家。②

永乐年间，朱棣防备更加严密，还招岛人、醾户、贾竖、渔丁为兵，倭夷不敢侵犯。永乐以后，明廷设立专门的备倭都司，设备倭都指挥一名，负责沿海各卫的管理，指挥各卫军官，操习战船，加强出海巡视。③ 至嘉靖中期，倭患才渐渐加剧，浙江的军备又开始加强，杭、嘉、湖增参将及兵备道。当时倭寇纵掠杭、嘉、苏、松，踞柘林城为窟穴，大江南北皆被扰。南京御史屠仲律建议以严守海口的方式阻止倭寇进犯，他说："守平阳港、黄花澳，据海门之险，使不得犯温、台。守宁海关、湖头湾，遏三江之口，使不得窥宁、绍。守鳖子门、乍浦峡，使不得近杭、嘉。……且宜修饬海舟，大小相比，或百或五十联为一宗，募惯习水工领之，而充以原额水军，于诸海口量缓急置防。"④ 在浙江等海口处严密防备，同时修大小战船，并联合行动，加强海防力量。兵部接受了其建议。史氏还提出，在浙江等地多征用制造沙船破敌，并以守海岛的战术加强海防："浙、直、通、泰间最利水战，往时多用沙船破贼，请厚赏招徕之。防御之法，守海岛为上，宜以太仓、崇明、嘉定、上海沙船及福仓、东莞等船守普陀、大衢。陈钱山乃浙、直分路之始，狼、福二山约束首尾，交接江洋，亦要害地，宜督水师固守。"⑤ 此建议也被接受。

胡宗宪为浙江总督时，诛海贼徐海、王直。而汪直余部三千人勾倭入寇，闽、广大为其患，福建巡抚都御史游震得言："浙江温、处与福宁接壤，倭所出没，宜进戚继光为副总兵，守之。而增设福宁守备，隶继光。漳州之月港亦增设守备，隶总兵官俞大猷。延、建、邵为八闽上游，宜募兵以备缓急。"⑥ 不久胡宗宪被逮入狱，总督一职被罢，浙江巡抚赵炳然兼任军

① 《太祖实录》卷之二百四十七，洪武二十九年九月甲寅条。
② 《太祖实录》卷之二百五十六，洪武三十一年春正月丁酉条。
③ 傅璇琮主编，钱茂伟、毛阳光著：《宁波通史》（元明卷），宁波出版社2009年版，第207页。
④ 《明史》卷91，志第六十七，兵三。
⑤ 同上。
⑥ 同上。

事长官。赵炳然奏请定海总兵属浙江，金山总兵属南直，俱兼理水陆军务并互相策应。自世宗倭患以来，沿海大都会，各设总督、巡抚、兵备副使及总兵官、参将、游击等员，而诸所防御，皆有所加强。在浙江则有六总，一金乡、盘石二卫，一松门、海门二卫，一昌国卫及钱仓、爵溪等所，一定海卫及霩𬺈、大嵩等所，一观海、临山二卫，一海宁卫，分统以四参将。①

万历时期，倭寇侵犯朝鲜，明朝发兵往援，先后六年。明廷接受福建巡抚丁继嗣建议，设兵自浙入闽之三江及刘澳，还将海澄团练营土著军换成了浙兵。万历中期，许孚远巡抚福建，奏请筑福州海坛山，还提到澎湖诸屿，且言浙东沿海陈钱、金塘、玉环、南麂诸山俱宜经理，于是朝廷设南麂副总兵，经管诸山。而澎湖初为红毛（欧洲殖民者）所据，至天启乃夺而守之，并筑城于澎湖，设游击一，把总二，统兵三千，筑炮台以守。②

以上就是明在浙江的海防概况。我们看到，明对海战并不怎么重视和熟练，也没有长久保持海军的打算，对倭寇的抵抗只是被动的。这取决于其对海洋的观念和态度。在传统思想中，海洋并不是帝王所统治的对象，而是其统治的边界，所以其对海洋的态度基本是消极的和保守的，对于来自海上的侵犯也只是采取防御战略。这在后面的海洋文化方面我们会深入探讨。此外还要注意的是，浙江这些卫所除了主要针对海外入侵外，还承担部分对内运输和防卫任务，如洪武十年明太祖命靖海侯吴祯督浙江诸卫舟师运粮往给辽东军士等。③

除了上述防卫措施外，明统治者还制定了一些赏罚措施，以促进众将的积极性，现简介如下：

洪武二十九年，明太祖命沿海卫所指挥千百户获倭一船及贼者，升一级，赏银五十两，钞五十锭；军士水陆擒杀贼，各有赏银。

正统十四年，为了鼓励众将抵御瓦剌进攻，明廷造赏功牌，有奇功、头功、齐力之分，由大臣主持。规定：凡挺身突阵斩将夺旗者，与奇功牌。生擒瓦剌或斩首一级，与头功牌。虽无功而被伤者，与齐力牌。这是专为瓦剌入犯所设。但在日后则开始通用各战场，成为惯例。其赏罚程度，以北边为上，东北边次之，西番及苗蛮又次之，内地反贼又次之。到世宗时期，倭乱

① 《明史》卷91，志第六十七，兵三。
② 同上。
③ 《太祖实录》卷之一百十二，洪武十年五月丁亥条。

加剧，故海上功比北边尤为最。[①]

嘉靖三十五年规定："斩倭首贼一级，升实授三秩，不愿者赏银百五十两。从贼一级，授一秩。汉人胁从一级，署一秩。阵亡者，本军及子实授一秩。海洋遇贼有功，均以奇功论。"[②]

万历十二年更定上述规章，要以贼众及船之多寡，为功赏之差。还规定："海洋征战，无论倭寇、海贼，勘是奇功，与世袭。云南夷贼，擒斩功次视倭功。"[③]

三 明代浙江的军备情况

明在浙江的军备情况如下：

（1）军事器械。明的军事力量在初期还是很强大的。朱元璋以武力夺天下，因此他非常重视武备的发展。

洪武十一年，朱元璋敕工部臣曰："自古圣王之御天下，武功耆定则修文教，而亦不忘武备也。今海宇乂安，生民乐业，宴安鸩毒，古人所戒，克诘戎兵，王者当务。尔工部其以岁造军器之数，著为令。"于是，工部定天下岁造军器之数：甲胄之属一万三千四百六十五；马、步军刀二万一千；弓三万五千一十；矢一百七十二万。浙江、江西二布政使司，各甲胄二千、马步军刀二千、弓六千……直隶湖州府甲胄二百五十、步军刀一千、弓七百、矢一十万；松江府甲胄三百、步军刀一千、弓八百、矢一十万；嘉兴府甲胄二百五十、马步军刀一千、弓八百、矢一十万。[④]

由此可见，朱元璋非常重视军事力量的存在和发展。他诏令工部规定全国每年应打造的军事装备数量，然后将其分配给每个行省和州府。如工部规定每年打造武器装备的总数量为：甲胄之属一万三千四百六十五；马、步军刀二万一千；弓三万五千一十；矢一百七十二万。其给浙江及各府每年所下的任务为甲胄二千、马步军刀二千、弓六千。如此庞大的军备计划足以保证一种强大军事力量的存在。

除了这些常规武器外，明统治者也注意引进外来先进武器装备。欧洲的枪炮传入中国后，其威力为统治者所看中，于是开始用各种办法谋取之。

---

① 《明史》卷92，志第六十八，兵四。

② 同上。

③ 同上。

④ 《太祖实录》卷之一百十八，洪武十一年夏四月丙子条。

首先是模仿制造。嘉靖八年，明世宗始接受右都御史汪鋐建议，造佛郎机炮，谓之大将军，发诸边镇。此炮的传入是在正德末年，佛郎机（现今葡萄牙）国船舶至广东。白沙的巡检何儒得到了佛郎机炮的制法：以铜为材料，长五六尺，大者重千余斤，小者百五十斤，巨腹长颈，腹有修孔。以子铳五枚，贮药置腹中，发及百余丈，最利水战。驾以蜈蚣船，所击辄糜碎。嘉靖二十五年，总督军务翁万达亦模仿而造火器，兵部试之，威力巨大，其描述为："三出连珠、百出先锋、铁捧雷飞，俱便用。母子火兽、布地雷砲，止可夜劫营。"御史张铎亦进十眼铜炮，大弹发及七百步，小弹百步；四眼铁枪，弹四百步。世宗令工部大量制造。万历中期，通判华光大献其父所制神异火器，命下兵部使用。[①]

其次是请西洋人制造。万历后期，大西洋船载红夷大炮至中国，巨炮长二丈余，重者至三千斤，能洞裂石城，震动数十里。天启中期，赐此大炮以大将军号。崇祯时，大学士徐光启请令西洋人制造大炮，发给各镇使用。然而将帅离心离德，有巨炮也是枉然，当农民起义军攻城时，三大营兵不战而溃，枪炮皆为义军所有，反用以攻城，加速了明治灭亡。[②]

但不管怎样，明统治者对武器和武力还是很重视的。

（2）海船制造。关于海船的制造，在明太祖时就开始了。但大规模的制造是在永乐年间，永乐初，命福建都司造海船一百三十七艘，又命江、楚、两浙及镇江诸府卫造海风船。

关于明代各种海船的特点，《明史》中记载详细，我们简要介绍如下：

明治海船大概分为三类，即浙船、福船、广东船。我们分类来看。

首先看浙船。浙船以舟山乌槽为首，也是所有海船中的优越者，"海舟以舟山之乌槽为首"。[③] 除此之外，浙江的软风、苍山船，轻捷便利，利于追逐敌船，"浙之标号软风、苍山，亦利追逐。"[④] 尤其是苍山船，为抗倭主要工具，并获戚继光赞扬。"苍山船首尾皆阔，帆橹并用。橹设船傍近后，每傍五枝，每枝五跳，跳二人，以板闸跳上，露首于外，其制上下三层，下实土石，上为战场，中寝处。其张帆下椗，皆在上层。戚继光云：'倭舟甚小，一入里海，大福、海苍不能入，必用苍船逐之，冲敌便捷，温人谓之苍

① 《明史》卷92，志第六十八，兵四。

② 同上。

③ 同上。

④ 同上。

山铁也'"[①]。此外，还有流行于定海、临海、象山的网梭船。其形如梭，竹桅布帆，仅容二三人，遇风涛则可入山麓，可作为哨探使用。[②]

其次是福船。福船能经受大风浪，且能防火，"福船耐风涛，且御火"。[③] 其可分为大福船、二号福船、草撇船（哨船）、海苍船（冬船）、开浪船（鸟船）、快船等。大福船"能容百人。底尖上阔，首昂尾高，柁楼三重，帆桅二，傍护以板，上设木女墙及炮床。中为四层：最下实土石；次寝息所；次左右六门，中置水柜，扬帆炊爨皆在是，最上如露台，穴梯而登，傍设翼板，可凭以战。矢石火器皆俯发，可顺风行。"[④] 大福船的特点由此可见：一是首部尖，尾部宽，两头上翘，首尾高昂。它的两舷向外拱，两侧有护板。特别是福船有高昂首部，又有坚强的冲击装置，吃水又深，可达到四米，适合作为战船。二是船体高大，上有宽平的甲板、连续的舱口，船首两侧有一对船眼。作为战船用的福船全船分四层，下层装土石压舱，二层住兵士，三层是主要操作场所，上层是作战场所，居高临下，弓箭火炮向下发，往往能克敌制胜。三是操纵性好，福船特有的双舵设计，在浅海和深海都能进退自如。由于福船具有上述特点，适合于海上航行，可以作为远洋运输船和战船。据古籍记载，明代我国水师以福船为主要战船。[⑤] 海苍船比福船稍小。开浪船能容三五十人，船头尖锐，四桨一橹，其行如飞，不管风潮顺逆皆可快行。

再次是广东船。广东船一般用铁栗木做成，其船体比福船更加巨大而坚固。而且福船可发佛郎机，也可掷火球，威力巨大。

在上述分类基础上，还可将海船分为两大类，即沙船和鹰船。沙船乃北方平底船，可以用于海战。但沙船两端没有遮挡防御之处。所以，往往是"沙、鹰二船，相胥成用。沙船可接战，然无翼蔽。鹰船两端锐，进退如飞。傍钉大茅竹，竹间窗可发铳箭，窗内舷外隐人以荡桨。"[⑥] 两类船只的使用方法是：先驾鹰船冲入敌阵，然后沙船随进，短兵接战，无往不胜。

作为两类战船的补充，渔船、蜈蚣船、网梭船也不可或缺，可以增强战

① 《明史》卷92，志第六十八，兵四。

② 同上。

③ 同上。

④ 同上。

⑤ http://baike.baidu.com/link?url=AEMiXcExBc_LpxvOpJFYlFPMTdWcKWqRNfGpk7ublp_iO7CUQWOcauK7NlcCNjnP。

⑥ 《明史》卷92，志第六十八，兵四。

斗的灵活性和效率。渔船最小，“每舟三人，一执布帆，一执桨，一执鸟嘴铳。随波上下，可掩贼不备。”蜈蚣船则是从葡萄牙人那里传入的。“船曰蜈蚣，象形也。其制始于东南夷，以架佛郎机铳。铳之重者千斤，小者亦百五十斤，其法之烈也。虽木石锅锡，犯罔不碎，触罔不焦，其达之迅也，虽奔雷掣电，势莫之疾，神莫之追，盖岛夷之长技也。其法流入中国，中国因用之，以驭夷狄。诸凡火攻之具，炮、箭、枪、毬无以加诸其成造也。嘉靖之四年其裁革也。嘉靖之十三年，敦年之间未及一试，而夷知功用之……所谓海舟，无风不可动也，惟佛郎机蜈蚣船，底尖面阔，两傍列楫数十，其行如飞，而无倾覆之患，故仿其制造之。则除飓风暴作狂风怒号外，有无顺逆皆可行矣。况海中昼夜两潮，顺流鼓拽，一日何尝不数百里哉。”[①] 其速度奇快，为歼敌之利器。《明史》也记载，其“能驾佛朗机铳，底尖面阔，两傍楫数十，行如飞。两头船，旋转在舵，因风四驰，诸船无逾其速”。[②]

明代海船的发展成就斐然，尤其是自嘉靖以来，由于东南倭寇骚扰，促进了海船的制作和发展。以上诸种海船，皆在浙江沿海使用，为抗倭做出了一定的贡献。

第二节　明代浙江的对外军事活动——剿贼抗倭斗争

明代对外关系的一个重要组成部分就是剿海贼抗倭寇的斗争。作为与日本交流的唯一合法区域，浙江的海贼倭乱尤其严重，其剿贼抗倭斗争也尤为重要。

提到海贼和倭乱，不得不交代一下其原因。概观学术界，占主流的观点依然是强调明代海禁过严所致。其大致观点可归纳如下：（一）严厉的海禁导致了东南沿海民众生计之艰难。（二）引发了地方乡宦豪强与流官、政府内严禁派与弛禁派之间的冲突和斗争。（三）严禁之下进行的秘密贸易容易导致海商和陆商之间的冲突，进而激发海商对沿海区域之骚扰和侵犯。[③] 第一种后果为海贼倭乱的产生提供了群众基础；第二种后果为海贼倭乱的猖獗提供了中上层的支援和鼓励；第三种后果则推进了海商的海盗化、组织化和武装化，使之能够和政府正规军队相抗衡。这些原因组合起来，就形成了屡

① （明）茅元仪：《武备志》，军资乘卷。
② 《明史》卷92，志第六十八，兵四。
③ 王慕民：《海禁抑商与嘉靖“倭乱”》，海洋出版社2011年版，第135—146页。

禁不止的海贼倭乱行为。

至于剿贼抗倭的过程，著述已经颇多，我们只大致交代一下。

一 双屿港之战

剿海贼的军事行动主要体现在双屿港之战。处于宁波东海面的双屿港在嘉靖年间成了一个闻名一时的国际贸易中心。据考察，葡萄牙人于1526年受福建人诱引来到双屿港进行私人贸易，自此以后，双屿港逐渐成为一个国际贸易中转站。[①] 参与贸易的外国商人，除了葡萄牙人，还有暹罗、彭亨、阇婆、真里富、占城、琉球、日本等国家和地区的商人。[②] 中国商人自然也是其中重要的一分子。浙江、江苏、安徽、福建、广东等地的海商一时云集双屿港，这些海商的代表是许栋、王直集团。随着海商集团的扩大，他们的活动就不仅仅局限在贸易上，而是扩大到了劫掠沿岸城地之地步。这就致使明廷考虑以军事力量清剿的可能。

嘉靖二十七年（1548），浙江巡抚朱纨奉命对双屿港进行清剿。大致过程如下：

二月，朱纨调集各方军队向双屿港方向集结。三月朱纨亲临宁波坐镇指挥。三月二十六日，作为前敌总指挥的福建都指挥卢镗按照朱纨之命令，从浙江海门开船向双屿港进发。

四月二日，卢镗的船队在象山附近发现一艘大贼船。追至九山洋附近，双方开始交战。经过一番激战，贼船为明军所擒获。此即为著名的九山洋之战。四月五日，又擒获贼船一艘，并对双屿港形成重重包围。明军数量有数千人，战船上百艘，明显占了上风。

四月六日，一切准备就绪，卢镗派人前去诱敌开战，但海贼拒不出战。直到七日凌晨，贼船乘雨夜昏黑之际，突然冲出。明军早有准备，奋勇夹击，一战而胜。擒获大小头目和通番者众多。卢镗乘胜追击，入港继续搜捕。零星的战斗一直延续到黄昏。又击破贼船数艘，擒获若干，基本瓦解了海贼之军力。明军顺利攻占了双屿港，将岛上建筑一律焚毁，包括天妃宫十余间，寮屋二十余间，大小船只二十多只。

五月十六日，朱纨亲到双屿港察看。为了永绝后患，用木石将双屿港筑

---

① 王慕民：《海禁抑商与嘉靖“倭乱”》，第63—65页。

② 同上书，第80页。

塞。一个国际私人贸易中心就此绝迹。①

二　十余年抗倭斗争

朱纨所摧毁的不过是一个暂时的据点，而大量的海商依然存在。而且，命运和朱纨开了一个玩笑，本来剿贼有功的他，竟然被地方官员和弛禁派巧立名目，变功为罪，导致其于嘉靖二十八年（1550）十二月服毒自尽。在朱纨死后，海禁派官员大受打击，以王直为首的海商集团变本加厉，其和平经商的活动渐趋减少，而烧杀抢掠活动日益增多。这些中国海商更频繁地与日本海盗、武士、海民勾结起来，共同侵扰东南沿海，导致了嘉靖年间长达十余年的大倭乱。与此相对应，明政府也展开了漫长的抗倭斗争。在这些斗争中，我们主要介绍几次发生在浙江的战役。

（一）普陀山之战

嘉靖三十二年（1553）三月，浙江巡抚王忬督兵破倭寇于普陀诸山。其过程简述如下：王忬奏请释放因朱纨案件而牵连的都指挥卢镗和尹凤，任他们为副将。王忬积极招募沿海壮民并征狼土兵，对他们进行犒赏和激励，以获得其拼死杀敌之战斗力。这时，倭寇首领王直等聚集在普陀诸山，时不时出近海袭击明军。王忬侦察清楚敌情之后，就派遣参将俞大猷率精锐部队先出击，参将汤克宽则督大船跟随，直接扑向倭寇聚集之地，纵火焚其庐舍。倭寇仓皇寻船奔逃，明军则紧紧追击，大获全胜，斩倭寇首级五十余级、生擒一百四十三人，而烧死和淹死者无数。这时忽然来了一场飓风，明兵大乱，王直等人趁乱率倭寇逃走。在外面接应的都指挥尹凤则以福建兵截击王直等人，斩首百余级、生俘一百余人。此一战，取得了不小的胜利，倭寇在舟山附近的威胁暂时有所减轻。

（二）石塘湾之战

嘉靖三十四年（1555 年）五月，柘林的倭寇联合新倭寇集团共四千余人，突然进犯嘉兴。此时总督张经分遣参将卢镗等督狼土兵等，水陆击之。保靖宣慰使彭盖臣带领狼土兵参加了战斗，双方遭遇于石塘湾。一场大战之后，倭寇落败。他们向北方平望撤退，副总兵俞大猷则以永顺宣慰司官舍彭翼南进行围击，倭寇又败，奔回王江泾。保靖狼土兵在后面追击，倭寇大败，只有数百残余倭寇奔回柘林。此战明军共擒斩首级一千九百八十多颗，而溺水及走死者也甚多。这是自有倭患以来的第一场大的胜利。

---

① 王慕民：《海禁抑商与嘉靖“倭乱”》，第 156—161 页。

（三）曹娥江之战

嘉靖三十五年（1556）正月，福建的倭寇流入浙江界面，与钱仓倭寇合流。原任留守王伦督容美土司田九霄等率兵扼守在曹娥江，倭寇不得渡江，就开始撤退。明官军进行追击，在三江之民舍周围展开连续攻战，最终斩倭寇首级二百级。然后又追击剩余倭寇至黄家山，尽数歼灭之。

（四）桐乡之围

嘉靖三十五年（1556）五月，倭寇将巡抚阮鹗围困于桐乡，攻城甚急，巡按赵孔昭上疏乞援。总督胡宗宪探知倭寇的首领为麻叶、徐海二人，就将两个打扮得花枝招展的美妓并黄金千两、缯绮数十匹，在晚上抬着去送给徐海，而没有给麻叶送任何物品。麻叶知道这个消息后，怀疑徐海有二心，于是就拔营起寨，回归大本营，于是桐乡得以一时保全。胡宗宪又遣使至桐乡，传谕倭寇首领徐海、陈东解桐乡之围。徐海前有收受明军礼品，此时幡然归降，二百余人做了俘虏。而陈东不愿归降，又逗留一日后，看攻城无望，才退回乍浦。此战胡宗宪巧妙使用了反间计，致使倭寇内部瓦解。

（五）慈溪之战

嘉靖三十五年（1556）六月，倭寇侵入慈溪，省祭官杜槐与父文明率兵追击其至王家围，将其击溃。防守余姚、慈溪、定海三县的梅道副使刘起宗又和残余倭寇遭遇于白沙，明军合兵一处，与倭寇继续缠斗。一日激战十三回合，杀死倭寇三十余人，斩其首领一员。而杜槐数次受伤，坠马而死。文明则领另一支军队在白鹤场与倭寇交战，斩白眉倭帅首级一级，从者首级七级，生擒二倭寇，众倭寇惊惧，呼喊着杜将军之名号四散奔逃。明军追击倭寇至奉化枫树岭，因为兵力减少且缺乏后援，为倭寇所败。此役使杜槐与文明父子声名大振。

（六）梁庄战役和舟山战役

嘉靖三十五年（1556）八月，总兵俞大猷大破倭寇于平湖地区的梁庄。起初，在赵文华赴浙期间，沿途征檄河间、山东兵四千人，募徐沛兵千人，作为剿寇的前锋。当他们抵达镇江并顺势东下时，盘踞在常州桃花港诸处的倭寇，闻风而散。不久，倭寇又聚集起来，劫掠四方，倏忽莫测。胡宗宪计无所施，欲招抚之，然后慢慢清剿。但浙江巡按赵孔昭、苏松巡按周如斗认为此法不可。他们向世宗上言："寇未一挫，抚之徒滋后虞，今征兵四集，初气正锐，当大振军声，明彰天讨，勿得轻信寡谋，自贻僇辱。"世宗赞同。谕赵文华等，协谋剿寇，克期荡平。于是赵文华仍明着与宗宪宣谕徐海等出降，而密檄总兵俞大猷，督师袭击破之。

如前所述，浙西倭寇唯陈东一部最强。徐海后来与陈东合为一处，在桐乡之围中，陈东对徐海已经有了猜忌。胡宗宪早已知道这一情况，乃乘间游说徐海，使其为内应，徐海答应了。他设计擒获了陈东及其党羽麻叶等百余人进献胡宗宪。参与的倭寇逃入海，也被明兵追上，击沉其舟船，无一人得生还。

徐海擒献陈东等后，退至梁庄听候招抚，他对此也心存疑虑。这时，其部众仍出营肆掠不止，招致官兵四面聚集。赵文华遂欲乘胜剿灭徐海，便使人责问徐海，寻找剿灭他的借口。徐海知道事情有变，于是设深堑自守。俞大猷等督师对其进行袭击，于沈庄大破之。徐海退至梁庄，这时起了大风，明军纵火烧之，徐海部遭大溃败。明军斩获倭寇首级一千六百余级。倭寇穷迫，许多投火相枕而死。徐海仓促间落入水中溺死，明军将其拉出斩掉首级。还生擒了倭寇魁首辛五郎等，其余倭寇皆解散。经此一役，浙北倭乱稍微平静。

自梁庄大捷后，浙江海面的倭寇清剿殆尽，只有舟山还有一股倭寇踞险结巢，明官兵四面包围之，仍未能攻克。此时狼土兵都已经遣归，川、贵之兵六千人刚刚到达，胡宗宪将其一并交由俞大猷指挥，以助其剿灭舟山之倭寇。适逢夜降大雪，俞大猷率领明兵四面攻之，倭寇精锐都出动迎战。在乱战中，倭寇杀了土官莫翁送，明军各部义愤填膺，更加勇猛，倭寇大败归巢。明兵收集薪草用棕蓑卷起来，点燃之后投向倭寇巢穴，倭寇四散奔逃。此战斩首一百四十余级，其余皆烧死，至此，舟山倭寇基本被平定。

（七）王直之死

嘉靖三十六年（1557），浙江倭寇大部被摧毁，只剩下王直、王溦、叶宗满、谢和、王清溪等五支倭寇团体屯居在五岛上自保。胡宗宪与王直是同乡，深为了解其人，想要招抚之。他先迎接王直母亲与儿子入杭州，用优厚待遇安抚之。接着，胡宗宪遣生员蒋洲等持王直母与子书，前去招抚。胡在劝谕中答应王直等人，如果前来接受招抚，则悉释前嫌，并且宽海禁，允许日本来互市。王直等大喜，当即传谕各岛，如山口、丰后等。而岛主源义镇亦大喜，乃装巨舟，遣其下属善妙等四十余人，随王直等来贡市。嘉靖三十六年（1557）十月初至舟山之岑港停泊。浙东受倭寇侵扰日久，听闻王直等乘倭船大队来到，甚为惊恐，一时招致了官场的震动，文武官员也不知如何处置王直。浙江官员则暗暗加强浙东军备。

王直到舟山之后，觉察出情况有变，于是先遣王溦拜见胡宗宪，责问胡是否在欺瞒他。胡发誓没有欺骗他。不过胡宗宪也做好了开战的准备，令卢镗、戚继光等悄悄布下天罗地网。但他还是想尽量免开战端，于是不断派人游说安抚王直，王直最后要求以明廷一官员为人质，他才肯去议和。胡宗宪遣都指挥夏正前往做人质。

十一月，王直与宗满、清溪来见胡宗宪，胡宗宪以好言安慰他，并令其去杭州巡按王固本那里投案。严禁派王固本当即将王直下按察司狱。本来胡宗宪要力保王直性命，并承诺日本贡市之要求。但由于朝中大多数大臣都力谏王直死命，还有的弹劾胡宗宪是接受了王直贿赂才为其说情的。胡宗宪不得已，也同意判王直死。嘉靖三十八年（1559）十二月二十五日，王直在杭州官巷口被斩首。

由于保命、通市之要求都没有达到，留守舟山的倭寇更加愤怒，他们由毛海峰率领，据岑港坚守，四出劫掠，更甚往日。浙江海面又掀起新一轮的倭乱狂潮。

（八）台州大捷

嘉靖四十年（1561），倭寇大肆劫掠桃渚、圻头等地，参将戚继光急忙率军赴宁海救援。明军扼守桃渚，于龙山与倭寇展开大战，大获全胜。戚继光一路追杀倭寇至雁门岭。而这只不过是倭寇的调虎离山之策，他们要趁戚继光追击致台州空虚之后，再派遣一支倭寇乘虚袭击台州。戚继光赶紧回兵驰援，他一马当先，在遭遇大股倭寇之后，手刃倭寇首领，其余倭寇走投无路，皆坠入瓜陵江淹死。而先前被追击的圻头倭寇又来侵犯台州，戚继光率军于仙居与其大战，又获全胜。台州之役先后共有九战，而戚继光九战皆捷，消灭倭寇千余人，浙东倭寇基本荡平。[①] 接下来就只剩下福建的倭寇了。而这也多赖戚继光迅速剿清。[②]

在剿寇抗倭的斗争过程中，我们可以看到为何倭乱会如此猖獗，抗倭历程为何如此漫长的部分原因。首先我们来看军事上的原因。就像王阳明所提到的一样，明代军事将领很少懂得谋略。这在科举中有明显的体现，武举仅仅考试骑马射箭等勇武功夫，却没有韬略和文化上的考核。没有深厚的历史文化和韬略，是难以把握宏大的战场和清醒的方向的。一场有勇无谋的战争是难以支撑很久的。此其一；即使将领勇武无敌，亦有韬略，但却不能赏罚分明、公正无私。他们甚至中饱私囊，克扣属下军饷等，这样就无法服众，导致军心涣散，军备松弛，武器落后。这样的军队难以抵挡训练有素的倭

① 《明史》，列传一百，戚继光。

② （明）不著撰人：《嘉靖东南平倭通录》。

寇。我们经常见到小股倭寇深入明朝腹地千余里的个案，这就是统领腐败、军队战斗力差的表现。这样的结果是，明朝正规军队一见到倭寇就望风而逃，而戚继光不得不另招募军队来与倭寇作战。这说明整个明朝军队经过几个朝代的养尊处优之后，军官腐败无能，士兵无心作战，军纪涣散，军备废弛，已经不堪一击了。此其二；军事将领之间互不信任，拉帮结派，互相拆台。这部分原因是朝廷中的派系斗争所致，如严禁派和弛禁派之间的斗争，部分原因则是私欲所致，即嫉妒对方之战功。如朱纨、胡宗宪之死皆与此有密切关系。此其三。这些军事上的原因，归根结底乃明朝政治所导致。

其次是政治上的原因，而这在笔者看来是根本上的原因。家天下式的管理方式对统治者的德行和智慧要求极高，如果统治者不能明辨忠奸是非、任贤举能，则会为奸佞所乘，导致内部倾轧、派系林立、小人得志、腐败丛生，最终是统治动荡、内外交攻、不堪一击。韩非子对这种家天下统治的特征归纳得很好，他说："上明见，人备之；其不明见，人惑之。其知见，人饰之；不知见，人匿之。其无欲见，人司之；其有欲见，人饵之。故曰：吾无从知之，惟无为可以规之。"《韩非子·外储说右上》这就要求统治者有极高的智慧，他不能过于表现自己的明智，但更不能昏庸；他不能没有追求，但也不能表现出自己的偏爱和欲望。否则就会为臣下尤其是奸诈之人所乘，从而失去公正和明见，这不仅会导致政治动荡，还会失国身死。很清楚的是，这样一种统治之术是不可能长久维持的，因为这样的统治者是可遇而不可求的。在最初几朝的清明之后，必然会出现昏庸无治之状况。中国历朝统治都体现了这一特征。而明朝尤其陷入这样一种循环。可以说倭乱就是统治失衡的结果。统治者不能明察沿海居民所求，强制推行海禁，而不是利导之，最终致使谋利之徒公然犯禁。而与倭寇作战过程中更显示了朝廷之昏庸，上面赏罚不明、任人不智，下面则欺瞒矫饰，导致军队战斗力每况愈下。令人啼笑皆非的是剿贼抗倭功臣朱纨、胡宗宪之死。他们没有死在贼寇之手，却死于同僚倾轧、皇帝昏庸。可以说外交乃由内政始，政治上的昏聩必然致使外交上的混乱和失败。虽然抗倭战争最终艰难地取得了胜利，但其军事和政治的脆弱已经显露无遗。其崩溃是迟早之事。

第三节　明代浙江对外文化交流

明代浙江地区的对外文化交流，主要可分为两部分：一部分是与日本的文化交流；一部分是与西方文化的交流。下面我们分别叙述。

一 与日本的文化交流

在明代，宁波成为浙江对外交流的唯一出口，而交流的主要对象就是日本。日本频繁来中国朝贡，除了其经济政治上的交往，同时也有文化上的交流和互动。本节我们将简要介绍明代浙江中日文化的交流状况。

（一）诗画交流

1. 雪舟等杨与徐琏

雪舟等杨（1420—1506），原名小田名等杨，后学禅宗后，法号雪舟，乃日本汉画、山水画集大成者。后被尊称为日本的“画圣”。雪舟等杨倾慕中国山水画，于明成化年间找机会乘日本朝贡船只入明游览和学习。其首次游历和交往的地点就是宁波。1467 年，室町幕府派出以天与清启为使节遣明使团，也即朝贡船队。雪舟等杨等相国寺僧人随行。其登岸地点为宁波。

由于有日本僧人文士随行，明政府也派出文人担任其向导和翻译。宁波文士徐琏就这样与雪舟相识了。作为禅宗弟子，要拜谒的首要之地自然是日本禅宗曹洞宗发源地天童寺了。当时的天童寺不叫此名，其名为景德寺。雪舟一到天童山便被其秀雅之风景迷住了，他当即住在了景德寺。而他的佛法和画艺也折服了寺中僧人，被住持赐予“禅班第一座”的称号。在徐琏的陪同下，雪舟遍历宁波城镇和山水，结交高人雅士，如书画家丰坊和太仆寺丞金湜等①。

雪舟在宁波的驻留，为其以后创作诸多作品提供了基础和素材。其关于宁波的画作，具有代表性的是《宁波府城图》（《唐山盛景画稿》之部分，现藏于美国波士顿美术馆）和《育王山图》（现藏于东京艺术大学美术馆）。②《宁波府城图》描绘的是宁波三江口明代府城的景象。在当时的府城城墙上，引人注目的是三个城楼。左侧城楼为“灵桥门”，右侧城楼为“盐仓门（和义门）”，中间的城楼为“东渡门”。而且灵桥旁边还写有“船桥”两字，使我们清楚知道当时的灵桥还是以船并联而成的浮桥。画面为我们展示了宁波府城的繁华：城墙外面的渡口停泊着往来船只，帆影林立；城内民居和寺院交错分布，井然有序。这些画面为我们了解明代宁波府城的样貌提

---

① 杨古城：《日本画圣雪舟与宁波之缘》 http：//www. cnnb. com. cn/gb/node2/channel/node13890/node18707/node27546/node27555/userobject7ai836353. html。

② 刘恒武：《宁波古代对外文化交流——以历史文化遗存为中心》，海洋出版社 2009 年版，第 185 页。

供了宝贵资料。[①]

雪舟的《育王山图》除具有艺术价值外，也具有珍贵的史料价值。他所描绘的育王山和阿育王寺你中有我、我中有你，山和寺浑然一体，正合了天人合一之旨。寺外松林和山上竹林点缀其间，更增添了其典雅幽静气氛。松林大道中一个居士乘坐骑而来，随身还带着一个仆人，这从侧面反映了当时佛教信仰之兴盛，僧俗往来之频繁。更具意义的是，雪舟所描绘的阿育王寺有三座佛塔，即上塔、下塔和东塔。这为现在宁波重建和修复阿育王寺提供了参照，1992 年重建的东塔即是一例。[②]

雪舟在中国居留两年之多，1469 年才回归日本。在此期间，他和徐琏等士人结下了深厚友谊。在雪舟归国时，徐琏写下了《送雪舟归国诗序》（现藏毛利报公会博物馆），表达依依不舍之情[③]。其诗曰：

> 家住蓬莱弱水湾，丰姿潇洒出尘寰。久闻词赋超方外，剩有丹青落世间。鹫岭千层飞锡去，鲸波万里踏杯还。悬知别后相思处，月在中天云在山。

在诗中，徐琏将雪舟看成是从海外仙居来的仙人，超凡脱俗。其词赋、绘画也一如其人，超拔出众。这个仙人不仅人品、技艺出众，来去亦如仙人轻灵飘逸，来如飞锡，去如踏杯。这是典型的古代中国文人赞颂友人之情怀的表达。古人常常将友人的品质崇高化，友人的品德修养越高超，越衬托出友谊的深厚和珍贵。这也是古人追求卓越和高贵品质之体现。如此仙人般的人物离去，自然难依难舍。为了缓解朋友间的相思之苦，可以看看那亘古恒在的月亮和云朵。因为他们曾见证了这一段友情。将情感寄托在一种长久不变的事物上，也是古人表达情感的一种经典方式。能到此地步，足以说明两人之间的友谊了。

总之，雪舟这次中国之行收获颇丰，为其画作创作高峰期的到来奠定了基础。这也是中日文化交流的美好一页。

2. 金湜、袁应骧与一枝希维

一枝希维是日本室町时代的画师，他曾绘有《山水图卷》（现藏神奈川

---

① 刘恒武：《宁波古代对外文化交流——以历史文化遗存为中心》，第 186、187 页。

② 同上书，第 187 页。

③ 同上书，第 188 页。

县立博物馆）。这幅画于1476年被入贡明朝的新五郎携至宁波，请宁波当时著名士大夫金湜为之作序，文士袁应骧为之作跋。金湜题诗并作序文，其诗如下：

满目江山无尽头，几家茅屋在汀州。老夫见此忘图画，便欲扶筇作晴游。[①]

这首诗的前两句描述的是画卷的内容，画中山水连绵不断，在山水之间，偶有几间茅草屋点缀其间，天人合一之意境跃然纸上。其意境再加上精湛之画功，令人忘记了这是一幅画。便如眼前真有此景一样，使人马上产生游览之兴，去享受日光下大自然带来的安静和谐之美。

在金湜心目中，如此之意境只有佛道之高超境界才能致臻，因此将其与王维山水诗之境界相提并论，认为其“景象平远，笔法清润，深得唐人摩诘之意”。病中的金湜观此图，正如当年秦太虚（秦观）之观辋川图一样，敬羡不已。[②] 而王维也曾写过诗集《辋川集》，两者正相对应，由此可见金湜对一枝希维画卷评价之高。

袁应骧也是当时宁波文化名宿，其家学渊源深厚，他乃元代著名诗人袁士元的曾孙，其祖父袁珙、父袁忠彻皆喜诗文，并曾随侍燕王朱棣，燕王登基之后即入仕为官。袁应骧诗文皆造诣颇深，新五郎慕名拜访，请其为《山水图卷》题跋。袁氏也赋诗一首，曰：

扶桑高士妙丹青，命意清奇落笔精。珍重新郎远携至，令人万里忆芳名。[③]

可见袁氏对一枝希维的评价也是比较高的。他对其画作之立意尤其赞赏，认为其“树石人物布景致思，各个别出新意，诚所谓意在笔先，而胸中丘壑也。”[④] 在袁氏看来，一枝希维已经深得中国文化精髓，以意领技，意在笔先。意乃是整体之意，也是道之所体现，贯穿一切事物之中。物物得

① 刘恒武：《宁波古代对外文化交流——以历史文化遗存为中心》，第189页。
② 同上书，第189页。
③ 同上书，第191页。
④ 同上。

其意则得物之精髓与灵魂。画家得所画事物之意，则画作才能形神具备，栩栩如生。袁氏看到了一枝希维画作之精髓，顿生惺惺相惜之感，恨不能相见共论诗画之妙道，“安得一见斯人相与讲谈无声诗之奥理耶？抚卷为之三叹”。①

3. 金湜、张应麟与一休

宁波名士金湜与张应麟曾和日本临济宗著名禅师一休有过神交。金湜曾经为《一休像》提过画像偈，其曰：

> 临济传来第几灯，虚堂南浦旧相仍。至今沧海东头寺，一脉承当有此僧。②

金湜回顾了宋代临济宗高僧虚堂与其日本徒弟南浦禅师的师徒情谊，更赞叹明代日本临济宗之繁荣。而一休禅师则是将日本临济宗继承和发扬的又一个里程碑式的代表。在其为一休偈颂集《狂云集》所作的序中，金湜对一休的禅道修养更是赞颂不已，他写道：“予读一过，即知其为方外之达禅也。不然何其词气纵横意趣超脱，出显入幽，略无阻碍。正所谓信手拈来，头头是道也。予闻其国以为得临济之正传，岂其然欤？借曰：单传心印不立文字。此又一休两得其妙，宜乎宗门士深信，而传诸久远无疑也。”③ 金湜认为一休的禅修已经到了“信手拈来，头头是道”的地步，其悟道法门甚至已经超越了临济宗“单传心印不立文字”之局限，从心传和文字两方面通达妙道，其对禅宗的贡献可见一斑。

张应麟乃宁波官宦出身，与日本贡使交往密切。他也曾给《一休像》写过赞文，其文曰：

> 学通儒典，道阐禅宗。为丛林之表率，致誉望之尊崇。派派才思，落落心胸。观止水而自安，行藏有定；取狂云以为号，变化无纵。是宜衍儿孙之昌盛，续灯焰于海东也耶。④

---

① 刘恒武：《宁波古代对外文化交流——以历史文化遗存为中心》，第191页。

② 同上书，第192页。

③ 同上。

④ 同上书，第193页。

张氏也敬佩一休之修养，认为其达到了动静自如、定变随意之境，真可以续日本禅宗之正脉。

4. 丰坊、柯雨窗、叶寅斋、方仕与策彦

日本僧人策彦曾经两度作为遣明使入贡明朝，跟宁波结下了深厚的渊源。策彦善于结交友人，宁波很多名士与之都有交往，如丰坊、范南冈、范葵园、方仕、全季山、王汝升、柯雨窗、谢国经、赵一夔、叶寅斋、董秋田、包吉山、屠月鹿、周莲湖、卢月渔等。这里主要介绍丰坊、柯雨窗、叶寅斋与策彦的交游。

策彦第一次入明时，曾携带其与友人共作的诗集《城西联句》，向宁波文人请教，并特别邀请丰坊为之作序。丰坊乃宁波望族世家出身，本身亦为嘉靖进士，好藏书，善书法、诗赋，乃宁波名士。丰坊盛情难却，为策彦诗集作序。其序先交代了诗集的缘起和写作过程，然后谈及诗文载道之大义，指出诗文之道之艰难，有赖于杰出人物为之继彰。接着他追溯了策彦诗文门派之源流，尤其指出其门派在中国的源头（南宋高僧无准师范），赞颂策彦对诗文之道的继承和发扬。最后是对策彦诗文之评价，曰：

> 吾观公之诗，言近而指远，词约而思深，写难状之景如在目前，含不尽之意见于言外。诚理蕴于心，而嘉言孔彰。炳炳琅琅，焜耀于后世者也。岂非励志勉企而弗忝先业者哉？[①]

丰坊的评价是很高的，在其眼中，策彦亦深得中国诗文之道的精髓，以理意为魂，文言为彰，内外合一，应物自然。其诗言近而有远，言浅而意深，甚至有言而可观无言，诗艺几达化境，怎能不令人赞叹呢！

柯雨窗是丰坊的弟子，亦宁波名士，其与策彦的交往也很频繁。据统计，策彦主动拜访或回访柯雨窗 6 次，致送诗柬近 20 次，接受柯雨窗的诗文书画至少 20 次。[②] 柯雨窗曾经题赞策彦弟子所携《策彦禅师像》，其言曰：

> 师，日本高僧也。……资温如璋，颔珠内藏。儒巾释裳，踧踖肃

---

① 刘恒武：《宁波古代对外文化交流——以历史文化遗存为中心》，第 196 页。

② 范金民：《日本使者眼中的明后期社会风情——策彦周良〈入明记〉初解》，http：//www.iahs.fudan.edu.cn/historyforum.asp？action = page&class_ id = 31&type_ id = 1&id = 106。

庄。琅函时张，道心清凉。容止可望，蕴蓄难量。笔翰琳琅，诗风曰唐。奉表天王，跱趾宾堂。明声震扬，宸宠辉光。壮揽胜方，倦休扶桑。身升颐康，寿曰无疆。①

柯雨窗对策彦的评价是很高的。他从策彦的画像联想到其修行功业，对其贯通儒释之修为由衷赞叹。这种贯通既表现在其穿着仪表上，如“儒巾释裳，蹁跹肃庄”，也表现在其内圣外王之功业上，如“琅函时张，道心清凉。容止可望，蕴蓄难量。笔翰琳琅，诗风曰唐。奉表天王，跱趾宾堂”。如此，策彦才会在明朝士人中间产生极大的声望，“明声震扬，宸宠辉光”。

除此之外，柯雨窗还在策彦归国时作一《衣锦荣归图》送与之。② 在画面上，上方书写“衣锦荣归”四个大字，下方则是一幅表现送归之图画。足见两人友谊之深厚。

叶寅斋乃进士出身，亦是与策彦交好的宁波名士，他曾与方仕、屠月鹿、董秋田、包吉山一起送给策彦一幅《谦斋老师归日域图》（现藏日本京都天龙寺妙智院）。③ 叶寅斋为之作了序，在其序文中，他写到了策彦第二次入明朝贡之原因，概因其“昔经献纳，望誉有加，复膺是举”。他还解释了策彦获“谦斋”之名号的由来：因策彦与明士大夫交往“谦而有礼”，合《易》之所言“谦谦君子，卑以自牧”，是以名之。接下来叶氏进入正题，写到了这幅送别图之由来以及这篇序文之诞生。最后赞颂策彦修养之精深。值得一提的是，叶氏还提到了日本之中华血统渊源（箕子之遗）和策彦学问之中华渊源（无准大师之七世孙）。④ 这种血缘和文化上的渊源无疑是让明士大夫对日本文士惺惺相惜的重要原因。在序文最后，是叶氏等人赠予策彦的三首离别诗。其中一首是赞颂其两次入贡之壮举；一首是描述其被嘉靖皇帝嘉许之诗；一首是话别情之诗。⑤ 我们仅将话别之诗摘录如下：

即今帆归不可留，崇肴饯别鄞江皋。十年再会岁月老，今宵尽饮须酕醄。⑥

---

① 刘恒武：《宁波古代对外文化交流——以历史文化遗存为中心》，第199页。
② 同上。
③ 同上书，第203页。
④ 同上书，第204页。
⑤ 同上。
⑥ 同上。

方仕亦曾是丰坊的门生，他与策彦的友谊也很深厚。在策彦居留宁波期间，方仕与之有过各种形式的交往。首先，方仕与策彦互赠书画诗文。据策彦的朝贡日记《初渡集》和《再渡集》记载，两人书画往来十余次。其中除了自己所作书画外，还有珍贵古字画，如方仕赠给策彦的詹僖之遗墨、苏轼之书法等。两人诗文往来也有四五次之多。其次，方仕为策彦题名作序。方仕曾为策彦的《城西联句》写书名，并题"西山草堂"四字。他还为宁波文士为策彦饯行所作的诗集作序。①

由上可见宁波文士与策彦友谊之深厚。

5. 方仕父子与《渡唐天神图》

日本平安前期的著名学者菅原道真，由于其学识渊博，被天皇重用。但后被谗谤，忧郁而死。其死后，曾被崇信为火雷天神、北野天神，最后定型于渡唐天神。渡唐天神信仰中的菅原以南宋高僧无准为自己的参禅对象，这是对中华文化崇敬的一种表现，亦是禅宗的圣一派和梦窗派占据日本禅林优势地位的标志。也可以说，渡唐天神是中日交流的结果，是中日文化结合的产物。②

明代浙江文士也曾对渡唐天神产生过兴趣，纷纷题赞渡唐天神像。其中著名的是方仕父子的题赞。方仕之父方震曾作《日本天满大自在天神像》赞，其言曰：

> 梅花肉骨，冰雪精神，自非母胎所产，而是维岳生申。抚菅氏手，得元气者。慕宜尼之轨范，为延喜之朝绅。诸史百家，冠日东之无二。九州四海，称亟相之一人。遭平卿之谗谤，谪太宰之遐滨。作火雷而焚阙，为观世以现身，乃天降以赠号，有七字而可珍。参径山之禅味，入大唐之要津。是宜一邦绘像，享祀于千秋也欤。③

在这里，方震描绘出了渡唐天神之神性特征，并将其与中华文化紧密结合起来。其所用词汇如"精神""元气"，亦是中华文化特有之概念。

方仕则至少为三幅渡唐天神像题赞，其中有其题写的日僧了庵桂悟的诗句，其诗曰：

① 陈小法：《论明代宁波方仕与日本的文化交流》，载张伟主编《浙江海洋文化与经济》，第二辑，海洋出版社2008年版，第33—37页。

② 陈小法：《渡唐天神与中日交流》，《日语学习与研究》2007年第5期，第65—70页。

③ 刘恒武：《宁波古代对外文化交流——以历史文化遗存为中心》，第202页。

自在阴阳不测神，感天忠义圣朝臣。浪传径坞传衣钵，香渡梅花一点春。①

这首诗除了赞颂天神之忠义精神及其对日本文化的影响外，也揭示了渡唐天神与中华文化之渊源。

通过以上浙江文人，尤其是宁波文人与日本文人之交往，我们可以看到当时中日文化交流的基本特点，可归纳如下：

（1）入贡时间虽然间隔较长，但交往仍很密切。从上面的例子可以看出，日本学人与明代士人的交往是很频繁的。他们充分利用在我国朝贡居留的时间，最大限度的结交当代士人。正因为当时的交通条件远没有现代发达，日本学人才得以在中国居留很长时间，足以加深他们对中国文化的学习和理解。

（2）日本文人爱慕中华文化之心流露无疑。明代传统文化达到了顶峰，尤其是儒家文化的发展和完善，硕果累累。经过宋明士人的努力，程朱理学和陆王心学将传统思维推到了极致，在日常功用和精神境界上都堪称完美。使日本文人倍加敬羡和爱慕。日本文人的主要载体是僧人，所以我们经常看到日本僧人随朝贡船队来中国交流和学习。中国文化在日本的传播也主要是靠这一群体。

（3）明士人对日本文人评价很高，皆因其学习和使用中国文化方面达到很高程度。正所谓惺惺相惜，日本文人倾慕和学习中国文化，并达到相当高的水平，自然会赢得中国士人的赞扬，这也是文化自信和胸襟开阔的体现。

二　与西方的文化交流

与西方的文化交流，也可以分为两部分：一部分是科技文化的交流；一部分是宗教信仰文化的交流。

（一）与西方科技文化的交流

在科技文化方面，与西方交流较多的是天文历法知识，其次是数学和地理知识。首先我们来看一下明人对西方科技的基本态度，我们主要以天文历法知识为例。

① 陈小法：《论明代宁波方仕与日本的文化交流》，载张伟主编《浙江海洋文化与经济》，第二辑，第39页。

1. 西方科技在明人眼中的地位

对西方科技的先进性之认识，《明史》中多有记载，如在《志第一·天文一》中有如下记载：“《楚辞》言‘圜则九重，孰营度之’，浑天家言‘天包地如卵里黄’，则天有九重，地为浑圆，古人已言之矣。西洋之说，既不背于古，而有验于天，故表出之。”① 这里先承认了西方之学与中国古学的同等地位。接下来，又承认西法与古法有大不同，“西洋之法，以中气过宫，如日躔冬至，即为星纪宫之类。而恒星既有岁进之差，于是宫无定宿，而宿可以递居各宫，此变古法之大端也。”② 略微表现出对西法之优越性的认可。

而梅文鼎对西法的优越性是明确承认的，他说：“……郭守敬所以立四丈之表，用影符以取之也。日体甚大，竖表所测者日体上边之影，横表所测者日体下边之影，皆非中心之数，郭守敬所以于表端架横梁以测之也，其术可谓善矣。但其影符之制，用铜片钻针芥之孔，虽前低后仰以向太阳，但太阳之高低每日不同，铜片之欹侧安能俱合。不合则光不透，临时迁就，而日已西移矣。须易铜片以圆木，左右用两板架之，如车轴然，则转动甚易。更易圆孔以直缝，而用始便也。然影符止可去虚淡之弊，而非其本。必须正其表焉，平其圭焉，均其度焉，三者缺一，不可以得影。三者得矣，而人心有粗细，目力有利钝，任事有诚伪，不可不择也。知乎此，庶几晷影可得矣。西洋之法又有进焉。谓地半径居日天半径千余分之一，则地面所测太阳之高，必少于地心之实高，于是有地半径差之加。近地有清蒙气，能升卑为高，则晷影所推太阳之高，或多于天上之实高，于是又有清蒙差之减。是二差者，皆近地多而渐高渐减，以至于无，地半径差至天顶而无，清蒙差至四十五度而无也。”③

鉴于对西法先进性的认识，明政府才使用西洋人进行了天文观测。“崇祯初，西洋人测得京省北极出地度分：北京四十度，周天三百六十度，度六十分立算，下同。南京三十二度半……以上极度，惟两京、江西、广东四处皆系实测，其余则据地图约计之。又以十二度六十分之表测京师各节气午正日影：夏至三度三十三分……冬至二十四度四分。……西洋人汤若望曰：‘天启三年九月十五夜，戌初初刻望，月食，京师初亏在酉初一刻十二分，

① 《明史》卷25，志第一，天文一。
② 同上。
③ 同上。

而西洋意大里雅诸国望在昼，不见。推其初亏在巳正三刻四分，相差三时二刻八分，以里差计之，殆距京师之西九十九度半也。故欲定东西偏度，必须两地同测一月食，较其时刻。若早六十分时之二则为偏西一度，迟六十分时之二则为偏东一度。节气之迟早亦同。今各省差数未得测验，据广舆图计里之方约略条列，或不致甚舛也。南京应天府、福建福州府并偏东一度，山东济南府偏东一度十五分，山西太原府偏西六度，湖广武昌府、河南开封府偏西三度四十五分，陕西西安府、广西桂林府偏西八度半，浙江杭州府偏东三度，江西南昌府偏西二度半，广东广州府偏西五度，四川成都府偏西十三度，贵州贵阳府偏西九度半，云南云南府偏西十七度。”①

崇祯二年五月乙酉朔日食，礼部侍郎徐光启依西法预推，顺天府见食二分有奇，琼州食既，大宁以北不食。《大统》《回回》所推，顺天食分时刻，与光启奏异。已而光启法验，余皆疏。帝切责监官。时五官正戈丰年等言："《大统》乃国初所定，寔即郭守敬《授时历》也，二百六十年毫未增损。自至元十八年造历，越十八年为大德三年八月，已当食不食，六年六月又食而失推。是时守敬方知院事，亦付之无可奈佑，况斤斤守法者哉？今若循旧，向后不能无差。"于是，礼部奏开局修改。乃以光启督修历法。光启言："近世言历诸家，大都宗郭守敬法，至若岁差环转，岁实参差，天有纬度，地有经度，列宿有本行，月五星有本轮，日月有真会、视会，皆古所未闻，惟西历有之。而舍此数法，则交食凌犯，终无密合理。宜取其法参互考订，使与《大统》法会同归一。"②

这些测试充分说明了西法的先进性和准确性。继而政府开始邀请西人参与历法修改和制定事宜。但这一过程也是曲折的。开始时，徐光启主持这一事项，力倡西法，邀西洋人入历局，“已而光启上历法修正十事：其一，议岁差，每岁东行渐长短之数，以正古来百年、五十年、六十年多寡互异之说。其二，议岁实小余，昔多今少，渐次改易，及日景长短岁岁不同之因，以定冬至，以正气明朔。其三，每日测验日行经度，以定盈缩加减真率，东西南北高下之差，以步月离。其四，夜测月行经纬度数，以定交转迟疾真率，东西北高下之差，以步月离。其五，密测列宿以纬行度，以定七政盈缩、迟疾、顺逆、违离、远近之数。其六，密测五星经纬行度，以定小轮行度迟疾、留逆、伏见之数，东西南北高下之差，以推步凌犯。其七，推变黄

① 《明史》卷25，志第一，天文一。

② 《明史》卷31，志第七，历一。

道、赤道广狭度数，密测二道距度，及月五星各道与黄道相距之度，以定交转。其八，议日月去交远近及真会、视会之因，以定距午时差之真率，以正交食。其九，测日行，考知二极出入地度数，以定周天纬度，以齐七政。因月食考知东西相距地轮经度，以定交食时刻。其十，依唐、元法，随地测验二极出入地度数，地轮经纬，以求昼夜晨昏永短，以正交食有无、先后、多寡之数。因举南京太仆少卿李之藻、西洋人能华民、邓玉涵。报可。九月癸卯开历局。三年，玉函卒，又徵西洋人汤若望、罗雅谷译书演算。光启进本部尚书，仍督修历法”。①

然而，中国传统历法支持者对西历仍有不同意见，并不断与西历进行较量，结果是西法胜出。“时巡按四御史马如蛟荐资县诸生冷守中精历学以所呈历书送局。光启力驳其谬，并预推次年四月川食时刻，令其临时比测。四年正月，光启进《历书》二十四卷。夏四月戊午，夜望月食，光启预推分秒时刻方位。奏言：‘日食随地不同，则用地纬度算其食分多少，用地经度算其加时早晏。月食分秒，海内并同，止用地经度推求先后时刻。臣从舆地图约略推步，开载各布政司月食初亏度分，盖食分多少既天下皆同，则余率可以类推，不若日食之经纬各殊，心须详备也。又月体一十五分，则尽入暗虚亦十五分止耳。今推二十六分六十秒者，盖暗虚体大于月，若食时去交稍远，即月体不能全入暗虚，止从月体论其分数。是夕之食，极近于交，故月入暗虚十五分方为食既，更进一十一分有奇，乃得生光，故为二十六分有奇。如《回回历》推十八分四十七秒，略同此法也。’已四川报次序守中所推月食实差二时，而新法密合。”②

崇祯五年十月，徐光启因病辞去历局职务，山东参政李天经代其职。不久徐光启去世。支持传统历法者又向西法提出挑战。崇祯七年，魏文魁上言，历官所推交食节气皆非是。于是命其入京测验。当时言历者有四家，《大统》《回回》外，别立西洋为西局，文魁为炙局。各局明争暗斗，“言人人殊，纷若聚讼焉”。面对魏文魁的挑战，李天经出面应战。李天经亦是西法的推崇者，较量的结果，西法又胜出。“天经缮进《历书》凡二十九卷，并星屏一具，俱故辅光启督率西人所造也。天经预推五星凌犯会合行度，言：‘闰八月二十四，木犯积履尸气。九月初四昏初，火土同度。初七卯正，金土同度。十一昏初，金火同度。旧法推火土同度，在初七，是后天

① 《明史》卷31，志第七，历一。

② 同上。

三日。金火同度在初三，是先天八日。’而文魁则言，天经所报，木星犯积尸不合。天经又言：‘臣于闰八月二十五日夜及九月初一日夜，同体臣陈六韦等，用窥管测，见积尸为数十小星围聚，木与积尸，共纳管中。盖窥圆径寸许，两星相距三十分内者，方得同见。如觜宿三星相距二十七分，则不能同见。而文魁但据臆算，未经实测。据云初二日木星已在柳前，则前此岂能越鬼宿而飞渡乎？’天经又推木星退行、顺行，两经鬼宿，其度分晷刻，已而皆验，于是文魁说绌。十年正月辛丑朔，日食，天经等预推京师师见食一分一十秒，应天及各省分秒各殊，惟云南、太原则不见食。其初亏、食甚、复圆时刻亦各异。《大统》推食一分六十三秒，《回回》推食三分七十秒，东局所推止游气侵光三十馀秒。而食时推验，惟天经为密。”①

西法的准确性令崇祯大为赞赏，竟决定要将《大统》废掉，用西法修历。只是由于政治原因，以西法为基础的《大同历法》才没有被实施，“十四年十二月，天经言：‘《大统》置闰，但论月无中气，新法尤视合朔后先。今所进十五年新历，其十月、十二月中气，适交次月合朔时刻之前，所以月内虽无中气，而实非闰月。盖气在朔前，则此气尚属前月之晦也。至十六年第二月止有惊蛰一节，而春分中气，交第三月合朔之后，则第二月为闰正月，第三月为第二月无疑。’时帝已深知西法之密。迨十六年三月乙丑朔日食，测又独验。八月，诏西法果密，即改为《大统历法》，通行天下。未几国变，竟未施行。”②

可见西法在明时的影响，如果不是被义军打断，其历法将被在全国推行。而清朝建立以后，在历法方面则继承了明之成果，启用西人监修历法，这无疑是一开明之举。

但是，对西方先进科技的承认和接纳并不意味着完全否定和废弃古法，于上管理另局历务代州知州郭正中曾言：“中历必不可尽废，西历必不可专行。四历各有短长，当参合诸家，兼收西法。”于是，崇祯十一年正月，乃诏仍行《大统历》，如交食经纬，晦朔弦望，因年远有差者，旁求参考新法与回回科并存。③ 这是一种较为开放的心态，不是夜郎自大，也不是妄自菲薄，而是兼收并蓄。于是就产生了中西历法一源的说法，如有言曰：“古今中星不同，由于岁差。而岁差之说，中西复异。中法谓节气差而西，西法谓

① 《明史》卷31，志第七，历一。
② 同上。
③ 同上。

恒星差而东，然其归一也。今将李天经、汤若望等所推崇祯元年京师昏旦时刻中星列于后。”①

而下面这段话则透露出一种西学中源、青出于蓝的腔调，其言曰：“西洋人之来中土者，皆自称欧罗巴人。其历法与回回同，而加精密。尝考前代，远国之人言历法者多在西域，而东南北无闻。唐之《九执律》，元之《万年历》，及洪武间所译《回回历》，皆西域也。盖尧命义、和、仲、叔分宅四方，义仲、义叔、和叔则以隅夷、南交、朔方为限，独和仲但曰‘宅西’，而不限以地，岂非当时声教至西被者远哉。至于周末，畴人子弟分散。西域、天方诸国，接壤西陲，百若东南有大海之阻，又无极北严寒之畏，则抱书器而西征，势固便也。欧罗巴在回回西，其风俗相类，而好奇喜新竞胜之习过之。故则历法与回回同源，而世世增修，遂非回回所及，亦其好胜之欲为之也。义、和既失其守，古籍之可见者，仅有《周髀》范围，亦可知其源流之所自矣。夫旁搜采以续千百年之坠绪，亦礼秀求野之意也，故备论也。”② 这里追溯了历法的源流，开始认为西域乃历法之源。而这并不是最初的源头，初始源头可追溯到尧统治时期。尧命义、和、仲、叔分守四方，而和、仲所守之地正是西方。东方文化经此传播至西域乃至更西之地，包括历法算术之学。而东、南之地的义和所守区域已经将绝学失传了，惟有西方得以继承发展，欧罗巴人喜欢新奇和争胜，将西传历法精益求精，以致达到现今的精准程度。这一心态具有代表性：既承认西学之精准，同时又强调其中学之源流。仍有一种优越之心态在里面。其将西学这种精准看成是好奇、喜新、竞胜之习性的结果，本身就有一种轻视。因为这些习性皆是不成熟、不自信之表现。西方科技在明人眼中的地位就清楚了。

在成熟的中国文化来说，对精确性的追求也是需要的，但并不那么极端，因为他们知道天道是人道所不能穷尽的，如其所说：“后世法胜于古，而屡改益密者，惟历为最著。《唐志》谓天为动物，久则差忒，不得不屡变其法以求之。此说似矣，而不然也。《易》曰：‘天地之道，贞观者也。’盖天行至健，确然有常，本无古今之异。其岁差盈缩迟疾诸行，古无今有者，因其数甚微，积久始著。古人不觉，而后人知之，而非天行之忒也。使天果久动而差忒，则必差参凌替而无典要，安从修改而使之益密哉？观传志所书，岁失其次、日度失行之事，不见于近代，亦可见矣。夫天之行度多端，

① 《明史》卷31，志第七，历一。

② 同上。

而人之智力有限，持寻尺之仪表，仰测穹苍，安能洞悉无遗。惟合古今人心思，踵事增修，庶几符合。故不能为一成不易之法也。”① 历法是不断变化的，西法也是如此。所以不能说谁就是最后的胜者。这一观念对现今的科技来说也是有启发性的。

2. 浙江学人与西方科技文化的交流

在这一方面的主要代表是浙江学人李之藻、黄宗羲等。我们先看李之藻与西方科技文化的交流情况。

李之藻（1565—1630），字我存，号凉庵居士，浙江仁和（今杭州）人。万历二十六年（1598）进士，历任平禄寺少卿、知州、太仆寺卿、南京工部员外郎等职。

李之藻的历算才能很早就被朝廷察觉了。据《明史》记载，嘉靖三十八年，日食推算有误，礼官因请博求知历学者，令与监官昼夜推测，但越来越差。于是五官正周子愚言：“大西洋归化远臣庞迪峨、熊三拨等，携有彼国历法，多中国典籍所未备者。乞视洪中译西域历法例，取知历儒臣率同监官，将诸书尽译，以补典籍之缺。”礼部因奏：“精通历法，如云路、守己为时所推，请改授京卿，共理历事。翰林院检讨徐光启、南京工部员外郎李之藻亦皆精心历理，可与迪峨、三拨等同译西洋法，俾云路等参订修改。然历法疏密，莫显于交食，欲议修历，必重测验。乞敕所司修治仪器，以便从事。”未几云路、之藻皆召至京，参预历事。云路据其所学，之藻则以西法为宗。嘉靖四十一年，之藻已改衔南京太仆少卿，奏上西洋历法，略言台监推算日月交食时刻亏分之谬。而力荐迪峨、三拨及华民、阳玛诺等，言：“其所论天文历数，有中国昔贤所未及者，不徒论其数，又能明其所以然之理。其所制窥天、窥日之器，种种精绝。今迪峨等年龄向衰，乞敕礼部开局，取其历法，译出成书。”礼科姚永济亦以为言。时庶务因循，未暇开局也。崇祯二年光启上历法修正十事，因举南京太仆少卿李之藻、西洋人熊华民、邓玉涵。九月开历局。对历法、演算等西学进行译介和深研。②

所以，李之藻在引进和研究西学方面的贡献是非常突出的，可以从以下几个方面来看。

（1）译介西学

在译介西学方面，李之藻贡献甚大，甚至超过了徐光启。他和利玛窦合

① 《明史》卷31，志第七，历一。
② 同上。

作共同翻译了《经天该》、《浑盖通宪图说》、《乾坤体义》、《同文算指》等书，同罗雅谷合作翻译《历指》、《测量全义》、《比例规解》、《日躔表》等书，又和傅泛际合作翻译了《寰有诠》、《名理探》等书。[1] 如前所述，他不仅翻译了西方历算之学，也引入了西方历算学之根基——逻辑推理之学。

李之藻对西学的引介除了弥补了中国天文历算的不足之外，还破除了某些陈旧的观念。如他的《浑盖通宪图说》就基本解决了中国传统浑天说和盖天说的冲突。浑天说的基本观点是，认为"天"或宇宙是一个球体，地则在这个球体之中；盖天说则认为天与地是平行的，且天圆地方。浑天说的基本测量仪器是浑仪，盖天说的基本测量仪器是圭表。在传教士来之前，两种学说和仪器一直在中国天学机构里使用。[2] 直到利玛窦带来了简平仪，即星盘，两种学说的争论才告一段落。李之藻见到利氏这一仪器并向其请教时，感到这一仪器综合了浑天说和盖天说的优点，便捷而又精确。在此基础上他提出了浑盖合一的结论，"假令可盖可浑，讵有两天？要于截盖由浑，总归圜度，全圜为浑，割圜为盖，盖笠拟天、覆槃拟地，人居地上，不作如是观乎？若谬倚盖之旨，以为厚地而下不复有天，如此则乾不成圜，不圜则运行不健，不健则山河大地下坠无极，而乾坤或几乎息"。[3] 在《明史》中也对李之藻之译介功绩大加赞扬，其言曰："万历中，西洋人利玛窦制浑仪、天球、地球等器。仁和李之藻撰《浑天仪说》，发明制造施用之法，文多不载。其制不外于六合、三辰、四游之法。但古法北极出地，铸为定度，此则子午提规，可以随地度高下，于用为便耳。夫制器尚象，乃天文家之首务。然精其术者可以因心而作。故西洋人测天之器，其名未易悉数，内浑盖、简平二仪其最精者也。其说具见全书，兹不载。"[4]

总之，李之藻所译介的这些西学著作使当时的中国有可能接受初步的西学启蒙。只是由于种种原因，致使这一启蒙没有展开。

（2）刻印西学书籍

为了传播西学历算及伦理知识，李之藻自己刻印和支持他人刻印了大量西学书籍。其中最为有名的自然是他的《天学初函》。崇祯元年（1628），李之藻编辑并出版了天主教丛书第一集，提名《天学初函》。这里所谓的

① 金普森、陈剩勇主编：《浙江通史·明代卷》，浙江人民出版社2005年版，第444—446页。

② 江晓原、钮卫星撰：《天学志》，中华文化通志编委会编《中华文化通志·科学技术典》，上海人民出版社1998年版，第224、225页。

③ 徐宗泽：《明清间耶稣会士译著提要》，上海书店出版社2006年版，第202页。

④ 《明史》卷25，志第一，天文一。

"天学"既包括道德伦理之学，也包括天文历算之学，这是因为李之藻把西学看成了一个体系，它是从有形到无形、由因性到超性的知识体系。这一知识体系的顶点便是"天主"之学。所以可以将这一体系统称为"天学"。李之藻便按照有形无形之标准将天学分成了两部分：一部分是"理"，一部分是"器"。具体到《天学初函》中就是理编和器编之分。所谓"初函"便是将有二函、三函陆续问世的意思。这部丛书共有20种，共五十四卷，三十二册。[①] 全书的名称、著者与卷数列出如下：①艾儒略答述《西学凡》一卷；②利玛窦述《天主实义》二卷；③利玛窦撰《辩学遗牍》一卷；④李之藻撰《唐景教碑书后》一卷；⑤利玛窦述《畸人十篇》二卷；⑥利玛窦撰《交友论》一卷；⑦利玛窦述《二十五言》一卷；⑧庞迪我撰《七克》七卷；⑧毕方济口授、徐光启笔录《灵言蠡勺》二卷；⑩艾儒略增译、杨廷筠润色《职方外记》五卷；⑪熊三拔撰述、徐光启笔录《泰西水法》六卷；⑫利玛窦口授、徐光启笔译《几何原本》六卷；⑬熊三拔撰说、徐光启札记《简平仪说》一卷；⑭李之藻撰、利玛窦指授《浑盖通宪图说》二卷；⑮利玛窦授、李之藻演《圜容较义》一卷；⑯利玛窦授、李之藻演《同文算指》前编二卷、通编八卷、别编一卷；⑰利玛窦口译、徐光启笔受《测量法义》一卷；⑱熊三拔口授，周子愚、卓尔康记《表度说》一卷；⑲阳玛诺条答《天问略》一卷；⑳利玛窦、徐光启撰《勾股义》一卷。

《天学初函》是当时西学精华著作的一次大汇总，对于保留并传播西学有着很大的意义。虽然人们对于其中辑录的天主教学说并不感兴趣，但是却认识到其中测算之学的长处。清代中叶乾隆修四库全书时，特别辑录了《天学初函》中的10种测算之书。[②]

（3）在实践中引进西方先进知识、技术及设备

李之藻对西学的引进并没有仅仅停留在书本间，他也在实践中随时注意使用西方先进的知识和技术。当万历三十三年（1605）黄河决口时，时任工部分司的李之藻参与治理黄河，撰写了《黄河浚塞议》，提出了一整套治理黄河淤积和决口问题的方案。在提出新开河道的建议时，他利用所学的历算知识详细计算了所需费用及其收益。这份有理有据、客观翔实的奏疏使其

① 徐宗泽：《明清间耶稣会士译著提要》，第219、220页。也有人将利玛窦口译、徐光启撰《测量异同》一卷加入其中，于是这套丛书就成了21种、54卷、33册，日本东京"静嘉堂文库"所藏《天学初函》就是如此。见辟雍堂资料站《利玛窦的挚友李我存》，http：//academier.blogspot.com/2008/05/blog－post_12.html。

② 赵晖：《耶儒柱石——李之藻、杨廷筠传》，第122、123页。

颇得朝廷赏识，很快他就被派到山东治河，取得了显著的成绩。

在关于朝廷铸钱的问题上，李之藻同样利用其算数知识提出了自己的建议，这就是其《铸钱议》。针对朝廷官员纷纷提出增铸铜钱的要求时，李之藻则指出了增铸之弊。尽管李之藻的计算客观精确，但是却未能挡住官员们的贪欲，增铸活动满足了朝廷之贪欲，却给人民生活和经济发展带来很大损害。①

他还将所学西学知识用于日常案件处理上。在其任开州知府期间，运用所学西学知识处理地方上的经济纠纷案，准确而高效，得到百姓称赞。②

为了挽救明朝危亡，他还积极发起并参与朝廷购买西洋火器尤其是西洋大炮的行动。1618 年辽东告急，明廷与后金开战，明廷处于下风。明朝军队处于下风的一个关键因素就是武器上的劣势。徐光启、李之藻等最先意识到这一问题，于是频繁上疏要求制造新型武器、训练新兵。1620 年，徐光启被召训练营兵、监制大炮。在此期间，徐光启和李之藻酝酿向欧洲购买西洋火器事宜。③ 在徐光启的示意下，李之藻、杨廷筠募集款项，决定向澳门葡萄牙人购买火炮。最后是杨廷筠的门人张焘去同葡萄牙人交涉，购得四门大炮，暂放在广信。1621 年李之藻上疏《制胜务须西铳敬述购募始末疏》，认为当今制胜之道，唯有使用西洋先进火器，他将购炮事宜告知了朝廷，同时建议引进葡萄牙炮师，学习其制造和运用火炮技术。④ 这四门大炮在与后金的战斗中取得显著战绩，1626 年宁远之战大挫后金，努尔哈赤也因之丧命。⑤

最近又发现了李之藻的一份奏疏，即《恭进收贮大炮疏》，这是李之藻关于购募西铳西兵的第三份奏疏，第一份为存于《明经世文编》及《守圉全书》的《制胜务须西铳疏》，该疏上于天启元年四月十九日；第二份为《明熹宗实录》卷二七及韩云《战守惟西洋火器第一议》中提及的《以夷攻夷疏》（此疏似已失传），该疏上于天启二年十月；第三份即是《恭进收贮大炮疏》，该疏上于天启三年二月初五日。这三份奏疏是研究明王朝第一次到澳门购炮募兵这一重大事件的最重要的资料，奏疏全文如下："太仆寺添注少卿臣李之藻谨奏，为微臣拾遗当去，谨将原购西洋大炮恭进内府收贮，

① 赵晖：《耶儒柱石——李之藻、杨廷筠传》，第 39—49 页。

② 同上书，第 51 页。

③ 樊洪业：《耶稣会士与中国科学》，中国人民大学出版社 1992 年版，第 75、76 页。

④ 赵晖：《耶儒柱石——李之藻、杨廷筠传》，第 74—80 页。

⑤ 樊洪业：《耶稣会士与中国科学》，第 78 页。

以慎军需事。自奴酋叛逆以来，竭我国家二百余年，库贮火器，悉载而东，与辽俱丧。臣窃痛之，因思惟有西洋大炮猛烈奇异，可以决胜无疑，前于万历四十八年，管河差满过家，与臣友终养、副使杨廷筠，私议捐资，前往广东香山岙夷处购买此炮，夷商效顺，献炮四位。因而自雇脚力，运载过岭，中途力竭，寄顿广信府驿舍。天启元年四月，荷蒙圣恩，误允诸臣之荐，将臣留改卿衔，专管城守军需，于时预备火器，是臣本等职掌，臣遂将前购炮来历具题，该兵部覆奉钦依差官取解来京，水陆艰辛，至本年十一月解到，权于演象所寄放，以俟购募精艺夷商前来教演。天启二年九月，枢辅督师山海关，取讨及此，部题钦奉圣旨是西洋大炮，着先发一位到彼试验。还速催点放夷商前来，俟到日再行酌发，钦此钦遵。臣又补造铳布铁弹等项器具付差官刘初烷领解诣关，续又解去红毛炮十位，见今彼处似已足用。其未发诸炮，应留防护京师，所以居重御轻。我皇上圣谟自远，臣愚无容过计为者，但今所募夷商，在途未到，而臣军需告完，奉命回寺。昨被科臣拾遗论列，恶声洊加，臣宜静听处分，例不许辩。然而从此不得终事陛下，效其犬马之力矣。所有前项西洋大炮，已经枢府，在关试放。闻果猛烈异常，臣前所奏，似已不诬。今存三位，寄贮外署，臣去之后，或恐无人照管，致有疎虞，有辜圣明珍重留俟之意，不若容臣交送内兵仗局查收，待夷商到日，另听兵部题请发出，会官试验以尽其用。庶重器之防护有赖，而将来之挞伐攸资，此亦弃妇唧恩图报之蚁忱，所不忍以恤纬忘者也。如蒙圣鉴俯身允，伏乞敕下该局，将前西洋大炮三位，并载铳原车三辆，查照收贮，备用施行。臣未敢擅便，为此谨具奏闻，伏候敕旨。天启三年二月初五日具奏，初八日奉圣旨，这大炮并车辆着内局收贮，该部知道。”① 在这份奏疏里，李之藻又将购炮、贮炮的事情说了一遍，同时表达自己的一片赤诚之心。总之，在引进西洋武器及其技术方面，李之藻有很大贡献，但是由于朝廷腐败已深，其努力也未能挽大厦之将倾。

在所有的事业中，李之藻最为热衷的就是修历了，但是出于种种原因，他在这一领域的作为却不太明显。1610 年钦天监预测日食出现重大失误后，明廷修历之呼声再涨。1611 年，钦天监五官正周子愚上疏推荐庞迪我、熊三拔等传教士参与修历。同时礼部也推荐徐光启、李之藻参与修历。徐、李

① （明）韩霖：《守圉全书》卷 3 之 1 李之藻《恭进收贮大炮疏》，第 77—79 页，台北“中央”研究院傅斯年图书馆善本书室藏明崇祯九年刊本，转引自汤开建、马占军《〈守圉全书〉中保存的徐光启、李之藻佚文》，《古籍整理研究学刊》2005 年第 2 期，第 81、82 页。

旋即被召至京，参与历事。1613 年，李之藻上疏《请译西洋历法等书疏》，再次力荐庞迪我、熊三拔等传教士参与修历。但是朝廷却一拖再拖，无意开设历局。[①] 1615 年，李之藻还被调离京城，到高邮任敕理河道工部侍郎中，在那里治水。[②] 修历之事就被搁置起来。1616 年，“南京教案”又起，修历更加遥遥无期。直到 1629 年发生日食，徐光启再次证明西历的精确性时，崇祯才又开始考虑修历。1629 年 9 月，徐光启执掌的历局开始运作，他特意举荐李之藻参与修历。已经在家闲居多年的李之藻重被起用，辅佐徐光启修历。李之藻此时已身患重病，但他仍坚持北上。中途因病突发，停留治疗，直到 1630 年 6 月才到达京城。他以重病之身，与罗雅谷合作完成了六卷西历书籍之翻译。重病加重任，不久，李之藻就一病不起，于 1630 年 11 月 1 日逝于任上。对于这样一位杰出人才的逝世，天主教也大为惋惜。消息传到欧洲，耶稣会总会长命会士各举行弥撒一台，为之悼念祝福。[③]

（4）照顾、举荐和保护西方传教士

出于对传教士学问道德之敬佩，李之藻在举荐、照顾和保护传教士等问题上不遗余力。当 1610 年利玛窦去世时，李之藻为其办理丧事，并出力为其向皇帝乞赐墓地。最终利玛窦得以安葬在阜成门外二里沟滕公栅栏墓地。[④] 1613 年明廷酝酿修历时，李之藻大力举荐庞迪我等传教士参与修历，他说，利玛窦已经去世了，庞迪我也已须发皆白，如果再不起用精通历法之传教士，恐怕绝学将失传了，“深惟学问无穷，圣化无外，岁月易迁，人寿有涯。况此海外绝域之人，浮槎远来，劳苦跋涉，其精神尤易消磨。昔年利玛窦最称博览超悟，其学未传，溘先朝露，士论至今惜之。今庞迪我等须发已白，年龄向衰。遐方书籍，按其义理，与吾中国圣贤可互相发明，但其言语文字，绝不相同，非此数人，谁与传译？失今不图，政恐日后无人能解。可惜有用之书，不免置之无用”。[⑤] 1621 年，当明廷面临后金威胁时，他再次上书，请求引进西洋火器及精通武器制造之人才。朝廷部分采取了其建议，被驱逐之传教士得以再次返回北京。[⑥] 1629 年，明廷再次修历，徐光启

① 樊洪业：《耶稣会士与中国科学》，第 111 页。

② 沈定平：《明清之际中西文化交流史——明代：调适与会通》，商务印书馆 2001 年版，第 682 页。

③ 方豪：《中国天主教史人物传》，中华书局 1988 年版，上册，第 121、122 页。

④ 同上书，第 117、118 页。

⑤ 李之藻：《请译西洋历法等书疏》，徐宗泽《明清间耶稣会士译著提要》，第 195、196 页。

⑥ 赵晖：《耶儒柱石——李之藻、杨廷筠传》，第 76—86 页。

和李之藻先后举荐龙华民、邓玉函、罗雅谷、汤若望进历局参与修历。传教士们对于《崇祯历书》的修成功不可没。[①]

当1616年“南京教案”发生时，李之藻同徐光启、杨廷筠一起为传教士辩护和提供避难所。当时李之藻正在高邮治水，意大利传教士曾德昭等派教徒找到他，还将杨廷筠写的护教文章《圣水纪言》给他。李之藻看后也写了一篇护教文书，为传教士辩护。他还和杨廷筠一起帮助传教士在南京城散发告示以稳定人心。当沈潅始逮捕传教士和中国教徒时，龙华民和艾儒略等赶到高邮与李之藻会合，商量对策。商量的结果是龙华民仍去北京与庞迪我会合，艾儒略则去杭州杨廷筠处暂避。李之藻为龙华民准备了一大笔钱，用于路费及疏通京城官员。还给京城朋友写信，让他们帮助龙华民等在京斡旋。他还给被捕的王丰肃等传教士写慰问信，寄钱和衣物，关怀无微不至。[②] 当明神宗下诏驱逐传教士时，徐光启、李之藻、杨廷筠大力帮助他们寻找避难所。在李之藻和杨廷筠的帮助下，郭居静、艾儒略等著名传教士在杭州隐居下来。杭州一时成为天主教的中心。

沈倒台后，许多传教士被释放，李之藻和杨廷筠还建议兵部去寻访龙华民和阳玛诺，使其作为军事顾问居留北京。[③] 李之藻对传教士的关爱可谓至深至大矣。

李之藻对传教士如此关心，一个主要原因就是其对西方自然科学的优越性之认识。对于西学中的自然科学及其逻辑推理方法，李之藻大加尊崇。他看到了儒学中这些学问的缺乏，为了不至于绝学失传，他毅然投身西学的翻译工作，“余自癸亥归田，即从修士傅公汎际结庐湖上，形神并式，研论本始，每举一义，辄幸得未曾有，心眼为开，遂忘年力之迈，矢佐翻译，诚不忍当吾世失之。而惟是文言敻绝，喉轻棘生，屡因苦难阁笔。乃先就诸有形之类，摘取形天、土、水、气、火所名五大有者而创译焉。夫佛氏楞严亦说地、水、风、火，然究竟归在真空。兹惟究论实有，有无之判含灵共晓，非必固陋为赘，略引端倪，尚俟更仆详焉。然而精义妙道，言下亦自可会，诸皆借我华言，翻出西义而止，不敢妄增闻见，致失本真，而总之识有足以砭空，识所有之大足以砭自小自愚，而蝇营世福者诚欲知天，即此可开广牖，

① 樊洪业：《耶稣会士与中国科学》，第67—69页；也见赵晖《耶儒柱石——李之藻、杨廷筠传》，第127、128页。

② 赵晖：《耶儒柱石——李之藻、杨廷筠传》，第212、213、228页。

③ 同上书，第244页。

其于景教殆亦九鼎在列，而先尝其一脔之味者乎。是编竣，而修士于中土文言理会者多，从此亦能渐畅其所欲言矣，于是乃取推论名理之书而嗣译之。噫，人之好德，谁不如我，将伯之助，窃引领企焉。不然，秉烛夜游之夫而且为愚公、为精卫，夫亦不自量甚也。”① 可见，李之藻对于这些“未曾有”的“精义妙道”极为重视。他模糊承认了西方名理推论之学的优越性。为了将绝学传之后人，他克服种种困难去翻译《寰有诠》、《名理探》等书籍。

在《〈同文算指〉序》中，李之藻再次提到西方数学的优越之处，他说：“遇西儒利玛窦先生，精研天道，旁及算指。其术不假操觚，第资毛颖，喜其便于日用，退食译之，久而成帙，加减乘除，总亦不殊中土；至于奇零分合，特自玄畅，多昔贤未发之旨，盈缩句股、开方测圜，旧法最难，新译弥捷。夫西方远人，安所窥龙马龟畴之秘、隶首商高之业，而十九符其用，书数共其宗，精之入委微，高之出意表，良亦心同、理同，天地自然之数同欤？……若乃圣明有宥，遐方文献何嫌并蓄兼收，以昭九译同文之盛，矧其裨实学、前民用如斯者；用以鼓吹休明，光阐地应，比夫献琛辑瑞，倘亦前此希有者乎？”② 在这里，虽然李之藻还在说西方算指“总不殊于中土”，但是不得不承认其更便捷和精微，其中许多还是“昔贤未发之旨”。而且西方“数”学对于促进实学发展，有诸多益处，最终有利于“鼓吹休明，光阐地应”。因此，翻译和传承西方“数”学，是比“献琛辑瑞”更有价值的事情。这也是在变相承认西方“数”学之优越性。

正是出于对西学的优越性之认识，李之藻才上书请求翻译西学，“伏见大西洋国归化陪臣，庞迪我、龙华民、熊三拔、阳玛诺等诸人，慕义远来，读书谈道，俱以颖异之资，洞知历算之学，携有彼国书籍极多。久渐声教，晓习华音，在京仕绅与讲论，其言天文历数，有我中国昔贤谈所未及者凡十四事。……凡此十四事，臣观前此天文历志诸书皆未论及，或有依稀揣度颇与相近，然亦初无一定之见。惟是诸臣能备论之，不徒论其度数而已，又能论其所以然之理，盖缘彼国不以天文历学为禁。……今诸陪臣真修实学，所传书籍，又非回回历等书可比。其书非特历术，又有水法之书，技巧绝伦，用之溉田济运，可得大益；又有算法之书，不用算珠，举笔便成；又有测望之书，能测山岳江河远近高深，及七政之大小高下；有仪象之书，能极论天地之体与其变化之理；有日轨之书，能立表于地，刻定二十四气之影线，能

① 李之藻：《译〈寰有诠〉序》，徐宗泽《明清间耶稣会士译著提要》，第152、153页。

② 徐宗泽：《明清间耶稣会士译著提要》，第205页。

立表于墙面，随其三百六十向，皆能兼定节气，种种制造不同，皆与天合；有《万国图志》之书，能载各国风俗山川险夷远近；有医理之书，能论人身形体血脉之故与其医治之方；有乐器之书，凡各种钟琴笙管，皆别有一种机巧；有格物穷理之书，备论物理、事理，用以开导初学；有《几何原本》之书，专究方圆平直，以为制作工器本领。以上诸书，多非吾中国书传所有，想在彼国亦有圣作明述，别自成家，总皆有资实学、有裨世用。”① 在这篇奏疏中，李之藻将西学的优越性更加凸显出来，称其学“技巧绝伦”，“不徒论其度数而已，又能论其所以然之理”，“有我中国昔贤谈所未及道者”，其对于经世有着极大的实用价值。

综上所述，我们可以看到，李之藻对西学优越性给予了一定的承认。但是，我们还应该看到，其对西学的推崇与其说是其具体学说内容，不如说是其治学方法，即逻辑推论之法。② 在李之藻的序中，多次出现对西方逻辑推理方法的赞叹和推崇。如他在《译〈寰有诠〉序》中写道：“缘彼中先圣、后圣所论天地万物之理，探原穷委，步步推明，由有形入无形，由因性达超性，大抵有惑必开，无微不破，有因性之学，乃可以推上古开辟之元，有超性之知，乃可以推降生救赎之理。”③ 在《〈同文算指〉序》中，他赞叹西学的“精之入委微，高之出意表”。在《〈圜容较义〉序》中，他又对西学的丝丝入扣、探原循委、举一反三之灵妙大加赞扬，“万物之赋形天地也，其成大、成小亦莫不铸形于圜，即细物可推大物，即物物可推不物之物。……第儒者不究其所以然，而异学顾恣诞于必不然……昔从利公研穷天体……探原循委，辩解九连之环；举一该三，光映万川之月。”④ 在其《请译西洋历法等书疏》中，也再强调西士“不徒论其度数而已，又能论其所以然之理”。李之藻的好友徐光启也有同样的体会，他说：“余尝谓其教必可以补儒易佛，而其绪余更有一种格物穷理之学。凡世间世外、万事万物之理，叩之无不河悬响答、丝分理解，退而思之，穷年累月，愈见其说之必然而不可易也。格物穷理之中，又复旁出一种象数之学。象数之学，大者为历法，为律吕，至其他有形有质之物，有度有数之事，无不赖以为用，用之无

---

① 李之藻：《请译西洋历法等书疏》，《皇明经世文编》卷383，《李我存集一》；也见韩琦、吴旻校注《熙朝崇正集 熙朝定案（外三种）》，中华书局2006年版，第264、265页。

② 吕明涛、宋凤娣：《〈天学初函〉所折射出的文化灵光及其历史命运》，载《中国典籍与文化》2002年第4期，第105—112页。

③ 徐宗泽：《明清间耶稣会士译著提要》，第152页。

④ 同上书，第212页。

不尽巧极妙者。”①

所以，在西学中给李之藻留下深刻印象的，当为其由因性达超性、有惑必开、无微不破的逻辑推理功夫。西方的宇宙论、象数之学、天主信仰无不在这一推理功夫基础上形成。于是，李之藻抓住这一关键点，着力翻译其名理、算指之学，以期掌握此屠龙之技，然后各种具体学问皆可依此而成。

在李之藻与西方传教士之间发生的这些事情，可以说是文化史上具有重大意义的事情。李之藻无疑是儒士中的佼佼者，他清醒地认识到当时士人们只重明经不习通算之单边发展的不良后果。所以他才勇于面对传统的局限，接受西学中的先进知识。

此外，黄宗羲也与西方科技文化有所交流，黄宗羲对传教士带来的天文历算等自然知识有很大的兴趣，并且在自己的历算学著作中加以吸收延纳。这已是众多学者公认的论断。

作为东林党人的后人，同时又有渊博的学识，黄宗羲有着便利条件或直接或间接地接触到耶稣会士。他接触西学的途径不外乎以下几种：一是亲朋师友间闲谈、论学所及；一是书籍阅读；一是与传教士直接交往。

首先就是其父黄尊素（1584—1626）给他创造的条件。黄尊素 1616 年中进士，历任宁国府推官、山东道监察御史，每任黄宗羲都亲随。十四岁黄宗羲随父进京，其父与东林党人杨琏、左光斗、魏大中等结为同志，朝夕论道，而黄宗羲则侧立左右，耳濡目染。② 而东林党领袖、左佥都御史左光斗（1575—1625）等东林党人都对传教士和西学比较友善。左光斗的弟弟左光先可能在天启年间就受洗加入天主教，崇祯年间，在他担任福建建宁县令时，曾利用其权力大力支持天主教的传播和发展，如率士民捐建“尊亲堂”，提倡研读西学。③ 魏大中（1575—1625）由左光斗亲手提拔，两人相交甚厚，魏大中身在这种氛围中，也与传教士友好交往起来。据考证，东林党派士大夫中共有 36 人与耶稣会士有过交往，其中 28 人对耶稣会士持宽容态度（其中 1 人加入天主教，即瞿式耜），8 人对耶稣会士持排斥、攻击态度。④ 魏大中等即在 28 人之列。

---

① 徐光启：《〈泰西水法〉序》，徐宗泽：《明清间耶稣会士译著提要》，第 241 页。

② 徐定宝：《黄宗羲评传》，南京大学出版社 2002 年版，附录：黄宗羲年表，第 329、330 页。

③ 黄一农：《两头蛇——明末清初的第一代天主教徒》，上海古籍出版社 2006 年版，第 215、216 页。

④ 苏新红：《晚明士大夫党派分野与其对耶稣会士交往态度无关论》，《东北师范大学学报》（哲学社会科学版）2005 年第 1 期，第 63 页。

至于学友，年轻时黄宗羲就有四位交情甚笃的学友，即“桐城方密之、秋浦沉昆铜、余弟泽望及子一”[①]。其中方以智（密之）、魏学濂（子一）同传教士有着密切的关系。方以智（1611—1671）先是研读李之藻所编的西学丛书《天学初函》，然后又拜赞赏西学的熊明遇为师，后者曾为利玛窦的接班人西班牙耶稣会士庞迪我的《七克》及意大利耶稣会士熊三拔的《表度说》作序。到后来，方以智更同传教士有了直接接触。1634—1639年，当他寓居南京时，结识了意大利耶稣会士毕方济。方以智向毕方济请教“历算”“奇器”“事天”之学。当他中了进士，移居北京之后，又结识了正在译编《崇祯历书》的汤若望，其西学日趋精通。[②] 方以智吸纳西学精髓，着成《物理小识》和《通雅》，对明末清初的科学研究有很大影响。而魏大中之子魏学濂（1608—?）与黄宗羲是世交，他与传教士的关系就更密切了。魏学濂也受其父及其东林党同志影响，对传教士有好感。而且他还与著名的天主教徒朱宗元共同校正耶稣会士孟儒望所述的《天学略义》，据说魏氏很可能在此之前就加入了天主教，否则不会拥有编校耶稣会士著作的资格。[③] 有着这样两位与传教士交往密切的朋友，黄宗羲不可能对传教士及西学充耳不闻、视而不见。

此外，黄宗羲还和梅郎中（? —1646）、冒襄（1611—1693）、瞿式耜（1590—1651）交往密切，此三人也同传教士过从甚密，其中南明重臣、大学士瞿式耜就是天主教徒。[④] 瞿式耜是与利玛窦最亲近的中国友人之一——瞿汝夔的侄子。在一定意义上，正是瞿汝夔推动了天主教在华传教策略的转变，即建议利玛窦最好穿儒服而不是和尚服去传教。并且瞿汝夔还利用他在官场上的关系为利玛窦宣传引荐，为利玛窦进京铺平了道路。[⑤] 而瞿式耜却比他这个伯父名气还大，他先是万历进士、崇祯户科给事中，后为南明吏、兵两部尚书，临桂伯、武英殿大学士、少师兼太子太师。他与传教士素来交好，可能在天启间受洗入教。[⑥] 而黄宗羲与他交情甚厚，当瞿氏南下出任广

---

① 黄宗羲：《翰林院士庶吉士子一魏先生墓志铭》，《黄宗羲全集》，第十册，浙江古籍出版社1985年版，第404页。

② 徐海松：《清初人士与西学》，东方出版社2000年版，第257—260页。

③ 黄一农：《两头蛇——明末清初的第一代天主教徒》，第217页。

④ 王慕民：《明清之际浙东学人与耶稣会士》，见陈祖武等编《明清浙东学术文化研究》，中国社会科学出版社2004年版，第133、134页。

⑤ 江文汉：《明清间在华的天主教耶稣会士》，知识出版社1987年版，第14、17页。

⑥ 黄一农：《两头蛇——明末清初的第一代天主教徒》，第313—323页。

西巡抚，匡扶南明时，黄氏亲自送他至金陵湖头。①

除了亲友间交谈、论学可能接触西学外，阅读西学书籍是另一条途径。黄宗羲嗜读书、滥读书是闻名遐迩的。为此其父黄尊素的门人、曾经出力营救过黄尊素、崇祯时刑部尚书、嘉兴徐石麒（1578—1645）曾劝他节制一下，黄宗羲也觉得有道理，但却怎么也做不到。他说：

> "余读书泛滥，公（徐石麒——笔者加）训之曰：'学不可杂，杂则无成，毋亦将兵农礼乐以至天时地利人情物理，凡可以佐庙谟裨掌故者，随其性之所近，并当一路，以为用世张本。'此犹苏子瞻教秦太虚多着实用之书之意也。今老而无所见长，深愧其言。"②

暂且不管黄宗羲的成就如何，他嗜书如命的习性是始终不变的。他每到一处必访书、购书、借书甚至抄书。他几乎遍访了江南所有的藏书家，藏书丰富的黄居中、钱谦益的家是他经常光顾的宝地。钱氏的绛云楼藏有历算类西书十种，如阳玛诺的《天问略》，利玛窦、徐光启译的《几何原本》《测量法义》，艾儒略的《西学凡》，利玛窦、李之藻译的《同文算指通编》，汤若望的《西洋测食略》等。③ 黄宗羲的南京宗兄黄居中的千顷堂，是黄宗羲每到南京必去的地方。千顷堂藏书甚富，其中也有利玛窦、庞迪我等耶稣会士和徐光启、李之藻、李天经等注译的西学著作20余种，如《崇祯历书》《天学初函》等。而且有迹象显示黄宗羲深研过《崇祯历书》。④

其他著名的藏书楼如范氏天一阁、祁氏澹生堂、毛氏汲古阁等也都是他经常光顾之地。⑤ 除了访书、借书、抄书，黄宗羲也藏书。据统计，黄宗羲的藏书不下六万卷，已经可以和藏书八万四千卷的汲古阁、藏书七万卷的天一阁及藏书六万卷的千顷堂相媲美了。⑥

阅读面如此之广、藏书量如此之大的黄宗羲，很容易接触到大大激起当时士大夫们好奇心的西学（主要是历算学）著作。

---

① 黄宗羲：《思旧录·瞿式耜》，《黄宗羲全集》，第一册，第383、384页。也见王慕民《明清之际浙东学人与耶稣会士》，见陈祖武等编《明清浙东学术文化研究》，第134页。

② 黄宗羲：《思旧录·徐石麒》，《黄宗羲全集》，第一册，第348页。

③ 徐海松：《清初人士与西学》，第74页。

④ 同上书，第280、281页。

⑤ 罗有松、萧林来：《黄宗羲藏书考》，《华东师范大学学报》（自然科学版）1980年第4期，第85、86页。

⑥ 韩淑举：《酷爱藏书的黄宗羲》，《图书馆学研究》2002年第9期，第103页。

除了这些接触西学的途径，黄宗羲还同耶稣会士有过直接的交往。据考证，黄宗羲曾与汤若望相识于北京，一番交谈，令黄宗羲对汤若望的历算知识大为折服，大有将汤氏视为自己历算学启蒙老师之意。并且汤若望还送了一个日晷给黄氏，黄氏甚是珍爱。[①]

此外，黄宗羲还从梅郎中那里得到一个传教士转赠给他的龙尾砚。黄氏将之看成“绝品”，后来不小心遗失，大为痛心，但十年后，又戏剧性地复得，并赠予吕留良。足见黄宗羲对此砚之重视。[②]

那么，这些交往的结果是什么呢？这不仅使黄宗羲对西方历算学（至于为什么黄宗羲只是对西方自然科学感兴趣，下文将有论述）产生了浓厚的兴趣，而且他还苦力钻研，硕果累累。

1645年之前，黄宗羲忙于党争、结社、为父报仇等事，无暇著述。1645年南明弘光政权灭亡后，黄宗羲又参加了反清复明斗争。1647年受挫，避居化安山中，才开始潜心著述。而且他最先研读著述的便是天文历算学，其中就包括西洋历算。按他自己的说法，“余昔屏穷壑，双瀑当窗，夜半猿啼伥啸，布算簌簌，自叹真为痴绝。”[③] 他先是注《授时历》，接着又注《泰西》《回回》之历。黄氏其他天文历算著作也在这几年中完成。据统计，黄宗羲一生共著天文历算著作15部（16种），包括：《历学假如》《回历假如》《授时历故》《大统历推法》《大统历法辨》《丙戌大统历》《庚寅大统历》《时宪历法解》《春秋日食历》《气运算法》《勾股图说》《开方命算》《测园要义》《割园八线》《园解》等。如今仅存《历学假如》和《授时历故》。[④]

其中受西学历算影响较大的是《历学假如》中的第一卷《公历假如》。《公历假如》共有四节，分别为：日躔、月离、五纬、交食。据考证，《公历假如》的内容多数基于徐光启所编译公历大全《崇祯历书》和薛凤祚在公历影响下所著《天学会通》。其中“日躔”“月离”“五纬”三节分别本之于《崇祯历书》的第二十五卷、三十二卷、四十五卷，“交食”则依自《天学会通》。[⑤] 可见黄氏对西方历算的欣赏。

---

① 徐海松：《清初人士与西学》，第281—283页。

② 同上书，第284—287页。也见夏瑰琦《黄宗羲与西学关系之探讨》，吴光等编《黄梨洲三百年祭——祭文·笔谈·论述·佚着》，当代中国出版社1997年版，第172页。

③ 黄宗羲：《叙陈言扬句股述》，《黄宗羲全集》，第十册，第36页。

④ 张承友：《明末清初中外科技交流研究》，转引自王慕民《明清之际浙东学人与耶稣会士》，见陈祖武等编《明清浙东学术文化研究》，第139、140页。

⑤ 杨小明：《黄宗羲的科学成就及其影响》，吴光等编：《黄梨洲三百年祭——祭文·笔谈·论述·佚着》，第182—184页。

黄宗羲还曾运用公历批评沈括《梦溪笔谈》中的谬误。沈括《梦溪笔谈·技艺》载："淮南人卫朴精于历术，一行之流也。《春秋》日蚀三十六，诸历通验，密者不过得二十六七，唯一行得二十九，朴乃得三十五，惟庄公十八年一蚀，今古算皆不入蚀法，疑前史误耳。"对于沈括的这一记载，自北宋至清初，还没有人怀疑过。独黄宗羲著《春秋日食历》一书，对此进行驳难，其中以西汉三统历推出鲁庄公十八年二月有闰是问题的关键。此外，还有比月频食之不可能问题。对此，黄宗羲以公历"比月而食者，更无是也"[①] 说明了比月频食之不可能，即《春秋》所记两次比月食均前食而后不食。这样，黄宗羲既辩证了《春秋》鲁襄公二十一、二十四年两次比月食记录的后一食之误，又肯定了庄十八年三月日食记录的可靠，从而正确说明了沈括所记实为卫朴所欺。[②]

为什么黄宗羲的著述生涯是从天文历算开始的？如果说黄宗羲认识到西方历算的价值和优越性，他的认同和接受会达到什么样的限度？最终黄宗羲会如何定位西方自然科学？这些问题颇值得玩味。黄宗羲自己没有正面谈过这些问题。他的一些文字也只是记录了自己艰辛研读著述的过程，对于缘由的说明不充足、不清晰。要想回答这些问题，就要从其字里行间寻找蛛丝马迹，将这些散落在各个角落的丝线汇总编织成线索，导向我们要找的答案。[③] 此外，一些潜在地影响了他而他自身并没有意识到的因素也是我们要探索的对象。

不难看出，这些问题的核心就是一个态度问题，即黄宗羲对待这个世界、这个时代的态度。这一根本的态度决定了他如何看待万事万物（也包括西方历算学），又是如何去行事的。那么黄宗羲的基本态度是什么样的呢？

但凡一个人态度的形成，大致要受到两方面因素的影响：一是情势方面的，一是个体理性方面的。情势方面的因素很多，包括时代风潮、政治动向、师友意见、家庭氛围等，甚至还包括本人的情绪、偏好。个体理性方面的就简单多了，那就是本人的理性思考所达到的程度。一般来说，越是智能的人受理性影响的程度越深，越是平凡的人越容易被情势摆布。黄宗羲站在哪一端呢？他又如何在各种因素影响下形成自己的态度呢？

---

① 黄宗羲：《答万充宗杂问》，《黄宗羲全集》，第十册，第198页。

② 杨小明：《黄宗羲与科学》，《世界弘明哲学季刊》2002年9月号。

③ 梁启超：《中国近三百年学术史》，第1页。

黄宗羲的父亲黄尊素和导师刘宗周都是东林党人，他们都深为赞同东林党人在学术层面上“反之于实”和在政治上“治国平天下”的实学思想和实践活动。[①] 父亲自然是黄宗羲最早的榜样。黄尊素博览经史，谙于掌故，注重经世致用的实效之学，鄙薄八股举业。他也如此教育黄宗羲，他指点黄宗羲的学业时，并不强迫其将时间耗费在无聊的八股时文上，而是让其随性而至，多读杂著，这些足以开通黄宗羲的智能。他留给黄宗羲的遗嘱就是让其通读经史：“学者不可不通知史事，可读《献征录》。”[②] 这可以说是黄尊素对一个真正的学者所提的起码的要求，那就是熟知史事，关注时事，经世致用。对他来说，那些脱离现实的八股时文则是空疏、无用的伪学问。

而黄宗羲的导师对他影响更大。虽然刘宗周是王学的继承人，而王学是强调整体之学的，即要将道德与事功、内圣外王浑然为一。刘宗周学说的核心便是“慎独”说，在他呈给崇祯帝的奏折中，他这样解释道：“臣闻天下无无本之治，本一端而万化出焉，人主之心是也。虞廷之训曰‘人心惟危，道心惟微。惟精惟一，允执厥中。’此万世心学之源也。臣请陛下求之吾心，当其清明在躬，独知之地炯然而不昧者，得好恶相近之几。此正所谓道心也。至此之知，即是惟精；诚此之知，即是惟一。精且一，则中矣。随吾喜、怒、哀、乐之所发，无往非未发之中，而中其节矣。此慎独之说也。盖上圣犹是此人心，下愚不能无道心。故虽圣如尧舜，卒不废‘精一执中’之说以此。后之学圣人，亦曰慎独而已矣。”[③] 从这里可以看出，对刘宗周来说，“圣学”或“道学”就是“心学”。只要明了“吾心”，也就明了“道心”。而达到此“道心”的方法就是“惟精惟一，允执厥中”，而“精一执中”说，也就是刘子的“慎独”说。这样一来，“慎独”好像只是一种修炼方式，是达到“道”的途径而已。其实不然。古往今来之儒者，其寻求的目标都是“王道”“圣学”，在这个目标上他们是没有争议的，有争议的只是对“道”的理解和通达的途径。朱熹将“道”放在人心之外，并名之曰“理”，而求“理”的方法就是“主敬”，王阳明认为在心外求“道”反而迷失了本心，是本末倒置，所以转而向“心”求“道”，方法是“致良知”。刘宗周继承了王阳明的心学路数，却拒绝了他的方法，提出自己独特的“慎独”说。因为他看到王阳明“良知说”被后学者推进了禅宗的旋涡。而刘宗周对佛学是颇有微词的，他认

---

① 张永刚：《东林党的实学思想及政治理念》，《江淮论坛》2006 年第 1 期，第 128—130 页。

② 徐定宝：《黄宗羲评传》，第 44、45、54、55 页。

③ 黄宗羲：《子刘子行状卷上》，《黄宗羲全集》，第一册，第 229、230 页。

为："释氏之学本心，吾儒之学亦本心。但吾儒自心而推之意与知，其工夫实地却在格物，所以心与天通。释氏言心便言觉，合下遗却意。无意则无知，无知则无物，其所谓觉，亦只是虚空圆寂之觉，与吾儒尽物之心不同。象山言心本无尝差，慈湖言意，禅家机轴一盘托出"。[①] 对于禅宗将世界又分为心、物两段之思想的不满，使刘宗周更深刻领悟到王阳明心物一体、万物一体思想之精髓，在王阳明良知整体之学基础上，他提出"慎独"说，这也是强调整体之学的，即道德与事功之不可分离。而黄宗羲则深得"慎独"说之精髓。在《子刘子行状》和《子刘子学言》中，黄宗羲对导师的言行作过精辟的评述，并对导师学问上真切朴实、关注时局的特点大为赞赏，对其行为上直言进谏、不纳虚言、不畏权势的精神也大为折服。

黄宗羲的那些友人也大多是务实求真、齐家治国之人。如文震孟、何栋如、范景文、徐石麒、沈寿民、陈乾初、孙奇逢、张仓水等。[②]

这些外在的情势因素对黄宗羲无疑产生了很大的影响。在耳濡目染这些求实和经世的观念之后，再加上其内在的理性思考，就形成了黄氏自己对于世界的态度，即世界是一个不可分割之整体，其中道德与事功、内圣与外王是须臾不可分的。真正的学问和道德是与经世紧密联系在一起的。这一整体的追求就决定了其对西方历算学的态度。

在他早期的著作《明夷待访录》里，黄宗羲就已经充分意识到了学问与经世的联系性。二十三篇文章（含未刊文"文质""封建"两篇）皆是治世理国之言。其中最能体现他对于学问与现实之关系的思考的文章便是《学校》和《取士》了。在《学校》一文中，黄宗羲论述了一个理想的国家应当培养什么样的人才、应讲授什么样的学问知识、需要什么样的教育者等问题。他说，学子应学的有五经、兵法、历算、医、射等功课，学成之后，"非主六曹之事，则主分教之务，亦无不用之人。"[③] 可见在黄宗羲心目中，各种真正的学问皆合乎天道之要求，皆有利于经世。而教育者就要教授符合整体天道的实用知识，如果老师教授的知识都是片面的空谈和清议，学生就有权力驱逐他，"其人稍有干于清议，则诸生得共起而易之，曰'是不可以为吾师也。'"。[④] 在搜集、整理、购买书籍时，"时人文集，古文非有师

---

① 黄宗羲：《子刘子学言卷一》，《黄宗羲全集》，第一册，第256页。

② 黄宗羲：《思旧录》，《黄宗羲全集》，第一册；《南雷诗文集·碑志类》，《黄宗羲全集》，第十册。

③ 黄宗羲：《明夷待访录·学校》，《黄宗羲全集》，第一册，第11、12页。

④ 同上书，第11页。

法，语录非有心得，奏议无裨实用，序事无补史学者，不许传刻。其时文、小说、词曲、应酬代笔，已刻者皆追版烧之。"[1] 黄宗羲强调有"心得""实用"和"史实"之学问，而这正是他所谓的整体天道之学的体现，也是道事合一、心物合一之心学逻辑的体现。其要杜绝"非有心得""无裨实用"之知识的热情似乎不亚于秦始皇之焚书，可见他对学问的整体性和经世性要求是多么强烈了。在《取士》篇里，黄宗羲这一趋向进一步扩展。首先他认为，科举考试如果只重视诗赋、帖经、墨义注疏等基础知识之考察，那么就会产生许多愚蔽之才，如果只重视大义阐发，则会产生许多空疏之才，因此必须两者结合，才能得到合格的人才。黄宗羲这一提议无疑会使科举考试变得更为有效和实用。不仅如此，他还提出，选拔人才只靠科举一途太狭隘了，可以试着采用科举、荐举、太学、任子、郡邑佐、辟召、绝学、上书等途径并用的方式取士，多种渠道取士才会揽尽天下英才。[2] 而其中的"绝学"指的就是历算、乐律、测望、占候、火器、水利等器物之学。在这里，黄宗羲赋予了历算等自然科学以应有的地位，与传统的经史子集地位接近。[3] 这就使黄宗羲具有了比较开明的眼光和开放的姿态。形而下之物与形而上之物同时进入了他的视线。

可见，对整体之学的追求，使黄宗羲一步步承认了历算、测望、占候、火器、水利等自然科学的重要性。如果说他在深山寂岭中钻研中西方天文历算学，是其受时代精神感召产生的自发行为的话，那么在《明夷待访录》里，他则是从理性自觉的角度来讨论天文历算等自然科学之重要性的。

黄宗羲对自然科学重要性的认识一直保持到最后，这一认识同时也有助于他体会到西方历算学的价值及其优越性。在他为弟子陈言扬的《句股述》所写的序中，他将天文历法、测算之学称为屠龙绝技。但是由于儒生们早已不问这般绝技，对之不屑一顾，他学成绝技后不仅无所用处，连谈论的对象都没有："句股之学，其精为容圆、测圆、割圆，皆周公、商高之遗术，六艺之一也。自后学者不讲，方伎家遂私之。……及至学成，屠龙之伎，不但无所用，且无可与语者，漫不加理。"[4] 在痛惜绝技失传的同时，他隐约承认了西方对这门绝技的精熟掌握："……珠失深渊，罔象得之，于是西洋改

① 黄宗羲：《明夷待访录·学校》，《黄宗羲全集》，第一册，第13页。
② 黄宗羲：《明夷待访录·取士下》，《黄宗羲全集》，第一册，第15—19页。
③ 同上书，第19页。
④ 黄宗羲：《叙陈言扬句股述》，《黄宗羲全集》，第十册，第35、36页。

容圆为矩度、测圆为八线、割圆为三角，吾中土人让之为独绝，辟之为违天，皆不知二五之为十者也。”[①] 尽管有点民族自尊心在作怪，黄宗羲将西方测算学说成是对中国测算学的继承发展，但他还是承认了西方自然科学是青出于蓝、冰寒于水。

综上所述，我们就可以知道，黄宗羲在时代风潮、家庭熏陶、师友问学的影响下，形成了自己的世界观和治学观，那就是整体经世之学。这里要注意的是，黄宗羲并不同意单一的经世之学，更不同意近代私欲事功之学，他所追求的整体经世之学是道事合一、万物一体、心物一体之学。只要是合乎天道整体，一切学问皆为有用，所以他才会对各个领域的知识都有兴趣，才能够看到那些被儒生们普遍忽视的天文历算等屠龙绝学。随着对西方历算学研习的深入，黄宗羲意识到了其优越性，并以比较开放、现实的态度对待它。

不过在承认西学之精深的同时，黄宗羲并不将科技极端化，一种技艺只有合乎天道才会发挥其巨大的力量，而其脱离整体天道片面发展时，带来的可能就是灾难，是对天道和世界整体的破坏。因此，黄宗羲总是想在技术的天道基础上对其进行认知。这就出现了他为西学寻求天道根基的插曲。这就是学界津津乐道的关于黄宗羲的“西学中源”之说。在《叙陈言扬句股述》中，黄宗羲对陈言扬大加称赞，还要把自己的心得都传授给他，对他恢复绝学、收服西人寄予厚望。“今因言扬，遂当复完前书，尽以相授，言扬引而申之，亦使西人归我汶阳之田也。呜呼！此特六艺中一事，先王之道，其久已不归者，复何限哉！”[②] 在《答万贞一论明史历志书》中，黄宗羲对于回历与公历关系的看法，也反映了他要抹杀公历之原创性的念头。他说：“然《崇祯历书》，大概本之回回历。当时徐文定亦言西洋之法，青出于蓝，冰寒于水，未尝竟抹回回法也。顾纬法虽存，绝无论说，一时词臣历师，无能用彼之法参入大统，会同归一。及《崇祯历书》既出，则又尽翻其说，收为己用，将原书置之不道，作者译者之苦心，能无沈屈？”[③] 这就是黄宗羲所说的“西学中源”之言论。有学者认为，黄宗羲这些观念是错误的，公历与回历属于同一传统“额日多”的不同分支，而西历经哥白尼、第谷等推动后已远胜回历。黄百家通晓这一事实后，为其父订正了这一错误。[④] 然

① 黄宗羲：《叙陈言扬句股述》，《黄宗羲全集》，第十册，第35、36页。

② 同上书，第36页。

③ 黄宗羲：《答万贞一论明史历志书》，《黄宗羲全集》，第十册，第205、206页。

④ 杨小明、黄勇：《从〈明史〉历志看西学对清初中国科学的影响——以黄宗羲、黄百家父子的比较为例》，《华侨大学学报》（哲学社会科学版）2005年第2期，第85、86、88页。

而黄宗羲这种从整体和全面的角度来看科技的作用的眼光对我们还是有启发的，片面科技的发展带来的负面结果我们已经体验到了。用整体的眼光来探查和引导科技与经世，已成了现代社会迫切之事。

这样一来，我们就可以理解刘宗周对西方科技的态度了，其对单纯的器械持否定和排斥态度。据《明史》记载，当崇祯朝处于内外交困之际，“御史杨若桥荐西洋人汤若望善火器，请召试。宗周曰：‘边臣不讲战守屯戍之法，专恃火器。近来陷城破邑，岂无火器而然？我用之制人，人得之亦可制我，不见河间反为火器所破乎？国家大计，以法纪为主。大帅跋扈，援师逗遛，奈何反姑息，为此纷纷无益之举耶？’”[①] 由此，刘宗周的国防观念一目了然：边防之巩固、战场上之胜败的决定因素不是武器，而是法纪、军纪、战术、士气等政治军事整体谋略。单一的武器决定论在刘宗周这里是没有地位的。这也看出，明之灭亡并不仅仅是军事力量问题，而是一个整体的问题。刘宗周对汤若望的火器及西洋奇技持鄙夷态度就不难理解了。而黄宗羲对导师这一整体天道之学的精髓，无疑也有深刻之体会，黄宗羲也谈到了刘宗周论火器这一段话，其记录更详尽，其记曰：

> 先生奏曰：“臣闻用兵之道，太上汤武之仁义，其次桓文之节制，下此非所论矣。迩来边臣于安攘御侮之策，战守屯戍之法，概置之不讲，恃火器为司命。今破城陷邑，岂无火器而然哉？我用之以制人，人得之亦可以制我，不见河间反为火器所破乎？不恃人而恃器，国威所以愈顿也。汤若望唱邪说以乱大道，已不容于尧舜之世，今又作为奇巧以惑君心，其罪愈无可逭。乞皇上放还本国，永绝异教。”[②]

刘宗周重视整体因素而贬低单一物质因素的态度非常明确。但这也并不代表他们否定器物的作用。器物的作用必须在天道之指引下才有其作用，整体天道是他们优先考虑的。所以黄宗羲对西方科技给予了一定的承认，但并不盲目崇拜之。黄宗羲与刘宗周在根本的问题上态度是一致的，即他们都认为天道整体和人之整体因素才是一切的根本。而这也正是当时实学思想的基本特征。儒士们并没有在追求实用的过程中忘记了天道整体。无论黄宗羲怎

---

① 张廷玉等撰：《明史》，中华书局 1984 年版，卷 255，列传第一百四十三·刘宗周，第 6582、6583 页。

② 黄宗羲：《子刘子行状卷上》，《黄宗羲全集》，第一册，第 235 页。

样强调器物之学的重要性，后者也不会成为根本之学。所以，天文历算等自然科学知识在黄宗羲的整体之学内，只占一小部分。他更为关注的还是整体天道之学。其中，道学的优先性是不容置疑的。接下来我们就看看与西方在深层文化上的交流。

（二）与西方宗教文化的交流

除器物文化外，西方宗教文化也传入中国，浙江学人也曾与其有过交集。在叙述浙江情况之前，我们先看看明人对西方宗教的总体看法。

1. 明人眼中的天主耶稣教

从总体上说，明人承认西方科学知识之合理性，但对其宗教信仰却持怀疑态度，普遍认为其荒诞不经。这在《明史》中有明确体现。

《明史》中写道："万历时，大西洋人至京师，言天主耶稣生于如德亚，即古大秦国也。其国自开辟以来六千年，史书所载，世代相嬗，及万事万物原始，无不详悉。谓为天主肇生人类之邦，言颇诞谩不可信。其物产、珍宝之盛，具见前史。……大都欧罗巴诸国，悉奉天主耶稣教，而耶稣生于如德亚，其国在亚细亚洲之中，西行教于欧罗巴。其始生在汉哀帝元寿二年庚申，阅一千五百八十一年至万历九年，利玛窦始泛海九万里，抵广州之香山澳，其教遂沾染中土。至二十九年入京师，中官马堂以其方物进献，自称大西洋人。礼部言：'《会典》止有西洋琐里国无大西洋，其真伪不可知。又寄居二十年方行进贡，则与远方慕义特来献琛者不同。且其所贡《天主》及《天主母图》，既属不经，而所携又有神仙骨诸物。夫既称神仙，自能飞升，安得有骨？则唐韩愈所谓凶秽之余，不宜入宫禁者也。况此等方物，未经臣部译验，径行进献，则内臣混进之非，与臣等溺职之罪，俱有不容辞者。及奉旨送部，乃不赴部审译，而私寓僧舍，臣等不知其何意。但诸番朝贡，例有回赐，其使臣必有宴赏，乞给赐冠带还国，勿令潜居两京，与中人交往，别生事端。'不报。八月又言：'臣等议令利玛窦还国，候命五月，未赐纶音，毋怪乎远人之郁病而思归也。察其情词恳切，真有不愿尚方赐予，惟欲山栖野宿之意。譬之禽鹿久羁，愈思长林丰草，人情固然。乞速为颁赐，遣赴江西诸处，听其深山邃谷，寄迹怡老。'亦不报。已而帝嘉其远来，假馆授粲，给赐优厚。公卿以下重其人，咸与晋接。玛窦安之，遂留居不去，以三十八年四月卒于京。赐葬西郭外"。[①]

这里说得明白，对于西方人所信仰的天主和耶稣，明廷士大夫皆认为是

① 《明史》卷326，列传第二百四十，外国七。

荒诞不经之物，对于其携来的《天主》《天主母图》及神仙骨诸物，更以韩愈之论据予以驳斥。但对其所贡之举还是要以礼相待的。至于利玛窦等在华寄居二十年才来进献，明廷给予宽大处理，而这不过是天朝大国怀远之策的表现。鉴于其信仰之荒诞，不得容许其与中华之人交往，并应遣送回国。然而，由于利玛窦等不愿意回国，坚持要留在华夏，似乎对此地产生了一定的留恋。如此亦可容许其居留，听其终老，但宜遣至离京师较远之江西等地。而后来万历嘉许其远道而来，且眷顾中华，特许其居留京师，优待有加。士大夫也敬重其人品和才能，皆与其交往。于是天主教得以在中国传播。其死后还被赐葬于城西。

虽然允许利玛窦等传教，但当其与儒家正统思想发生冲突时，统治者就会考虑禁止并驱逐之。"自利玛窦入中国后，其徒来益众。有王丰肃者，居南京，专以天主教惑众，士大夫暨里巷小民，间为所诱。礼部郎中徐如珂恶之。其徒又自夸风土人物远胜中华，如珂乃召两人，授以笔札，令各书所记忆。悉舛谬不相合，乃倡议驱斥。四十四年，与侍郎沈潅、给事中晏文辉等合疏斥其邪说惑众，且疑其为佛郎机假托，乞急行驱逐。礼科给事中余懋孳亦言：'自利玛窦东来，而中国复有天主之教。乃留都王丰肃、阳玛诺等，煽惑群众不下万人，朔望朝拜动以千计。夫通番、左道并有禁。今公然夜聚晓散，一如白莲、无为诸教。且往来壕镜，与澳中诸番通谋，而所司不为遣斥，国家禁令安在?'帝纳其言，至十二月令丰肃及迪我等俱遣赴广东，听还本国。命下久之，迁延不行，所司亦不为督发。四十六年四月，迪我等奏：'臣与先臣利玛窦等十余人，涉海九万里，观光上国，叨食大官十有七年。近南北参劾，议行屏斥。窃念臣等焚修学道，尊奉天主，岂有邪谋敢堕恶业。惟圣明垂怜，候风便还国。若寄居海屿，愈滋猜疑，乞并南都诸处陪臣，一体宽假。'不报，乃怏怏而去。丰肃寻变姓名，复入南京，行教如故，朝士莫能察也"。①

这段文字说明天主教在中国还是有一定市场的，"士大夫暨里巷小民，间为所诱"。而天主教之所以被禁，从上面话语中可概括如下：（1）天主教传播者妄自称胜，即认为天主教是最高的信仰，贬低其他国家和民族的文化。如礼部郎中徐如珂对这种行为就比较反感，当天主教徒自夸其风土人物远胜中华时，他就召集两名教徒，令其分别就其所记，将其国人超胜之处写下来。而两者所书写的多是荒谬之事，且明显不相合。于是徐如珂乃倡议驱

① 《明史》卷326，列传第二百四十，外国七。

斥之。（2）私自聚众，形成民间势力，威胁社会和朝廷稳定。传统社会是家国体制，稳定和谐是重中之重。任何能够威胁到社会和政权稳定的事情都要禁止。民间的私自集会和信仰活动就是一个敏感的问题。任何活动只有在政府的控制之下，才能进行。同时，更要杜绝外来力量对本国民众的驾驭和渗透。侍郎沈㴶、给事中晏文辉等上书斥其邪说惑众，而且怀疑其为佛郎机政府之代理，对明廷图谋不轨，要求立即驱逐之。礼科给事中余懋孳所指控更加严重，他认为，天主教传教士王丰肃、阳玛诺等煽惑群众不下万人，朝拜动以千计。而通番和旁门左道皆是应禁之活动。天主教徒公然夜聚晓散，一如白莲、无为诸教。且往来壕镜，与澳中诸番通谋，再不进行遣散和驱逐，国家禁令将成虚设，国家安全也将堪忧。

综合两者，我们可以说，任何宗教信仰，如果在威胁到中国正统和国家权威的时候，就很可能会被禁止。

然而，统治者对西方传教士还是有好感的，尤其是利玛窦等走合儒路线的传教士。他们不仅谨慎对待儒家思想，还在现代科技上帮助了明廷，如日食的测定和历法的制定等。这就使明统治者在禁止其传教方面并不走极端，而是睁一只眼闭一只眼，所以才出现了“命下久之，迁延不行，所司亦不为督发”的现象。而王丰肃等变换了姓名继续传教，也没有被驱逐出境。

可以看出，只要传教不触动上述两个底线，传教士的活动还是可以开展的。天主教义确实带来了某种新颖的思想，在士大夫当中产生了影响，其中也包括浙江士人。

2. 浙江天主教信仰的传播

明代浙江士人与传教士的交流是比较频繁的，具有代表性的是李之藻、杨廷筠、朱宗元、张星曜、黄宗羲等。

（1）李之藻与天主教

要想理解李之藻对天主教的态度，首先要了解他的实学概念。李之藻也受明末清初实学风气的影响，在治学问题上大力倡导实学。

据有关学者考察，明清时期的“实学”大致包括两方面内容：一方面是道德性命之学，另一方面是功利之学。[①] 道德性命之学就是性理探究与道德实践之学，功利之学就是政治经济制度和实测技术之学。而传教士带来的天主教思想和自然科学知识就都包含在实学的范围之内，这两类知识让士大

① 中国实学研究会编：《浙东学术与中国实学——浙东学派与中国实学研讨会论文集》，宁波出版社2007年版，第1—10、16—31页。

夫们感兴趣。李之藻的实学观念有其自己的特点。一方面，李之藻和徐光启一样，对学问的治世功效非常重视。① 这也使他对有实效的道德伦理和器物知识感兴趣。由此，他对西学中的自然科学和天主教道德伦理之实效也就很感兴趣，但另一方面，李氏尤其喜欢西学的形而上学——逻辑推演之法。这使他在论事时从不就事论事，而是由近及远，喜发玄远之论。② 李之藻对形而上的喜好似乎同其实学思想产生了矛盾。但是，据我们目前学界定义的实学内涵来看，李之藻无论是对"形而上"之玄思还是"形而下"之功效之学的兴趣都是实学的组成部分。而且，李之藻还看到，西学的实效之所以如此强大，正是因为它是建立在其玄远之思或虚学基础上的：天主教的基础是远离俗世、渺不可见的天主，而西方自然科学的基础则是形而上的逻辑推理之术。因此，对于李之藻来说，"跖实"与"玄思"根本没有矛盾。

如此，在李之藻看来，实学包括两层含义：第一层是性学层面，即人性善之总体学说；第二层是在性善前提下的形而上道德之学和形而下功利之学。因此，提倡人性善的儒学就是实学。他说："儒者实学，亦惟是进修为兢兢。祲祥感召，由人前知，咎或在泄。暨于历策，亦有司存，比我民义，不并亟矣，然而帝典敬授，实首重焉。……若吾儒在世善世，所期无负霄壤，则实学更自有在。"③ 凡是和儒家一样，提倡人性善并在此前提下进行立德、立言、立功等一切行为，就是实学。在李之藻看来，西学是一个整体，最低层面是器物之学，然后是逻辑格物之学，最高则是天主之学。这个体系是以天主之学为核心的，而天主则是至善代表，同儒家性善学说正相吻合，因此，西学也是实学。

儒学的实学化倾向，就为李之藻接受西学提供了便利条件。他可以将西学放在实学的框架里进行理解和接受。在他的文字中多次出现对西学这一实学特征的描述。在其《名理探》序中，他写道："盈天地间莫非实理结成，而人心之灵独能达其精微，是造物主所以显其全能，而又使人人穷尽万理，以识元尊，乃为不负此生，惟此真实者是矣。世乃侈谈虚无，诧为神奇，是致知不必格物，而法象都捐，识解尽扫，希顿悟为宗旨，而流于荒唐幽谬，其去真实之大道不亦远乎。西儒傅先生既《诠寰有》，复衍《名理探》十余卷，大抵欲人明此真实之理。而于明悟为用，推论为梯。读之，其旨似奥而

① 孙尚扬：《基督教与明末儒学》，东方出版社 1994 年版，第 191—193 页。

② 同上书，第 190、191 页。

③ 徐宗泽：《明清间耶稣会士译著提要》，第 201—203 页。

味之其理皆真，诚也格物穷理之大原本哉。

窃尝共相探讨而迷其词旨，以为是真实者乃灵才之粮，并为其美成、为其真福焉。为粮者，吾人肉躯惟赖五谷之精气滋养以生，若一日去饮食则必弱，久去则必死，又或不谨而杂以毒味进则必病，亦且必死，灵才之不得离真实而进伪谬也，亦如是矣。为美成者，人灵初生如素简然，凡所为习熟、凡所为学问、凡所为道德举非其有，盖由后来因功力加饰而灵魂受焉者，顾所受惟真为实，其饰也加美，否则不美必丑矣，可惜也。所谓真福者，非由外得而不可必者也，惟于我所欲得即由我得之，惟我欲得而由成得乃始为属于我，惟属于我乃始为我真福也，彼世所有如财也、贵也、乐也，皆无一属于我，则无一为我真福可知矣，然则孰为欲得而由我得，诚然属于我者，夫非明悟所向之真实欤？然别真实之理不可不明，而明真实之理正匪易也。全明者享全福，此惟在天神圣则然，吾侪处兹下域，不能明其全而可以明其端，以为全明之所自起，其道舍推论无由矣。

古人尝以理寓形器，犹金藏土沙，求金者必淘之汰之，始不为土掩。研理者，非设法推之论之，能不为谬误所覆乎？推论之法，名理探是也。舍名理探而别为推论以求真实、免谬误，必不可得。是以古人比名理探于太阳焉，太阳传其光于月星，诸曜赖以生明，名理探在众学中亦施其光炤，令无舛迷，众学赖以归真实，此其为用固不重且大哉？其为学也，分三大论以准于明悟之用。盖明悟之用凡三，一直、二断、三推，名理探第一端论所以辅明悟于直用也，第二端论所以辅明悟于断用也，第三端论所以辅明悟于推用也。三论明而名理出，即吾儒穷理尽性之学端必由此，其裨益心灵之妙岂浅鲜哉？余向于秦中阅其草创，今于京邸读其五秩，而尚未睹其大全也，不胜跂望以俟之，是为序。”①

李之藻这篇文字，详细阐释了其实学观念的部分内涵，并在此基础上对西学作出了基本判断。“盈天地间莫非实理结成，而人心之灵独能达其精微”这句话道出了实学概念的第一层含义，即天地为实，也即为善。这种“真实者”具体就表现为“理”，是一种形而上的存在。如此就道出了实学概念的第二层含义，即将总体之实或善分为形而上之理与形而下之器。而“理”的真实性又明显高于“器”之真实性。李之藻说，这种真实之理唯有人之心灵能够达到。而且这种真实之理就是心灵的粮食，是其美成和真福。与这种真实之理相比，世间所有的钱财、富贵、快乐都不是人的真福。要想

① 徐宗泽：《明清间耶稣会士译著提要》，上海书店出版社 2006 年版，第 148、149 页。

求得真福，就要寻求这种真实之理。这种真实之理不是那种不须格物、只凭顿悟、空谈就能得到的真理。它必须以格物致知的方式获得。而格物致知的唯一方式就是推论。《名理探》就是专讲推论之法的。它是求真求实的必须方法，也是各种学问、学说的根基。各种学问的真实与否皆归于名理探。作为真实之理的根基，名理探自然也是真实之学，“其旨似奥而味之其理皆真”。李之藻对作为实学之基的名理探自是推崇备至，“不胜跂望”，直言“吾儒穷理尽性之学端必由此”。

不过，李之藻的实理并不是笼统而混沌的，他看到，使用名理探得出的实理分为两部分：一部分是有形之实理，即因性之学；一部分是无形之实理，即超性之学。“缘彼中先圣、后圣所论天地万物之理，探原穷委，步步推明，由有形入无形，由因性达超性，大抵有惑必开，无微不破，有因性之学，乃可以推上古开辟之元，有超性之知，乃可以推降生救赎之理，要于以吾自有之灵返而自认，以认吾适物之主，而此编第论有形之性，犹其浅者”。[①] 所以，在他看来，无论是西学中的有形之学，包括自然哲学、自然科学等，还是无形之学，即天主教，都是通过名理探这一推论工具得来的，都是实学。他还看到，在西学这两大部分中，超性之学是高级阶段的学问，因性之学则是低层次的，“而此编第论有形之性，犹其浅者”[②]。

虽然知道因性之学是低级阶段之学，但李之藻却对之最为感兴趣，尤其是对其中的“数”学。但是，李之藻并没有将以“数”学为代表的六艺看作实学的全部，“艺”不过是所有学问中的三分之一。而且，他也赞同当时明廷出现的通算与明经并进之舆论导向。所以，在他看来，明经也是实学的一部分，而且是一直占有绝对优势的一部分。而西学中与明经对应的就是天主教。明经和天主教的修身养性之功效是其实学之表征。对于天主教的这一实学特征，李之藻也对此进行过描述。在《天主实义》重刻序中，他写道：“昔吾夫子语修身也，先事亲而推及乎知天，至孟氏存养事天之论而义乃綦备。盖即知即事，事天、事亲同一事，而天其事之大原也。……利先生学术，一本事天，谭天之所以为天甚晰……而尤勤恳于善恶之辩、祥殃之应，具论万善未备不谓纯善，纤恶累性亦谓济恶，为善

---

① 李之藻：《译〈寰有诠〉序》，徐宗泽《明清间耶稣会士译著提要》，第152页。

② 在《同文算指》序中，李之藻也表达过类似的意思，他写道：“往游金台，遇西儒利玛窦先生，精研天道，旁及算指。……如第谓艺数云尔，则非利公九万里来苦心也。”（徐宗泽：《明清间耶稣会士译著提要》，第205页）可见李之藻知道利玛窦所看重的是天学，即超性之学，而不是各种有形之技艺。

若登，登天福堂，作恶若坠，坠地冥狱，大约使人迁过徙义遏欲全仁。……彼其梯航琛贽，自古不与中国相通……而特于小心昭事大旨，乃与经传所纪如券斯合。……要于福善祸淫，儒者恒言，察乎天地亦自实理，舍善逐恶，比于厌康庄而陟崇山、浮涨海，亦何以异？……临女无二，原自心性实学，不必疑及祸福，若以惩愚儆惰，则命讨遏扬合存是义，训俗立救固是若心。尝读其书，往往不类近儒，而与上古《素问》《周髀》《考工》《漆园》诸编默相勘印，顾粹然不诡于正，至其检身事心，严翼匪懈，则世所谓皋比而儒者未之或先。信哉东海、西海心同理同，所不同者特言语文字之际，而是编者出，则同文雅化又已为之前茅，用以鼓吹休明，赞教厉俗，不为偶然，亦岂徒然，固不当与诸子百家同类而视矣。……诚谓共戴皇皇而钦崇要义，或亦有习闻而未之用力者，于是省焉，而存心养性之学，不无裨益云尔。”① 可见，李之藻将天主教与儒学一同看作修身事天、劝人迁过徙义、舍恶从善的“心性实学”。而且，天主教“检身事心”的程度甚至超过儒学，这对于一直在追求存心养性之学的中国人来说，应该是有所裨益的。

总之，传教士带来的超性之学即天主信仰，在李之藻看来，和儒学一样都是实学。那么，两者有何异同，天主信仰有何长处吗？对于天主教的某些优越性，李之藻是有所承认的。他认为西方超越性之学确实具有某种超越性，是儒学所缺少或不及的。

在《译〈寰有诠〉序》中，李之藻说：“昔吾孔子论修身，而以知人先事亲，盖人即‘仁者人也’之人，欲人自识所以为人，以求无忝其亲，而又推本知天，此天非指天象，亦非天理，乃是人所以然处。学必知天，乃知造物之妙、乃知造物有主、乃知造物主之恩，而后乃知三达德、五达道，穷理尽性以至于命，存吾可得而顺，殁吾可得而宁耳，故曰儒者本天。然而二千来年推论无征，谩云存而不论、论而不议，夫不议则论何以明，不论则存之奚据？敝在蜗角雕虫既积锢于俗辈，而虚寂怪幻复厚毒于高明，致灵心埋没而不肯还向本始，一探索也。……时则有利公玛窦浮槎，开九万里之程；既有金公尼阁载书，逾万部之富。乾坤殚其灵秘，光岳焕彼精英，将造阙廷，鼓吹圣教，文明之盛，盖千古所未有者。缘彼中先圣、后圣所论天地万

① 徐宗泽：《明清间耶稣会士译著提要》，第112、113页。在《〈畸人十篇〉序》《刻〈圣水纪言〉序》《刻〈天学初函〉题辞》中，李之藻也表达了类似的意思（见徐宗泽《明清间耶稣会士译著提要》，第114—115、131、220页）。

物之理，探原穷委，步步推明，由有形入无形，由因性达超性，大抵有惑必开，无微不破，有因性之学，乃可以推上古开辟之元，有超性之知，乃可以推降生救赎之理，要于以吾自有之灵返而自认，以认吾适物之主。"[①] 在这里，李之藻承认了儒学中"天"学的匮乏，进而称赞西学对"天"之探究的细密真实，整个乾坤之奥秘都在西贤的推知下一览无余，直是"殚其灵秘"，"千古所未有者"。

在这里，李之藻"天"学的含义呈现出多元样态。在谈儒家之"天"的时候，"天"之含义主要是伦理道德意义上的。而转到西学中的"天"时，却是无所不包的，既有因性之学，又有超性之学。这主要是因为西方所有学说是合为一体的，其连接的纽带就是名理推论之法。这一方法贯彻在其自然科学、宇宙论、天主教思想等各个领域。而且在这一统一方法下，各种学说由低到高形成一个由"数"学到"天主"之教的等级序列，给人一种浑然一体的感觉。所以，李之藻看到的西学就是一个完整的体系，其中以"天主"为其最高归宿。于是他便将这个体系统称为"天学"。

在《刻〈天学初函〉题辞》中，李之藻再次强调了"天学"的优越性。如上所述，这里的"天学"既包括天主教道德之学，也包括数理逻辑、自然科学。他说"'天学'者，唐称景教，自贞观九年入中国，历千载矣！其学刻苦，昭事绝财色意，颇与俗情相盭，要于知天、事天，不诡六经之旨，稽古五帝三王，施今愚夫愚妇，性所固然，所谓最初、最真、最广之教，圣人复起不易也。皇朝圣圣相承，绍天阐绎，时则有利玛窦者，九万里抱道来宾，重演斯义；迄今又五十年，多贤似续，翻译渐广，显自法象名理，微及性命根宗，义畅旨玄，得未曾有。顾其书散在四方，愿学者毋以不能尽睹为憾。兹为丛诸旧刻，胪作理器二编，编各十种，以公同志，略见九鼎一脔。其曰'初函'，盖尚有唐译多部，散在释氏藏中者，未及检入。又近岁西来七千卷，方在候旨，将来问奇探赜，尚有待云。天不爱道，世不乏子云、夹漈，鸿业方隆，所望是懿德者，相与共臻厥成，若认识真宗，直寻天路，超性而上，自须实地修为，固非可于说铃书肆求之也"。[②] 可见，为了与"天学"的广泛性相对应，李之藻不再以儒家之"天"学而是以"六经"与其进行对比。结果是西学不仅"不诡

① 徐宗泽：《明清间耶稣会士译著提要》，第152页。

② 同上书，第220页。

六经之旨”，而且似乎更具有广泛性和真实性，“所谓最初、最真、最广之教”，其学说最大特征就是探幽发微，其深刻性及说服力甚至是儒学所没有的，“显自法象名理，微及性命根宗，义畅旨玄，得未曾有”。所以，吸收和借鉴西学是一个开明王朝所应有的胸怀，“若乃圣明有宥，遐方文献何嫌并蓄兼收。”①

在与西学的交流过程中，李之藻又怎样看待儒学和西学的关系呢？他最终怎样给它们定位呢？前面已经提到，李之藻是在实学的基础上将儒学和西学联系起来的。

在《〈浑盖通宪图说〉序》中，李之藻明确提出，儒学就是实学。他说：“儒者实学，亦惟是进修为兢兢。祲祥感召，由人前知，咎或在泄。暨于历策，亦有司存，比我民义，不并亟矣，然而帝典敬授，实首重焉。……若吾儒在世善世，所期无负霄壤，则实学更自有在。”② 李之藻将儒学的基本特征归为实学，即“知世善世”之学。了解并经营好这个世界，是儒学的任务和目标。如前所述，在李之藻眼中，西学同样也是“知世善世”之实学。由此，李之藻得出结论，“东海、西海心同理同，所不同者特语言文字之际”。③ 因此，李之藻与杨廷筠又有所不同，他们虽然都强调儒学西学之同，但杨廷筠对西学的优越性较为强调，而李之藻则相对弱化。所以，在讨论儒学西学的差异以及西学的优越性时，李之藻往往会弱化其辞。如前面所述他对西学中的逻辑推理方法之优越性进行赞扬时，他总忘不了加上一句诸如“吾儒穷理尽性之学端必由此”“总不殊于中土”的话，以此来强调中西之同质和同等。而杨廷筠则专门辟出章节来论述西学之优。不过，不管是强调中西之等同还是优劣，他们的目的都是要促使儒家士人接受西学，从而更好地推动中国儒学的发展。

李之藻对西学儒学之等同的比附既出现在伦理道德领域，也出现在自然科学领域。在谈到天主教时，他说天主中国古已有之，还将对天主之信仰与儒家事亲伦理看成一回事，天主信仰就是对大父母之信仰，“昔吾夫子语修身也，先事亲而推及乎知天，至孟氏存养事天之论而义乃綦备。盖即知即事，事天、事亲同一事，而天其事之大原也。说天莫辩乎《易》，《易》为文字祖，即言乾元统天，为君、为父，又言帝出乎震，而紫阳氏解之，以为

① 徐宗泽：《明清间耶稣会士译著提要》，第205页。

② 同上书，第201—203页。

③ 李之藻：《〈天主实义〉重刻序》，徐宗泽《明清间耶稣会士译著提要》，第113页。

帝者天之主宰，然则天主之义不自利先生创矣。……其言曰：人知事其父母，而不知天主之为大父母也？人知国家有正统，而不目天主之统天之大正统也？不事亲不可为子，不识正统不可为臣，不事天主不可为人。”① 此外，李之藻还将天主之信仰进一步概括为儒家的为人处事之道，“昔吾孔子论修身，而以知人先事亲，盖人即‘仁者人也’之人，欲人自识所以为人，以求无忝其亲，而又推本知天，此天非指天象，亦非天理，乃是人所以然处。学必知天，乃知造物之妙、乃知造物有主、乃知造物主之恩，而后乃知三达德、五达道，穷理尽性以至于命，存吾可得而顺，殁吾可得而宁耳，故曰儒者本天。”② 知天、知造物主不过是为了使人更加明白儒家之“仁”，即事亲伦理。围绕事亲伦理建立起来的人与人之间的关系即“三达德、五达道”。这也就是穷理尽性以至于命之“命”的全部含义。同时也是“人之所以然”的基本内涵。如此耶儒不复有重大区别，它们都是世俗亲亲伦理的典型代表。

李之藻的这一比附行为本身可能限制了他对西学的理解和吸收。如果他一味在儒家思想的框架内打量西学，那么儒家思想框架就会限制了西学自身存在和发展的逻辑。因为，在儒学框架里，有一种根深蒂固的思想传统，即对道德文章的看重和对术数的贬低。在儒家大师们看来，整个宇宙就是一个道德体，万事万物都被“道”所统御。因此，对于事物的客观探索就受制于事物的道德内涵。虽然儒家也讲“六经”“六艺”，其中涉及一些自然知识，然而它们都隶属于道德整体。李之藻的实学仍然是一种道德之学。其结果就是独立的客观知识的不可能。道德法则的无处不在削弱和压制了其他学问的发展，实学所提倡的实用性也是侧重于日常伦理功用。偶尔的历算、律度之学也是为道德统治服务的。这就决定了李之藻等提倡实学的儒士们能够在科学领域走多远。

将西学放在儒学框架里进行理解，使李之藻在处理西方历算等学问时，仍难以摆脱其道德倾向。在《〈浑盖通宪图说〉序》中，李之藻如此写道：“要于截盖由浑，总归圜度，全圜为浑，割圜为盖，盖笠拟天、覆槃拟地，人居地上，不作如是观乎？若谬倚盖之旨，以为厚地而下不复有天，如此则乾不成圜，不圜则运行不健，不健则山河大地下坠无极，而乾坤或几乎息。且夫凝〔而〕不坠者运也，运而不已者圜也，圜中之聚，

---

① 李之藻：《〈天主实义〉重刻序》，徐宗泽《明清间耶稣会士译著提要》，第112页。

② 李之藻：《译〈寰有诠〉序》，徐宗泽《明清间耶稣会士译著提要》，第152页。

一粟为地，地形亦圜，其德乃方。曾子曰：‘若果天圜而地方，则是四隅为之不相掩也。’《坤》之文曰：‘至静而德方。’”[①] 可以看出，在解释天圜地方时，李之藻沿用了《周易》的神秘思想。而《周易》的宇宙道德化倾向是十分明显的。如此一来，道德宇宙的神秘性就会削弱科学的独立性和客观性。最终，李之藻在对西学的理解和吸收上就会大打折扣。他对西方逻辑的热情，也就不过是国家遇到内外危机时的偶发之情。他看到的是西学当下的实用性，而待危机一过，他也会同其他儒士一样，仍然沉浸在儒家的道德理想里。

由此，我们也更清楚地理解了明清实学之实质。明清实学更多的是儒家士人对当时国家内外危机的一种本能反应。它和儒学是一而二、二而一的关系。当国家处于困境，需要借助外在实用之力来摆脱困境时，儒学就更多地表现出实用倾向；而当国家稳定安宁时，儒学就更多地体现为务虚之文章诗词、消闲玄论。但无论怎样变换，都是那一个以道德为核心的儒学，其目标都是建立一个稳定和谐的道德国家、一个道德之宇宙。所以，明清实学终究难以成为科学。在这样的背景下，我们就可以理解，为何李之藻对西学的引入和译介很努力，但却成效甚微。

（2）杨廷筠与天主教

近年来对于杨廷筠的天主教思想研究越来越多，研究角度也越加新颖和全面，对他的评价也日见多元化。下面我们对其入教原因和天主教思想进行较为详细的阐述。

首先是对杨廷筠入教的原因的探讨。

在杨廷筠为何入教这一问题上，有分量的著述给出的答案大致相同，都认为是杨氏本身的宗教“宿根”——他对哲学、伦理和宗教的一贯兴趣——所致，也是其天生的心性所致。[②] 不过，这些答案都是推测得来的，并没有得到杨廷筠的亲笔印证。在现有的资料中，还没有发现当事人对入教动机的亲口叙述。所以，对这一问题的解答只能通过其相关行为推测出来。我们将从其信仰生活的转变，即他从儒入佛，又由佛转耶的过程中对这一问题进行全面和深入的解答。

---

① 徐宗泽：《明清间耶稣会士译著提要》，第202页。

② 钟鸣旦：《杨廷筠：明末天主教儒者》，香港圣神研究中心译，社会科学文献出版社2002年版，第49、70页；刘耘华：《诠释的圆环：明末清初传教士对儒家经典的解释及其本土回应》，北京大学出版社2005年版，第330页；李天纲：《跨文化的诠释——经学与神学的相遇》，第33页；孙尚扬：《基督教与明末儒学》，第204、205页。

作为儒家士人，杨廷筠的日常生活不可避免地带有对道德的偏爱。正如钟鸣旦先生所考察到的，当杨廷筠还浸淫在儒家传统中时，他生活的道德化倾向就已经非常明显。尽管儒家生活本身就强调道德伦理，但杨廷筠却似乎对此有着超常的热心，无论是在理论层面还是在实践层面。

他曾经参编过多部有关道德礼仪教化的著作，分别是其家传的《杨氏塾训》他所盛赞并作过序的《苏氏家语》《家礼仪节》《省恬编》等。此外，他也写过不少道德伦理方面的著作，如《小学礼辑》《读史评》《近仁说》《体仁类》《洗心劄记》等。[①]

在他初入仕途，任江西安福知县时，很重视私塾的礼仪道德教育。在做监察御史期间，他写过不少奏折，其中一些就是弘扬道德的奏章，如他举荐贞妇孝子的奏章。同时，他还大力倡导忠义。出于对方孝孺忠义的崇拜，他特地寻访其后人，并捐献三百金助他们创建求忠书院，以便使方孝孺的忠义道德传于后世。[②]

杨廷筠如此重视道德礼仪并且积极去践行，同他对道德礼仪的认知有密切关系。在其为《家礼仪节》写的序中，表露了他追求道德礼仪的动机和目的，那就是为了“君子不为庶人，庶人不为异类”。[③] 这一动机和目的使我们能够将杨氏在这一阶段的人生观概括如下：人之为人就在于他的超越性，这一超越性使他和动植物区分开来，也使他不断超越同类，最终达到人的完满和纯粹。而且在杨廷筠看来，人的超越性就是他的德性，人正是依靠德性才和异类区别开来，也只有在德性基础上，才会出现君子、庶人之分。所以，人生活的目标就是不断提高自己的德性，务必使之尽善尽美。君子、圣人就是德性接近完美或几乎完美的体现。

而对儒家道德生活之局限性的认识使之不久转入佛家信仰。现有的资料和著述都没有提到杨氏入佛的原因[④]，我们也只能通过间接的资料来推测其答案。在杨氏留下的对佛教的诗文中，我们可以隐约看到他接近佛教的动机。能表达其动机的代表性文字，就是其诗作《读无尽老师维摩无我疏有感》，他写道：

---

① 钟鸣旦：《杨廷筠：明末天主教儒者》，第45—50、16、17页。

② 同上书，第13、14页。

③ 转引自钟鸣旦《杨廷筠：明末天主教儒者》，第49页。

④ 钟鸣旦试图从当时杭州儒士崇佛的大背景来理解杨氏入佛的原因，也没有提到杨氏对这一问题的亲口回应，见钟鸣旦《杨廷筠：明末天主教儒者》，第41—44页。

“身世浮沤里，年华驹隙过。
了知神不灭，离却幻如何。
遂妄迷尘劫，耽空亦爱河。
西来秘密义，无复问维摩。”①

从这首诗中，我们同样会感觉到杨氏对完美道德的追求，只不过这时他的终极目标进一步拔高了。在儒家道统中，他的道德目标是君子、圣人，而圣人、君子的道德无非是孝悌忠义，它是一套基于现世的道德体系。这套道德体系的显著特征就是等级分明。对于孔子来说，“善”的内涵就是秩序，即建立在孝（父）悌（兄）基础上的亲亲、长长秩序。② 在孝悌之道的支配下，就形成了这样一种秩序原则：亲疏有别、长幼尊卑分明。在这一原则下，孟子批判墨子的“爱无差别”说③，《中庸》则强调“亲亲之杀，尊贤之等，礼所生也”等。如此亲疏有别、等级分明的道德体系，有可能会导致人与人之间的冷漠。在看似道德仁义的秩序中，隐藏着一种精致的自私。时间一长，这一体系的消极后果就会显现，那就是在道德仁义幌子下，私人利益争夺甚嚣尘上。所谓的君子、圣人逐渐被私欲所淹没。此外，儒家思想中没有灵魂不朽的观念，这更助长了现世享受的实用倾向，从而增加了对道德生活的冲击。而佛家的“众生平等”的泛爱思想、灵魂不灭的“轮回”观念正好弥补了儒家的不足。宋明理学、心学都不同程度地受到了佛家思想的影响。④

虽然杨廷筠没有直接谈到自己信佛的原因，却曾经有意无意透露出其他儒生投佛的原因，这是在他于《代疑篇》中辟佛扬耶时谈到的，他说：“或曰‘古来学佛者，多少聪明才辩，至心皈依，岂皆漫无所见？乃欲以一人

---

① 《天台山方外志》，卷二十八。

② 如孔子说：“君子务本，本里而道生。孝弟也者，其为人之本与！”（《论语·学而篇》）孟子说：“亲亲，仁也；敬长，义也。无他，达之天下也。”（《孟子·尽心章句上》）“人人亲其亲、长齐长，而天下平。”（《孟子·离娄章句上》）“仁之实，事亲也；义之实，从兄是也；智之实，知斯二者弗去是也；礼之实，节文斯二者是也；乐之实，乐斯二者，乐则生矣。”（《孟子·离娄章句上》）《中庸》也说：“仁者，人也，亲亲为大。义者，宜也，尊贤为大。亲亲之杀，尊贤之等，礼所生也。（在下位不获乎上，民不可得而治矣。）故君子不可以不修身。思修身，不可以不事亲。思事亲，不可以不知人；思知人，不可以不知天。”（《中庸·第二十章》）

③ 《孟子·滕文公章句上》。

④ 沈定平：《明清之际中西文化交流史——明代：调适与会通》，商务印书馆2001年版，第544页；佚名《儒学发展史》，孔子研究院网，http：//www. confucius. gov. cn/fazhanshi/fzs/suitang5. htm。

私意，扫除千古定论耶？且经论中微辞妙义，细心读之，不由人不心悦诚服。子于《内典》岂未寓目耶？’曰：‘虽有聪明才辩，其畏祸福之心与庸愚同。又人之聪明才辩，往往流为文人。文人作过多端，偏畏死后，故其佞佛。独在人先今不能折衷以理，而徒信人之信，恐不免载胥及溺矣。即云微辞妙义，足悦人心，古来立教，孰不依傍名理？其确然可信者，皆已不出吾儒。彼特转换其说，更新其语，世人浅标外郛，遂或惊喜创获，而不知儒家自有之珍也。’”[①] 在这里，杨廷筠讲到了儒生信佛的两种原因，一种是对祸福的畏惧，一种是对死后之事的畏惧。而这两种原因又可以归为一个，即不谙名理。不谙名理之人，尤其是指那些表面聪明实则和庸众一样胆小无知的文人们。他们无法辨析各种学说的真伪，一任自己的情绪支配，最后他们和大众一样，在恐惧心理作用下投向了佛教。杨廷筠对这些文人的批判显然也适用于他。现在他能够批判佞佛之人，很大程度上是借助于天主教的视角。而在他未接触天主教前，他也如文人们一样沉溺于佛学中。只不过他投佛的动机要与这些文人们稍有差别，如果文人们畏惧现世的祸福和死亡的话，杨氏则畏惧灵魂的死亡。而佛教灵魂不灭的观念正好解决了他的难题。所以佛家思想在某种程度上超越了儒家思想，对于儒家没有深究的死亡和灵魂问题做出了某种解答。

在杨廷筠和龙华民的对话中，也间接透露了杨氏喜欢佛教的原因，龙华民记载说：“第四点曾经问过的是，根据儒家的思想，善人和恶人死后会否得到赏报或惩罚？他（即杨廷筠——笔者注）答道，他们没有提到这样的事。他亦对儒家学者在这方面的不足感到叹息和抱怨，因为他们没有探讨来生的问题，这正是一般百姓没有受到鼓舞而真诚实践道德的原因。他赞扬佛家宣讲天堂和地狱。”[②] 这就表达了杨廷筠对儒家思想不满的原因，那就是缺乏对道德行为的更大的赏罚，仅有的现世赏罚是不够的，只有更恒久的报应才会给人们以动力。所以，天堂和地狱的存在对于普通人信仰和践行道德来说，显得更有吸引力，而佛家恰恰在这方面满足了人们的要求。这样，偏爱道德的杨氏喜欢上佛教就不是偶然的了。而如此一来，杨廷筠在上述文字中批判佛学是儒学的改头换面就有些武断了。他之所以在这里如此贬低佛学，是因为他现在已经有了天主教撑腰。杨氏这么做显然有过河拆桥的

① 杨廷筠：《代疑篇·答佛由西来欧罗巴既在极西必所亲历独昌言无佛条》，利玛窦等撰，吴相湘编：《天主教东传文献》，台湾学生书局1965年版，第534、535页。

② 钟鸣旦：《杨廷筠：明末天主教儒者》，第238页。

嫌疑。

总之，在杨廷筠接触了佛家思想之后，感觉到现世的缺陷和短暂，发现还有更超拔的生活和世界，于是，他的道德理想也就跟着水涨船高了。现世的生活如今变成了“空”“幻”的“浮沤”“尘劫”，它是如此的短暂和堕落，没有什么价值，真正的生活是永恒的生活，“神不灭”才是最高的境界。借“西来秘密义”，杨氏突破了儒家只有此世、魂魄皆灭的道统视野，使得其道德生命有了不朽的可能。而这一切仍然要归因于他对道德生命的热情，这使他不拘泥于一种道德体系。只要有益于其道德生命的提高和完善，他就对其持开放态度。当他遇到天主教思想时，他的这种开放态度又使他抛弃了佛教思想。

接触了天主教思想后，杨氏才知道佛家思想还不是真正的超越性思想，真正的超性真理在天主教那里。

佛家的轮回思想并没有真正解决灵魂不灭的问题，因为六道轮回并不是灵魂不灭的表现，而是灵魂和肉体的不断循环。在其中起决定作用的与其说是灵魂，不如说是肉体。因此，在佛家的地狱、天堂中存在的不是灵魂性的存在，而是肉体性的存在，“盖佛氏所指二处，似乎肉身享用，故境界现前，俱极粗浅。而福尽业尽，俱复轮回，则乐苦亦非极处。不知人死，不带肉身，止是一灵。一灵所向境界，绝与人世不同，受享绝与肉身各别。”[①]所以，轮回说将万物又拉到了一个层面，混淆了肉体和灵魂、物与我的本质区别，取消了超越性之存在，“认物为我，与众生轮回，既无了脱之期高者，认天犹凡，谓福尽降生，宁有敬事之念。误认一体，流弊至是，不可不深辩也。”[②] 这样，佛家那些看似超越的世界其实并不是真正的超越，它们和俗世仍然混为一体，没有本质的区别。六道轮回的只是不同形之实体，它们在本质上没有什么区别。于是，佛家塑造的仍然是一个肉身的世界，其中没有真正的超越性可言。

而在天主教思想中，杨氏觉得找到了真正的超越性。在《代疑篇》中，他对天主教思想的极致性和超拔性大为叹服，他说：“故降生一节，仁爱之极思，人道所未有。此种义理，在西国有源有委，有前知，有后证。万种之

① 杨廷筠：《代疑篇·答有天堂有地狱更无人畜鬼趣轮回条》，利玛窦等撰，吴相湘编：《天主教东传文献》，第514页。

② 利玛窦等撰，吴相湘编：《天主教东传文献》，第523、524页。

书，皆记载此，皆发明此。”[①] 他还将他从天主教中体悟到的超越思想与人分享，他说：“或问如何谓圣神之功。曰闻之人有三种性之光。良知良能，谓之本性之光，即不在教，人人有之；既奉圣教，笃信勤行，天主又加宠，名阨辣济亚。明悟爱欲，益增力量，谓之超性之光。惟善人有之；至死后，天神降接，又加四种德力，为升陟阶梯，谓之真福之光。惟至死不犯诫人有之。”[②] 儒家学说从孔孟发展到阳明心学，仍然还在良知良能那里循环，而在天主教思想中，良知良能只不过是人最起码的德力，还有更加超卓的境界可达。

况且，在杨廷筠看来，提倡良知良能的性教时代已经一去不复返了，圣贤的言行已经无法再打动沉溺在世俗罪恶中的人们，能够拯救世人的只有天主之身教了，这体现在其《代疑篇·答天主有形有声条》和《代疑篇·答天主有三位一体降生系第二位费略条》中，他说：“天主爱人甚矣。上古之时，性教在人心，依其良知良能，可不为恶，只以行与事示之。圣贤名教廸之，人人自畏主命，不须降生。然而诗书所载，钦若昭事，如临如保，已市开先之兆矣。三代而后，圣贤既远，奸伪愈滋，性教之在人心者日漓，诗书之示监戒者日玩。则又大发仁爱，以无限慈悲，为绝世希有，自天而降，具有人身，号曰耶稣。”[③] “千古人性，一时俱在现前。即知上古时醇，宜性教；中古渐开，宜书教；后代人性大坏，虽圣贤书教亦难转移，非以身为教不易行其救拔矣”。[④] 在这里，杨廷筠虽然没有明说，但他所谓的圣贤性教阶段无疑也包括了孔孟性教阶段。如此，儒家思想就只是人类思想发展的一个初级阶段。他适合于民风淳朴的上古时期，人们智慧未开，但却具有道德的本能，他们天然具有良知良能。圣贤稍加引导，他们就欣然向善。但是，随着心智的开启，人们思维辨析能力提高，本能的良知状态受到破坏，性教的效能就有限了，于是，就出现了书教。这时，人们更容易接受圣贤所著义理之书，而不是天然本能。到后来，人人自以为是，天然良知良能破坏殆尽，于是人心大坏，世风日下。这时就只有靠天主降生，以其身教来拯救世人。所以，儒家思想的效力就被限制在了上古时期和中古时期，在近世人心大坏的情况下，性教和书教都失效了，天主教的引进和传播就提上日程了。

① 利玛窦等撰，吴相湘编：《天主教东传文献》，第586、587页。

② 同上书，第614、615页。

③ 同上书，第585页。

④ 同上书，第595、596页。

对佛家学说的拒绝、对儒家思想局限性的思考和对天主教的超越性之认识，就使杨氏那颗追求道德完满和极致的杨氏狂热之心找到了新的归宿。可以想象，见到这种超性思想时，其心情是何等欣喜惊异。被超性之光和真福之光所深深打动的杨廷筠，还不待人们对天主教思想提出问题，就急急忙忙来“代疑”和辩护了。与其说是“代疑”，不如说是他在精神极度亢奋之下写下的读经心得。他迫不及待地要向人们介绍一种他认为更为完善、精微、超拔的学说。

需要说明的是，杨氏对道德生命的追求并非盲目和迷失[①]，他的任何信仰都是经过理性思考的。在《杨淇园先生超性事迹》中，谈到了杨氏这种将热情和理性合而为一的信仰追求精神，“公所以深明天学义理，躬行不怠者，盖其好善之心，虔诚虚受，微承主牖。且先后近诸泰西先生，如龙精华、毕金梁辈，朝夕促膝，惟穷究天学奥旨。或有未明，不惮再三送难，以求理尽心慊。尝对艾师谈论，叹曰：‘余与诸先生细论十有四载，无日不聆妙义，大快吾衷。惜乎世人不肯倾心研究，故鲜能深造于斯道者。’”[②] 而他在《代疑篇》中反复强调的也是天主教义理学说的合理性，是穷理之人所能接受和信服的。[③]

当然，无论他使用何种工具，他的最终动力还是对道德生命的无限追求。这种对道德生命的追求是其天生的生存情绪，儒家、佛家、天主教不过是满足这一情绪的不同载体。假如还有更超拔的道德学说和信仰存在的话，杨氏可能同样会移情别恋。

综上所述，我们可以下结论说，正是对道德生命的追求使杨廷筠一次次改变信仰，最后投入天主教的怀抱。儒家良知良能的观念，随着人们心智的发展效用逐渐削弱，在现世福祸和死亡面前出现某些局限性。于是佛家思想开始受到欢迎，在克服死亡恐惧和看透世间祸福方面，佛家给人们带来了一些安慰。这对于补救人们开始堕落的道德方面起到了积极的作用。所以，杨廷筠会对佛家学说感兴趣。但是，当天主教思想传入时，杨廷筠等穷理明辨之士通过对比发现佛家思想的消极性和伪超越性。同时他也发现，接受天主教并不是对儒家思想的否定和拒斥，反而是将它进一步发展和拔高。于是，

---

① 孙尚扬：《基督教与明末儒学》，第200页。

② 钟鸣旦等编：《徐家汇藏书楼明清天主教文献》，台北辅仁大学神学院出版，1996年，第一册，第235、236页。

③ 利玛窦等撰，吴相湘编：《天主教东传文献》，第534、535、542、553页。

他欣然选择了天主教作为其精神的归宿。

接下来我们对其天主思想进行深入剖析，以了解其信仰的特点。

通过诸多文献考证，我们得出这样一种结论：作为儒家思想和伦理中人，杨廷筠接受天主教的前提仍然是儒家观念，他的目的也是完善和推进儒家学说。但是，在他和天主教思想接触的过程中，出现了他无法控制的局面，因为天主教思想同儒家思想在很大程度上是相互冲突的，它们互补的范围有限，如果要接受天主教的思想，可能会对儒家思想形成全面的否定和排斥。所以，杨廷筠不得不局部改善天主教思想，以使它与儒家思想相融合。然而，他又被天主教思想所吸引，无意中使用天主教思维模式来重新解释儒家思想，结果就造成了其思想的混乱和矛盾，他的立场也模糊不清。而且，他表面上加入天主教，但其实践行为却仍然是儒家性质的。他的这一系列矛盾现象，使他在天主教和儒家阵营中都得不到完全的认同。

杨廷筠思想的矛盾性表现在如下几方面：一、对儒家学说的坚持和维护。其维护儒家学说的方式有如下几种：（1）通过辟佛维护儒家学说；（2）通过回应天主教对儒家思想的批判来为后者辩护；（3）用儒家思想方式和框架解释天主教思想；（4）直接褒扬儒家学说；（5）儒家思想在其实践活动中的体现。总之，杨廷筠天主信仰中的形式化、世俗化使其接近儒家而不是天主教。二、杨廷筠思想中又有明显的天主教思维方式和内容。其中具有代表性的思想表现有：（1）区分了人性和超性、肉体和灵魂、现世与来世（天堂和地狱）；（2）接受了具有明显天主教色彩的学说，如天主学说、十字架学说、三位一体学说、原罪学说，等等。

因此，矛盾性是杨廷筠思想的主要特征。无论是在情感还是在义理上，杨廷筠都努力维护和褒扬儒家思想，但是他又明显感受到天主教义理之超越性。所以，他不得不在陆九渊的东海西海说的基础上提出了“不同之同，乃为大同”“不同无害，同不可少”等观念来调节儒耶之间的关系，希望在不放弃传统的基础上接受天主教思想。为此他不厌其烦地证明儒耶是相合的[1]，儒家思想是开放的，儒生们应该以开放的姿态接受天主教。[2] 然而，

---

① 如他在《代疑续篇·贵自》中所说：“惟西学一脉，其来方新，其说方肇。在人所睹记。夫惟久与周旋，而熟聆其讲解，乃能深信其言，果与仲尼知生知死，畏天之旨，不惟符合，而且详尽也。”（杨廷筠：《代疑续篇》，楼宇烈顾问，郑安德编辑：《明末清初耶稣会思想文献汇编》，第三十册，第13页，北京大学宗教研究所，2003年）

② 《代疑续篇·祛盈》专论此主题（杨廷筠：《代疑续篇》，楼宇烈顾问，郑安德编辑：《明末清初耶稣会思想文献汇编》，第三十册，第50—52页）

他又知道，天主教思想与儒家思想虽说在最终目标上勉强一致，但在具体内容上却有很大差异，甚至势同水火盐梅，“不啻水火盐梅之相济”。这种差异在杨氏眼中看来是无害的，但在正统的儒家士人看来，它足以危害到儒家思想的合法地位。接受天主教思想就等于对儒家思想内容的大换血，如此，儒学就徒留一个空壳，失却特定内容的儒学就不再是原本的儒学。而杨廷筠是赞同用天主教思想来修正儒家思想的。他认为在具体内容上的更新不会威胁到儒学的本质，更不会损害其最终目标。但儒耶思想内容的客观差异使其“补儒”的愿望终难实现。同其原初的设想相反，“补儒”最终可能会变为“弃儒”。

正是杨廷筠思想中潜在的种种矛盾性：维护儒家正统与承认天主教优越之间的矛盾；思想目标与思想内容之间的矛盾；“补儒”与潜在“弃儒”之间的矛盾等，使以他为代表的儒家天主教徒成为了“两头蛇”。[①] 而这种尴尬地位注定维持不了多久。杨廷筠们的矛盾立场使他们受到来自两方面的攻击：一是儒家士人的排斥和攻击；一是天主教的批评和否定。

在深入理解杨氏思想的基础上，我们可以试着对杨氏做出的评价是：他有意做一个混合论者，即融合儒耶。却不自觉地或潜在地成了一个革命者，即要以耶之思想来替换儒之内核。他的革命行为使其混合行为成为不可能。结局只能是：要么是儒，要么是耶，不可能既是儒又是耶。杨廷筠的个例带给我们的启示是：不同文化间是可以相互理解和交流的。但是，要想将一种文化中的因素吸纳到另一种文化中去，就要看其本质差异之程度。如差异不大，可能会嫁接成功；如果差异很大，嫁接就会失败。强行嫁接只会产生寿命短暂的畸形产品。[②]

（3）朱宗元与天主教

朱宗元（1616—1660）是一个跨明清两朝的人物，其生在明代，主要作为在清代。在这里，我们也勉强将之作为明代文化的继承者来加以研究。他是顺治三年（1646）贡生，五年（1648）举人，1638 年受洗为天主教徒。朱氏一生，多从事传教活动或在家著述，他积极与传教士交游，校订传教士译著，为天主教在宁波的发展做出了突出贡献。朱氏亲自撰写的论著学界公认的有《答客问》、《拯世略说》、《破迷论》、《天主圣教惑

---

① 黄一农：《两头蛇——明末清初的第一代天主教徒》，上海古籍出版社 2006 年版。

② 贾庆军：《冲突抑或融合：明清之际西学东渐与浙江学人》，海洋出版社 2009 年版，第 82—133 页。

疑论》、《郊社之礼所以事上帝也》。而《天教蒙引》、《轻世金书直解》无书存世，是否为朱氏所著，学界尚难确认。目前可考的朱宗元参与的校译著作有《轻世金书》、《天主圣教十诫直诠》、《天学略义》、《迷四镜》、《提正编》等5部。

朱宗元的天主教思想具有代表性，其大致也分为典型的合儒、补儒、超儒这三部分。下面我们具体介绍。

①天儒会通

朱宗元完全接受利玛窦的阐释思路，直接将上古典籍中“天”等同于“天主”，“曰：上天之载，无声无臭。苍天则形象灿然矣，于穆不已乃之所以为天。所以为天者，非天也，天之主也”。《天主圣教豁疑论》中说，“尝稽六籍，谈天厥有二义，如莫高匪天、高明配天、钦若昊天之属，皆言有形也。如天监在下、天命有德、天难谌斯之类，皆言主也。乃形者谓天，主者谓亦训之以天”。闻黎琴据此说法，并加上朱氏在《答客问》中所言，“夫以上帝当天，则天非苍苍之有形，而特为无形之主宰也明矣。所以但言‘天’不言‘天主’者，正如世俗指主上曰朝廷。夫朝廷，宫阙耳；言朝廷，即言此内攸居之主上也”，从而推断出朱氏将古经中的“天”区分为“有形”与“无形”，而“天主”乃“无形”之说，从神学角度引申出“天”的主宰意义，消解了“天”的自然属性。[①] 此说有部分道理。朱宗元为了便于中国人接受天主之说，如此附会儒学也是可以理解的。况且儒家学说尤其是宋明儒学就强调天之两分：“气”之天与“理”之天。程朱（程颐和朱熹）理学是此说之倡导者。“气”造就形体，“理”则化为无形之性。但程朱却没有说“理”能独自造物，“理”依然是在“气”中，为气之灵明。理气合一才能生化万物。而朱宗元则将无形之天作为造物之主，并将此天之“主”与块然天地万物区分开来，形成造物主与造物之间的关系，这已经与传统思想有了本质的不同。不过朱氏并没有说明此点，要么是因为其对传统儒学理解不足，要么他是故意忽略此差异。这并不妨碍他借着这种表面的相似性来推广其天主思想。

他将儒家思想分为两半来迎合传教士的天主思想的痕迹是很清晰的。他借传统天之内涵的多样性，适时推出了天主之思想。其《天主圣教豁疑论》是根据母本《破迷论》来写的，而《破迷论》是由传教士瞿笃德校正的。西来传教士的二分思维就明显烙印在其著作中。在《破迷论》中说得也有

---

① 闻黎琴：《朱宗元思想研究》，硕士学位论文，浙江大学，2007年，第15—16页。

点模糊，一会儿说有形者为天，一会儿说无形者为天。“形者为天，主者亦谓之曰天”，不管所列为“形者”，还是“主者”，都是“天”，“天”即“天主”，所以才有“言朝廷，即言此内攸居之主上也”。这里还有将天和天主混而为一之嫌。而在《答客问》中，朱宗元就将之完全分开了，他说“块然冥然，而绝无灵觉，畏事安施?”[①] 有形的物质的“天”毫无灵觉，“畏事安施”，怎么能是“天主”呢？朱宗元接着指出，“天命、配天亦指天主”[②]，将传统学说中的“性”“理”之“天”变为了“天主”，并赋予其超脱万物之上的主宰化生功能。

我们会看到，朱宗元不仅接受了传教士关于“天主”的“无始无终”“自有自存”“万物之原”等基本内涵和神学意义，并且在叙述“天主”内涵时采用万物与天主之间对立联系的做法，其联系既表现在本体论又体现宇宙创造论上，不同于传统文化中“一生二、二生三、三生万物”“道化自然”的道之本体及生成论理路。他写道：

> “万物不自有，恒受有于天主。天主则自有，而不受于万物。万物不自存，恒赖存于天主。天主则自存，而不赖存于万物。不始而能始物，不终而能终物，不动而能动物，不变而能变物。”“凡物皆有依赖，声色臭味，依于形也；识悟虑想，依于灵也。天主则纯神自立，德即其体，用即其性，而绝无依赖矣。凡物皆有流时，一为已去之流时，一为未去之流时。天主则前之无始，后之无终，亦都为现在，而绝无流时矣。”[③]
>
> 最后朱氏总结说，“天主者，固天地万物之源本也”，是“生我养我之大本大原”。[④]

在这些论述中可以看出天主与万物的本质区别：天主之角色是自有自存、创造者、主宰者、无始无终、全能、授之者等；万物之角色是依赖天

---

① 朱宗元：《答客问》，郑安德编：《明末清初耶稣会思想文献汇编》，北京大学宗教研究所，2000年版，第三卷，第三十二册，第25页。

② 同上书，第26页。

③ 朱宗元：《拯世略说》，郑安德编：《明末清初耶稣会思想文献汇编》，北京大学宗教研究所，2000年版，第三卷，第三十一册，第24页。

④ 朱宗元：《答客问》，郑安德编：《明末清初耶稣会思想文献汇编》，北京大学宗教研究所，2000年版，第三卷，第三十二册，第25页。

主、受造物、被动者、皆有流时、有限之能、有所受之等。

由于天主是造物主，主宰万物的神，因此其位至尊：

"夫二仪万类，不能富造，有造之者，恒言所云造物是也。既谓之物，天地亦物之大者耳，而更有造天地者。以其至尊无匹，谓之上帝。以其搏挠万有，谓之造物。以其主宰群生，谓之天主。"[①]

这里，尽管说的都是天主教的"神"，但朱氏对字词颇有考究，其造天地，至尊地位方为"上帝""搏挠万有，谓之造物""主宰万物"才说"天主"。因此无始无终、全能、授之者必是本原，为先为尊，"盖必有无始，而后有有始，有所以然，而后有固然。天地万物咸属有始，何以知之？于其无全能知之。覆不兼载、鳞不得羽，厥能实多限际。可限之能，有所受之，而非有本然自有也。既非本然自有，而有所受，则故有其授之者矣。此授之者，即天主"。[②] 朱氏从无始与有始、无限全能与有限之能的关系，推论出万物为天主创造，天主为"授之者"。这多少可以看出传统文化思想中"贵无"论成分，也体现出传统文化中的尊卑观念。

朱宗元对上帝（天主）的至尊地位强调如下：

"上帝者，独贵无贱，如国止一君，家止一长"。"夫天地惟属一帝抟挠，故一施一生莫不顺气而应。若各自为帝，则如两君分域而处，其发育运动亦不相属，何以序岁功成百物哉？且至尊之谓帝，一则尊，二则失尊。即一为至尊，一为次尊，可以序进而较，犹为失尊。"[③]

朱宗元指出，既然称为"帝"，那就有其自己独有的主宰化生之域，世界只有一个，自然只有一个帝"序岁功成百物"；既然名为"尊"，那么有"二尊"的话，则失"尊"之含义，在二尊中势必要分出"至尊""次尊"，而如此的话，"尊"就进入了一个序列，必然失去"尊"之本质。真正的"尊"是在序列之外的。

---

① 朱宗元：《拯世略说》，郑安德编：《明末清初耶稣会思想文献汇编》，第三卷，第三十一册，第15页。

② 朱宗元：《答客问》，郑安德编：《明末清初耶稣会思想文献汇编》，第三卷，第三十二册，第29页。

③ 朱宗元：《郊社之礼所以事上帝也》，巴黎图书馆收藏手抄本。

在人与天主的关系上，朱宗元也借鉴了传统文化中的忠孝伦理思想。他写道，“爱天主是万德之纲”、“人当尽心爱天主”、“当事奉天主”。但是人为何要“尽心爱天主”呢？朱宗元阐释道：

“曰：一粒、一涓，莫非主恩；呼吸、动静，皆资帝佑，实世人之大父母也。父母岂有一人可不事者？”① “生我者父母，生父母者祖宗，生祖宗者天主也。天主非生人之大父母乎？” “夫天主生成化育，将衷下民，则大父也。归下有赫，降殃降祥，则共君也。不事君亲，世未有不罪之者。而大父共君之恩，百倍其功。即吾所谓君若亲，亦在其熙养鉴观之下，独敢弃置不事，岂非不忠罔上，悖理不孝之极者哉！”②

“上帝实人人之大父母也，父母岂有一人不可事者？然尊卑有异，事上帝之礼亦异。天子固能享帝者也，仁人之事天也如事亲，由达孝推之。”③

朱氏为了迎合传统忠孝观念，将天主说成是“大父母”“大父共君”。在传统伦理中，人人都当“事父母”：在家事生身之父母，在国事保民利民之父母官，在宇宙则事生养万物之天父。而后者最为尊，因此，把天主看成“大父母”，“事天主”就是应有之义。

在郊社之礼上，朱宗元也迎合了传统思想，并将中国文化中的“上帝”偷换成了西方天主教中的“天主”。他遵循利玛窦天主唯一的思路，认为，“帝不可二，则郊社之专言帝者，非省文也。夫上帝者，天之主也。为天之主，则亦为地之主，故郊社虽异礼而统之曰事上帝云尔”。④ 朱宗元看到天地万物对人类的作用，离开万物人类难以存活，自然应该“尊”。这是中国传统文化的体现。中国传统文化强调天人合一，人寄养于天地之间而获其存在之价值和意义。他最后解释道，“《中庸》云，‘郊社之礼，所以祀上帝也。’则祀天祀地，总以报答上主鸿恩。而社稷之礼，则以酬生我百谷之

---

① 朱宗元：《答客问》，郑安德编：《明末清初耶稣会思想文献汇编》，第三卷，第三十二册，第31页。

② 朱宗元：《拯世略说》，郑安德编：《明末清初耶稣会思想文献汇编》，第三卷，第三十一册，第15—16页。

③ 朱宗元：《郊社之礼所以事上帝也》，巴黎图书馆收藏手抄本。

④ 同上。

泽，盖即其功用昭章处用事焉”。[①] 朱宗元没有指出的是，中国经典中的“上帝”从来没有和万物分离过，其和万物混为一体，只不过是万物之精或枢纽而已。而天主教中的“天主”却是脱离和凌驾于万物之上的。

在人性论上，朱宗元当然认为是天主赋性与人，且只善无恶。“吾人性灵，赋自上主”[②]“天命之性，本来皆善，舜之与桀跖，无以异也。顾所谓善者，质善耳，非德善也。”那么为何人有区别并产生恶呢？朱宗元又借鉴了传统观念，他认为，人有“刚明者”和“愚怯者”之别，原因在于天主“任气化之不齐，而不强之使齐者也”。这是传统的气化理论。在人性恶上，他认为，“人性自可为善。凡为恶者，人自悖而行，非性之罪也”。为何会有“气化之不齐”和“恶”，跟后天因素有关。“性固可以为仁，但不得以性中有仁，而遂为仁人，行仁则为仁人。行不仁则为不仁之人也。性固可以为义，但不得以性中有义，而遂为义人，行义则为义人，行不义则为不义之人矣。”[③] 可见，朱宗元借用传统文化之气化理论来解释人之别和恶之产生。

以上列举了朱宗元合儒之种种表现。可以看出，在其附和中多有难通之处。不过这也是一种融合的努力了。朱宗元在《拯世略说》的开篇自序中就说到因自己对人生与生命的终极意义的追求和思考才找到天主教的。在某种程度上说，这其实也是对死亡问题的追思和探讨，死生问题也是每个民族文化必须思考的问题。朱氏承继天主教思想认为人必须直面死亡，为死亡做好充分的准备。

> “营身后之贱事，不以为迂；谋死后之贵事，独以为迂乎？古之至人，虑及百世，此与吾身漠不相关，不以为远；死则人人不免，或即旦暮之事，独以为远乎？造物主使人知身之必死，而但不使其期，正欲人日日备耳。有备无患，凡事尽然。况生死乎？”[④]

---

① 朱宗元：《答客问》，郑安德编：《明末清初耶稣会思想文献汇编》，第三卷，第三十二册，第66页。

② 朱宗元：《拯世略说》，郑安德编：《明末清初耶稣会思想文献汇编》，第三卷，第三十一册，第18页。

③ 同上书，第55—56页。

④ 朱宗元：《答客问》，郑安德编：《明末清初耶稣会思想文献汇编》，第三卷，第三十二册，第40—41页。

死亡对人生与生命如此重要，但儒家文化却避而不谈，“俗儒存而不论”，早在孔子就说过“不知生焉知死”，更关心人类的现实生活世界，而“二氏论而不晓”，朱宗元对此批评说：

“存而不论则理何由明，论而不晓则益以滋惑。今将求六经，大旨虽有包蓄，而儒者不知所讲明。将求两藏，抑又渺茫无据，拂理悖情。若是，则将任吾性灵游移而无定，丧陷而无顾耳。抑将谓一死之后，无知无觉，遂涣散而无所归著耶。迄今不讲，将凭此隙驹之岁月，而徐徐以图耶。”①

朱宗元最终找到天学，“在儒书多未显融，独天学详之”，他肯定天主主宰人之生死，而天主信仰让自己的灵魂有永久安顿的归宿。

与儒家重生轻死的观念联系在一起的是其人死魂灭，没有不死灵魂的理论，它们构成了不相违背的逻辑体系，朱宗元反驳了这种观点：

“此后儒呓语，孔子曷有此论？夫草木有生长，而无知觉运动；鸟兽有知觉运动，而无灵明理义。此特资行气以扶存，形断气散，而魂随眇灭。人魂不然，一点灵性得于上帝赋与。其来也，不特聚，其去也，不能散。但合则身生，离则身死耳，世称人为万物之尊且灵，苟死而魂灭，则与草木、禽兽无异，亦乌见其能灵？乌在其尊于万物哉？”②

草木有生长，但无知觉；鸟兽有知觉，但无灵明；它们都是借气而扶存，气散身死魂灭；而人不同，上帝畀人魂以灵明，不会随肉体灭亡而灭亡。

众所周知，“爱”是天主教最基本的道德情感，人首先必须尽心尽力尽性爱天主，必须贯穿在一切宗教信仰实践活动中，“若最上最美之念，惟在为天主而为善……一切修为，皆从惟恐获罪于天一念起。故爱亲，亦徵其爱天主。爱君，亦徵爱天主。博施济众，亦徵其爱天主。克己忍欲，亦徵其爱

① 朱宗元：《拯世略说》，郑安德编：《明末清初耶稣会思想文献汇编》，第三卷，第三十一册，第14页。

② 朱宗元：《答客问》，郑安德编：《明末清初耶稣会思想文献汇编》，第三卷，第三十二册，第34—35页。

天主……故我等教士，但当以爱天主之心，行爱天主之事，一念一言一行，惟期仰翕上帝之旨，而美报特其自至。此心从爱天主而发，则其所为也正矣。"①

朱宗元将"爱亲""爱君""博施济众"与"克己忍欲"都说成是"徵其爱天主"，无论是伦理亲情、忠孝观念、个体修为等一切爱之行为，均源自于爱天主，是其爱天主的表征。将爱天主贯穿其中，将它们纳入天主教信仰的道德规范中。只有爱天主，才能将爱泛化，才能解除怨恨和复仇之心，建立人类普遍的爱。

②天学补儒——以中格西、以西益中

"天学补儒"成为当时不少入教儒士明确的思想意识，朱宗元就认为上古时代的先儒与天学几无差别，然而后儒在知天、事天方面均存在不完善之处，故要以耶补儒。

但朱宗元的补儒和利玛窦等不同，如果说像利玛窦等人的"补儒"策略是硬生生粘补的话，朱宗元则更多地站在"融儒"的基础上来"化用"天主教，他看到的是天主教接近儒家的一面，并进而加以详细阐述，而忽略掉天主教"异儒"的部分，当然作为必需的基本教义，提纲挈领地照着叙述还是需要的。他们没有动摇对天主教的信仰而被人怀疑，但这种信仰是建立在实用观念和理性思维的基础上。如此在分析朱宗元的原罪论时，更应该注意到他怎样叙述和涵化天主教教义的。

那么，天学到底有哪些可补儒之处？在朱氏看来，大概在如下几种学说和观点上。

（一）创世说

朱宗元认为，天学的长处在于"若乃乾坤开辟之时日，万类穷尽之究竟，上主无穷之妙性，身后罔极之苦乐，悔过还诚之入门，迁善绝恶之补救，必待西说始备"②，在事天方面，天儒间的差异及可补性在于"是故天地之有主也，此主之宜事也，佛老之宜斥也，淫庙之宜蠲也，星卜矫巫之宜摈也，皆儒者所已言，其事已著，其理易知。若乃天主三位一体之秘，一位降生救赎之功，万民复活审判之义，天地人物始生之原，中华旧无言者，言

① 朱宗元：《拯世略说》，郑安德编：《明末清初耶稣会思想文献汇编》，第三卷，第三十一册，第23—24页。

② 朱宗元述：《天主圣教惑疑论》，载《天主教东传文献三编》，第二册，台湾学生局1984年版，第539—540页。

之自西儒始。"[①] 这里谈到的是天主创世之说。与中国传统思想不同，天主在万物之外创生了它们，而中国思想中的万物之主宰并不在万物之外。而天主教的创世说更填补了儒学的空白。

朱宗元在《拯世略说》"天地原始"章中说：

> "凡物之理，皆可意测。惟往古事绪，历年多少，必待信史相传，非推测可悉也。《易》称伏羲神农，已不能详其姓氏都邑，故删书断自唐虞，明前此悉茫昧难据矣。宋儒罗泌，乃取子家杂言，及道家之说，汇为路史。言自开辟至春秋二百七十万年。邵子元会运世之说，亦如更生五行，多牵强附会。至佛氏谓恒河一粒沙，为天地一启合，尤属诞妄。总之不获其传，任诸家创无根之说。"[②]

他对宋儒罗泌"言自开辟至春秋二百七十万年""邵子元会运世之说"和佛家"恒河一粒沙，为天地一启合"进行了批判，均属臆测或诞妄之说，又称"删书断自唐虞，明前此悉茫昧难据矣""无根之说""不获其传"，那么到底什么才是有"根"呢？即历史的真实性到底由什么来印证其客观性呢？唯有纪年和纪事而已，朱宗元所引之说或两项都没有或模糊茫然，自然这种历史的客观性存在疑问，这为他引进圣经历史、印证其客观性打开方便之门。

> "但万国史书，无记开辟事者，惟如德亚国存之。自有天地至今顺治之甲申，仅六千八百四十四年，中间复遭洪水之厄。洪水以前，人类已繁衍如今日，因其背主逆命。悉淹没之，仅存大圣诺厄一家八口。自洪水至今，四千八百余年耳。开辟之距洪水，可二千余年。中国之有人类大抵自伏羲始，故一切制度规模，悉肇于此数帝。不然，后世百年之后，制作变迁，已不可纪，岂前此有多多之年，其人悉愚，待神农始耕，皇帝始衣哉？"[③]

---

① 朱宗元述：《天主圣教惑疑论》，载《天主教东传文献三编》，第二册，第543页。

② 朱宗元：《拯世略说》，郑安德编：《明末清初耶稣会思想文献汇编》，第三卷，第三十一册，第26—27页。

③ 同上书，第27页。

圣经从上帝创造世界和人类开始，一直有纪年纪事，按照时间顺序来叙事，朱氏将其当作信史来对待并加以接受，紧接着说到中国上古伏羲，其用意不用明言乃在于填补中国历史空白。

（二）原罪说

从朱宗元的著作来看，他没有过多地关注原罪事件的发生，而是从事件发生前后变化去理解事件的意义，即从事后的效果去阐述神学旨意，从行为的后果进行理性阐发。在此意义上亚当偷吃禁果被看作历史和人类的拐点，它的出现让世界和人类分为两种：一种在事件前，一种在事件后。世界由伊甸园转为现世，二人世界转为人类世界。

对于事件发生前的世界，朱宗元描述说：

> “元祖之生，处于地堂。无风雨寒暑，无疾病苦恼，万物咸顺厥命，一切生植，不用人工，自然蕃茂，一切名理，不待推究，自然洞彻。”“天主许二人以能守主命，则永生不死，在世之期已尽，遂升之天域焉，而并以此福传子孙。”①

事件发生后呢？

> “元祖方信命魔，冀匹天主，遂食此果。主乃驱出地堂，美丽之域，不许更入。土生荆棘，耕乃得食，四时不齐，疾病始起。人既犯主命，物亦犯主命，猛兽毒蛇，皆能施害。虽本性之美好不失，而性外所加之美好润泽，悉夺灭而无存矣。”②“夫今人竭志学问，犹有不通达之理；殚力经营，犹有不能生全之计；微虫卑畜，力可杀戒；水旱病疴，毫不自由……然吾人气禀劣弱，易趋于恶。”，“世福遂坠，殃起身死，灵亦不能涉本乡焉；而凡人类之为子孙者，皆传其罪污也。”③

朱宗元竭力描绘两个世界的巨大差异。先祖在伊甸园“无风雨寒暑，无疾病苦恼”，且能永生不死。从人性来说，伊甸园中的元祖是善的。朱氏

---

① 朱宗元：《拯世略说》，郑安德编：《明末清初耶稣会思想文献汇编》，第三卷，第三十一册，第28页。

② 同上书，第28页。

③ 同上书，第28、29页。

的论述一方面强调上主对人的圣爱和恩宠，另一方面则与人性善的儒学传统相互阐发，这一点也是传教士们的共识，利玛窦在参加1599年李汝祯和刘斗墟的论辩中持论性善说，"万物既是上天所造，人性也来自于上天。上天为神明，为至善……那么我们怎么可以怀疑人性为不善呢？"① 性善说符合传统儒学。

如同创世说一样，朱宗元将亚当偷吃禁果事件也视为客观历史事件，从历史客观性上为信仰上帝做见证。由此，亚当之罪行就具有了更真实的依据，其罪更加彰明。他说，亚当"罪迹虽轻，罪情则甚重。先祖聪明，圣智，窘绝后人。明知上主之不可拂，而违命信魔，有背主之意，有匹主之心。譬之臣子，是谋叛逆谋篡弑也。罪尚有大于此者乎？"② 亚当偷吃禁果的原罪被当作现世的犯罪行为，还区分了犯罪行为本身和犯罪的性质，偷吃禁果这一犯罪行为本身不严重，但性质却是最大的恶劣，违背圣父，叛逆上主，属于"不忠不孝"的犯罪性质，"罪尚有大于此者乎？"确实没有比之更大的。

朱氏叙述完亚当事件是性质最恶劣的犯罪行为后，在《拯世略说》中又说到亚当的道德品格问题：

> "夫一果之违，罪迹甚轻，情乃至重。信魔言而背主命，是弃亲而从仇也。食果觊觎比天主，是僭恣而无忌也。明告以言行而不顾，是不爱其身，且不爱其子若孙也。万类之供其欲者甚多，而不禁一果之嗜，是以神灵听口腹之命也。"③

朱氏强调亚当得罪上帝，亚当有罪，在一种法律和道德意识，尤其是后者的基础上来叙述该事件。"背主信魔""弃亲从仇""僭恣无忌""不爱自身""不爱子孙"，惟满足"口腹"之欲，在不忠不孝的罪孽后，还要加上没有尽到"父亲"——元祖的责任，几乎囊括所有的道德罪恶，更何况作为"圣父""天主"的上帝待他不薄，恩德有加，谁料他刚接受恩德，就犯下大罪，其道德品格恶劣莫过于此。对于朱宗元来说，"元祖之污，则遗于

① 李天纲：《跨文化的阐释：经学与神学的相遇》，新星出版社2007年版，第25页。

② 朱宗元：《答客问》，郑安德编：《明末清初耶稣会思想文献汇编》，第三卷，第三十二册，第87页。

③ 朱宗元：《拯世略说》，郑安德编：《明末清初耶稣会思想文献汇编》，第三卷，第三十一册，第28页。

后人者，主尝诫之矣，帝王号令，犹在必行，况天主而不自践其言哉”。[①] 其叙述话语以帝王比上主，亚当与上主的关系比之君臣关系，惩罚亚当为践行其号令，于此无疑从话语叙述，还是比喻之义而言，天主似乎降格为一位君主。

朱氏的原罪说建立在历史效果论和道德伦理论的基础上，从历史发生的后果去追溯，使亚当承担了罪责，成为最大的罪人，其主要表现在道德上，背主逆父、以怨报德，原罪事件改变了人类和世界，人类降至卑贱，其功德无法偿还忤逆上帝的罪过，需要耶稣基督来拯救。无论是历史效果论、道德主义还是报恩功德的思想来阐述原罪论，虽然不至于说其违背天主教义，但我们认为这种阐述更具有传统文化背景，从“中”去看“西”“化西”，当然不应该有独断论，也许明清之际那些入教的儒士在中西文化交流和碰撞中发现了共同点，并将它们阐述出来。在某种程度上说，文化是一个整体，存在着矛盾的方方面面，共同构成其体系性存在，耶稣基督既有“拯救精神”，也有“殉道”和“超越”精神，或许其“拯救精神”切合了我们的传统文化。朱宗元阐述天主教思想未脱离传统文化理路，这自然是与其传统文化背景分不开的。

（三）礼仪风俗

作为儒生，他对文化传统的风俗习惯也进行了批判，当然这是有选择性的，并且主要集中在那些有违天主教教义的部分。无论是对佛教、道教的礼仪习俗的批判，还是对儒家文化有选择性的廓清和改造，其实质在于推陈出新，“遵新命革新礼制”，用一套崭新的礼制来替代已有的旧礼风俗。由于自身文化传统的根深蒂固，再加上教义礼仪风俗等很容易引起论争，天主教在明清之际的传播最终“因礼仪之争”而告结束，期间还发生围绕这些问题的各种“教案”，传教士及其儒士信徒不得不考虑这些问题，其著作叙述也必定在儒耶两者之间试图去找到一条适合的路向，在不触动天学之本的情况下允许儒家传统文化中部分礼仪的存在，或者将其改旧制新，创造出两者结合的礼仪习俗出来。平心而论，礼仪之争以及随之而来的“教案”发生等都是外在因素，最核心的问题还在于儒家文化毕竟是民族的立身之本，社会运行得益于其体系的建构；再者也是士人百姓的个体修为、功名进取等生存价值与意义的维系之根，全盘改旧革新无异

① 朱宗元：《拯世略说》，郑安德编：《明末清初耶稣会思想文献汇编》，第三卷，第三十一册，第29页。

于改天换地，甚至抛弃传统，其风险甚大，何况明清之际的社会一直处于动荡之中。

由此，朱宗元在礼仪问题上与儒家文化纠缠的部分还是会显得小心翼翼。在回答可否革新礼制时，他认为可行。但朱宗元也为祭祖进行辩护，古人认为先祖去家，多方以索之，“亦恍惚而无可奈何之意”[①]，另外可能孝子追慕迫切之心而俨然若见耳，甚至找到天主教信仰来肯定祭祖行为，“至天主使人魂回世，以证灵魂不灭之理，偶亦有之，不尽尔也”[②]，“天主教中，第四诫中，孝敬父母。所谓孝敬者，生则敬而养之，死则葬而追思之谓也。”[③] 祭祖不仅是一种传统仪式，更是维系家庭制社会的重要纽带，其重要性可想而知。朱宗元不得不思考如何让祭祖得以保留而不是全面否定排斥。

总之，朱宗元既用天主教信仰为祭祖作辩护性解释，也用其划分祭祖的合理处和不合理处，不合理处的地方适当地加以消除并予以解释说明。

③天教超儒

在天儒会通与天学补儒中，朱宗元试认为天学与先儒存在着一致之处，而后儒将孔子之学引入歧途，天学正好可以补益儒学，复兴并接续孔子学说。但通过耶儒之间的具体比较后依然发现天学与先儒存在差异。这种差异体现在孔子学说仍有未能言明之处，“（天主教与儒家）尽伦之事，沾事之略，大较相同，而死生鬼神之故，实有吾儒未及明言者。其实孔子罕言命，非不言也。……学问之道，必晓然明见万有之原始，日后之究竟，乃可绝岐路而一尊，此在儒书多为未显融，独天学详之。”[④] 这是对儒学缺乏对死生鬼神和命等问题之探讨的批判。

除此之外，朱氏还认为，传统文化尚属于书教阶段，甚至还只在最初的性教阶段上，由此必须继之以益儒和超儒，“儒家的道理只涉及有形世界的道理（率性），而超乎有形世界之外之上的，还有更高一级的超性学，那却是儒家所没有的了。天主教就要用这种‘更高级的’道理来补充、阐明并且提高儒教。这就是中国除原有的儒教而外，还必须接受天主教的理由。”[⑤]

---

① 朱宗元：《答客问》，郑安德编：《明末清初耶稣会思想文献汇编》，第三卷，第三十二册，第46页。

② 同上书，第47页。

③ 朱宗元：《拯世略说》，郑安德编：《明末清初耶稣会思想文献汇编》，第三卷，第三十一册，第51页。

④ 朱宗元：《答客问》，郑安德编：《明末清初耶稣会思想文献汇编》，第三卷，第三十二册，第32—33页。

⑤ 侯外庐主编：《中国思想通史》第4卷，人民出版社1960年版，第1222页。

明清之际传教士（孟儒望、艾儒略、利安当等）对天主教的施教方式中有性教、书教和身教（宠教）之说，它也是天主教提出的一种历史阐释模式。天主造人时将天主之道铭刻于人性中，成为人类依凭的准则，是为性教；由于人类历史的发展，上帝之道逐渐隐晦沉沦，人类难以率性因循，上帝将十诫规条刊刻于石，由摩西传世训人，当为书教；等到人类物欲横流，书教不足以匡正天下民众之时，耶稣降生赎世，阐扬大道，以身作则，以为万世之表，此为身教。耶稣降生的神学意义毋庸置疑，引发的种种问题也成为西方天主教历史争议的焦点，其历史上的分裂和惨案等大事件不少都与此有关。上帝之子耶稣降生为人，道成肉身，在世间生活三十三年，最后钉死在十字架上而后升天复活，坐在上帝的右边，耶稣既有神性，也有人性。

耶稣降生的意义包括赎罪、敷教和立表，此大部分是关于耶稣神圣的一面。关于耶稣作为人的一面则包括降生之地、降生之母、降生之祥、行神迹、治三患（砭傲、药贪和制我淫饕偷惰）、降生受难、升天奇迹、十字架神威，也探讨了耶稣三位一体、受难之意、天堂与地狱以及末日审判。在说到耶稣降生“敷教”之意义时他讲道：

> “何谓敷教，天主当付畀性时，命人以种种之善，若克全其性，则率性而行，自然合道，原不须教。人有不尽性者，天主乃命圣人立教以训之耳，如中国之尧、舜、周、孔，及他邦之一切先哲是也。人又侮蔑圣言，不知遵守，天主不得不躬自降生喻世，于是明示人以为善之乐，不善之殃，人物之原始，宇宙之究竟，悔改之门，补救之法。”①

从这可以看出，朱宗元对传教士所言之性教、书教和身教（宠教）的接受。在性教阶段是天主畀性，而后是天主命圣人立教，最后天主降生喻世，救赎世人。其中前两个阶段都有些传统文化色彩，性教阶段的率性而为，自然合道的说法以及命圣人立教，如尧舜周孔等圣人立教训人，但都以天主贯之，一则表明朱宗元的天主教信仰贯彻始终，重新廓清传统文化，激发儒学新的内涵和义理真相；二则可以看出朱氏认为中国传统文化有“书教”，至少应该定位在“书教”阶段。

正是在耶稣降生的神圣意义上，朱氏肯定“儒者当奉天主教”，其因

① 朱宗元：《拯世略说》，郑安德编：《明末清初耶稣会思想文献汇编》，第三卷，第三十一册，第31页。

如下：

“故在西汉以前，天主原未降生，宇内之人，因性本善，守我孔子敬天爱人之说，其道已足。西汉而后降生之主，阐发至义，更立新典，必悉遵其言说，乃为完备，圣经所谓新教是也。盖儒者知宰制乾坤之主，而不知降世代救之天主；知皇矣荡荡之真宰，而不知三位一体之妙性；知燔柴升中之牲享，而不知面体酒血之大祭；知悔过迁善之心功，而不知领洗告解之定礼；此则天学所备，佐吾儒之不及，为他日上升之阶梯也。凡吾师法孔孟者，毋汩此独大原之性天也哉。”①

可见，天主之降生救世、耶稣之身教和超性特征，都是儒家所没有的，而这正是天主教的优越性所在。

接着，朱宗元又指出儒学本体论的局限性。他认为“天主”比儒家思想中的“理”“气”“太极”“心”“性”等本体都具有优越性，最适合作为至尊本体。他在《答客问》中逐节批判了“理”“心”与“性”等概念，指出它们与天主的区别，以它们作为本原说不通。其中不少批判的思路和做法均受利玛窦等传教士的影响。利玛窦在《天主实义》中将“理”限制在“无灵觉”“非自立”之“依赖者”类，声称有物方有“理”，物在“理”前，“理”在物后，“太极”也同此“依赖者”类。朱宗元说：

“有物有则。则，即理也。必先有物，而后有此物之理”“理依乎物者也。”“今曰天即为理，是有吾人之心性，而天反从心性中出也，岂不谬哉?”，既然“天即在心”，那“何不曰吾心降殃降祥，而必曰上帝降殃降祥乎?”“倘天与心为一物，则顺天而动之学，与私心自用之学，初无二致。而帝王南郊祀天，为自祀其心也。”②

对于“性”来说，人“受性于天”，如“受形于父”，岂能倒过来呢?“谓天为性之原可也，而性岂即天乎哉?”；古人祀上帝，没有祀太极，则

① 朱宗元：《拯世略说》，郑安德编：《明末清初耶稣会思想文献汇编》，第三卷，第三十一册，第三十一册，第19—20页。

② 朱宗元：《答客问》，郑安德编：《明末清初耶稣会思想文献汇编》，第三卷，第三十二册，第26—27页。

“天主、太极明矣。”“试问太极有知觉乎？则必曰无有。太极有灵明乎？则必曰无有。太极能赏罚乎？则必曰不能”[①]，无有知觉灵明，不能赏罚，自然不是天主。朱氏从“天”为本原出发，对“理”“心”“性”“太极”等本原之说进行了批判，指出“天非理”“非心性”“非太极”，并且是由“天”创造赋予的，“天”才是真正的本体。当然，朱宗元和利玛窦等对“理”“太极”“心”“性”的理解是有偏差的，他们是将西方二元分裂思维加在这些概念之上，因此他们所批判的并非是传统思想中的概念。我们以太极为例进行分析。

朱宗元从天主与太极的区别中认为太极没有灵明知觉，不能赏罚，当然不是天主。那太极是什么呢？朱氏说，“盖天主始造天地，当夫列曜未呈，山川未奠之时，先生一种氤氲微密之气，充塞饱满。而世内万有，繇此取材，此之谓太极。”[②] 世界万物产生前先生“气”，等到万物要产生时，先从“气”中取材，这个“材”就是太极，所以太极是万物构成的“材料”，“太极者，最先之谓也。如草木之有种子，人物之有元质，天之所以为天，地之所以为地，是谓天地根，是谓太极。”[③] 草木之种子，人物之元质，都是万物最先的东西，这就是元质。“即西儒所称曰‘元质’也”。虽然朱宗元接受过利玛窦、艾儒略等传教士著作的影响，但从“元质”来看，他所说的这个最先的东西并非艾儒略所说的“材料”，按照艾儒略的说法，比如成就其体的东西乃为“元质”，也就是构成草木的材料，草木由什么材料构成，这个东西就是“元质”，但它不是种子。即使如此，我们也能看到朱宗元对传统太极理解之偏差。他虽然承认太极乃天地之根，也就是天地之形成的根源，其不只是形体上的材质，而且具有规范天地本质之功。这样的太极看似接近道家太极乃天地始源之思想的。但他又认为太极不过是天主用来造天地的材料，在太极之外加上一个动力。这就又使其太极之含义和道家思想有差异了。在道家看来，太极是能生万物的，其既是形质又是主宰，能动能静。而朱氏之太极则徒具形式，虽然也能规范天地之特征，但却是不能自己

---

① 朱宗元：《拯世略说》，郑安德编：《明末清初耶稣会思想文献汇编》，第三卷，第三十一册，第19页。

② 朱宗元：《答客问》，郑安德编：《明末清初耶稣会思想文献汇编》，第三卷，第三十二册，第30页。

③ 朱宗元：《拯世略说》，郑安德编：《明末清初耶稣会思想文献汇编》，第三卷，第三十一册，第19页。

运动的，自然也不能化生万物，所以才需要天主这个外在的动能推动它一下。[①] 正是在此误解基础上，朱氏认为天主思想是超越儒家思想的。

朱宗元又以此为根基对传统文化中的风俗礼仪如祭城隍、祭祀关羽、星

① 明代钟振之对传教士于“太极”概念之误解难以沉默，遂起而辟之，其名作为《天学初征》和《天学再征》，两文合而为《辟邪集》。在其中他对传统“太极”概念之论述可谓详备而精辟，其文如下：“吾儒所谓天者，有三焉：一者，望而苍苍之天，所谓昭昭之多，及其无穷者是也；二者，统御世间，主善罚恶之天，即《诗》《易》《中庸》所称上帝是也，彼惟知此而已。此之天帝，但治世而非生世，譬如帝王，但治民而非生民也，乃谬计为生人、生物之主，则大谬矣；三者，本有灵明之性，无始无终，不生不灭，名之为天。此乃天地万物本原，名之为命，故《中庸》云：天命之谓性。天非苍苍之天，亦非上帝之天也；命非谆谆之命，亦非赋畀之解也，孔子曰：五十而知天命，正深证此本性耳。亦谓之中，故曰：喜怒哀乐之未发谓之中。中也者，天下之大本也。亦谓之易，故曰：易无思也，无为也，寂然不动，感而遂通天下之故。亦谓之良知，故曰：知致而后意诚，亦谓之不睹不闻。亦谓之独，故曰：戒慎乎？其所不睹；恐惧乎？其所不闻。君子必慎其独，即孔子所言畏天命也。亦谓之心，故曰：学问之道无他，求其放心而已矣。亦谓之己，故曰：君子求诸己。为人由己，而由人乎哉？亦谓之我，故曰：万物皆备于我矣。亦谓之诚，故曰：自诚明谓之性。诚者，天之道也，此真天地万物本原，而实无喜怒，无造作，无赏罚，无声臭，但此天然性德之中，法尔具足，理气体用。故曰：易有太极，是生两仪等。然虽云易有太极，而太极即全是易，如湿性为水，水全是湿。虽云太极生两仪，而两仪即全太极；虽云两仪生四象，四象亦即全是两仪；虽云四象生八卦，八卦亦即全是四象。乃至八相荡而为六十四，六十四互变而为四千九十六，于彼四千九十六卦之中，随举一卦，随举一爻，亦无不全是八卦，全是四象，全是两仪，全是太极，全是易理者。譬如触大海一波，无不全体是水，全是湿性者。又如撒水银珠，颗颗皆圆。故凡天神鬼人，苟能于一事一物之中，克见太极易理之全者，在天则为上帝，在鬼神则为灵明，在人则为圣人，而统治化导之权归焉。倘天地未分之先，先有一最灵、最圣者为天主，则便可有治而无乱，有善而无恶，又何俟后之神灵、圣哲，为之裁成辅相？而人亦更无与天地合德，先天而天弗违者矣。彼乌知吾儒，继天立极之真学脉哉？”（吴相湘编：《天主教东传文献续编（二）》，《辟邪集·天学再征》，台湾学生书局 1966 年版，第 930—934 页）在这里，钟振之给出了三个层次的“天”：一是有形之天地与万物；二是管理统辖万物之上帝；三是天地万物本原之太极。这三个层次是逐级提升的。虽然说是三个层次，但这三层天可统归于太极之天。这里的“太极”不是利玛窦、朱宗元等所说的单一的“理”或“气”。太极是理气体用具足之本原，化育万物而又与万物同体，范围万物而又不囿于物。万物皆从无形之太极而来，有形万物有始有终，而无形之太极无始无终。此太极之有形则为第一层天，即天地万物；太极之灵明运转则为第二层天，即统驭万物之上帝。所以，名为三层天，实为一天。所谓的上帝、鬼神、圣人皆是太极之不同形质之体现而已，“故凡天神鬼人，苟能于一事一物之中，克见太极易理之全者，在天则为上帝，在鬼神则为灵明，在人则为圣人”。如此一来，“天主”之优越性在儒士眼中就不存在了，如果“天主”是无形的，那么最多就和“太极”无异；如果“天主”是有形的，则最多就是个“上帝”，比之太极还要低一级。钟氏又将历时以来的太极的各种不同称谓罗列了一下，如命、中、易、良知、独、心、己、我、诚等。这些概念都不是西方意义上的片面之精神，而是理气、体用合一之本然存在，皆具有本原性。在传统中国贵无和崇尚万物一体的思维下，天主信仰就无法得到认同了。即使其信徒承认“天主”之无形特征，由于天主与造物分离，也使其无法和太极相提并论。如钟氏写道：“太极妙理，无分剂，无方隅，故物物各得其全，全体在物，而不囿于物也。孔子曰：范围天地之化而不过，曲成万物而不遗，通乎昼夜之道而知，此之谓也。汝谓独一天主，不与物同体，则必高居物表，有分剂，有方隅矣，何谓无所不在？”（吴相湘编：《天主教东传文献续编（二）》，《辟邪集·天学再征》，第 946 页）由此可以理解，天主信仰在深谙儒家思想的士人这里就没有市场了。

辰之祭、拜祭天地、择地葬亲、卜筮推命、择日占天、相面术数、娶妾延后，还有儒家文化中最重要的祭天祀祖活动等都进行了批判，试图革除旧礼旧义，并就此重新阐发其新义，当然其中大部分都应该加以排斥改造，罢百神偶像尊一天主。正是引入了天主教思想维度并以之为本，朱宗元对传统文化进行了重新梳理和进一步的思考，并发展出一些独特的理论观点，这也是朱宗元对思想文化发展的贡献所在。

综上所述，朱宗元和其他儒家基督徒有所不同。杨廷筠等人在引入天主信仰时对儒家学说的理解是很到位的。正是如此，他们才认识到天主学说之独特性。比如杨廷筠对万物一体思想的体悟。只是他不再认为形气和精神能够成为一体，才使他接受了天主学说，从而将造物主与造物区分开走来。① 而朱宗元、利玛窦等却是在误解中国传统“太极”“理”“气”“心”“性”的基础上提倡天主之优越性的。他们将这些概念已经看为抽象分离之实体了，只不过这些实体要么缺少动力，要么缺少灵魂，不能完成造物之功。

尽管朱氏的观点有或多或少的问题，但其融合和创新的勇气是值得我们学习的。

（4）黄宗羲与天主教

如前所述，黄宗羲的几位好友如魏学濂、瞿氏耜等都是天主教徒。黄宗羲还同耶稣会士汤若望等有过直接的交往。有了这些天主教徒好友，还有与耶稣会士的直接接触，黄宗羲或多或少了解天主教及其教义。那么他是怎么看待天主教的呢？他评价天主教的标准又是什么呢？

在黄宗羲的著述中，极少提到天主教。这已经向我们传递了一个信息：西方宗教信仰对他来说可能是无足轻重的，也对他所服膺的王道圣学构不成威胁。我们能找到的他对天主教的只言片语，也是在他批判禅学等其他学说时捎带提及的。较有代表性的就是其晚年所写的《破邪论》中的论说。

从他《破邪论》的题辞中，我们就能看出他的基本态度。他说，在他完成那部囊括先王之道的《明夷待访录》三十年后，“方饰巾待尽，因念天人之际，先儒有所未尽者，稍拈一二，名曰破邪。”② 我们可以这样认为：《破邪论》可能是其《明夷待访录》的补遗。如果说《明夷待访录》是其

① 贾庆军：《冲突抑或融合：明清之际西学东渐与浙江学人》，海洋出版社 2009 年版，第 106—108 页。

② 黄宗羲：《破邪论・题辞》，沈善洪主编，吴光执行主编：《黄宗羲全集》，浙江古籍出版社 2005 年版，第一册，第 192 页。

多年前建立起来的圣学大厦的话，《破邪论》则是对大厦某个角落的修缮。因此，在他最后这部文集里，内容杂陈，已经不仅仅是在“破邪”。与“邪”相关的文章只有上帝、魂魄、地狱等三篇；赋税、科举两篇文章是对《明夷待访录》内问题的再思考；而其中的分野、唐书二篇却像心血来潮、偶然为之的考证辨谬之作；从祀与骂先贤两篇则可以看成是对某种时风流弊的评论。可以看出，其中能够算得上是对《明夷待访录》之补充的，大概有上帝、魂魄、地狱、赋税、科举等五篇，从祀篇勉强也可以列进来。余下三篇考误、评论之作则有偶然凑数之嫌。可能黄宗羲年事已高，觉得犯不着为这几篇文字分门别类、分类集册了，即使有点乱，也只能请后学原谅了。如其题辞最后所言，酌古、美芹之事与他已无缘了，“顾余之言，遐幽不可稽考。一炭之光，不堪为邻女四壁之用。或者怜其老而不忘学也。”[①] 这一方面是表达自己不辍笔耕之志，一方面又有些精力不继、力有不逮的感觉。所以，他最后给我们留下的是一部题目较为混乱的杂集。

按照惯例，一代大儒最后的著作，要么非常重要，要么无关宏旨。根据以上分析，黄宗羲显然属于后者。那么将“上帝”放在这部无关紧要的文集里进行论说，黄宗羲对天主教的基本态度已经很清楚了。至于他具体的态度，我们分析了这篇文章之后就会知晓。

在《上帝》篇中，黄宗羲首先提出了他所理解的儒家“上帝”观，“天一而已，四时之寒暑温凉，总一气之升降为之。其主宰是气者，即昊天上帝也。”[②] 很清楚，在黄宗羲这里，“天”、“气”、“上帝”是那个最高本原的不同称呼。[③] 如果说黄宗羲思想体系的核心就是“气一元论”[④]，我们也可以称它为“上帝一元论”。那么黄宗羲这个“上帝”又是什么样的呢？

黄宗羲所谓的“上帝”，也就是“气”或“天”，究竟是什么呢？它具

---

① 黄宗羲：《破邪论·题辞》，《黄宗羲全集》，第一册，第 192 页。

② 黄宗羲：《破邪论·上帝》，《黄宗羲全集》，第一册，第 194 页。

③ 在其他地方黄宗羲也论及到这三者的同一。他在《孟子师说卷一·明堂章》里写道：“天有帝名，则祭之明堂，亲与敬兼之矣。或曰：经前曰天，后曰上帝，何也？曰：天、上帝一耳，不通言则若两物然，故郊曰昊天，明堂曰昊天上帝，天人之分明也。”《黄宗羲全集》第一册，第 54、55 页。在《孟子师说四·人之所以异章》中他又说：“天以气化流行而生人物，纯是一团和气。”《黄宗羲全集》第一册，第 111 页。在《孟子师说五·尧以天下与舜章》中他说得更明白：“四时行，百物生，其间主宰谓之天。所谓主宰者，纯是一团虚灵之气，流行于人物。”《黄宗羲全集》第一册，第 123 页。

④ 这一核心思想在黄氏的著作中屡见不鲜，如“覆载之间，一气所运，皆同体也。”《孟子师说卷一·庄暴见孟子章》；“天地间只有一气充周，生人生物。”《孟子师说卷二·浩然章》。

有什么特征呢？上文已经说得很清楚，“气”或“天”就是主宰，它包含孕育了天地万物。黄宗羲说，天地间“全是一团生气，其生气所聚，自然福善祸淫，一息如是，终古如是，不然，则生灭息矣。此万有不齐中，一点真主宰，谓之‘至善’，故曰‘继之者善也’。”[①] 可见，这个主宰通过其“至善”之本质化育了天地万物。不仅如此，它还规定好了万物的高低尊卑之秩序，“知觉之精者灵明而为人，知觉之粗者混浊而为物。”[②] 可见，黄宗羲的“气”包含了朱熹的“理”和“气”的全部内容，它既能创造形式，也能提供质料，是一个名副其实的全能主宰。有时黄宗羲也称这一主宰的本质为“仁”或“仁义”，“天地生万物，仁也。”[③] “天地以生物为心，仁也。其流行次序万变而不紊者，义也。仁是乾元，义是坤元，乾坤毁则无以为天地矣。”[④] “舜之明察，尽天地万物，皆在妙湛灵明之中……由此而经纶化裁，无非仁义之流行。”[⑤] 那么，具有“仁”或“善”本质的“天”“气”或“上帝”有没有区别呢？

“天”与“气”的区别不大，有形之“天”就是“气”凝聚时的状态，无形之“天”就是“气”。那么“天”与“上帝”的区别怎样呢？要回答这一个问题，首先牵涉到的是“天”可不可以是人格之存在的问题。在黄宗羲以及以往的儒学大家那里，天人是必须区别开来的。如果把“天”想象成神鬼式的存在，并在世间加以祭祀膜拜，那么这实际上是对“天”的一种降低。因为无论是神还是鬼，都是人或物的一种伴生物。而它们根本就不可能与“天”相等或取代“天”。因此，无论是人格意义上的“天”还是鬼神意义上的“天”，都是对天的一种降低，都有损于天的至善至尊本质。这种观念在黄宗羲的《孟子师说卷七·民为贵章》和《孟子师说卷一·明堂章》中表达得较为明显。在《民为贵章》中，他说，“天地间无一物不有鬼神，然其功用之及人，非同类则不能以相通。社稷二气，发扬莽盪，如何昭格，故必假已死龙弃之人鬼，与我同类而通其志气。是故配食者，非仅报其功也。……吾与祖宗同气，籍其配食，以与天地相通。今之城

---

① 黄宗羲：《孟子师说卷三·道性善章》，《黄宗羲全集》，第一册，第77页。在《孟子师说·道性善章》的后半章，黄宗羲再次强调：“天之所赋，原自纯粹至善。”《黄宗羲全集》，第一册，第78页。

② 黄宗羲：《孟子师说卷四·人之所以异章》，《黄宗羲全集》，第一册，第111页。

③ 黄宗羲：《孟子师说卷四·三代之得天下章》，《黄宗羲全集》，第一册，第90页。

④ 黄宗羲：《孟子师说卷一·孟子见梁惠王章》，《黄宗羲全集》，第一册，第49页。

⑤ 黄宗羲：《孟子师说卷四·人之所以异章》，《黄宗羲全集》，第一册，第112页。

隍土谷……亦犹句龙、弃之配食一方耳。盖城隍土谷之威灵，非人鬼不能运动也。”① 既然万事万物产生时就都有自己的鬼神，那么，无论是人或物，还是其鬼神，就都是“天”这一主宰下的产物，因此它们皆低于天。就人来说，人可以借助鬼神与天地相通。但由于人神两界不同类，不能直接相通，这就需要一个中介者。这一中介者就是死去的著名人士。当人们将句龙、弃等著名人士作为社神和稷神的世间代表而供奉起来时，人们不仅仅是在纪念他们的功勋，而且也是借此而与社神和稷神相沟通，进而与天地相通。由此类推，人们祭祖、供城隍等一系列的祭祀行为就都有通神、通天地之功用。在这种祭祀行为中，人、鬼神、天的界线分明，等级明显。既然人们可以通过用世间的人物作为各种鬼神的象征来祭祀膜拜众鬼神，那么能不能找到“天”在世间的象征，从而通过祭祀它来表达对“天”这一最高主宰的崇敬呢？

在《明堂章》中黄宗羲谈到了这种可能。他说：“昔者周公郊祀后稷以配天，宗祀文王于明堂以配上帝。”② 周公通过在南郊祭祀后稷来敬天。后来发展成通过敬祖来敬天，“人莫不本乎祖，祖一而已，尊无二上，故曰率义而上至于祖，祖尊而不亲，是所以配天也。”③

正是在祭天礼仪中，我们看到了“天”与“上帝”的明显区别。“天”与“上帝”不是同一的吗？为什么郊祀以配天，宗祀明堂以配上帝？“盖祭天于郊，以其荡荡然，苍苍然，无乎不覆，无乎不见，故以至敬事之。郊也者，不屋者也，达自然之气也。扫地而祭，器尚陶匏，不敢以人之所爱奉之，远而敬之也。”④ 可见，郊祀“天”以及不用人事以奉天，都是为了凸显天人之差异，突出人对“天”之敬畏。对于这一“尊无二上”主宰，必须以“尊而不亲”的方式祭之，祭祖亦是如此。然而人们可能会碰到这样的问题，如果一个他们非常敬爱的领袖去世了，应该把他看作什么样的鬼神之代表祭祀呢？若以天来配之，一则会冒犯祖先，因为祖先只有一个，“天”也只有一个，不能通过多个祖先之祭祀来祭天；二则事天过于严肃和恭敬，不足以表达对亲如仁父的领袖之热爱。但是，若以其他较低的神来配他，又觉得委屈他。比如对周公来说，“周公之摄政，仁乎其父，欲配之

① 黄宗羲：《孟子师说卷七·民为贵章》，《黄宗羲全集》，第一册，第160、161页。

② 黄宗羲：《孟子师说卷一·明堂章》，《黄宗羲全集》，第一册，第54页。

③ 同上。

④ 同上。

郊，则抗乎祖，欲遂无配，则已有仁父之心。"① 怎么办呢？这时人们就引进了"上帝"的概念，"于是乎名天以上帝以配之。上帝也者，近人理者也。假令天若有知，其宰制生育，未必圆颅方趾耳鼻食息如人者也。今名之帝，以人事天，引天以近之，亲之也。"② 人们所设想的这个接近人格的"上帝"既有天之威严，又有人之亲切，人们可以用人之所爱来供奉之。

于是，通过祭祀，"上帝"与"天"的区别就出来了。"天"是至高无上的存在，高于任何鬼神和人属。人们只能通过祭祖或原初之神（如后稷等）来祭天，以配天之至尊至敬。而"上帝"则具有了人或鬼神之特征，它是被用来象征那些非祖先的，然而又崇高类似祖先的仁德广施之圣王先贤的。虽然说"天"、"上帝"是一个本原的不同称呼，然而在黄宗羲的心目中，"天"与"上帝"已经有了等级之分。这个亲近人的上帝已经沾染了人格或者神鬼的气息，与至善至尊的"天"比起来就有些逊色了。所以，"上帝"不能郊祀之，"不可以郊，故内之明堂。明堂，王者最尊处也。仁乎其父，故亲于天。天有帝名，则祭之明堂，亲与敬兼之矣。……故郊曰昊天，明堂曰昊天上帝，天人之分明也。"③ 到了这里，我们就很清楚了。昊天与昊天上帝，虽指一物，但其区别已经是天人之别了。这可能也就是几千年来中国一直尊奉"天"而不是"上帝"的个中原因所在。

由此我们再回到《破邪论》之《上帝》篇，黄宗羲先用昊天上帝的唯一性批判了《周礼》、纬书的五帝说，郑康成的五天说以及佛家的诸天说。然后他提到了天主教，对于天主教"抑佛而崇天"他是没有意见的，他所批判的是天主教将"天主"人格化或神化，甚至立其像而记其事。这样的"天主"与黄宗羲所理解的"天之主宰"大相径庭。如前所述，黄宗羲对于人格化以及神化的"天主"肯定是持否定态度的，在他及其背后的儒家思想传统中，人格化或神鬼化的"天"已经是对"天"的降格，即使这一"天主"是万神之神，也只是个被降格了的神，这样的"天主"已经不是原来意义上的至高无上之存在。所以黄宗羲会讥讽这个"天主"不过是人鬼而已，真正的"上帝"或"天"已经被抹杀了。④

如果说来华的传教士所具有的知识结构也分为体用两端的话，那么其自

① 黄宗羲：《孟子师说卷一·明堂章》，《黄宗羲全集》，第一册，第 54 页。
② 同上。
③ 同上书，第 54、55 页。
④ 黄宗羲：《破邪论·上帝》，《黄宗羲全集》，第一册，第 195 页。

然科学就是“用”，天主教信仰就是“体”。可以看出，在中学之“体”与当时的西学之“体”之接触中，天主教并没有被儒家大师当作一个旗鼓相当的对手，他们站在“天”这一至尊无上的塔顶上，以居高临下之姿态，轻蔑地嘲笑着那些将“天”搞成人鬼式之“天主”或“上帝”的传教士们。

以上我们分析了浙江具有代表性的学人同西学的接触，分析了他们对西学的态度，展示了他们同西学交流的最后结果。这些学人分别代表了不同类型的浙江知识人：黄宗羲代表传统儒家知识分子，他们坚信儒家思想的有效性和真理性，即使他们认识到外来文化和思想的可取性，也是在儒家基础上对之进行涵化和容纳的；杨廷筠、张星曜、朱宗元代表较为开明的儒家知识分子，他们看到儒家伦理的局限性，想要引进新型的伦理元素，这使他们接受了天主教。但根深蒂固的儒家思想使他们理解的天主教只能是一个矛盾体；李之藻则是从科技知识、科学思维方式上认识到了西学的优越性，他不遗余力地引进西学中的这些知识，但是他也仍然没有走出儒家思维方式的禁锢，其对西学的认识和应用都有一定的局限性。

第四章

明代浙江的海洋观念和海神信仰

当前出现了一股海洋文化热潮。学者们纷纷对古今的海洋文明、海洋文化和海外贸易进行了研究①。其中主要的一个研究方向，就是探讨古今海洋意识和海洋观念的变迁②。然而，在涉及古代中国人的海洋观念研究中，出现了不少一厢情愿的阐释。这就使我们有必要在原始文献的基础上对其进行客观的理解和阐释。在这里，我们将通过个案研究来展示古人海洋观念的部分原貌。

根据整体史的观念，人的思想观念会体现在各个领域，包括政治、经济、军事、文学、艺术、科学等。在这里，我们将从一种特殊的原始文献——文学作品——入手，从中挖掘出其所蕴含的海洋观念。

---

① 如曲金良等：《中国海洋文化史长编》（青岛：中国海洋大学出版社 2013 年版）；汤锦台：《闽南海上帝国——闽南人与南海文明的兴起》（如果出版事业股份有限公司 2013 年版）；周运中：《郑和下西洋新考》（中国社会科学出版社 2013 年版）；廖大珂：《世界的 16—17 世纪欧洲地图中的宁波港》（《世界历史》2013 年第 6 期）；刘永连：《“东南丝绸之路”刍议——谈从江浙至广州的丝绸外销干线及其网络》（《海交史研究》2013 年第 1 期）；曲金良：《中国海洋文化研究的学术史回顾与思考》（《中国海洋大学学报》（社会科学版）2013 年第 4 期）；周金琰：《妈祖对中国海洋文明的影响》（《国家航海》第五辑，上海古籍出版社 2013 年版）；宋宁而、杨丹丹：《我国沿海社会变迁与海神国家祭祀礼仪的演变》（《广东海洋大学学报》2013 年第 2 期）；李大伟：《公元 11—13 世纪印度洋贸易体系初探》（《历史教学》2013 年第 2 期）等。

② 如邹振环：《徐福东渡与秦始皇的海洋意识》（《第二届海洋文化学术研讨会暨首届中国海洋文化经济论坛论文集》2014）；杨凤琴：《浙江古代海洋诗歌滨海生活题材探究》（《第二届海洋文化学术研讨会暨首届中国海洋文化经济论坛论文集》2014）；刘成纪：《中国社会早期海洋观念的演变》（《北京师范大学学报》（社会科学版）2014 年第 5 期）；黄顺力：《海洋文明、海洋观念与“重陆轻海”的传统意识》（《中华文化与地域文化研究——福建省炎黄文化研究会 20 年论文选集》，第一卷，2011）；李强华：《晚清海权意识的感性觉醒与理性匮乏——以李鸿章为中心的考察》（《广西社会科学》2011 年第 4 期）；李强华：《我国先秦哲学中的“海洋”观念探索》（《上海海洋大学学报》2011 年第 5 期）；段春旭：《〈镜花缘〉中的海洋文化思想》（《学理论》2010 年第 2 期）；黄顺力：《“重陆轻海”与“通洋裕国”之海洋观刍议》（《深圳大学学报》（人文社会科学版）2011 年第 1 期）等。

一　明代文学作品中的海洋观念和意识

海洋观念是人类通过海洋实践活动，包括经济、政治、军事、交通等在内的实践活动所获得的对海洋本质属性的认识。①

中国是一个拥有18000公里大陆海岸线的国家。在近五千年的中国历史中，勤劳的中国人民通过生产与实践活动接近海洋，认识海洋，开发和利用海洋，展现了中国辉煌的海洋文明，造就了中国这一名副其实的海洋大国。而在海洋实践活动过程中，人们逐渐认识到海洋的本质属性，形成了独特的海洋观念。早在原始社会，人们就开始行“渔盐之利，舟楫之便”，创造了具有鲜明海上活动特色的“百越文化”和“龙山文化”。随着航海技术的发展和社会的变迁，人们的海洋实践活动不断丰富，对于海洋的认识也日趋深化，开始产生经济属性和政治属性，形成灿烂的海洋文化。

明代，正处于世界历史上的“大航海时代”，是我国海洋文明发展的重要时期。研究中国科学技术史的英国汉学家李约瑟则认为明代是中国历史上最伟大的航海探险时代，其特定的社会历史环境，必然为独特海洋观念的形成创造条件。

（一）明代浙江人海洋观念兴起发展的历史背景

1. 政治上的“海禁”政策

如前所述，明朝一开始就实行“海禁”政策。正如有学者所说的那样：“一直到元朝（1271—1368）为止，中国政府对于海外贸易大致都持着开放和鼓励的态度；这种态度到了1368年朱元璋建立明政权时发生了全面的逆转，政府对于海贸改采否定和禁绝的政策。”②

根据史料所载，有关“海禁”政策的颁布最早见于明太祖洪武四年十二月初七（1372年1月13日）：“（太祖）诏吴王左相靖海侯吴祯，籍方国珍所部温、台、庆元三府军士及兰秀山无田粮之民，尝充船户者，凡十一万一千七百三十人，隶各卫为军。仍禁濒海民不得私出海。”③

同年十二月十六日（1372年1月22日），即申明“海禁”政策后9天，又有一则史料记载：“上谕大都督府臣曰：‘朕以海道可通外邦，故尝禁其

① 吴珊珊、李永昌：《中国古代海洋观的特点与反思》，《海洋开发与管理》2008年第12期，第15—16页。

② 张彬村：《十六—十八世纪中国海贸思想的演进》，《中国海洋发展史论文集》，第二辑，台北“中研院”，1987年，第39页。

③ 《明太祖实录》，卷十七，洪武四年十二月丙戌条。

往来。近闻福建兴化卫指挥李兴、李春私遣人出海行贾，则滨海军卫岂无知彼所为者乎？苟不禁戒，则人皆惑利，而陷于刑宪矣。尔其遣人谕之。有犯者论如律'"。①

此后，洪武十四年（1381）、二十三年（1390）、二十七年（1394）和三十年（1397）又三令五申，"禁濒海民私通海外诸国"②；"申严交通外番之禁"③；"缘海之人……敢有私下诸番互市者，必置之重法"④ 等等条例。尤其是洪武三十年（1397）还颁布了系统的海禁律法和惩罚量刑标准："凡将马牛、军需、铁货、铜钱、缎匹、绮绢、丝绵，私出外境货卖及下海者，杖一百；挑担驮载之人减一等，物货船车并入官。……若将人口、军器出境及下海者绞，因而走泄事情者斩。其拘该官司及守把之人，通同夹带、或知而故纵者，与犯人同罪。失觉察者，减三等，罪止杖一百，军兵又减一等。……"⑤

由此可见，明朝伊始就实行"海禁"政策，但其目的是加强官府对海外贸易的控制和垄断。因而激化了官府和民间海商之间的矛盾，造成海洋文明退缩的现象，从而对明代人们的海洋观念产生了深远的影响。

2. 经济上仍以自给自足的自然经济为主，沿海有私人海外贸易的发展

明朝建立后，明太祖朱元璋实行严厉的"海禁"政策，除了政府与海外国家保持朝贡贸易关系外，其他民间海外私人贸易一概禁止。虽然明成祖永乐时期稍有松动，但依然把"海禁"当作不可违背的"祖训"；此后，"海禁"政策时紧时松，总的趋势是以"紧"为主。⑥

但是由于商品经济的发展，越来越多的西方国家来到中国沿海，迅速带动了中国海外贸易的发展。然而，在"海禁"政策和中国"重农抑商"传统的影响下，中国的经济仍以自给自足的自然经济为主体。因而，"重陆轻海"的海洋观念难以动摇。

3. 文化上出现了"西学东渐"

15 世纪末至 16 世纪初，被称为"地理大发现时代"或"大航海时代"，也是个"全球化"初露端倪的时代。欧洲在文艺复兴后，相继进行了

① 《明太祖实录》，卷十七，洪武四年十二月乙未条。
② 《明太祖实录》，卷一三九，洪武十四年九月己巳条。
③ 《明太祖实录》，卷二百五，洪武二十三年冬十月乙酉条。
④ 《明太祖实录》，卷二三一，洪武二十七年正月甲寅条。
⑤ 《皇明世法录》，卷七十五，私出外境及违禁下海。
⑥ 樊树志：《国史十六讲》，中华书局 2009 年版，第 239 页。

宗教改革，创建了天主教的耶稣会。热衷于传教的耶稣会士，跟随商人的步伐来到东南亚，来到中国。他们在传教过程中，传播了欧洲文艺复兴以来先进的科学文化知识，令当时中国的知识分子们耳目一新。其中，后被称为“科学家传教士”的耶稣会士利玛窦在中国北京的成功传教，掀起了一个“西学东渐”的高潮。“西学东渐”不仅使中国在文化上开始融入世界，也培养了一批“放眼看世界”的中国人，浙江学人李之藻等就是其中的代表。西方文化的传播让人们开始关注世界，也开始逐步改变人们的看法，影响着人们的海洋观念。

4. 郑和下西洋

提到明代的航海，就不得不说“郑和下西洋”。欧洲在15世纪末开始进入“大航海时代”，而郑和下西洋比欧洲早了大约一个世纪。

英国著名历史学家汤因比曾在《人类与大地母亲》一书中说：“15世纪后期在葡萄牙航海设计家的发明之前，这些中国船在世界上是无与伦比的，所到之地的统治者都对之肃然起敬。如果坚持下去的话，中国人的力量能够使中国成为名副其实的全球文明世界的‘中央之国’。他们本应在葡萄牙人之前就占有霍尔木兹海峡，并绕过好望角；他们本应在西班牙人之前就发现并征服美洲的。”①

郑和下西洋这一举措的历史意义无疑是航海史上的创举，它为中国的海洋文明史添上了浓重的一笔，也影响了人们对于海洋观念的看法。

（二）从文学作品看明代浙江人海洋观念

1. 文学作品中对海洋生活的描述

随着人们对于海洋的进一步接触和了解，海洋的经济属性“鱼盐商利，舟楫之便”日益显现。在明代，浙江人们主要通过捕捞鱼类，贩卖私盐和发展海外贸易等海洋活动，借以谋取经济利益，许多诗歌民谣反映的就是这些活动，在其中我们能看到人们朴素的海洋意识和观念。

（1）鱼盐商利

由于地理条件的限制和落后的生产力水平，生活在海边的人们一直有着靠海吃海的传统。浙江海岸线长，岛屿多，素称“鱼米之乡”，因而有着丰富的渔业资源和海盐资源。如渔歌《鱼名数也数勿清》所唱的：

---

①［英］阿诺德·汤因比：《人类与大地母亲》，徐波等译，上海人民出版社1992年版，第650页。

正月梅花迎春开，舟山海味人人爱。要问鱼名有多少？静静听我唱起来。

二月兰花盆里青，剥皮鱼难看勿要紧。河豚脾气要当心，花鱼尾巴有枚针。

三月桃花红艳艳，墨鱼发在浪岗边。鱿鱼肚里有文章，广东一带有名望。

四月蔷薇黄又黄，黄鱼旺发在巨港。浑身金甲闪亮光，肚里还把鱼胶藏。

五月石榴红如烧，箬鳎眼睛单边靠。鳓鱼肚皮像快刀，清炖起来味道好。

六月荷花水底出，近洋张网捞海蜇。头子皮子加工足，赚来铜钿盖楼房。

七月凤仙开得早，近洋旺晒龙头鲓。横行青蟹顶会吵，虾公有须自称老。

八月桂花喷喷香，✿鱼发在金塘洋，✿鱼脑髓烧碗羹，吃格辰光莫相打。

九月菊花白如银，圆圆鲳鱼象明镜。烂眼黄鲇背脊青，大头梅童造孽精。

……

十二个月鱼名唱完成，鱼名还是数勿清。要问东海有多少鱼，请问龙王去查问！①

这首渔歌流传于舟山市，展现了鱼的种类繁多，各种鱼的生长习性和食用方法等。此外，浙江渔歌中也有描写对海洋捕捞的认识和食鱼习俗的歌谣，如《打鱼歌》、《湖州渔歌》等，这些不仅反映了明代浙江沿海丰富的渔业资源，也反映了传统浙江人的聪明智慧。他们凭靠着自己的勤劳，对自己身边的自然资源加以熟悉和掌握。从这首歌谣中可以看出，海边的渔民不仅是依靠大自然的馈赠谋生，而且还与大自然和谐相处，形成了一种其乐融融的依存关系。在这些渔民眼中，这些海洋的特产不仅仅是食物，还是他们的伙伴和朋友，他们对这些鱼类的生活和习性的熟稔，就像在说起一个家庭的成员。

① 方长生主编：《舟山市歌谣谚语卷》，中国民间文艺出版社 1989 年版，第 50—52 页。

除去渔业资源，海洋还为浙江沿海地区的人们带来了日常生活中不可缺少的营养品和调味品——盐。在浙江舟山市岱山县流传着一首《盐板歌》：

一块盐板四角方，晴天扛开雨天幢，五荒六月堆白雪，海边人家当米缸。[①]

此歌谣描写了盐工劳动的场景，也反映了海边的人们依靠卖盐换米过日子。从歌谣中也可以看出，人们对这些海洋产品的感情也是不一般的。将一种食品描绘成一种色彩明亮的作品，本身就是对其的赞美和喜爱。这也体现出人们对生活的热爱。

另外，展现浙江盐文化歌谣的还有《挑卤歌》《盐民谣》《卖私盐》等，都反映了盐民群体艰辛的工作和生活，也描写了贩卖私盐是当时人们的一种谋生手段。这是对海洋生活的另一种感受。

可见，浙江沿海丰富的渔业资源和海洋资源，为渔民对海洋的趋利性创造了条件。同时在这种海洋生活中，他们培养了对这种生活的热爱和依赖。因此才可以与之同甘共苦、相依为命。

反映海洋居民生活的还有渔歌号子。渔歌号子是沿海渔民出海捕鱼时撑帆、撒网、收网、装仓等劳作中所唱的号子，按工序可分为多种。我们这里介绍一种拔篷号子，也叫起蓬号子。来看看这首《起篷号子》：

一拉金嘞格，嗨唷！
二拉银嘞格，嗨唷！
三拉珠宝亮晶晶，大海不负打鱼人，嗨嗨唷！[②]

这首《起篷号子》流传于舟山市区，有的地方则将起蓬号子叫作起篷歌。如这首《起篷歌》：

领：行船哪怕对头风罗，和：对头风罗！
领：晒鲞哪管太阳红罗，和：太阳红罗！
领：要摸珍珠海底钻罗，和：海底钻罗！

---

① 朱秋枫主编：《中国歌谣集成·浙江卷》，中国ISBN中心1995年版，第41页。
② 方长生主编：《舟山市歌谣谚语卷》，中国民间文艺出版社1989年版，第7页。

领：要扨大鱼急撑篷罗，和：嗨嗨嗨嗨，嗨！[①]

号子中的“金”“银”“珠宝”“珍珠”等意象，展现了渔民们对大海的基本意识，即海洋是财富的象征。而号子中高亢的呼喊，则是对生活充满自信和向往的体现。在他们的观念中，大海俨然成了其衣食父母，这一充满温馨的象征使他们对其充满了期待。海洋这一大父母定不会辜负生活在其怀抱的子女的期望。

（2）舟楫之便

在海边水上的生活，免不了产生在行船时哼唱的船歌，这些船歌对人们海上生活进行了形象的描述。如《水路歌》：

三月半水是洋生，渔船整整下南洋。船出宁波港，路过虎陈七里亮……宁波开船到南阳，水路迢迢数百程。一路山歌唱勿停，唱的月落太阳升。过了多少山来多少门，请侬问问唱歌人。[②]

这首行船歌记述了宁波镇海海口到大陈岛的水路，通过将沿路的岛、礁和海域名称连缀起来，编成行船歌，用以掌握航向；也体现了航运业的发展，通过海洋航行以取代陆路的不便利，方便两地间的贸易往来和交流。[③]这首歌里也表达了船人需要大家去了解和熟悉的愿望。

又如下面这首《舟山渔场蛮蛮长》：

南洋到北洋，舟山渔场蛮蛮长。三门湾口猫头洋，石浦对出大目洋，六横虾峙桃花港，洋鞍渔场在东向。普陀门口莲花洋，转过普陀是黄大洋，黄大洋东首是中街，黄大洋北边岱衢港。穿过岱衢港黄泽洋、马目靠着灰鳖洋，玉盘山下玉盘洋，枸杞壁下站两厢，嵊山渔场夹中央。花鸟以北大戢洋，再往北上佘山洋，穿出佘山上吕泗，已经不属舟山洋。[④]

这首行船渔歌详尽地描述了舟山渔场的地域范围以及行船路线，体现了

① 朱秋枫主编：《中国歌谣集成·浙江卷》，第60页。
② 方长生主编：《舟山市歌谣谚语卷》，第42页。
③ 同上书，第42—44页。
④ 同上书，第44、45页。

渔人对海洋的熟悉和热爱。这么多的港口和岛屿，娓娓道来，如数家珍，揭示出海洋居民与大海融为一体的和谐状态。人们在看似汹涌的大海中生活得如鱼得水，使其不得不感恩上天的赐予。

（3）对海洋的赞美

在明代，不乏一些对海洋进行赞美的文学作品，如明代张岱《夜航船》中的《颂刘鸣谦谣》："两刘哲，一刘烈，江、河、海流合。"歌谣中"两刘"是指清官刘鸣谦和从事刘公，"一刘"是指勇敢申雪冤情的烈女刘氏，并称为"两刘哲，一刘烈"；而"江、河、海流合"则是指三人历经千辛万苦终使冤案得以澄清。虽然这首颂歌的写作目的是歌颂好官清官，赞扬烈女，但是只有通过拿江河海来作比，才凸显出了这些人物鲜明的人格特点。这就从侧面体现出了江海之品质。将人与江海互通，就拉近了人与海洋的距离，体现了天人合一之传统精神特色。在这一基础上，产生了许多赞美海洋之诗歌。

屠隆就写了一首很浪漫的诗来描绘渔民的海上生活，其在《竹枝词》中写道："东海渔翁大板船，捞鱼换酒浪头眠。亲见龙王第七女，珍珠衫子绣裙边。"[①] 可以想见，海中不仅有黄金屋，还有龙女陪伴，何其逍遥快活。他还描写了普陀山的海景，如在《普陀四咏》中写道："海霞飞雪复春云，宝殿疏钟入夜分。潮自砰訇僧自定，悟来原不是声闻。"[②] 这是一首充满禅意的诗文，大海环绕普陀，四季流转，内有钟声，外有涛声，然而这一切皆未能扰乱高僧的清修，其修行已经天人合一、物我两忘，所谓有即是空，空即是有。当人和外界杂音融为一体时，声音就不再是外在突兀凌乱之存在，而是与人心神合一了。这时人自然就不会为外界所扰了，是以有声亦如无声，有闻亦是无闻。

明思想家陈献章（即陈白沙）亦写过描写大海的诗，他在《洛迦望海》中写道："一花初起白龙堆，万骑长驱石壁开。碧海有山都是雪，青天无雨只闻雷。秋高鸿鹄排云走，夜静蛟龙出穴来。借问乘槎向何处？五云咫尺是蓬莱。"[③] 白沙先生看到了秋季的普陀景象，禁不住心向往之。一浪如白龙，层浪如奔马，汹涌澎湃，声势惊人。巨浪迭起如雪山，声如奔雷。再加上万里晴空一片鸿鹄掠过，让人怀疑这里是不是仙境，恐怕旁边就是蓬莱仙岛了吧。

---

① 杨凤琴：《浙江古代海洋诗歌研究》，海洋出版社2014年版，第52页。

② 同上书，第55页。

③ 同上书，第57页。

还有一些歌谣赞美大海，如赞美海洋自然景观的《海山谣》：

里外洋鞍有一对，鸡笼对进白沙滩。(朱家尖)
大戢一只狗，吴淞抓到手。(大戢山)
居东潮水反过西，鼠浪转回竹厂基。(大巨山)
小小凉帽山一顶，直拨弄堂乌隐隐。(凉帽山)
乍浦老大勿用学，沥港开船朝西北。(金塘山)
老大好当，西垢门难闯！(西垢门)
……①

这首歌谣流传于嵊泗县，展现了舟山群岛的主要自然景观和水路交通点，赞扬了海山之美。

(4) 海洋生活的困苦

海洋生活中不仅有安定与祥和，同时存在的还有困苦和艰难。屠桥在《二渔负罾图》中写道："夜饭未得熟，风涛不可罾。柴门桑竹雨，妻子候寒灯。"② 丈夫出海打鱼，风雨来临，波涛汹涌，妻与子在家苦苦守候，默默祈祷，但愿渔人能平安归来，一起享用晚餐。一种孤苦无助之感跃然纸上。

卢若腾的《哀渔父》则将渔父的困苦生活更细致地描述了出来：

哀哉渔父性命轻，扁舟似叶泛沧瀛。
钓丝垂下收未尽，飓风乍起浪纵横。
月落天昏迷南北，冲涛触石饱鲵鲸。
是时正值岁除夜，家家聚首酣酒炙。
惟有渔父去不归，妻子终宵忧且讶。
元旦江头问归舟，方知覆溺葬东流。
二十余舟百余命，妻靠谁养子谁收！
人言岛上希杀掠，隔断胡马赖海若。
那料海若渐不仁，一年几度风波恶。
风波之恶可奈何，岛上渔父已无多。③

① 方长生主编：《舟山市歌谣谚语卷》，第44—45页。
② 杨凤琴：《浙江古代海洋诗歌研究》，第81页。
③ 同上书，第85页。

这首诗将渔人在海上生活的危险生动刻画了出来。在大海发怒之时，渔人的小船就像无助的树叶，任其摆布。而这时正是除夕之夜，为了生存还冒险到海上捕鱼。家家都在团圆过年，而渔人的妻子却整夜担忧。新年第一天去问归来的渔人，才知道丈夫已经葬身大海。丢掉性命的有一百多人，他们的妻子儿女将如何生活下去呢？本来以为远离陆地，便免除了陆上被胡人掳掠之灾，可以靠海安宁度日，哪知道大海也会无端发作，取人性命。几多风浪后，岛上的渔人就不知道能存活几个了。

可见，海洋生活是兼有两方面的，既有安宁富足，也有艰辛困苦。而这两者都显示出渔人对海洋的依赖。他们是在顺从自然，而非用强力来征服和改造海洋，他们内心期盼海洋呈现出仁慈的一面，而非凶恶的一面。

2. 文学作品与海神信仰

海神信仰是涉海人群在面对浩渺无垠、变幻无常、神秘莫测的海洋感到无助时，为充满了凶险和挑战的涉海生活找到的精神护佑，它是人们在涉海生活中创造出来的，并随着涉海生活的深入而不断丰富和变化，实际是涉海民众海洋观念的外化表现。

对于海神一词的定义，不同的学者有着不同的看法。王荣国认为："所谓海神，是指人类在向海洋发展与开拓、利用的过程中对异己力量的崇拜，也就是对超自然与超社会力量的崇拜。"① 而曲金良先生则在《海洋文化概论》中写道："海神是涉海的民众想象出来掌管海事的神灵。"② 总的来说，海神是早期的先民在海洋实践活动过程中，受自然环境的制约，又因自身征服自然能力较弱，慑服于自然界的力量而创造出来并崇拜的精神意象。但是随着社会的发展，人造技术的进步，人们对于海洋的恐惧感也将不断减弱。

在中国历史上曾出现过人面鸟身的早期海神、四海海神、海龙王、妈祖、地方海神和专业海神等海神形象。《明史·本纪》卷一三记载，成化七年，"浙江海溢，漂民居，监场遣工部侗郎李颙往祭海神，修筑堤岸"。表明了浙江地区有信仰海神，祭海的风俗习惯。明代浙江地区信仰的海神形象主要有观音、妈祖和才伯公等，而围绕这些海神，出现了大量的传说和民间故事。

① 王荣国：《海洋神灵——中国海神信仰与社会经济》，江西高校出版社 2003 年版，第 28 页。

② 曲金良：《海洋文化概论》，青岛海洋大学出版社 1999 年版，第 43 页。

（1）观音信仰

观音，又名观自在、佛教菩萨、慈悲女神，是大乘佛教中的传说人物，随着佛教的传播而为人们熟知。由于传说中普陀山是观音菩萨教化众生的道场，因而观音信仰对舟山的海洋文化影响尤甚。

舟山观音信仰体现了观音信仰文化与海洋文化的相互影响和渗透。

关于观音菩萨的民间传说，大致可分四类：（一）有关观音身世的故事。如“火烧白雀寺”故事介绍了观音原是古代妙庄王的三公主，聪明美丽，从小笃信佛教，后抗旨逃婚到桃花山白雀寺，当寺被烧时，在神力的辅助下，到了普陀洛迦山。在“坍东京涨崇明”故事中，则把观音的祖籍落户在舟山。（二）有关普陀山观音菩萨的法力及慈悲德能的故事。如“观音收金刚”中，耀武扬威的天上四大金刚却无法揭开观音放置的锅盖，无面目回去见天兵天将，恳请观音菩萨把他们收留在普陀山。又如“龙女拜观音”的故事，解释了观音身边的男童和女童，男的叫善财，女的叫龙女。说龙女原是东海龙王的小女儿，私自到人间观鱼灯而变成了无法回海的大鱼，被人担着上街贩卖。观音菩萨动了慈悲之心，派善财童子买下放生，后又收其在身边，住在普陀山梵音洞旁的善财龙女洞。（三）用观音来解释舟山群岛上的自然地理现象。如“赤脚观音”故事中提到了普陀山观音洞的来历，又解释了普陀山天墩石下面的石浴盆为何缺了一个口。（四）讲观音菩萨与其他菩萨交往的故事。如“弥勒佛的裤子”中讲弥勒佛原是家财万贯又乐善好施的大财主，后在观音菩萨的引领下成了弥勒佛，赤着脚，提着裤子，对着人哈哈大笑。又如“菩萨打赌”的故事讲观音菩萨与弥勒佛打赌，观音菩萨要心眼儿偷盘花。

这些观音菩萨的故事，充分反映舟山群岛民众对观音的虔诚崇拜，而围绕这些传说和故事，产生了大量的优美诗文。一些士人往往通过舟山海洋景象、海岛佛国美景等来表现其观音信仰，如屠隆的《补陀观音大士颂并序》等，在展现普陀山海天佛国海洋环境的同时，赞颂观音的德能。此外，舟山本籍作家们也写下了不少同类的诗文。如舟山岱山籍作家汤浚的《普陀记游》等，带着热爱本乡山水的真挚情怀，如数家珍般地展示普陀山的名胜古迹，真切地展现了“梵音与潮音”相映的海天佛国景致，带着浓厚的观音信仰的海洋特色。又如舟山定海籍的陶恭的《普慈寺》一诗，写的是定海的观音寺院，但在写景咏物中抒发了对海洋之信仰。①

① 柳和勇：《舟山群岛海洋文化论》，海洋出版社2006年版，第141—145页。

（2）妈祖信仰

海神妈祖原名林默（960—987），出生在福建莆田湄洲岛；她识天气，通医理，善舟楫，好行善济世，传说她常为人治病，教人防疫消灾，也常在海上救助遇险船民。在一次大风浪中，林默为抢救被打翻的商船中的遇难者而被风浪吞噬了。死后人们为她立祠祭祀，以示感念并祈求佑护。辑录妈祖传说的文献主要有《天后显圣录》和《敕封天后志》。

虽然在浙江地区鲜见记录妈祖传说的文学作品，但是妈祖的影响是广泛的。在中国汉文化圈内，妈祖信仰历经千年而不衰，过去渔民或航海的人，无不知道天后，祭祀天后的，尤其在福建和台湾，可以说妈祖是东方海洋的主宰。

（3）才伯公信仰

在舟山群岛的庙子湖岛上，有座才伯庙，庙里的菩萨居然穿着当地渔民们常穿的那种笼裤。这里也有着一则动人的传说。原来当地有个老渔民，专门住在一个小岛上，凡是遇到狂风暴雨的天气，他就预先在岛上点起烟火，给附近渔民报警。渔民们起初还以为岛上有个菩萨在点神火。后来才终于发现，给乡亲们点烟火报警的就是这位好心的老渔民才伯。才伯死后，渔民们集资给他造了个庙，塑起神像。大伙儿说，才伯公是个老渔民，穿龙袍不像样，还是渔民打扮好，于是就给他穿上了笼裤。①

在这个民间故事中，才伯公作为渔民中平凡的一员，却做了为广大渔民谋福利的大功德，因而被大家供奉为菩萨，大大拉近了神灵和民众间的距离，使人们对神灵少了一些畏惧，多了些亲切。

在张煌言代鲁王撰写的《祭海神文》中，则表达了对海神的崇拜和敬畏，其文曰：

> 自高祖驱逐胡元，奠宁方夏，怀柔百神。凡江河川渎之神，无不崇祀。而神于水中最尊且大，春秋命所在有司致祭惟谨，盖三百年于兹矣！神岂忘之耶！近者丑虏肆行，凭居都邑，未知其曾祭如故与否？若陈牲列俎而罗拜于下者皆髡发左衽之人，知神之必愤然而起，吐弃而不享。
>
> 予起义于浙东，与薪胆俱者七载，而两载泊于此，风不扬波，雨能

① 中国民间文学集成全国编辑委员会：《中国民间故事集成·浙江卷》，中国 ISBN 中心，1997 年版，第 406—407 页。

润土，珍错品物，毕出给鲜，又知神之不忘明德，余实受其福也。今义旅如林，中原响应，且当率文武将吏，誓师扬帆，共图大事。诚诚备物，致告行期，启行之后，日月朗曜，星辰烂陈，风雨靡薄，水波不惊，黄龙蜿蜒，紫气氤氲，櫂楫协力，左右同心。功成事定，崇封表灵，是神且食我大明之馨香于万世也。今日为伊始哉，其显承之。①

在这篇祭文中，满是对海神的崇敬和感恩。鲁王政权在海上维持了两载，期间风平浪静，神多庇佑。是以对海神之恩赐感激不尽，并希望海神进一步保佑鲁王政权的稳固和大业之竟成。

对海神的敬畏还表现在另一首歌谣中，如《想郎歌》：

风吹潮涌浪打浪，姐儿独坐礁石旁。望着大海洋，想郎想得泪汪汪。我郎真悲伤，困困活眠床。吃吃卤汁汤，穿穿破衣裳。上落跋泥涂，性命交给海龙王……哎呀呀，泪汪汪，不知我郎在何方？②

这首渔歌主要表达了对情郎的思念之情，但从侧面上反映了渔民出海有着很大的风险，人们对于海洋有着畏惧之感，并希望其能够保护渔民，为人们带来平安和幸福。

3. 明代文学作品中对海洋的征服意识

除了对海洋的依赖、歌颂、恐惧和敬畏之外，明代浙江人也有渴望驾驭进而征服海洋的愿望。杭州诗人张舆在《江潮》中写道："罗刹江头八月潮，吞山挟海势雄豪。六鳌倒卷银河阔，万马横奔雪嶂高。自是乾坤通气脉，应非神物作波涛。吴儿弄险须臾事，坐看平流济万艘。"③ 在这里，诗人认为钱塘江的大潮并非神物作乱，而是乾坤之气自然流转之结果。只要掌握了天地自然之气的运转规律，自然能驾舟泛海，逍遥自在。吴越大地的健儿显然深谙此道，纷纷竞舟潮上，与自然共舞。

张可大在舟山重建城池后写了《舟山城工告竣喜赋》，其中写道："金城百二控蛟关，洒酒能开壮士颜。粉堞直逐霞外嶂，倚楼高并海中山。戈船

① 《横海孤臣——张煌言传》，http：//blog. gmw. cn/blog－35868－83204. html。

② 方长生主编：《舟山市歌谣谚语卷》，第119页。

③ 杨凤琴：《浙江古代海洋诗歌研究》，第207页。

说剑春涛静，羽扇论兵白昼间。从此东南归锁钥，不飞片檄到三韩。”① 这里表达的是对海上来的危险的阻挡和防护，也是对海洋不稳定的担忧。为了免于被不测之灾难侵袭，人们就要靠自己的力量来建筑设施，主动防御海上之风浪。

从以上的案例中我们可以看出，明代浙江人的海洋意识基本上是传统的。他们对海洋有一定的依赖，并希望形成一种和睦的关系。随着对海洋的逐渐熟悉，他们和海洋结成了亲如一家的关系。但这并不是全部，技术的局限和大海的不稳定也给他们带来了困苦和烦恼。他们在感恩大海的同时也恐惧和埋怨它。除了这两种矛盾的心情，还有对海洋的敬畏和信仰，这就是海神崇拜，而对海洋的征服意识似乎并没有占主导位置。这些复杂的海洋意识成为这一时期的特色。

二　从明代戏曲《齐东绝倒》看浙人之海洋意识

在明代，人们的海洋意识表现传统和保守的一面。这种意识在其他文学作品中也有所体现。我们将以吕天成的《齐东绝倒》为例进行剖析。

《齐东绝倒》是明朝戏曲家吕天成创作的杂剧。其情节主要是依据《孟子·尽心上》中的一段话来构造的。戏曲描写了舜父瞽叟仗势杀人，皋陶则奉法搜捕瞽瞍，舜在国法和孝道两难夹击之下，背着父亲逃去了海滨。舜逃之后，朝廷没有了君主，从尧到皋陶，包括舜的一家都慌张起来。他们先派舜之弟象和舜之子商均去追舜回来，继而又派舜之后母“嚚母”去劝。舜终于又在孝道之感召下返回宫廷，瞽叟之罪也被舜之孝道所冲淡，终为大家所豁免。

在这个被看作大逆不道的剧本中，体现了当时士人对海洋的理解及其海洋观念。在剧本中作者多次提到海，我们将一一进行分析。

在剧本开端交代剧情时，就出现了涉海的语句：

（瞎汉总然犯法，乖儿却会藏亲。齐东野语古来闻，邹孟揣摩虞舜。女向琴床自倮，身逃滨海谁寻。分明往牒曲中真，听取诙谐可信）皋陶拿不着杀人的贼，商均赶不转朝子的翁。傲象饶不过禅位的帝，嚚

① 杨凤琴：《浙江古代海洋诗歌研究》，第208页。

母放不下逃海的农。[①]

这段总结中出现了两个涉海语句，即“身逃滨海谁寻”和“嚚母放不下逃海的农”。这里的“滨海”和“逃海的农”都体现了一种传统的海洋观。海之滨是陆地的尽头，而陆地是传统统治者所管辖之区域，也是其权力的边界，正所谓“普天之下，莫非王土；率土之滨，莫非王臣”。大海在传统意义上并不是统治者所管辖之区域，它更多被看作疆域的边界和抵御外敌的屏障。所以，“身逃滨海”就是要逃到权力的边界，这样在心理上才能产生安全感。而平常百姓常常自诩的自由状态——“天高皇帝远”——也是这种思维的体现。离皇权或王权越远，人们就越觉得自由和安全。滨海则是最远之地，其成为人们逃亡的最佳选择就在情理之中了。于是，能跑就要跑到“天涯海角”。深谙此理的舜之第一选择自然也是逃至海滨。那么到海滨以何为生呢？是做渔民吗？当然不是。在传统社会中，农业是最根本的谋生手段，这也是传统天人合一思想中最为理想的人与自然之关系的反映。而其他如商业、渔业等，则是次要的生活手段。作为君王的舜要选择的生活方式自然应是农业了。所以，即使舜逃到海边，也是“逃海的农”，而不是以海为生的渔民。这表明，海洋也是传统社会生活的界限，如果不是环境所迫，人们是不向往海上生活的。

在剧本第一出，又出现了两次对海的描写，进一步表达了传统人们对海上生活的定位。其言如下：

> 陶渔耕稼忽征庸，一鳏夫两妻娇拥。经年巡海内，夙夜亮天工。允执其中，瑞应仪庭凤。[②]
>
> 愁无计，心自忡。愁无计，心自忡。如狼噬，老龙钟。（我有道理：窃负而逃，处于海滨。也罢了！）做含出宫花春色浓。快逋逃，眼又盲。忙趋负，比蛩蛩。这天下要他何用？望海滨缥缈空蒙。没爹子便生皆梦，有位儿欲留徒恸。我呵！且索去云峰海东。长受得狐踪，鬼烽，似深山野人闲咏。[③]

① 张萍：《明代余姚吕氏家族研究》，附录二：齐东绝倒，浙江大学出版社2012年版，第176页。

② 同上书，第178页。

③ 同上书，第179页。

这两段话都出自舜之口。在这里体现的也是海乃天下之界限的观念。在舜看来，传统生活无非是“陶渔耕稼”。这里的渔是耕稼生活的一种补充。作为海边少地之民，出海打鱼成了其谋生的必要手段。然而大海并不是被无限开发和利用的资源，只是渔民迫不得已谋生之对象①。海内之地才是古帝王所统辖巡视之领地，舜多年来巡视海内领地，不辞劳苦，以完成天赋予他的责任。而在舜知晓其父犯了伤人罪行之后，就想要带其逃离权力中心，向海滨隐居。海滨给舜的感觉是“缥缈空蒙”。海就是虚和空之象征，而这与权力之有力和充实正形成鲜明之对比。逃到海边，意味着对现实权力的远离。如此，海边生活也就与权力所覆盖之中心的喧闹和充实形成了对比，它是孤独和空寂的，也是闲散的，“长受得狐踪，鬼烽，似深山野人闲咏”。

在第二出，当皋陶严拿瞽叟时，舜无计可施，只得决定负父远走，他说：

又何惜锦绣山河！逃形远窜，休瞧破，准备着肩帮上把爹驮。②

娥皇则劝舜说：

琼窟花窠，翠靥香凝佩玉傩。正是家消夙恨，国酿新祥，海不扬波。空教父子至恩多，须知朝野担当大。③

女英也劝道：

海滨天际，风露锁烟萝。销泪点，积心窝。空抛富贵鬓将皤。守凄凉，一对英娥。离悰自纷难定妥，挽君裾将行无那，叹娇女这些时好执柯。（帝若一逃，天下乱矣！）时岌岌，你知么？④

最后，在尾声中，作者写道：

① 黄顺力：《“重陆轻海”与“通洋裕国”之海洋观刍议》，《深圳大学学报》（人文社会科学版）2011年第1期，第126—131页。

② 张萍：《明代余姚吕氏家族研究》，附录二：齐东绝倒，第180页。

③ 同上。

④ 同上。

夜行昼息蓬蒿卧，海云一片笑呵呵，也只为大孝终身没奈何。[①]

在这里，又分别道出了舜及其妃子对海的认识。舜所认知的海是远离权力中心的避祸之地，是孤寂和清闲之居所。而娥皇对海的认识似乎有了点新意。她认为国家安定祥和的表象乃是“家消夙恨，国酿新祥，海不扬波”。在这里，海洋的状态和国家安定有了一定的关联。海洋的安定与否影响着陆地的安定。海不扬波，意味着对陆地冲击和威胁消失了，权力所覆盖之陆地因此也就宁静了。若海不平静，频翻波涛，亦会影响到在陆地上生存的生物，人们没有安全感。这种感觉会促生古人独有的天下观或国际秩序观。其进一步延伸就是夷夏国际秩序之设想。尽管陆地是权力的界限，但若海外不安定，一国也难安定。因此一国的安定就有赖于整个天下或宇宙的安定。唐宋以后之所以要建立一个和谐稳定的夷夏国际秩序，即朝贡体系，原因也在于此[②]。女英的海洋观和舜比较接近，都认为是权力的边界，是孤寂的象征，但其对这一孤寂生活的态度则有差别。舜是有点喜欢这种孤寂和清闲，而女英则无法忍受。

在这一出最后，作者对舜的逃海做出了总结，海云笑着接纳了这一孝顺行为。这里面或许有些嘲讽，但也是对舜的海洋观念的一种嘉奖。舜从本心上是接受以海洋为象征的生活的，对于陆地上权力喧嚣之生活反有厌倦。在下一出中，他的这一倾向更加明显了。

在第三出，一位海边的农夫也谈到了他对海洋的认识，他说：

卷卷葆力后何迁，携子戴妻我入海。自家石户之农是也。当日与舜同耕为友，如今他为帝，曾要把位让我。我见他德犹未至，潜居于此。[③]

这表明在海边的居民不一定就靠海为生，在海边做农民似乎是更正当的谋生之业。而当初舜也是农民出身，如今再回到海边务农，正是其老本行，难怪其很快就做出了逃海务农的决定。

瞽叟则对海边生活满怀悲观，他说：

---

① 张萍：《明代余姚吕氏家族研究》，附录二：齐东绝倒，第181页。

② 贾庆军：《中国明代天道外交的观念及其现代价值》，《太平洋学报》2012年第8期，第84—93页。

③ 张萍：《明代余姚吕氏家族研究》，附录二：齐东绝倒，第183页。

残年远窜真侥幸，偷生天际全躯命。荒庐瞑坐时惊听。两周旋聊支挣，农家尘甑，糠秕强餐，齑梗硬！齑梗硬！酸寒滋味愁难竟。[①]

他也认为海乃天之际，远离凡尘和权力，一片荒芜。生活窘迫，饭菜寒酸。想起还不知要熬多久，让人发愁。

对前来劝说舜回归的象来说，大海也是天之涯所在，他说：

倥偬驰骋，天涯甚处迷烟艇。风尘望断波千顷。越国遥占帝星，心傒幸。……果然父子行相并。可令海上闲乘兴，须返驾仪容盛。[②]

大海是风尘陆地之终点，海上的生活似乎超出了世俗权力之界限，可以享受片刻之闲兴。但之后就要返回尘世喧嚣，以更新的面貌重掌朝政。

然而舜则开始把东海当作乐土，甚至做好了终身不回的打算，他对瞽叟说：

咱们终身海滨，不回去了。多多为我谢二十二人者。[③]

在打发了那些劝他回去的人之后，舜觉得可以摆脱那些立帝封功、你争我夺的烦心政事了，早知道就该早些来东海快活，“他们既去，料不再来。立帝封功，任他争闹。早到东海上好快活也呵！”[④] 大海成为脱离权力斗争的逍遥之地。舜禁不住高歌起来：

海色晴。（好好好！）好看那蜃气楼台接赤城。（他他他！）治水安民。（我我我！）力田穿井。（早早早！）早救出几死人儿活半生。（丢丢丢！）丢开了垂拱升平。（整整整！）整顿出往日行藏一老氓。（罢罢罢！）罢却了赓歌辛苦无干净。（便便便！）便永世脱撄宁！[⑤]

将就了此处安身无甚警，耐心儿尽销咱闲钓忙耕，莫说道廿载为君

① 张萍：《明代余姚吕氏家族研究》，附录二：齐东绝倒，第183页。
② 同上。
③ 同上。
④ 同上书，第184页。
⑤ 同上。

的成画饼。[①]

看赤城仙境、安居乐业、“闲钓忙耕”，一派桃花源的自然逍遥风光。对于海边生活的平静安宁，其他学者也曾论述过[②]，此不赘述。

在第四出，舜依然在高歌渔耕自在逍遥之乐，他唱道：

> 几日来与老亲海滨遵处，终日悠闲。好乐也呵！……大海嘘涛，远山独眺霜天晓。自在逍遥，记不起闲烦恼。[③]

瞽叟对此显然不能理解，他还一直愧疚打断了舜的富贵之路，他说：

> 我儿，你当初由农陟帝，好不荣贵。如今因我又做农了。[④]

舜则为父亲做了解释：

> 舜虽为帝，何尝不念畎亩之中。空惭不肖，历山数载自悲号。栖身田泽，混迹渔樵。三十鳏夫非抱恨，一双弟妹正无聊。荐贤四岳，觅配多娇。半生尘土，两鬓霜毛。莽山川解不得俺心忧，好官阙讨不得爹行笑。梦回成幻，老去谁招！[⑤]

在经过半生的生活洗练后，舜终于明白生活的根本所在，即生活的快乐源泉不是富贵荣华、娇妻美眷，而是家人团圆和睦、父母欢心。这正是中国传统孝道之体现。孝道源于中国传统文化独有的宇宙观。阴阳二气生成天地，阴阳、天地乃一大父母，由此生世间万物，包括人，人类的繁衍则直接来自血缘之父母。因此，对父母的崇拜与对天地的崇拜是贯通的。他们是宇宙和人类存在和延续的源泉。孝敬父母成为中国传统道德的核心就不难理解了[⑥]。舜则把这一传统道德发挥到极致。也正因为如此，他才被人们拥戴为

---

① 张萍：《明代余姚吕氏家族研究》，附录二：齐东绝倒，第184页。

② 杨凤琴：《浙江古代海洋诗歌研究》，海洋出版社2014年版，第72—78页。

③ 张萍：《明代余姚吕氏家族研究》，附录二：齐东绝倒，第184—185页。

④ 同上书，第185页。

⑤ 同上。

⑥ 邓田田：《论周公之孝道伦理思想》，《伦理学研究》2010年第1期，第105—108页。

帝的。明代大儒王阳明也称赞过周公将天地之道与孝悌礼制合而为一之功，他说："天地之运，日月之明，寒暑之代谢，气化人物之生息始终，尽于此矣。……气候之运行，虽出于天时，而实有关于人事。是以古之君臣，必谨修其政令，以奉若夫天道；致察乎气运，以警惕乎人为。"① "昔者成周之礼乐，至周公而始备，其于文、武之制，过而损之，不及者益焉，而后合于大中至正；此周公所以为善继善述，而以达孝称也。"② 王阳明论述了天地一气之理，强调治世之君臣应制定合乎天道之政令制度，并将周公之礼制看为合乎"大中至正"之天道的典型，而此礼制可称为最大的孝道。也可以说，周公之礼制是以孝为核心展开的。

因此，当帝位与孝敬父母相冲突时，舜可以放弃帝位，选择后者；而当帝位与孝道相融合时，他也不会推辞帝位。而嚚母的请求就令他有点左右为难，她说：

> 我生的象儿，不忠不孝！怎如得你？你若不回，那老不才倒好了。我却靠谁？好处不受用，若要我同在海滨，我却怎生过得？儿呵！你还回去。③

母亲来求舜重回帝位，如果违逆，则是不孝，舜当然就不能拒绝了，只能说："舜便回去。娘休啼哭。"④ 不能让老娘受这海边风波之苦，"消不得年老娘亲苦见邀，受风波，天际杳。"⑤ 舜这是站在老娘的立场来考虑的，因为对于其有着一般人欲望的父母来说，海边生活就是困窘的。他们是难以忍受的，为了避免他们跟着自己受苦，舜没有别的选择。

弟弟象也劝其回去，皋陶也说要轻宥瞽叟之罪。但舜仍难原谅自己，愿代父受罚。他提出要禅让帝位，但象说：

> 早难道避位禅臣寮，只怕悖天心海沸山摇。⑥

① （明）王守仁撰，吴光、钱明、董平、姚延福编校：《王阳明全集》，上卷，上海古籍出版社 1992 年版，第 871 页。

② 同上书，第 860 页。

③ 张萍：《明代余姚吕氏家族研究》，附录二：齐东绝倒，第 185 页。

④ 同上。

⑤ 同上。

⑥ 同上书，第 186 页。

这里又将山、海与天下之稳定联系起来，人主之统治和天道之运转是紧密联系的，若悖逆天道，宇宙则会发生反常现象。海作为自然宇宙的一部分，也包括在内。这里就有一种天人感应的味道①。王阳明②、黄宗羲③等明代浙东大儒都曾提到过这种天人合一、天人感应之思想。

既然是天意，舜也就不好推辞了，他说："既然如此，且进宫去。"④ 如此，舜的孝道也尽了，瞽叟的罪行也有交代了。这是孟子所思考出的关于儒家伦理的解决方式。而作者对之颇有微词，措辞多有嘲讽之意。

不管其怎样评价舜，我们却可以从中了解到作者借角色之口所表露出的海洋观念。其观念之流露越是无意的也就越真实。而且，作者几乎将传统海洋观念一网打尽了，这就使我们能够更全面和深刻地了解中国传统海洋观念了。

综上所述，我们从这幕戏曲中所看到的种种海洋观念，可以代表明代浙东士人的海洋观念。需要注意的是，这种海洋观念其实不仅仅局限于明代和浙东，甚至可以说是贯穿于整个中国及其传统历史的。我们再将这些观念做一归纳总结，以便更清晰地看出古人的海洋观念。其大致可归纳为如下几种：

（一）在政治和疆域上来说，陆地是传统统治者所管辖之区域，也是其权力的边界。大海则是陆地的尽头，在传统意义上它并不是统治者所管辖之区域，它更多被看作疆域的边界和抵御外敌的屏障。所以，逃难之人经常会往海边这一权力的边界跑。舜之第一选择也是逃至海滨，也在情理之中。

（二）大海及海上渔民生活并不是人们谋生的首要选择。在传统社会中，农业是最根本的谋生手段，这也是传统天人合一思想中最为理想的人与自然之关系的反映。而商业、渔业等，则是次要的生活手段。所以舜逃到海边，也是要做"逃海的农"，而不是以海为生的渔民。这表明，海洋也是传统社会生活的界限，如果不是环境所迫，人们是不向往海上生活的。

（三）海边生活投射在人的精神层面，不同的人有不同的表现。海乃天之际，远离凡尘和权力，一片荒芜，让人产生一种清苦孤寂之感。而对于喜

① 李强华：《我国先秦哲学中的"海洋"观念探索》，《上海海洋大学学报》2011 年第 5 期，第 790—795 页。

② （明）王守仁撰，吴光、钱明、董平、姚延福编校：《王阳明全集》，上卷，第 871 页。

③ 沈善洪主编，吴光执行主编：《黄宗羲全集》，第一册，浙江古籍出版社 2005 年版，第 40 页。

④ 张萍：《明代余姚吕氏家族研究》，附录二：齐东绝倒，第 186 页。

欢世俗享乐的人来说，这种清苦和孤寂就是不能忍受的，如瞽瞍、女英等。他们认为海边生活窘迫，饭菜寒酸，在这里时间一长，就是苦难。而对于舜这样终日被政事缠缚之人，反而向往孤寂清闲的生活。他渐渐开始享受起海边的孤寂和清闲生活来。

（四）虽然海洋在传统社会不是权力的笼罩之处，但海洋的状态和国家安定仍有一定的关联。海洋的安定与否影响着陆地的安定。若海不平静，就会影响到在陆地上生存的人和物，使人们没有安全感。所以，传统社会的政治权力虽不会统治大海，但最低限度上要保证大海的安宁，包括不受外来威胁的侵扰。这种感觉会促生古人独有的天下观或国际秩序观。其进一步延伸就是夷夏国际秩序之设想。尽管陆地是权力的界限，但若海外不安定，一国也难安定。因此一国的安定就有赖于整个天下或宇宙的安定。后世中国尤其是唐宋以后，统治者致力于建立一个和谐稳定的夷夏国际秩序，即朝贡体系，原因也在于此。但这种夷夏国际秩序和现代霸权不同，它是防御性的而不是侵略性的①。

三　明代舟山地区的观音信仰

观音信仰源于印度吠陀时期，两汉之后随佛教逐渐流传到中国。舟山的观音信仰源远流长，普陀山作为“观音道场”始于唐朝。明清时期普陀山观音信仰发展到全盛，这一信仰对当地社会生活和文化生活影响深远。

“观音”是“观世音”的简称，这一称呼起源于印度，其梵文为Avalokitesvara，音译为“阿缚卢枳低湿伐罗”“阿那波委去低输”等，或简化为“庐楼桓”。作为佛教信仰中最重要的菩萨崇拜之一，观音信仰在传入中国后更是有着特殊的地位。历史上信仰观音的人数极多，观音法门的修持极盛，有关观音感应的故事广为流传，观音经咒也广为诵念，是无数善男信女的精神支柱，也是中国传统文化和基本精神不可或缺的一部分。

舟山的观音信仰源远流长，融神话传说、宗教信仰、审美创造于一体，影响极大，这与舟山是“观音道场”普陀山的所在地密不可分。普陀山素有“南海圣境”“震旦第一佛国”之称，是中国最著名的观音圣地，因此，舟山民间对观音信仰尤深。观音信仰在舟山的流传，以至于在普陀山落脚并建立起观音道场，有其区位的、政治的、历史的、文化的乃至社会心理的原

① 简军波：《中华朝贡体系：观念结构与功能》，《国际政治研究》2009年第1期，第132—143页。

因。至明清时期，普陀山观音文化发展到鼎盛，每逢农历二月十九、六月十九、九月十九分别是观音菩萨诞辰、出家、得道三大香会期，普陀山全山人山人海，寺院香烟缭绕，一派海天佛国景象。因此，对这一时期的舟山观音信仰进行深入研究，具有重要的学术价值。

（一）舟山地区观音信仰的形成

观音信仰很早就传入我国，但最后在普陀山形成集中的信仰则是在唐以后，下面我们将对观音信仰传入我国的过程及其在舟山落脚的过程进行论述。

1. 观音信仰传入我国

观音信仰在中国的流传经历了漫长的岁月，经过中国高度发达的传统文化的吸收和改造，逐渐在这块异域蔓衍，成为中国民众接受印度佛教的典范。

两汉之际，佛教传入中国，但观音信仰并没立即流传过来。后汉支曜翻译的《成具光明定意经》中曾出现过一次“观音”，三国时期的吴黄武元年至建兴年间（222—253），支谦所译的《维摩诘经》中也出现了一次“观音”，这两次的“观音”都只是作为听闻释迦牟尼说法的众多菩萨之一，并没有具体介绍。

西晋时期，观音信仰的完整体系开始正式传入中国，竺法护、聂道真、无罗叉等翻译了诸多经传。最为著名的是竺法护于太康七年（286）译出的《正法华经·光世音菩萨普门品》，其将观音译为“光世音”，并多次出现，“若为恶人县官所录，束缚其身，扭械在体，若枷锁之，闭在牢狱，烤治苦毒，一心自归，称光世音名号，疾得解脱，开狱门出，无能拘制，故名光世音。佛言，如是族姓子，光世音境界，威神功德难可限量，光光若斯，故号光世音。”《普门品》汉译本的出现，对于观音信仰在中国的传播和发展都具有极其重要的意义。随着观音信仰的兴起，东晋谢敷撰有《观音应验记》，踵其事者有刘宋傅亮《光世音应验记》、张演《续观音应验记》和萧齐陆杲《系观音应验记》。[①] 这四位均是贵族士大夫，其写作一脉相承。据《系观音应验记》记载，当时民众已经有佩戴小型观音金像或观音经作为护身符以求平安的习俗，可见观音信仰已经有所流行。

观音信仰逐渐为人所熟知则是自鸠摩罗什于秦弘始八年（406）译出《妙法莲华经》之后。鸠摩罗什是当时名震四方的高僧，在当时的中国佛教

① 张二平：《东晋净土及观音信仰的地域流布》，《五台山研究》2010 年第 1 期。

界拥有绝对的威望。[①] 所以，他在经中所使用的“观音”很快就取代了“光世音”，而且他翻译的《妙法莲华经》语言流畅优美，广受世人欢迎，其中的第二十五品《观音菩萨普门品》被称为“观音经”。从此，“观音”成了最权威的译称。当然，观音也有其他译法，如后魏菩提流支于正始五年（508）所翻译的《法华经论》中出现了“观世自在”的译法[②]，但还是不及“观音”的接受程度高。随着《妙法莲华经》在社会上的流行，观音信仰到南北朝梁代开始盛行。据《南史》卷八十记载，梁末应武帝曾在一次宴席上让侯景背诵《普门品》，侯景便背诵了经文的第一句。可见观音经流传之广，君主和臣子都耳熟能详。

到唐代，经唐文宗的极力尊崇，观音信仰发展到了极点。而观音的形象也从最初流传进来的“猛丈夫”发生了突破性转变，成为一位慈悲祥和的“观音娘娘”。其实南北朝时期，出现在绘画和雕塑里的观音已经是男身女相，尽管不太显著，但女性化的趋向已经显示出来。[③] 而观音正式转变为女性形象则出现在唐代，其原因是多方面的，既有武则天身为女皇的推动，也与观音本身温柔、悲悯的内在属性有关，等等。唐朝宰相、画家阎立本曾画了一幅杨枝观音像，画中的观音菩萨头戴珠冠，身穿锦袍，酥胸微袒，玉趾全露，右手执杨枝，左手托净瓶，端庄慈祥。后来观音的标准画像基本照此形象。

宋元明清时期，观音信仰依然十分流行，善男信女供奉朝拜络绎不绝，许多民间小说也有所提及，最著名的当属吴承恩的《西游记》，对观音的描写十分细致，第八回中“诸众抬头观看，那菩萨理圆四德，智满金身。缨络垂珠翠，香环结宝明。乌云巧迭盘龙髻，绣带轻飘彩凤翎。碧玉纽，素罗袍，祥光笼罩锦绒裙，瑞气遮迎。眉如小月，眼似双星，玉面天生喜，朱唇一点红。”观音在这里扮演一位善良正义的长者，是四位主人公危急时刻的救命符。

2. 观音信仰在舟山的形成

舟山群岛共有1339个岛，陆地面积12410公顷，岛上人口不多，但几乎“家家弥陀佛、户户观音”。早在晋朝天福年间，舟山本岛上就建有“祖

① 李利安：《观音信仰的渊源与传播》，宗教文化出版社2008年版，第176页。
② 郑筱筠：《观音信仰原因考》，《云南大学学报》2001年第5期。
③ 黄年红：《浅析观音菩萨女性化的依据》，《苏州大学学报》2007年第6期。

印寺”，供奉观音。[①] 据《定海县志》记载，光绪二十六年（1900）舟山群岛总人口不到35万人（不含嵊泗县）。同时，据清光绪年间编纂的《定海厅志》记载，当时有名可考的寺观、祠庙有400余所，其中佛教寺庙占大多数，约300所，而这些佛教寺庙基本以供奉观音为主。这一现象的产生与普陀山成为观音菩萨的道场有莫大的关系。普陀山是我国四大佛教名山之一，素有“海天佛国”“南海圣境”之称，史上又称“震旦第一佛国”。普陀山海洋性气候明显，温湿度适宜，据考证，早在4000多年前就有人居住。而且由于其海岛的地形，时常海雾缭绕，隐约缥缈，恍如仙境。传说西汉末年，梅福曾在此隐居，东晋葛洪也曾在此炼丹，留下了不少民间故事。关于观音信仰的兴起，据明代高僧宏觉国师[②]所撰普陀山《梵音庵释迦佛舍利塔碑》记载，晋太康年间（280—289）已有人把普陀山视为观音大士应化圣地。而普陀山作为观音道场真正兴起则在唐朝。学术界一说始于唐大中年间，所据是《补陀洛迦山传》（元代编，1334年版）中记载：“唐大中中，有梵僧来（潮音）洞前燔指，指尽，亲见大士示现，授与七色宝石，灵感遂启。”[③] 但更多学者认为始于唐咸通年间[④]，源于日僧慧锷所建的“不肯去观音院”。南宋志磐的《佛祖统记》、日本镰仓时代虎关师炼的《元亨释书·本朝高僧传》（卷六十七）以及方志的《大德昌国州志》等对此均有所记载。故事大致如下：唐咸通四年（863），日僧慧锷在五台山见一观音大士圣像庄严清净，欲请回日本供奉，于是买舟东渡，准备回国。途经普陀洋面新逻礁时，海中忽然涌现出无数铁莲花，挡住航道，船不能行。如此过了三日三夜，锷祷参悟到观音可能不愿离开此地，告曰：“使我国众生无缘见佛，当从所向建立精蓝”。慧锷话音刚落，铁莲立即消失，船顺利驶到了潮音洞边。慧锷在附近找到一家张姓渔民说明来意，张氏把自已住的茅蓬让出来筑庵供奉观音，此庵遂称为“不肯去观音院”。普陀山自此开始闻名遐迩，有善男信女前来朝拜，过往的船舶也常停驻祈福。

到宋高宗绍兴元年（1131），高僧真歇和尚在高宗的赏识和支持下，易律为禅，动员全山700多户渔民迁往外岛，使普陀山成了名副其实的清净佛

---

① 程俊：《论舟山观音信仰的文化嬗变》，《浙江海洋学院学报》2003年第4期。

② 宏觉国师：明道忞（1596—1674），字木陈，号山翁、梦隐，明末清初临济宗杨岐派僧。顺治十六年（1659），奉召入宫为顺治说法，甚受赏识，赐号“弘觉禅师”，故又称“宏觉国师”。

③ 方长生：《舟山民间信仰考察》，中国民艺研究所网站 http：//www. sdada. edu. cn/minyisuo/web/show. htm？id＝1316 。

④ 贝逸文：《论普陀山南海观音之形成》，《浙江海洋学院学报》2003年第3期。

国。宋宁宗嘉定七年（1214），御赐“普陀宝陀寺”“大圆通宝殿”匾额，钦定普陀山为重点供奉观音的道场。

观音信仰诞生于印度，为何其道场却位于中国的普陀山？《华严经》中说：“于此南方有山，名补怛落迦。彼有菩萨，名观自在。……海上有山多圣贤，众宝所成极清净，花果树林皆遍满，泉林池沼悉具足，勇猛丈夫观自在，为利众生住此山。”经文明确指出观音菩萨居于补怛落迦山，此山位于印度南方，而且临海。又有《大唐西域记》卷十记载：“国南滨海，有秣剌耶山……秣剌耶山东有布呾洛迦山。山径危险，岩谷敧倾。山顶有池，其水澄镜，流出大河，周流绕山二十匝入南海。池侧有石天宫，观自在菩萨往来游舍。”可见，观音菩萨的道场最初是在印度南部的海滨补怛落迦山。但是，随着印度观音信仰的衰落和其在中国的兴盛，观音菩萨道场的转移势在必行。尤其是12世纪以后，因为印度佛法的消亡和随后而来的南印度观音道场的消失，特别是中印佛教交流的中断，中国人最终以浙江梅岑山（即今舟山群岛）取代了南印度的补怛落迦山。[1] 普陀山观音道场形成的原因是多方面的，前文“慧锷触礁”的故事即“佛选名山”，世人认为观音菩萨选中了普陀山作为自己的道场而不肯离去，而且观音菩萨普度众生，显化圣地本就不拘泥于某处，既然其在普陀山得到广泛尊奉，遍修寺院，那么普陀山作为其道场也是无可厚非的。再加上历代帝王的人为推动，普陀山成为观音菩萨的道场更是势在必行。而且，根据近年对普陀山佛教文化的研究，先后发现和考证出普陀山高丽道头和新罗礁两处遗址[2]，更确证普陀山在“海上丝绸之路”中占重要地位，元代盛熙明的《补陀洛迦山传》描述道“海东诸夷，如三韩、日本、扶桑、占城、渤海数百国雄商巨舶，皆由此取道放洋”，可见普陀山当时商船往来频繁，十分繁盛。正因为“海上丝绸之路”，才形成新罗礁，有了新罗礁，才有“慧锷触礁”之说。

舟山地区观音信仰盛行的原因，除了普陀山作为观音道场的巨大辐射作用外，还与其特殊的地理位置有关。舟山是我国著名的四大渔场之一，岛上人民靠海吃海，大多以打鱼为生。由于古代生产技术比较落后，渔业生产收成没有保障，而且极具危险性，无论是狂风大浪还是暗礁洋流，都可能使渔民遇险，这就迫使渔民寻求某种精神上的寄托。观音菩萨大慈大悲、救苦救难的形象正好抚慰了渔民的心理需求。同时，打鱼需要大量男性劳动力，

---

① 李利安：《观音信仰的中国化》，《山东大学学报》2006年第4期。

② 王连胜：《普陀山观音道场之形成与观音文化东传》，《浙江海洋学院学报》2004年第3期。

“送子观音”为那些没有子女，尤其是没有儿子的夫妇带来了希望。

随着观音信仰在舟山地区的兴起，与之有关的传说也越来越多，最著名的是妙善公主的故事。它并非出于印度佛教经典，而是由我国信众创造，讲述观音得道前的人生。它产生在整个印度佛教观音信仰向中国传播的过程中，意义十分特殊，标志着观音信仰在中国发展的一个转折——之前是观音信仰的中国化，之后则是中国化的观音信仰。[①] 故事介绍，观音原是古代庄王的第三个女儿，名叫妙善，自小美丽聪明，笃信佛教，因父母逼其婚嫁而在山神保护下出家修行。后庄王得了怪病，要用人的一眼一臂做药，妙善公主毅然献出，升华为“千手千眼大悲观音菩萨”。根据这一传说，信众又创造了不少相关故事，与舟山有关的就达30多个，如“短姑道头观音送饭”“观音点龟成石”“二龟听法”“火烧白雀寺”等。

（二）明代舟山地区的观音信仰及其影响

明代舟山的观音信仰达到了高峰，这主要得益于帝王的支持和崇奉。但这种繁荣并不是一成不变的，中间也经过若干阶段的萧条和复兴。下面将对这一时期的信仰状况做一大致介绍，并对其影响进行一番论述。

1. 明代舟山地区的观音信仰

普陀山的兴盛与明清两朝帝王的大力支持有关。明太祖朱元璋曾入皇觉寺为僧，宰相宋廉亦出身于寺院，因此对佛教多有佑护。明成祖朱棣起兵夺取皇位时得佛教名僧道衍（即姚广孝）的帮助，封其为宰相，因此对佛教亦十分推崇。此后，明朝诸帝王无不奉佛。

明代帝王虽然尊崇佛教，但由于海寇骚扰，普陀山经历了几次较大的兴衰。明初，高僧行丕驻普陀学习佛法、弘扬禅宗，当时普陀山有殿宇三百余间，僧侣众多，佛事兴盛。明洪武十九年（1386）信国公汤和经略沿海，认为普陀“穷洋多险，易为贼巢”，于是明太祖在第二年实行海禁，普陀山被徙僧焚寺，观音像被迁至宁波栖心寺（今七塔寺）重建殿宇，名“补陀”。山上仅留铁瓦殿一所，使一僧一役守奉，这是普陀山佛教的第一次衰微。永乐四年（1406），江南释教总裁祖芳来普陀山重扬禅宗，道联飞锡普陀，修复殿宇，以图重振宗风。天顺年间（1457—1464），四方缁素纷纷上山重建净室。正德十年（1515），住山僧淡斋在潮音洞侧建方丈殿，重兴宝陀寺。嘉靖六年（1527），河南王捐琉璃瓦3万张，鲁王等也纷纷捐资兴建殿宇，山上香火复盛。

① 周秋良：《论中国化观音本生故事的形成》，《中南大学学报》2009年第1期。

嘉靖三十年左右，倭寇屯踞普陀，殿宇再次遭毁，僧众遣散，历朝敕赐碑文遭破坏。朝廷遂出兵灭倭，并屡禁百姓朝山进香。至嘉靖三十二年，参将刘恩至等灭倭于潮音洞外莲花洋，提督王忬命把总黎秀会同主簿李良模领兵到山，遣僧拆庵，告示“不许一船一人登山樵采及倡为耕种，复生事端。如违，本犯照例充军”[①]。佛像、钟磬等法物运往定海（今镇海）招宝山，僧侣迁尽，梵音虚寂，再次衰落。隆庆六年（1572），五台山僧真松来山，将废状上京奏闻朝廷，得宫保学士大宗伯严斋支持，命郡守吴太恒发给文书，许以住持，又命总戎刘草堂等协理规划，修复殿宇。真松任住持后，大倡宗风，演绎律义，为明代普陀山佛教律宗之始。厥后，御马太监马松庵铸金佛、绣彩幡送山供奉，工部侍郎汪镗撰《重修宝陀禅寺记》。普陀山佛事复渐兴旺。

神宗皇帝对佛教颇为崇仰，多次敕赐普陀山。万历初年，高僧真表入山，改建宝陀寺（今普济寺），重振观音道场。明万历八年僧人大智真融始建“海潮庵”（今法雨寺），因当时此地泉石幽胜，结茅为庵，取“法海潮音”之义。法雨寺占地33408平方米，现存殿宇294间，依山取势，分列六层台基上，入山门依次升级，中轴线上有天王殿，后有玉佛殿，两殿之间有钟鼓楼，又后依次为观音殿、御碑殿、大雄宝殿、藏经楼、方丈殿。万历十四年三月，神宗遣内宫太监张本、御用太监孟庭安赍皇太后刊印藏经41函，旧刊藏经637函，裹经绣袱678件，观音像、龙女像、善财像各一尊赐宝陀寺，紫金袈裟一袭赐真表。真表进京谢恩，归途中遍访四方名僧，来普陀山建庵53处。翌年，鲁王赐赤金佛像一尊，撰《补陀山碑记》。万历十九年，诏僧真语继任宝陀寺住持，礼部赐玉带镇寺。四方僧众闻讯而聚，香客纷至朝山，是年地方官奏折称：宝陀、海潮两寺僧，“倏往倏来，旋多旋少，为数似无定额，而祠宇殿堂、僧房净室，日则满山棋布，夜则燃火星罗，总计二百有奇，日益月盛，漫无可稽”。万历二十六年，宝陀寺遭火，唯观音大士像独存。神宗闻之，遣太监持御赐《大藏经》678函，《华严经》1部，诸品经2部，渗金观音像1尊至普陀供养。神宗期间，虽时有海寇侵扰，浙江督抚曾几次奏明朝廷，要求“停止海外山寺之建，以杜祸隐”，但未被朝廷采纳，继续赐给斋银、幡幢、佛经。[②] 万历三十三年，神宗奉皇太后

---

① 王连胜：《明代佛国逸史钩沉》，佛教导航网 http：//www.fjdh.com/wumin/2009/04/16044058804.html。

② 李桂红：《普陀山佛教文化（二）》，《天津市社会主义学院学报》2005年第3期。

命，派太监张千来山扩建宝陀观音寺于灵鹫峰下，持帑金2000两，斋僧银300两，织纻幡幢，金花丹药等及《金刚经》1部，《普门品》1藏供寺，后又钦赐“护国永寿普陀禅寺”“护国永寿镇海禅寺”御匾两块，并遣使赍金千两建两寺御碑亭，普陀山寺庙规模之宏大一时甲于东南。神宗后又多次派太监赍金及五彩织金龙缎等种种寺庙庄严供养之具来普陀山，并斋僧祈福。时山上有寺庵、静室200多处，莲花洋上“贡艘浮云”，短姑道头“香船蔽日”，“帝后妃主，王侯宰官，下逮僧尼道流，善信男女，远近累累，亡不函经捧香，抟颡茧足，梯山航海，云合电奔，来朝大士”（屠隆《补陀洛迦山记》），佛事日见兴旺。

明代舟山地区的观音信仰除普陀山之外，其他岛屿也有所发展。岱山磨心山上的慈云庵由赵氏募建于乾隆年间，主供观音，嘉庆六年重修，道光二十年长涂庄民妇孔唐氏助田三亩，施茶汤，立碑安垣。大衢岛观音山上的洪因寺建于同治年间，嵊泗大悲山的灵庆庵在清同治十二年改建成灵音寺，成为普陀山圆通庵分寺；定海普慈寺始建于东晋，明洪武十九年遭废，清代复建；定海祖印寺成立于宋治平两年，清顺治年间舟山第二次迁徙后，寺院前后殿遭毁，同治年间住持云袖重修。另有其他供奉观音的寺庵此处不一一叙述，以上盛况足见舟山当时的观音信仰发展状况。

2. 明代观音信仰对舟山地区的影响

明代观音信仰对舟山地区的宗教影响自不必说，同时也在经济、文化、外交等方面产生了一定影响。

首先，在经济方面，观音信仰的盛行，促进了当时舟山地区的经济发展。普陀山作为观音的道场，全国各地前来参拜的善男信女无数，尤其每逢农历二月十九、六月十九、九月十九分别是观音菩萨诞辰、出家、得道三大香会期，更是人山人海，香火鼎盛。这就促进了交通、食宿、香烛等相关行业的发展。普陀山自唐开始种茶、制茶，因观音之故称为“佛茶”，到明朝已名声彰显，清朝更是一度成为贡茶。

其次，在文化方面，明文人墨客留下了不少赞颂普陀山的名篇。明代戏剧家屠隆游普陀时，作《补陀观音大士颂》并序，其序曰：“凡夫苦行薰修，顿叩香台法座；居士志心悲仰。……偏陬陋址，被功德者无涯；愚媪村氓，奉香火者恐后。”其诗云：“大载法王子，累劫行薰修。想观既成熟，漏尽得无碍。圆明了一切，十方咸照彻。刹那千手眼，或亿万化身。”寥寥数语描绘出了观音得道的过程。明徐如翰《雨中寻普陀诸胜景》则对普陀山的秀丽景色赞叹不已：“竹内鸣泉传梵语，松间剩海露金绳。山当曲处皆藏寺，路欲穷时又逢僧。”世称“吴中四才子”之一的画家文徵明也曾游普陀，留下了《补陀山留题》：“寒日晶晶晓海声，中庭映雪一霄晴。墙西老梅太骨立，窗里幽人殊眼明。想见渔蓑无限好，怪来诗画不胜情。江南转瞬相将望，会看门前春潮生。”崇祯三年，大书法家董其昌寓居普陀山白华庵，留有“入三摩地”、“金绳开觉路，宝筏渡迷路”及“磐陀庵”等墨宝。

最后，在外交方面，观音信仰加强了明代的中外交流。由于普陀山在佛教中超然的地位，各国信徒慕名而来，也有个别名僧出访他国传授佛法。明嘉靖三十六年（1557），日本派遣明正使彦周良和副使钧云二人到普陀山住了十个多月，遍览全岛胜迹，礼敬各寺观音，交流、学习经书心得体会，并把普陀山的佛教艺术带回了日本。明永乐元年（1403），日僧坚中圭密赍携自己所编的《绝海和尚语录》访普陀山，求得高僧祖芳道联序文才回国。明景泰四年（1453）四月，以日本高僧东洋允澎为正使，如三芳贞、贞姜为纲司的遣明使船队停泊莲花洋。明成化四年（1468）五月，以日僧天与清岩为正使的遣明使船队亦停泊莲花洋。当时在普陀洋面迎接日本使节，成为惯例，拜访普陀山自然顺理成章。明万历三十一年（1603），西域僧本陀难陀建普同塔。明天启年间（1621—1627），来自波罗奈国（中印度的古国，在摩揭陀国之西北，即今之瓦拉那西）的梵僧到普陀山礼佛，在佛顶山选址造塔以供奉舍利。明崇祯十一年，名士张岱朝礼普陀山，纂成《补陀志》。

观音信仰作为舟山地区最有影响、最具特色的地方宗教信仰文化，以其悠久的历史、丰富的内涵、永恒的主题、生动的形式，经过千年的传承，形成了独具特色的传统信仰。明清时期舟山的观音信仰虽几经摧毁，却又屡次复兴，且声势、规模一次比一次浩大，最终在明清帝王的支持下走向极盛，在海内外影响极大。

第五章

明代浙江海洋灾害与政府的应对

关于海洋灾害，是一个比较模糊的说法，其界限难以界定，因为无论沿海地区陆地还是海洋上的灾害，皆与海洋有直接或间接的关系。所以，海洋灾害范围若仅仅局限于海洋上，则就显得狭窄。我们这里将因海洋原因引起的直接或间接灾害都看成海洋灾害，其类型包括雨雪灾害，江河灾害，海水、海潮泛滥之灾等。

一　浙江雨、雪、水等灾害

在《明史》记载中，明代浙江雨、雪、水灾甚是频繁。

洪武四年七月，衢州府龙游县发生大雨，"水漂民庐，男女溺死"。五年八月，嵊县、义乌、余杭"山谷水涌，人民溺死者众"。六年七月，嘉定府龙游县洋、雅二江水涨，翼日南溪县江水涨，"俱漂公廨民居"。七年十二月，湖州、嘉兴、杭州俱发大水。九年，江南又发大水。十一年七月，苏、松、扬、台四府海水涨溢，"人多溺死"。洪武十四年六月，杭州"晴日飞雪"。二十三年七月，海门县大风潮"坏官民庐舍，漂溺者众"。[①]

永乐二年六月，苏、松、嘉、湖四府俱发大水。三年八月，杭州属县多水，"淹男妇四百余人"。永乐七年秋，浙东发生雨雹。八年，宁海诸州县自正月至六月，"疫死者六千余人"。九年七月，海宁潮溢，"漂溺甚众"。十一年六月，湖州三县发生疫情。七月，宁波五县发生疫情。十四年夏，衢州、金华等府，"俱溪水暴涨，坏城垣房舍，溺死人畜甚众"。十八年夏秋，仁和、海宁潮涌，"堤沦入海者千五百余丈"。[②]

---

① 《明史》卷28，志第四，五行一（水）。

② 同上。

洪熙元年夏，苏、松、嘉、湖积雨伤损庄稼。[①]

宣德六年六月，温州飓风大作，“坏公廨、祠庙、仓库、城垣”。[②] 宣德九年五月，宁海县潮决，“徙地百七十余顷”。[③]

正统八年八月，台州、松门、海门海潮泛溢，“坏城郭、官亭、民舍、军器”。九年闰七月，嘉兴、湖州、台州俱发大水。九年冬，绍兴、宁波、台州“瘟疫大作，及明年，死者三万余人”。十一年六月，两畿、浙江、河南俱连月大雨水。[④]

天顺五年七月，崇明、嘉定、昆山、上海海潮冲决，“溺死万二千五百余人”。浙江亦大水。

景泰五年正月，江南诸府大雪连四旬，苏、常“冻饿死者无算”。[⑤] 景泰五年，杭、嘉、湖“大雨伤苗，六旬不止”。七年，浙江等三十府，“恒雨淹田”。[⑥]

成化十一月冬至，杭州大雷雨。成化十二年八月，浙江风潮大水。弘治四年八月，苏、松、浙江水。五年夏秋，南畿、浙江、山东水。九年六月，山阴、萧山山崩水涌，溺死三百余人。[⑦]

正德十二年，苏、松、常、镇、嘉、湖大雨，“杀麦禾”。[⑧] 隆庆二年正月元旦，大风“扬沙走石，白昼晦冥，自北畿抵江、浙皆同”。[⑨]

万历三年六月，杭、嘉、宁、绍四府“海涌数丈，没战船、庐舍、人畜不计其数”。七年，浙江大水。十四年夏，江南、浙江等地大水。十五年五月，浙江大水。杭、嘉、湖、应天、太平五府江湖泛溢，“平地水深丈余”。七月终，“飓风大作，环数百里，一望成湖”。十七年六月，“浙江海沸，杭、嘉、宁、绍、台属县廨宇多圮，碎官民船及战舸，压溺者三百余人”。十九年七月，宁、绍、苏、松、常五府“滨海潮溢，伤稼淹人”。[⑩] 万历二十四年，杭、嘉、湖淫雨伤苗。二十九年春夏，苏、松、嘉、湖淫雨伤

---

① 《明史》卷29，志第五　五行二（火、木）。
② 《明史》卷30，志第六，五行三（金、土）。
③ 《明史》卷28，志第四，五行一（水）。
④ 《明史》卷28，志第四，五行一（水）。
⑤ 《明史》卷28，志第四，五行一（水）。
⑥ 《明史》卷29，志第五　五行二（火、木）。
⑦ 《明史》卷28，志第四，五行一（水）。
⑧ 《明史》卷29，志第五　五行二（火、木）。
⑨ 《明史》卷30，志第六，五行三（金、土）。
⑩ 《明史》卷28，志第四，五行一（水）。

麦。四十二年，浙江淫雨为灾。[①]

崇祯元年七月，杭、嘉、绍三府海啸，“坏民居数万间，溺数万人，海宁、萧山尤甚”。[②] 崇祯十二年十二月，“浙江淫雨，阡陌成巨浸”。[③]

如此频发的灾害除了毁坏官民居舍、淹毁庄稼、疫病流行外，还导致了浙江的饥荒。如正统三年春，江西、浙江六县发生饥荒。十三年，宁、绍二府及七个州县饥荒。景泰六年春，浙江等八省发生饥荒。成化元年，两畿、浙江、河南饥荒。弘治元年，应天及浙江饥荒。八年，苏、松、嘉、湖四府饥荒。十六年，浙江、山东及南畿四府、三州饥荒。正德七年，嘉兴、金华、温、台、宁、绍六府乏食。崇祯七年，由于饥荒，御史龚廷献绘《饥民图》以进。十年，浙江发生大饥荒，父子、兄弟、夫妻相食。[④]

这些饥荒有的直接为海洋灾害所致，有的间接受到影响。那么政府如何来应对这些灾害呢?

二　明政府对灾害的应对

对于民心，朱元璋是最在意的，因此，在救灾问题上他是非常积极和重视的。其继承者也是如此。在救灾措施上不外乎以下几种，即赈灾、修河渠和海塘。

（一）赈灾

应对各种灾害是传统统治者的天职，是关乎民生和国家统治的大问题。所以，明统治者不仅非常重视赈灾，还有系统和明确的赈灾理论。

1. 赈灾理论

明统治者的赈灾理论和天道思想是一脉相承的，这在明神宗时期兵科给事中李熙的奏章中有明确体现，其言曰：“自古帝王之政，足食而后足兵，甚哉。阜财之道不可不讲也。以民之财济民，则官不费；以民之力生财，则国随足。臣惟当今民务之重，有司所宜究心者五，曰：赈穷民也；优富民也；驱游民也；禁未作之民也；抑刁讼之民也。五者，得其理而天下治矣。今各省被灾被兵之地，在在有之矣。幸皇上丕布鸿恩，凡民间往岁积逋钱粮，悉从蠲免。海隅苍生，莫不知有太平之乐，但臣之愚以为，蠲免者特上

① 《明史》卷29，志第五　五行二（火、木）。
② 《明史》卷28，志第四，五行一（水）。
③ 《明史》卷29，志第五　五行二（火、木）。
④ 《明史》卷30，志第六，五行三（金、土）。

之，不取乎下，而非所以为与也。如使民虽贫无以供税，而力犹有以自存，如是而不取之，已足为恩矣。今被灾之地，水旱为虐，兵火残爇，往往无粟可充，辗转沟壑，当此而不有以赈之，则饿殍日多，盗贼四起，臣谓穷民宜赈者，此也。

周礼曰：'以族得民。'洪范曰：'既富方谷。'以此观之，民之富者可必其为善，而世家巨族，是富民之积，正贫民之资也。有无相通，缓急相赴，虽贫者亦可恃以无恐。今贪墨之吏，一遇富民即以为奇货，诛求朘削，靡所不极，至于廉吏，民之所谓父母也，乃又矫枉过正，每于富右族，务摧抑之，困辱之，不与齐民蒙一体之视。如田土则曰是兼并而无餍；两造则曰是睚眦而使气；债负则曰是放利而多取；甚者或罹小罪必重坐之以破家，谓有搏击之能明。知含冤必故入之以倾赀，谓无贿嘱之染。间有存心公恕、意在平反者，则或以疑似，为所指摘，谤议纷然，而官民俱败。繇是矫虔之吏益得藉口而肆毒是今之富民。其遇吏之贪与廉而皆不能免也。夫贫者，既不能赒之使富；富者，又不能全之。使同归于贫，则闾阎之积愈空，而国将何赖焉。臣谓富民当优者，此也。

先王于民辨之以四：士、农、工、商。各勤其业，故衣食足而储蓄裕也。方今法玩俗偷，民间一切习为闲逸游隋之徒，半于郡邑，异术方技、僧衣道服，祝星、步斗、习幻、煽妖，关雒之间往往而是。夫游隋日众，生理日废，饥寒切身，则必转为非义，刑法禁令，莫可如何矣。臣为游民当驱者，此也。先王之制百工也，奇技淫巧必严其禁，盖以逐末者多，则力本者少，此自然之理。今之末作可谓繁夥矣，磨金、刮玉多于耒耜之夫，藻缋、涂饰多于负败之役，绣文、紃彩多于机织之妇，举凡可以耀耳目、淫心志者，罔所不施其巧，财安得不糜，而费安得不竭也？诚使今之司民者，程课百工，各按其度，诸有造作，一依会典，毋得踰越，若违式不法，则服用者罪，而制造之人亦必并坐如此。则作无益者，不摈而自消恣，无涯者不戢而自歛，俭朴日敦而民知力本矣。臣谓末作当禁者，此也。

凡民之好讼，奸顽之所鼓也。奸民怀险饰诈，志于贼良；顽民负忿乐斗，快于求逞，往往巧挖虚情，牵诬无辜。不才有司，利其如是可以恣其渔猎，遂一概收受，又或委讯鞫于首领，寄耳目于胥隶，于是诓索百端赃赎无艺，或坐罪未明而身已毙，或纳赎未竟而业已散，岂非始于一二奸顽刁讼，好讦遂尔贻累无极哉。诚使今之民牧一意，以忠厚恭逊训率其民，务在减省词讼，岁终则计所部词讼，独多非真含枉者，即治以罪，使民晓然知上意之所在。则一切架虚饰诬之徒，俱无所容以遂其私，齐民安业而专心力穑，淳古之风可想见矣。臣谓刁讼之当抑者，此也。

夫赈穷、优富，正以培财所繇生；驱游、禁末、抑讼，亦以谨财所繇耗，此皆安邦固本之要，而今时之急务也。至于穷民之赈，则必度其所给。今天下郡邑库藏大抵皆空，惟常平仓尚有十之二三，赃罚银尚有十之三四，以此赈发，不谓无资，惟在良有司者著意行之耳。更望我皇上与二三大臣力崇节俭，以倡率之，务为安静以休养之。将见五年生息，五年蕃殖，五年蓄聚，不出十五六年之间，而红腐贯朽，亿万年治安之业，孰有盛于此乎！"疏下户部，酌覆如议。"①

李熙的奏章从圣王治理天下的整体角度出发，论证了赈灾之重要性和必要性。李熙提到了圣王安治天下的两个基石，即食和兵。食乃满足人自然生存的根本，兵乃保障人们生存不受外来威胁。而这两者相比，食又比兵更具优先性，所以李熙会说"自古帝王之政，足食而后足兵"。而足食就必须懂得"阜财之道"。而"阜财"并不是我们现今所讲的货币财富，而是物资、物产的富足。而"阜财之道"的核心思想是"以民之财济民，以民之力生财"，如此，自然国盛民安、天下太平。而要实现这一目标，必须处理好五个方面的事情，即赈穷民；优富民；驱游民；禁末作之民；抑刁讼之民。这几方面的道理要搞清楚了，治理天下就没问题了，"五者，得其理而天下治矣"。

那么，为何要赈穷民，还将其放在五者之首呢？李熙自然有他的考虑。从这五者的排列来看，似乎表现了李熙心中的本末秩序。无论是贫民还是富民，皆是阜财之主要来源，而游民、末作之民、刁讼之民则是耗财之源，因此要接济和保护前者，禁止后者。尤其在前两者中，贫民是占大多数的，是整个国家的基础，所以其生存和生产一定要有保证。而贫民经常会遇到令其无法生存和生产的天灾人祸，因此不仅要减免其税负和劳役，还必须进行一定的赈济。如上节所述，明代灾荒频发，因此对贫民之赈济就更不可少了。"今各省被灾被兵之地，在在有之矣。"如此仅仅减免其税赋、劳役是不够的，"蠲免者特上之，不取乎下，而非所以为与也。"对被灾严重的贫民必须进行赈济，否则就会产生饿死人，甚至良民被逼为盗贼之现象，"今被灾之地，水旱为虐，兵火残爕，往往无粟可充，辗转沟壑，当此而不有以赈之，则饿殍日多，盗贼四起，臣谓穷民宜赈者，此也。"所以，赈济贫民被放在圣王施政之首位，因其在很大程度上决定着国家和社会的稳定。李熙的

① 《明神宗实录》卷之四，隆庆六年八月癸酉条。

这些主张被统治集团全部接受和赞同，这说明，赈灾对整个集团来说，是天经地义的，也是至关重要的。

而神宗也深谙此天道，万历十五年八月，神宗谕户部曰："朕见南北异常水旱，灾报日闻，小民流离困穷，殊可矜悯，书不云乎：'民惟邦本，本固邦宁'。若民生不宁，国计何赖？各该灾伤地方，蠲赈委宜亟举，但须分别轻重，务使实惠及民。尔户部查照累年事例及节次明旨，如果灾重去处，斟酌起存本折减免分数，从优议恤。仍查见贮仓库银谷，放赈煮粥，许以便宜行事。灾轻地方，止照常格，不得混报妄援，各该抚按有司毋得玩视民艰，壅阏德意"。①

神宗对天道下的统治之本是了解的。其深知，国之根本乃在于民，若民生维艰，则国家不稳，因此他才会说："民惟邦本，本固邦宁。若民生不宁，国计何赖？"而关注民生的任务之一就是要在其受灾时予以救援和赈济。如此，才会使上下安宁，天德广布，"各该抚按有司毋得玩视民艰，壅阏德意。"

在明神宗为保国慈孝华严寺所写的碑文中，也从侧面体现了对赈恤的重视，其文曰："朕惟象教之设，虽起自后世，然用以幽泽导慈，延禧昭贶，历代以来，不能废之。故宇内名区梵宇相望。夫宁内典是崇，亦于福田善果良有助焉。近漷县永乐店，乃我圣母皇太后诞育之区，其为灵秀，甲于宇内。圣母顾念枌榆比于涂山渭涘。命朕即其地创慈圣景命殿，又为保国慈孝华严寺。于左方凡若干楹，规制宏壮，足与殿相护翼。营构之费一出帑金，不烦将作。既落成，朕具其事恭告，圣母尤念。圣母慈仁之性本自天成，含育之功原于积累，其所为俯弘六度，兼济众生，盖与西来宗旨原自契合。顷岁，每闻四方水旱，辄为悯恻，至减膳金赈恤，而内庭之贝叶琅函，朱提宝镪，络绎布施于中外者，皆为国祚民生，皈诚发念若斯之恳笃也。今方内喁喁，咸蒙圣母休泽，迦维有灵，必弘拥祐矧。兹地为祥源所肇发，流衍未穷，加以禁苑祇林，焯煌附丽，宁不足以导迎休祉，默护慈躬，为宗社生灵无疆之福哉。此朕所以既喜其成，因为之记，而系以诗。诗曰：有赫璇宫，箕尾分躔，佛日绕之，瑞蔼人天，灵秀攸钟，笃生圣母，愿力乘前，洪慈启后，众生沉漠，咸度迷津，稽首颂赞，归于至仁，圣母不居，原原本本，潞水漷泉，发祥斯远，既营崇殿，乃启双林，雕梁文础，玉埒金绳，法雨朝兴，白毫夜映，香室增华，绀园逊盛，猗欤圣母，功德巍巍，于万斯年，福

① 《明神宗实录》卷之一百八十九，万历十五年八月庚申条。

履永绥。”①

这是明神宗为其母亲所制的碑文，从文字中可以看出，其母是信奉佛教的。神宗所谈到的思想中也涉及了佛教思想。但在神宗看来，佛教思想并不是外来思想，反而是和中国传统儒道思想相融洽与呼应的。如其言：“圣母慈仁之性本自天成，含育之功原于积累，其所为俯弘六度，兼济众生，盖与西来宗旨原自契合。”由此，神宗明确点出，天之本性就是慈仁，秉其“俯弘六度，兼济众生”，亦是统治者的天然义务，而这与佛教宗旨也相契合。正是认识到这一天道法则，其母才“每闻四方水旱，辄为悯恻，至减膳金赈恤，而内庭之贝叶琅亟，朱提宝镪，络绎布施于中外者，皆为国祚民生，皈诚发念若斯之恳笃也。”由天地之慈仁过渡到赈恤万民，是非常自然的逻辑。因此，赈灾成为践行天道之不可缺少之环节。

在对赈灾理论基础进行简单的阐述之后，接下来我们将对赈灾的具体策略和措施进行介绍。

2. 赈灾的策略和措施

明代的赈灾策略和措施是逐渐完善起来的。嘉靖二年九月，户部奉旨会商和评议赈恤事宜，提出诸种赈济方法，具体奏言如下：“一折漕粮。请将江南等处被灾地方本年应纳改兑粮米准改折银九十万石：内直隶江南各府五十万石，江北各府及湖广、江西、山东、浙江、河南共四十万石，行各抚按通融分派。每石连脚耗征银七钱，以备月粮。折放所余运舡听令修舱存恤。

一发内帑。请将内帑、太仓银各发十五万两：直隶江南十万两，江北、山东、河南、湖广各五万两。差官运送巡抚衙门，量灾轻重给发州县官，与预备仓粮赃赎相兼给赈。

一惩侵欺。言江南钱粮多被粮里将已征在官者，侵费贿嘱官吏，捏作未征，冀幸赦免。请访拿到官责限完解违者，从重问遣。

一任抚牧。请行各巡抚官，捐停不急，专意区处，钱谷择属分赈。其应征钱粮，听巡抚便宜从事，或酌量丰俭均节，或即赈数代补，务于征派中存赈恤之意。

一行劝借。请于被灾地方军民有出粟千石赈饥者，有司建坊旌之，仍给冠带。有出粟借贷者，官为籍记，候年丰加息偿之。不愿偿者，听照近例，准银二十两者，授冠带；义民三十两者；授正九品散官；四十两授正八品；五十两授正七品。各免本身杂差。仍禁有司逼强及饥民挟骗等毙。

① 《明神宗实录》卷之四百五十，万历三十六年九月己亥条。

一处财用。谓今议赈者，或欲捐赋发帑，或欲授官补吏，或欲借余财省快舡，或欲借抽分折竹木，为说不一，均切民瘼。但事各有掌檀难议覆，乞敕各部随宜详覆施行。”

议上，命发太仓银二十万两分给赈济，余悉如议。①

这六项措施分别从国家税收政策调整、国家赈济、赈灾行政及其监督、民间赈济、赈灾经济等方面进行了具体规定。在国家政策方面，主要措施就是折漕粮。这不仅将粮食等实物留将下来便于赈济，还减少了运费等损耗和负担。在政府救济方面，主要措施是发内帑和太仓之银，即皇宫内室和国库的收入。这种财政救济是必要的和有显著效果的。在赈灾行政方面，有任行抚和惩侵欺等措施。这一方面保证赈灾的灵活和高效，一方面防止官员的舞弊怠政行为。在鼓励民间参与救济方面，有行劝借等措施。这一措施鼓励民间人士进行捐助救济，同时给予他们或名或利之奖励。

这六项措施被世宗完全接受，而且当即就拨发太仓银二十万两进行赈济。

嘉靖八年，广东佥事林希元又上《荒政丛言》疏，对古今赈济措施进行了高度的总结，其疏言：“救荒有二难，曰：得人难，审户难。有三便，曰：极贫之民便赈米，次贫之民便赈钱，稍贫之民便转贷。有六急，曰：垂死贫民急饘粥，疾病贫民急医药，病起贫民急汤米，既死贫民急募瘗，遗弃小儿急收养，轻重囚系急宽恤。有三权，曰：借官钱以籴粜，兴工作以助赈，借牛种以通变。有六禁，曰：禁浸渔，禁攘盗，禁遏籴，禁抑价，禁宰牛，禁度僧。有三戒，曰：戒迟缓，戒拘文，戒遣使。其纲有六，其目二十有三，各参酌古法，体悉民情。”条列上，请户部覆议，当付有司酌量举行。世宗以其疏切于救民，皆从之。②

林希元所提到的赈灾策略和措施总结了前人的经验，看上去系统而细致。他系统提出了赈灾的六条纲领和二十三条措施。这六纲是：二难；三便；六急；三权；六禁；三戒。“二难”指赈灾工作的难点，一是能干的赈灾人才难得，一是灾民的统计工作难。须知救灾工作千头万绪，人员参差不齐。人员虚报、瞒报问题，物资是否正确、高效、诚实被使用之问题，皆需明察秋毫，其难度可想而知。“三便”指救灾的便宜措施，牵涉到赈济的程度和大小之问题。不是所有灾民都统一赈济，而是根据受灾程度之大小进行

① 《明世宗实录》卷之三十一，嘉靖二年九月甲午条。

② 《明世宗实录》卷之九十九，嘉靖八年三月庚子条。

不同程度之赈济，如极贫之民粮食钱财都空，方便赈济米粮，满足其基本生存需要；次贫之民粮食稍有，便宜赈济些许钱财，让其自购所缺米粮；稍贫之民条件较好，便宜借贷钱物与之暂渡难关。“六急”则是六项及时、急需要做的事，如对垂死贫民要紧急给予粥食；对疾病贫民要及时给予治疗和医药；对病刚好的贫民要及时给予汤米；对已经死亡之贫民要及时募痊；对被遗弃的小儿要及时收养；对各种囚犯要及时给予宽慰和体恤。“三权”即三种权宜之措施，包括：借官钱来买卖米粮，以便维持民间市场的正常运转；兴工作以助赈，也即古代的以工代赈；借耕牛和种子以恢复生产，使农业正常通变流转。“六禁”为六项严禁行为，即禁止侵夺他人财产行为；禁止盗贼行为；禁止不许买米粮之行为；禁止压价行为；禁止宰牛行为；禁止度人为僧的行为等。“三戒”乃赈灾中要引以为戒的事情，即戒救援迟缓；戒拘泥成文旧规；戒遣使扰乱救济秩序。

林希元这短短的百余字，已经将赈灾的前前后后交代得非常周到而清楚了：救灾所遇到的苦难是什么；如何灵活而有差等地进行救济；什么是当务之急；什么是权宜之计；要禁止哪些非法行为；政府如何反应，如何掌控和放权，等等，一应俱全。难怪会被朝廷全部接受。这就为明朝的赈灾行动提供了系统的策略和措施支撑。

在神宗时期，赈灾的策略和措施又进一步完善了。万历十五年九月，南京湖广道试御史陈邦科陈述救荒五事，分别为酌议折兑、通行借留、严禁遏籴、核实分赈、破格蠲免。并请求皇上躬节俭、汰縻费。无益者罢之，不急者止之，未甚缺者停之，派有余者减之。章下户部议覆：“改折漕粮，破格蠲免，候各按臣勘报酌议遏籴之禁，应行申饬。备留漕粮，除山陕舟楫不通，难以轻议外，河南及新运经行之处，俱有漕粮。今既请被灾州县暂从改折，即所谓不留之留也。又将运到漕粮中途借留，大损岁漕之额，且与其留各省运到之粮，不若留本处应运之粮，从而改折之。便分赈以银，不若以粟诚为确论。但临德两仓，上年支放已尽，合于遇灾地方随宜设处，及无碍官银给脚价赴有，收地方籴粮以赈饥民。”神宗从之。[①]

在这里，陈邦科所陈述的五项赈灾条目并没有超出林希元所陈赈济纲领和精神。只是其在增加赈灾资源和减免税负方面提出了一些有价值的建议。增加资源的核心思想是节俭与减少浪费，其具体的方法是：无益者罢之，不急者止之，未甚缺者停之，派有余者减之。减免税负的措施就是蠲免，即免

① 《明神宗实录》卷之一百九十，万历十五年九月己丑条。

除受灾地区的赋税和劳役等。户部听从了其主张，在改折漕粮、破格蠲免、遏籴之禁等方面积极回应，神宗也对这些行动给予支持和赞同。

万历十五年十月，南京礼科给事中朱维藩奏蠲恤赈济八款，分别为："一汰浮冗之征；一裁供亿之费；一苏里甲之累；一约关税之数；一广储蓄之途；一议远籴之令；一倡义助之风；一申赈粥之法。"章下所司覆行。①

朱维藩所提出的八条措施大部分在前面已经都有所涉及，新的内容就是"苏里甲之累"和"约关税之数"。这在储备和节约措施方面进行了补充。

万历十七年六月，吴地大旱，江以北、浙以东，道殣相枕藉，应天巡抚周继、凤阳巡抚舒应龙、浙江巡按蔡系周等上疏条晰荒政，给事中王继光等、御史陈禹谟等，南京给事中朱维藩、御史刘寅等，或言军国征输一切蠲除；或言勘灾伤分数酌免；或言发内帑、南户部帑暨临德仓囷；或言改折漕粮白粮、停徵金花银两；或言留关税、盐课、赃罚，散赈籴买；或言清驿递、禁止苏杭织造；或言假抚按便宜，责成贤能有司，毋令猾胥扣克；或言劝富民输粟给冠带，徒流以下纳粟赎罪；或宽囚停刑，以召和气，埋胔瘗骼以消怨厉，练乡兵固城池，以弥盗贼；开水利、筑河工，使饥民受佣糊口。章满公车，该部俱酌议，具覆。上无弗俞。②

以上所提措施，大部分也已经提到过，只有"徒流以下纳粟赎罪"条是我们没提到的。这是让受劳役和流放罪行的人以纳粮的方式减免刑罚之措施。这又增加了赈济资源的一个筹集渠道。

万历四十二、四十三年，户科给事中官应震以及巡按直隶御史李嵩都对蠲赈之法进行了讨论，这又进一步充实了赈灾策略和措施。

户科给事中官应震说，"蠲之说，有蠲而势不能蠲者；有不可不蠲者；有不可不蠲而蠲之犹晚者。夫积逋带徵，皆为正赋，皆属济边考成之法，藩司郡守运不及数者停满停升。夫督之官而蠲之民，窃恐功令自相为左。有司以遵考成之心，为奉职业之心，必有宁为彼不为此者。况从来逋欠往往在民间者什三，在保歇里胥者什七，以姑息布猾之故，而宁甘罚焉。恐良有司或不其然，所谓应蠲而势不能蠲者，此也。

存留虽系正赋，无预京边，自是有司所得而蠲者，但须著为令，列行坐款：大灾蠲某项，中灾蠲某项，小灾蠲项。平日颁行，遇灾即如式再为敕谕。有催征已完而纶音后到者，揭榜通知来岁补蠲。蠲后州邑报府，府报藩

① 《明神宗实录》卷之一百九十一，万历十五年冬十月壬戌条。

② 《明神宗实录》卷之二百一十二，万历十七年六月癸卯条。

司，务以所蠲某项据实转闻，其有万不能蠲者，亦明白申说，不得用泛泛蠲存字样，致虚浩荡之仁。我朝户工两曹所遣榷关之吏，钦定限期不越一年而止，何也？以利津不可久居，利权不可久假也。今税珰在外二十余祀矣，年限既无而又莫为钤束，恣其所为。所谓不可不蠲而蠲之犹晚者，此也。

赈之说，有自外留以行赈者，有自内发以行赈者。外之留也，或留起解税银或留抚按赃罚。夫赃罚原议八分，备边二分。备赈若以赈故而概留八分，似难尽从。至税银以备大工，今鸠工未闻而各省直梯航而来者，秪为内帑长物，与其朽蠹置之而官民莫赖其用，孰若以民间所输还以活民。往三十六年准留仪真税银，三十七年准留北直、河南、山陕税银，三十八年准留福建、四川税银，多少各有差无，非哀此泽鸿举行大赉，今奈何不踵而行也。此留而允留者也。内之发也，或发帑金或发仓廪。臣读三十八年四月内圣谕：'今岁各处灾伤，朕承 圣母慈谕发银二十万，差官赍解各处赈济，以称圣母与朕赈恤元元至意。'其畿辅灾民还发京仓及附近仓米三十万石，一并给赈。今畿辅与四方处处皆灾，视三十八年不啻过之。惟皇上出帑金若干，散行远服，无量功德，锡厥庶民。自此遐迩鼓鬯，神人叶和。此应发而不可不急发者也。"①

官应震对于蠲赈之法进行了细致的讨论。他将蠲免分为三种情况：有蠲而势不能蠲者；有不可不蠲者；有不可不蠲而蠲之犹晚者。"有蠲而势不能蠲者"指的是地方官员为了政绩考核，会不愿意去免除赋税。如此就导致了蠲免与政绩考核之间的矛盾，不利于赈济。"有不可不蠲者"指的是要对统一要蠲免的项目进行分类，登记造册，"大灾蠲某项，中灾蠲某项，小灾蠲项"，明确之后则照册执行，就不会出现当蠲免不蠲免、不该蠲免乱蠲免之情况了。"有不可不蠲而蠲之犹晚者"指的是那些不符合规定的税收机构和税官应当裁撤，尤其是收税之宦官早就应该撤销，但却迟迟没有采取行动。

官应震还对行赈之法进行了分类，分为自外留以行赈者、自内发以行赈两类。自外留以行赈即或留起解税银或留抚按赃罚以备赈济。自内发以行赈即皇帝或发帑金或发仓廪进行赈济。

官应震这些建议都对赈济、蠲免措施有诸多补充，完善了赈灾过程中出现的不足之处。但其奏章并没有被户部上报，估计是触动了利益集团之私欲，被人为搁置。

---

① 《明神宗实录》卷之五百一十七，万历四十二年二月甲申条。

李嵩亦言："赈者，赈其贫也。若止据里书查报，恐贫者未必给，给者未必贫。合严谕州县正佐，自备壶飧量带驺从，分历郊原，逐一查视。其贫者即登簿钤票，票令贫户收报。俟领米日对同给散，则胥役不得高下其乎矣。赈者，期于享赈之利也，聚千万众于城市中，守费之苦，得不偿失，合无以积米所在，为率酌村落之远近，为脚价之多寡，令民间有车者辇之各乡，即出其米之绪。余偿之，仍谕州县正佐，各于原查地方验票俵给，则贫民不至扶携道路矣。至于蠲存留不蠲起运，是名为蠲而实不蠲。暂蠲停征，若骤近民以小喜，终不蠲，并追是重绳民以难堪。故蠲存留不若蠲起运之为益也，暂蠲之不如终蠲之为益也。虽然，议赈易议蠲难，今边饷动迟至数月，督催之令急如星火，顾安得所剩余而贷之。惟皇上一旦诏发帑金数十万，以抵灾民今岁田租之半，则有蠲之利无蠲之害，有蠲之名并有蠲之实，将吹枯赈槁，普沾浩荡之恩矣。"①

李嵩详细讨论了在赈济过程中如何避免渎职行为和不合宜蠲免行为、如何提高赈济效率等问题。对于胥役之渎职行为，如"贫者未必给，给者未必贫"等，李嵩建议要对灾民详细检查登记。而在下发米粮时，要就近下发，不要拥堵于城市中，导致交通不便，人员拥堵，浪费大量人力物力。在蠲免时，免除存留之赋税不如免除起运之赋税，暂时的蠲免不如长久蠲免。李嵩这些主张也是很有见地的，对赈灾策略有所补充。但其奏章也未被上报，估计其对蠲免的大胆讨论不符合统治者之利益，也不太符合常识，因为蠲免不可能这么彻底，可以对某些次要和多余之税收项目进行删减，但若全部免除，无疑是极端的。

从上面可以看出，明代君臣对赈灾策略和措施有详细的研究和讨论。其赈灾行为也是在这些策略和措施指导下进行的。接下来我们来看其在浙江的具体赈灾行动。

3. 明代浙江的具体赈灾行为

在具体操作过程中，上述策略和措施大部分都被施行过。如发内帑和国库赈济钱粮、折漕粮、蠲免、以工代赈、昌节俭、停织造、旌输赈富户、惩渎职官员等。现举例如下。

洪武八年十一月，直隶苏州、湖州、嘉兴、松江、常州、太平、宁国、浙江杭州诸府发生水患，朱元璋遣使赈给之。② 洪武九年十二月，直隶苏

① 《明神宗实录》卷之五百三十四，万历四十三年七月乙卯条。

② 《明太祖实录》卷之一百二，洪武八年十一月甲寅条。

州、湖州、嘉兴、松江、常州、太平、宁国、浙江杭州、湖广荆州、黄州诸府发生水灾，朱元璋遣户部主事赵乾等赈给之。[①] 洪武十年春正月，朱元璋诏赐苏、松、嘉、湖等府居民旧岁遭遇水患者每户钞一锭，计四万五千九百九十七户；二月，又赈济苏、松、嘉、湖等府民去岁遭遇水灾者每户米一石，凡一十三万一千二百五十五户。可见，开始时苏湖等府遭水患，常以钞赈济之，后来由于听说当地“米价翔踊，民业未振”，才一律以米赈之，“复命通以米赡之”。[②]

洪武十年庚申，又赈济宜兴、钱塘、仁和、余杭四县遭遇水患居民二千余户，户给米一石。[③] 九月，由于绍兴、金华、衢州水灾民乏食，又命赈给之。[④] 洪武十一年五月，朱元璋以苏、松、嘉、湖之民遭遇水灾，已经遣使赈济了。但，又考虑其困乏，再遣使慰问，又济饥民六万二千八百四十四户，每户赐米一石，免其逋租六十五万二千八百二十八石。[⑤]

永乐二年六月，户部言直隶苏、松、浙江嘉湖等郡水民饥，朱棣命监察御史高以正等往督有司赈之。[⑥] 永乐三年六月，朱棣命户部尚书夏原吉、都察院佥都御史俞士吉、通政司左通政赵居任、大理寺少卿袁复赈济苏、松、嘉、湖饥民，朱棣谕之曰：“四郡之民，频年厄于水患。今旧谷已罄，新苗未成。老稚嗷嗷，饥馁无告。朕与卿等能独饱乎？其往督郡县亟发仓廪赈之。所至善加绥抚。一切民间利害，有当建革者，速具以闻。卿等宜体朕忧民之心，钦哉！毋忽。”[⑦]

永乐四年七月，户部言浙江嘉兴县水民饥，命发县廪赈之。[⑧] 同月，浙江山阴县民饥，给米稻赈之，凡给八千四百七十余石。[⑨] 永乐四年九月，赈苏、松、嘉、湖、杭、常六府流徙复业民户十二万二千九百有奇，给粟十五万七千二百石有奇。[⑩] 永乐九年六月，赈浙江龙游县饥民四千二百余户，给

---

① 《明太祖实录》卷之一百一十，洪武九年十二月甲寅条。
② 《太祖实录》卷之一百十一，洪武十年春正月丁未条、二月甲子条。
③ 《太祖高皇帝实录》卷之一百十一，洪武十年庚申条。
④ 《太祖实录》卷之一百十五，洪武十年九月丙申条。
⑤ 《太祖实录》卷之一百十八，洪武十一年五月丁酉条。
⑥ 《明太宗实录》卷三十二，永乐二年夏六月辛卯条。
⑦ 《明太宗实录》卷四十三，永乐三年六月甲申条。
⑧ 《明太宗实录》卷五十六，永乐四年秋七月庚寅条。
⑨ 《明太宗实录》卷五十六，永乐四年秋七月甲午条。
⑩ 《明太宗实录》卷五十九，永乐四年九月戊辰条。

稻四千八百六十余石。[①] 永乐十年六月，浙江按察使周新言："湖州府乌程等县，永乐九年夏秋霖潦，洼田尽没。湖州府无征粮米七十万二千四百余石。所司不与分豁，一概催征。今年春多雨，下田废耕，饥民已荷赈贷。而前年所负田租，有司犹未蠲免，民被迫责日就逃亡。乞遣官覆验，以舒民急。"朱棣命户部亟遣人核实蠲免。[②]

永乐十年六月，浙江按察司奏："今年浙西水潦，田苗无收。通政赵居任匿不以闻，而逼民输税。"上以问户部尚书夏原吉，原吉对曰："比赵居任奏民多以熟田作荒伤，按察之言未可悉信。"上曰："水潦为灾，人皆见之。按察司敢妄言乎！愚民虽间有为欺谩者，岂可以一二废千百尔？"即遣人覆视，但苗坏于水者，蠲其税，民被水甚者，官发粟赈之。[③] 可见，朱棣对百姓的重视超过其对官员的信任。这说明朱棣是深懂百姓为本之天道的。

永乐十一年三月，皇太子命赈济浙江乌程等五县饥民，计有一万二千八百一十三户，给粟三万七千六百石。[④] 永乐十一年八月，赈浙江之仁和、嘉兴二县饥民三万三千七百八十余口，给米稻六千七百三十石。[⑤] 永乐十三年四月，浙江桐庐、西安二县民饥，命发预备仓谷赈之。凡户七千六百六十，赈谷万三千四百石有奇。[⑥] 永乐十四年五月，赈直隶六安、英山、砀山、萧县及浙江西安诸县饥民凡二万三千四百户，给粮三万二千八百石有奇。[⑦] 永乐十四年七月，浙江衢州、金华二府大雨，溪水暴涨，坏城垣、漂房舍，溺死人畜甚众。朱棣命户部遣人分视赈恤。[⑧] 永乐十九年六月，赈苏州府吴县、浙江西安县等饥民，凡给仓粮一万一千八百石。[⑨] 永乐二十年正月，赈浙江之游龙、湖广之宁乡县饥民一千七百二十户，凡给粮二千九百石。[⑩]

嘉靖元年十二月，浙江湖州府水灾，明世宗令该府漕运粮米再改折六万石，每石征银七钱，仍命总理粮储尚书李充嗣于浙江运司量支盐课银五千

① 《明太宗实录》卷一百十六，永乐九年六月壬子条。
② 《明太宗实录》卷一百二十九，永乐十年六月庚申条。
③ 《明太宗实录》卷一百二十九，永乐十年六月壬申条。
④ 《明太宗实录》卷一百三十八，永乐十一年三月甲辰条。
⑤ 《明太宗实录》卷一百四十二，永乐十一年八月戊申条。
⑥ 《明太宗实录》卷一百六十三，永乐十三年夏四月辛卯条。
⑦ 《明太宗实录》卷一百七十六，永乐十四年五月甲辰条。
⑧ 《明太宗实录》卷一百七十八，永乐十四年秋七月己未条。
⑨ 《明太宗实录》卷二百三十八，永乐十九年夏六月甲辰条。
⑩ 《明太宗实录》卷二百四十五，永乐二十年春正月丙子条。

两，督同守巡等官核实赈济饥民。[①]

嘉靖二年十二月，大学士杨廷和等乃疏曰："今年直隶、浙江等府水旱异常，额征税粮尚冀蠲免。若更差官织造一切物料工役，何能措办？非惟逼勒逃亡，抑恐激成他变，况经过淮、扬、邳诸州府，见今水旱非常，高低远近一望皆水，军民房屋、田土概被渰没，百里之内寂无爨烟，死徒流亡难以数计。所在白骨成堆，幼男稚安称斤而卖，十余岁者止可数十，母子相视痛哭，投水而死。官已议为赈贷，而钱粮无从措置，日夜忧惶，不知所出，自今抵麦熟时尚数月，各处饥民岂能垂首枵腹、坐以待毙，势必起为盗贼，近传凤阳、泗州、洪泽饥民，啸聚者不下二千余人。劫掠过客……未知何日剿平。况将来事势，尚有不可预料者，臣等职叨辅导，实切惊惧，所有敕书，决不敢撰写。"大臣们建议停止织造，以减少灾民负担 。世宗了解大臣心意，但似有不舍，曰："卿等所言，具见忠诚爱君恤民至意，朕已知之。宜安心治事，但此事业已差官，其写敕遣行，第令安静无扰可矣。"后众大臣纷纷上书，建议停止织造，给事中张翀等御史谢汝仪等主事黄一道等各疏言："宜信大任臣，停止织造，以元圣德保盛治。"世宗有所收敛。[②]

而且，世宗还接受大臣们节俭之建议，如巡视库藏给事中葛鵾条陈六事，曰："一申揽头之禁；二戒门官之害；三清未完之批；四处寄库之布；五裁内官之滥；六崇节俭之风。"其裁内臣之滥言："各库旧有额，设内臣除一二员能通书筭掌管外，余已为冗员。兹又无故传张禄等三员于甲字等库到任管事，臣不知此何谓也。夫多一官有一官之扰。冗滥既添，克剥必广，乞依前诏裁革。将张禄等取回，待有各库员缺以次叙用。"其崇节俭之风言："陛下即位，首严奢侈之禁，中外已知圣心有志复古。近闻各库钱粮取用太多，赏赐太滥各色物料，每每称乏，渐与初政不同。今苏、松等处水旱相仍，方蒙蠲恤。即有征处，亦多饥馑流移，若复不次催科，恐皆填于沟壑，伏望皇上重念东南民力已竭，躬行俭朴，为天下先，赏赐有节，取用适中，仍敕各监局造作不急者，暂且停止。应用者亦从减省，节缩有方。钱粮自裕。"疏下，户部覆言可行。上曰："躬行节俭，朕将采而行之。各库官不必动，余如议行。"[③]

嘉靖四年九月，以灾免浙江绍兴、湖州二府存留粮有差，湖州仍听折兑

---

① 《明世宗实录》卷之二十一，嘉靖元年十二月癸酉条。
② 《明世宗实录》卷之三十四，嘉靖二年十二月庚戌条。
③ 《明世宗实录》卷之三十四，嘉靖二年十二月辛亥条。

军粮入万石，暂停征，通议赈给。[①] 嘉靖七年九月，以浙江杭、嘉、湖等处灾伤，诏于兑军粮六十万石内准二十万石，南京仓粮十一万七千四百六十二石内准六万石，并徐州仓粮四万五千石，每石折银五钱，道融分派灾重州县。[②] 嘉靖八年十一月，以浙江杭州等府水灾，免今岁存留税粮及改折有差，仍令守巡等官开仓赈济。[③] 嘉靖八年十二月，以水灾暂免两浙灶户岁辨盐课，仍发仓库及余盐银赈之。[④] 嘉靖十年十二月，以灾例免浙江杭州、湖州、绍兴、严州、温州等府金乡等卫粮税有差，其杭州北新关税课于正额外余银输南京者，许存留本省以备滨海卫所急缺月粮，仍命各处设法赈贷。[⑤]

万历二年十一月，神宗对浙江水灾进行了赈济，如浙江抚按官杨鹏举等言："处州、安吉、嘉善等府州县水灾，已经会议改折，减免屯粮，分别赈恤。其随时加派者，或量减分数，或暂行停徵。"并对赈灾过程中出现的官员舞弊行为进行了处理。如巡按御史奏："贪官赵文华侵冒边饷十余万，沈永言侵欺蜡茶等银三万余两，姑为缓追。"户部覆言："有灾州县带征钱粮，姑准徵一分。赵思慎、沈永言等各犯，变产暂令改限完奏，奉旨追征侵欠，与灾伤地方何干？抚按官借言蠲恤，背公市恩，姑不究，余依拟行。"[⑥]

万历十五年八月，神宗见南北水害严重，谕户部曰："朕见南北异常水旱，灾报日闻，小民流离困穷，殊可矜悯……各该灾伤地方，蠲赈委宜亟举，但须分别轻重，务使实惠及民。尔户部查照累年事例及节次明旨，如果灾重去处，斟酌起存本折减免分数，从优议恤。仍查见贮仓库银谷，放赈煮粥，许以便宜行事。灾轻地方，止照常格，不得混报妄援，各该抚按有司毋得玩视民艰，壅阏德意。"[⑦] 同月，神宗再令东南太平、宁国、苏、松、常、杭、嘉、湖等府所在水灾地区，起运钱粮蠲免一年。[⑧]

万历十五年九月，户部覆："浙江巡抚滕伯轮、巡按傅好礼各题灾伤重大，乞停织造，折漕粮，留盐课，预赈恤等事相应，依拟。惟盐课、赃罚系济边正项，难以准留。"上是之，诏民屯钱粮、应停免改折者，俱如议，以

---

① 《明世宗实录》卷之五十五，嘉靖四年九月甲申条。

② 《明世宗实录》卷之九十二，嘉靖七年九月壬午条。

③ 《明世宗实录》卷之一百七，嘉靖八年十一月甲辰条。

④ 《明世宗实录》卷之一百八，嘉靖八年十二月辛未条。

⑤ 《明世宗实录》卷之一百三十三，嘉靖十年十二月庚辰条。

⑥ 《明神宗实录》卷之三十一，万历二年十一月癸巳条。

⑦ 《明神宗实录》卷之一百八十九，万历十五年八月庚申条。

⑧ 《明神宗实录》卷之一百八十九，万历十五年八月丙戌条。

苏民困。[1] 可见，对于该减免的，神宗尽量减免。而涉及军费的税赋是不会轻易减免的。

万历十六年五月，湖州发生饥荒，巡按御史傅好礼动支漕折银一万两赈济灾民。其先斩后奏之行为被户部所批评，责令其如数抵解，并敕其擅动之过。[2] 十七年正月，神宗表彰浙江输米谷助赈义民董钦等家族，对于此等不系职官者予冠带。[3] 十七年六月，浙江飓风大发，海水沸涌，杭州、嘉兴、宁波、绍兴、台州等属县廨宇庐舍倾圮者，县以数百计，碎官民船及战舸压溺者二百余人，桑麻田禾皆没于卤。[4] 同月，吴地大旱，震泽化为夷陆，斗米几二钱。袤至江以北、浙以东，道殣相枕藉，应天巡抚周继、凤阳巡抚舒应龙、浙江巡按蔡系周等上疏条晰荒政，给事中王继光等、御史陈禹谟等，南京给事中朱维藩、御史刘寅等，或言军国征输一切蠲除；或言勘灾伤分数酌免；或言发内帑、南户部帑暨临德仓囷；或言改折漕粮白粮、停征金花银两；或言留关税、盐课、赃罚，散赈籴买；或言清驿递、禁止苏杭织造；或言假抚按便宜，责成贤能有司，毋令猾胥扣克；或言劝富民输粟给冠带，徒流以下纳粟赎罪；或宽囚停刑，以召和气，埋胔瘗骼以消怨厉，练乡兵固城池，以弥盗贼，开水利、筑河工，使饥民受佣糊口。章满公车，该部俱酌议，具覆。上无弗俞，又奉特旨："文武官俸米亦准改折，浙江南粮折银留给军饷，已得旨。浙直为财赋重地，被灾小民流离困苦，朕心恻然。还查照近年山陕等处赈济事例，差老成风力给事中一员，查理钱粮，拊恤饥贫，禁治劫夺，司道不职者，即时参处。"因发太仆寺银二十万，南京户部银二十万，南直隶府州县分银三十万，浙江十万，户科右给事中杨文举衔命以往。[5] 可见，这时官员们对赈济措施已经非常熟悉了，提出的建议已经装满公车了。神宗对此也习以为常，按例布置安排。

万历十七年七月，刑部左侍郎何源去世，其在嘉兴任知县期间，曾发生一件关于赈济之逸事，当时浙江嘉兴发生灾荒，靖江王盘游至浙江，有饥民待赈者数千人环绕驿站，何源令民哀嗥求赈于靖江王，王竟不堪骚扰，急急遁去。[6]

---

① 《明神宗实录》卷之一百九十，万历十五年九月壬寅条。
② 《明神宗实录》卷之一百九十八，万历十六年五月乙酉条。
③ 《明神宗实录》卷之二百七，万历十七年正月乙亥条。
④ 《明神宗实录》卷之二百一十二，万历十七年六月癸未条。
⑤ 《明神宗实录》卷之二百一十二，万历十七年六月癸卯条。
⑥ 《明神宗实录》卷之二百一十三，万历十七年七月丁卯条。

万历十七年八月，江南又有灾荒，南京工部尚书李辅请兴工作以寓救荒，谓："留都流离渐集，赈粥难周，请修神乐观报恩寺各役，肇举匠作千人，所赈亦及千人，及查僧众无度牒者领给，以示澄汰，礼科给事中朱维藩亦有言。"从之。[①] 这是以工代赈的典型案例。同月，神宗钦定赈荒科臣关防（印信），名曰督理荒政。[②]

由于灾荒如此频繁，还出现了大臣请辞事件。万历十八年五月，大学士王锡爵因灾异自陈言："臣之在事满五年矣。兹五年之内，朝讲一月疏一月，一年少一年，四方无岁不告灾，北朝南寇，在在生心，太仓藏钱廪米枵然一空，而各边请饷，各省请赈茫无措处。皇子册立大典尚未举行，即豫教急务亦尚停阁。见今京师亢旱风霾，人情汹汹，求其召灾之故而不可得，则有妄传宫廷举动，归过皇上者。臣谊属股肱，职叨辅养，主德之未光，则臣不肖之身实累之。伏惟皇上察臣无状，首赐罢免。"得旨："灾异叠臻，朕方切兢惕，卿辅弼重臣，岂可引咎求去，宜即出佐理，不允辞。"[③] 这一奏疏反映出神宗时期灾荒是历代之最，几乎年年有饥荒。再加上军费开支，导致国库空虚。根据天人感应之说，人们自然将责任推到了天子身上：天子德能不足，才会导致上天对其质疑和反对。而各种自然灾害就是天之回应。君臣乃一体，天子治理不当，做臣子的也感到脸上无光，所以才出现王学士请辞一事。

万历十九年九月，浙江嘉、湖二府"淫雨夹旬，洪水灾伤"。御史黄钟疏乞蠲折赈给。户部覆："行该省将各属被灾分数，计算免征，将府州县无碍官银抵补。其湖州所屯粮照灾重例，每石折银三钱，通融抵作军粮。被灾者稍轻，量行县动支仓穀赈恤。"神宗从之。[④] 万历二十年十月，浙江金、衢、严、湖四府灾荒，神宗命蠲免税赋，存留钱粮发仓赈济有差。[⑤]

万历三十六年九月，命户部于拖欠买办银内，给发五万两赈救浙江灾民。[⑥] 万历三十七年正月，浙西郡灾荒，准海宁、余杭、临安三县漕粮与从改折。但神宗又认为，"漕粮每年俱完折色，反致拖欠，岂不有负朝廷德意，军国大计，何容泛视！着地方官严行催督，毋得迟缓。"但是，依然给

---

① 《明神宗实录》卷之二百十四，万历十七年八月己卯条。

② 《明神宗实录》卷之二百十四，万历十七年八月甲申条。

③ 《明神宗实录》卷之二百二十三，万历十八年五月甲辰条。

④ 《明神宗实录》卷之二百四十，万历十九年九月戊寅条。

⑤ 《明神宗实录》卷之二百五十三，万历二十年十月乙巳条。

⑥ 《明神宗实录》卷之四百五十，万历三十六年九月丁未条。

赈浙西盐课税银共十万六千两。① 万历三十七年十月，浙江巡抚高举言“湖州府属桑田渰没”，请将三十六和三十七两年实徵白绢，岁一万七千八十余疋，尽行改折，其两年丝绵与三十八年以后绢疋，仍征本色，不得援为成例。神宗允准。②

万历三十九年六月，户部奏浙西杭、嘉、湖三郡，戊申重罹淫潦，洊饥为甚，士民尚义捐赈，除操江都御史丁宾具疏力辞旌建，已奉旨辞免外乡官。佥事闵潆庆、主事朱长春等共七十余员，名径行有司，分别旌奖，以励世风。从之。③ 这是对民间赈济的又一次嘉奖。

万历四十三年四月，户部覆浙江抚按疏，称浙省水旱灾伤，议将本省税银五千余两，南北二关新增税银各二千四百两，赃罚银内姑留一半，计三千三百五十两，赈济饥民。已经三请未蒙俞允，复请如初。上曰：“这赃罚等银，依议留赈，以昭朝廷轸恤灾民德意。”④ 看来国库已经非常空虚，神宗不得已只允许部分赃银可以留赈，而税赋不能再蠲免了。

万历四十六年九月，户部以辽饷缺乏，援征倭征番例，请加派。除贵州地硗有苗，变不派外，其浙江十二省、南北直隶，照万历六年会计录所定田亩，总计七百余万顷，每亩权加三厘五毫。唯湖广淮安额派独多，另应酌议。其余勿论优免，一概如额通融加派，总计实派额银二百万三十一两四钱三分八毫零。仍将所派则例印填一单，使民易晓，无得混入条鞭之内。限文到日，即将见在库银星速那解，随后加派补入。设督饷抚臣一员，请敕节制庶军实充而肤功。可奏计浙江派银一十六万三千四百三十九两四钱三分八厘。⑤ 在赈灾之余，当民间稍有缓和，政府就不得不加征税赋，因为辽饷消耗太大。如此内外交攻，明元气大损。

万历四十六年九月，浙江钱塘、富阳、余杭、临安、新城、孝丰、归安、长兴、临海、黄岩、太平、天台、仙居、宁海等县洪水为灾，田舍人民淹没无算，乞照四十二年留钱粮赈济。⑥

以上并不是明代浙江赈灾之全部，而是拣选了几个时期为例来进行初步了解。其中神宗万历年间应该是灾情比较严重的时期，可作为典型代表。从

---

① 《明神宗实录》卷之四百五十四，万历三十七年正月戊戌条。
② 《明神宗实录》卷之四百六十三，万历三十七年十月壬戌条。
③ 《明神宗实录》卷之四百八十四，万历三十九年六月丙子条。
④ 《明神宗实录》卷之五百三十一，万历四十三年四月辛丑条。
⑤ 《明神宗实录》卷之五百七十四，万历四十六年九月辛亥条。
⑥ 《明神宗实录》卷之五百七十四，万历四十六年九月壬子条。

这些例子我们可以看出明代赈灾之基本特征。其一，有系统的理论。皇帝及其大臣都以传统天道思想为其理论基础，论证了赈灾的必要性。其二，有具体的赈灾策略和措施。可以看到，明代君臣不断丰富和充实着赈灾策略和措施，从政府到民间、从朝廷到地方，各个层面所应担负职责和注意事项都有所考虑。其三，有成熟的经验和较为周到的准备。由于自然灾害频发，明政府已经积累了大量的赈灾经验。在赈灾的储备和应对过程中，明政府的安排还算有条不紊。其四，灾害过多，考验太大。尽管明政府有积极的态度和周密的措施，但其所遭受的自然灾害过于频繁，最终导致其国库空虚，疲于奔命。这也影响了其赈灾的效果，而民间义军的兴起也与此有关。再加上外来入侵，军饷加派，内外交攻，终致明政权摇摇欲坠。

（二）修河渠、海塘

对付水灾的另一项措施是修河渠和海塘。在这一方面，明政府做出了诸多努力，其在浙江的业绩也可圈可点。具体举例如下。

洪武六年，朱元璋发松江、嘉兴民夫二万开上海胡家港，自海口至漕泾有一千二百余丈，以通海船，而且还疏浚海盐、澉浦。洪武十四年筑海盐海塘。洪武二十四年，修临海横山岭水闸，并修宁海、奉化海堤四千三百余丈；又筑上虞海堤四千丈，改建石闸；疏浚定海、鄞二县东钱湖，灌田数万顷。①

永乐元年，朱棣修浙江赭山江塘，凿嘉定小横沥以通秦、赵二泾。还命夏原吉治苏、松、嘉兴水患，疏浚华亭、上海运盐河，金山卫闸及漕泾分水港。原吉根据自已的考察，认为浙西地势高，苏松地区必须疏浚才能减少水患，其言曰："浙西诸郡，苏、松最居下流，嘉、湖、常颇高，环以太湖，绵亘五百里。纳杭、湖、宣、歙溪涧之水，散注淀山诸湖，以入三泖。顷为浦港堙塞，涨溢害稼。拯治之法，在浚吴淞诸浦。按吴淞江袤二百余里，广百五十余丈，西接太湖，东通海，前代常疏之。然当潮汐之冲，旋疏旋塞。自吴江长桥抵下界浦，百二十余里，水流虽通，实多窄浅。从浦抵上海南仓浦口，百三十余里，潮汐淤塞，已成平陆……难以施工。嘉定刘家港即古娄江，径入海，常熟白茆港径入江，皆广川急流。宜疏吴淞南北两岸、安亭等浦，引太湖诸水入刘家、白茆二港，使其势分。松江大黄浦乃通吴淞要道，

① 《明史》卷88，志第六十四，河渠六。《明太祖实录》于此记载稍有补充，其记曰："洪武二十四年三月辛巳，修筑浙江宁海奉化二县海堤成。宁海筑堤三千九百余丈，用工凡七万六千；奉化筑堤四百四十丈，用工凡五千六百。"（《明太祖实录》卷之二百八，洪武二十四年三月辛巳条）

今下流遏塞难浚。旁有范家浜，至南仓浦口径达海。宜浚深阔，上接大黄浦，达泖湖之水，庶几复《禹贡》‘三江入海’之旧。水道既通，乃相地势，各置石闸，以时启闭。每岁水涸时，预修圩岸，以防暴流，则水患可息。”朱棣命发民丁开浚。原吉昼夜监工，以身作则，最终完工。[①]

永乐五年，又修钱塘、仁和、嘉兴堤岸，余姚南湖坝，治杭州江岸。永乐六年，疏浚浙江平阳县河。永乐七年修海盐石堤。永乐九年，修长洲至嘉兴石土塘桥路七十余里，泄水洞一百三十一处，监利车水堤四千四百余丈；修仁和、海宁、海盐土石塘岸万余丈；筑仁和黄濠塘岸三百余丈，孙家围塘岸二十余里。同年，丽水民言：“县有通济渠，截松阳、遂昌诸溪水入焉。上、中、下三源，流四十八派，溉田二千余顷。上源民泄水自利，下源流绝，沙壅渠塞。请修堤堰如旧。”部议从之。[②]

永乐十年，修浙江平阳捍潮堤岸。永乐十七年，萧山民言：“境内河渠四十五里，溉田万顷，比年淤塞。乞疏浚，仍置闸钱清小江坝东，庶旱潦无忧。”请求被接受。永乐十八年，海宁诸县民言：“潮没海塘二千六百余丈，延及吴家等坝。”通政岳福亦言：“仁和、海宁坏长降等坝，沦海千五百余丈。东岸赭山、严门山、蜀山旧有海道，淤绝久，故西岸潮愈猛。乞以军民修筑。”朱棣一并从之。第二年修海宁等县塘岸。[③] 永乐二十一年，修嘉定抵松江潮圮圩岸五千余丈。永乐二十二年，修临海广济河闸。[④]

洪熙元年修黄岩滨海闸坝。宣德二年，浙江归安知县华嵩上疏请治泾阳洪渠堰，其言曰：“泾阳洪渠堰溉五县田八千四百馀顷。洪武时，长兴侯耿炳文前后修浚，未久堰坏。永乐间，老人徐龄言于朝，遣官修筑，会营造不果。乞专命大臣起军夫协治。”疏被接受。宣德三年，临海民言：“胡巉诸闸潴水灌田，近年闸坏而金鳌、大浦、湖涞、举屿等河遂皆壅阻，乞为开筑。”宣宗曰：“水利急务，使民自诉于朝，此守令不得人尔。”命工部即饬郡县秋收起工。仍诏天下：“凡水利当兴者，有司即举行，毋缓视。”宣德五年，巡抚侍郎成均请修海盐海堤，其言曰：“海盐去海二里，石嵌土岸二千四百余丈，水啮其石，皆已刓敝。议筑新石于岸内，而存其旧者以为外障。乞如洪武中令嘉、严、绍三府协夫举工。”从之。[⑤]

---

① 《明史》卷88，志第六十四，河渠六。
② 同上。
③ 同上。
④ 同上。
⑤ 同上。

正统十二年，浙江听选官王信请通绍兴、钱塘等江，其言曰："绍兴东小江，南通诸暨七十二湖，西通钱塘江。近为潮水涌塞，江与田平，舟不能行，久雨水溢，邻田辄受其害。乞发丁夫疏浚。"请求被批准。景泰七年，尚书孙原贞请求疏浚西湖，其言曰："杭州西湖旧有二闸，近皆倾圮，湖遂淤塞。按宋苏轼云'杭本江海故地，水泉碱苦。自唐李泌引湖水入城为六井，然后井邑日富，不可许人佃种。'周淙亦言：'西湖贵深阔。'因招兵二百，专一捞湖。其后，豪户复请佃，湖日益填塞，大旱水涸。诏郡守赵与亹开浚，茭荷葑荡悉去，杭民以利。此前代经理西湖大略也。其后，势豪侵占无已，湖小浅狭，闸石毁坏。今民田无灌溉资，官河亦涩阻。乞敕有司兴浚，禁侵占以利军民。"其认为西湖枯涸的原因是豪强占田，需要禁止侵占湖田，疏浚湖道。其疏被接受。①

成化六年，修平湖周家泾及独山海塘。成化七年，海潮决钱塘江岸及山阴、会稽、萧山、上虞，乍浦、沥海二所，钱清诸场。宪宗命侍郎李颙修筑。成化十一年，疏浚杭州钱塘门故渠，左属涌金门，建桥闸以蓄湖水。成化十四年，大臣俸言："直隶苏、松与浙西各府，频年旱涝，缘周环太湖，乃东南最洼地，而苏、松尤最下之冲。故每逢积雨，众水奔溃，湖泖涨漫，淹没无际。按太湖即古震泽，上纳嘉、湖、宣、歙诸州之水，下通娄、东、吴淞三江之流，东江今不复见，娄、淞入海故迹具存。其地势与常熟福山、白茆二塘俱能导太湖入江海，使民无垫溺，而土可耕种，历代开浚具有成法。本朝亦常命官修治，不得其要。而滨湖豪家尽将淤滩栽莳为利。治水官不悉利害，率於泄处置石梁，壅土为道，或虑盗船往来，则钉木为栅。以致水道堙塞，公私交病。请择大臣深知水利者专理之，设提督水利分司一员随时修理，则水势疏通，东南厚利也。"再次申请疏浚自浙至苏、松之水道。宪宗即令俸兼领水利，听所浚筑。建成之后，乃专设分司管理。成化二十年，修嘉兴等六府海田堤岸，特选京堂官往督之。②

弘治七年，孝宗命侍郎徐贯与都御史何鉴经理浙西水利。徐贯任命之初，奏请以主事祝萃辅助修筑。祝萃乘小舟去调查。徐贯先令苏州通判张旻疏各河港水，潴之大坝。接着开白茆港沙面，乘着潮退，决大坝水冲激之，河道沙泥刷尽。被潮水荡激，河道日益阔深，水到达大海畅通无阻。又令浙江参政周季麟修嘉兴旧堤三十余里，以石修建，增缮湖州长兴堤岸七十余

---

① 《明史》卷88，志第六十四，河渠六。

② 同上。

里。徐贯上疏细言自己治理经过，其言曰："东南财赋所出，而水患为多。永乐初，命夏原吉疏浚。时以吴淞江滟沙浮荡，未克施工。迨今九十余年，港浦愈塞。臣督官行视，浚吴江长桥，导太湖散入澱山、阳城、昆承等湖泖。复开吴淞江并大石、赵屯等浦，泄澱山湖水，由吴淞江以达於海。开白茆港白鱼洪、鲇鱼口，泄昆承湖水，由白茆港以注于江。开斜堰、七铺、盐铁等塘，泄阳城湖水，由七丫港以达于海。下流疏通，不复壅塞。乃开湖州之溇泾，泄西湖、天目、安吉诸山之水，自西南入于太湖。开常州之百渎，泄溧阳、镇江、练湖之水，自西北入于太湖。又开诸陡门，泄漕河之水，由江阴以入于大江。上流亦通，不复堙滞。"这项工程第二年四月竣工。此工程修浚河、港、泾、渎、湖、塘、陡门、堤岸百三十五道，招募劳工二十余万。其中，祝萃之功较大。①

嘉靖四十二年，给事中张宪臣言："苏、松、常、嘉、湖五郡水患叠见。请浚支河，通潮水；筑圩岸，御湍流。其白茆港、刘家河、七浦、杨林及凡河渠河荡壅淤沮洳者，悉宜疏导。"世宗以江南久苦倭患，民不宜重劳，只令斟酌疏浚支河而已。②

从上面可以看出，明代在浙江进行了一系列的河渠、海堤的修建，从中我们还能看到一些特点。首先，除了地方官员要尽职尽责外，平民百姓也可以直接向朝廷提议进行河渠和海堤建设。明朝历代皇帝很重视民间的声音，这也反映了天道生民之法则。其次，海洋灾害频繁，河渠海堤不断被冲毁和重建。这也加大了民众的负担，影响了明朝的国力。

① 《明史》卷88，志第六十四，河渠六。
② 同上。

结　语

明代浙江海洋文明的基本特征

经过前面几方面的叙述和分析，我们对明代浙江海洋文明的形成和发展有了一个大致的了解。现在我们将其再归纳总结一下。明代浙江海洋文明基本上表现在如下几个方面：

一、在海洋政策方面，明政府采取了海禁的政策。这说明在明代，整个浙江的海面在政治上是受管制的。而明代的海禁政策有其文化和政治上的深层原因。明代外交以天道思想作为其外交的指导思想。天道外交的主要思想是夷夏秩序观念、战和观念和义利观念。所谓夷夏秩序，就是在对天道践行程度不同的基础上，形成核心国和附属朝奉国之间的单线辐射型关系。在这一秩序中，各国都要做到内安其民，外安其分。同时附属国要履行一种象征性的朝见贡奉礼节，其中也包括朝贡贸易；在天道外交中，战和关系一直存在，明统治者出兵的原因可归为两类：一是在礼数上的冒犯；一是对边境的武装侵犯。不到万不得已，明统治者不会动用武力来对付外夷。而战争也不是肆意杀戮，通过战争使夷人领会天帝仁德之大道，才是明作战的真正目的；在天道外交中，对商贸是不重视的，天道思想追求的是中庸与整体和谐，仁德秩序和礼乐之风是其核心内容，经济并不作为一个独立的领域为人们所欲求。过度的商贸行为是与天道背道而驰的，因此要严加限制。最后，与近现代人道外交相比，天道外交具有其优越性和局限性，其优越性在于：尊天道及由其形成的自然等级秩序，有利于保持世界之整体性与和谐；其推崇中庸和节制，有利于防止恶性竞争和私欲泛滥。其局限性在于其难操作性和不稳定性，以及无法应对极端的挑战。近现代人道外交要成为一种更完善、更成熟的外交模式，须对天道外交进行更完整、更深入的研究和探索。

浙江无疑成了明天道外交实验的一个典型场所。在与日本的交往中，尤其体现出天道外交之特点。尤其是在其缺陷性上体现得较为明显：

首先是其不稳定性。天道外交需要统治阶层的智慧和德行来支撑。在洪武到永乐年间，政治清明，统治稳定，中日关系也较为稳定。而到了嘉靖、万历年间，皇帝怠政、挥霍无度，吏治腐败、军队腐朽、社会动荡。因而导致内忧外患。而内治不举，必然招致“四夷交侵”。出现倭寇现象在所难免。猖獗于浙江沿海的倭患和统治者的才能与德性是有着重大关联的。

其次，天道外交无法应对极端挑战之局限性。由于天道秩序寻求一种整体性与和谐性，它不允许发展极端的东西，包括商业和贸易等。它对自然的态度就是整体模仿和利用，就不会将其拆开来当作对手来细致研究和解剖。在传统天道外交来看，整个宇宙应该是和谐的，只是人的妄为才导致了秩序的紊乱，人们要做的就是对付那些人欲过剩的国家或民族，而且在传统社会里，欲望的表达也是有界限的。如此，天道模式下各国的经济和科技就停留在一种自给自足的状态，不会像近代西方那样无休止地去征服和占有。而这就使其无法应付极端的挑战。尤其是对财产等物欲无限渴求的国家的挑战。近代西方人且不说，就是在传统社会里，也有不安分的国家，如日本等。其对财富和疆土的贪欲令明朝异常头疼。不过，由于日本人仍在传统文化框架内，其武力并没有超出人身之界限，明朝还可以应付。

而近代西方人对生命和财产的追求使其发展出令人震撼的科学技术。其征服的欲望超出了有形的限制，向宇宙无限延伸。依赖先进技术，西方将其势力扩张到全球。虽然人的过度欲望是该受批判的，科技也是其对自然片面理解的产物，但不可否认，欲望是人之自然属性的一部分，科学认知也是对万物的一种认知和理解，这两者部分符合了天道之真理，否则也不会有如此大的影响和效果。而且西方现代人道思想及外交已经渗透到全球了。人道的这种极端的发展就令传统天道无法应付。如前所述，虽然明代统治者也考虑战争与和平、武力和文化的辩证关系，但其对威胁的考虑仍局限于天道自然之水平上，没有预料到一种极端的武力发展，即大大超出人之自然力的机械武器的出现。

所以，浙江沿海的清静必然是暂时的，闭关锁国无法应对极端商业社会的武力入侵，随着西方商业的发展和武器的升级，用枪炮冲击中国海关大门是迟早之事。从长远来看，走向海洋，走向世界是不可避免的。

二、在海洋经济方面。虽明政府较长时间推行“海禁”政策，但对于日趋繁盛的浙江地区海洋贸易潮流却无法遏制，更有甚者政策越严厉执行，私人贸易就越繁盛，使得有明一代整个浙江沿海对外贸易呈现两极分化态势，一方面是官方贡使贸易时涨时落，一方面是私人走私贸易的持续高涨。这是明代海洋的鲜明特点。

这种海洋经济及海外贸易形式和当时浙江经济的发展有着密切的关系。首先是其农业生产具有了商品化倾向。具体表现在以下几方面：（一）商品性农业的产生。这就是农业和手工业的分离过程，也可以说是生产、加工及其产品销售三者互相分离的过程。在明代浙江地区已经出现了此趋势。（二）经济作物的种植日益广泛。如桑、麻、茶、甘蔗、药材、棉花等的种植。（三）简单的手工业生产逐渐繁荣。如各种相关家纺业及官纺业的兴盛、一大批著名手工业中心和工商业专业市镇的形成等。（四）海上贸易的发展也促进了农业之商品化。

其次是明代浙江商品经济的发展。据统计，明代全国较大的工商业城市共有33个，南方有24个，江苏、浙江两省又有11个，占全国的三分之一，由此也可看出这一地区工商业的发达。其具体表现为：（一）浙江小城镇的勃兴，如浙江各地区镇数量的增加、规模的扩大、专门的丝业市镇和绸业市镇的勃兴与发展。（二）城市内部市场林立，如杭州、绍兴、嘉兴、湖州等府级城市的内部商业市场分工发达，社区体系也日益完善。（三）城镇人口增加。

以上种种原因导致了浙江海洋经济的发展，并使其形成了自己的特色。其具体表现是：

（一）商贸意识的日趋增强与海洋的进一步开发。浙人商贸意识的提升表现在以下几方面：（1）士商合流现象的出现。（2）本业的内涵在实践中发生变化。到明中后期，“本业”内涵发生了变化，在包含以自给自足为目的的传统农桑业的同时，还出现了新兴商品作物的大量种植。这种包含有商品生产性质的农特产品的种植，已不宜归于传统农业之列，这预示着本业内涵的扩大。另外，作为传统的自给自足自然经济的中国古代，农业是以栽培农作物和饲养牲畜为主的生产事业，但随着海洋经济的发展，渔业逐渐成为农业生产的一个重要组成部分，最早的渔民也都是由农民转化而来的，这些处于沿海沿江的农民，为了获得更多的经济效益，多是亦农亦渔。本业内涵转变的另一个表现是“工商皆本”主张的提出。这就为商业的多元化发展提供了理论依据。

本业的变化致使海洋开发进一步扩大。浙江沿海地区得到了较为广阔的开发，市镇勃兴即为此地区海洋经济开发的重要表现。在此基础上产生了一种以“海洋贸易”为主的经济体系。以宁波港为例，在这一时期宁波借助其便利的海陆条件逐渐发展成为浙江对内外交流的重要港口。对内，宁波港借助京杭大运河——这条强劲有力的经济动脉，经济腹地得到进一步拓展，从浙东一带迅速扩展到浙西、浙南、皖南、赣东等东南沿海的其他地区，甚至达到长江以北的广大地区。对外，则与日本和东南沿海地区建立了广泛的贸易联系，成为东南沿海一个重要的贸易枢纽。另外，浙江沿海一带海域面积辽阔，海岸线绵延悠长，这都为众多港口建设提供了便利条件。明浙江海洋经济发展的另一个表现是海产品贸易在海洋贸易中占有一定比重。这一地区的主要海产品包括鱼类及海盐等。浙江的海洋渔业资源非常丰富，据统计约有500种，鱼类约420种，虾类60多种。另有贝类60多种，藻类100多种，等等，这就为人们提供了丰富的食品来源。其成为商贸产品也是自然而然。

（二）私人贸易的越发活跃与商帮的出现。15世纪末期开始，浙江沿海私人贸易开始出现一些新变化，私人海上贸易进一步活跃，并集中反映出了几个特点：贸易人员组成的集团化、贸易经营方式多样化、商品种类多样化、贸易范围扩大化和民众择业功利化等。

（三）海洋资源的开发与海洋贸易的继续发展。明代宁波合法海外贸易的停止，并未从根本上抑制私人贸易的发展，相对应的是，随着正当航线的阻断，许多商人纷纷走上了走私贸易的道路，这些私商以谋利为目的的贸易，使得浙江海洋贸易中商品种类日趋增多，经营规模也在日趋增大。

（四）明代海洋经济的一大特点是倭患对浙江海洋经济的影响巨大。其规律是：倭患严重时，中日正当贸易受到极大威胁，海上私人贸易呈勃兴的态势；倭患被平定，海上环境趋于平静时，中日正当贸易呈现上升姿态，但同时一些私人海上的活动也并未消退，海洋贸易呈稳定增长的状态。

三、在海防建设和海上军事外交方面。在海防建设上，明代军事设置采用卫所制，而浙江卫所是明政府军事设置的重点，一方面是因为这里与海外交流较频繁，需要严加防范；另一方面是因为江浙在元末乃是与朱元璋争权较厉害的地区，明廷自然要多加小心了。虽然明廷没有对海军有多大重视，但相对于往朝，也有了很大发展，否则朱元璋也不会对海外诸国频频发出征伐威胁了。而后来发生倭乱之后，为了剿贼抗倭需要，浙江卫所数量不变，而千户所则有所增加，增加至31所。为了应付倭寇，明政府加大了战船的制造，浙江成了明政府战船制造的主要基地之一，浙船成为明三大海船之一。

正是由于出现了海贼倭乱，在浙江海面就发生了长时期的剿贼抗倭斗争。发生在浙江的战役不胜枚举，较为著名的有双屿港之战、普陀山之战、石塘湾之战、曹娥江之战、桐乡之围、慈溪之战、梁庄战役、舟山战役、剿灭王直、台州大捷等。浙江沿海得以保全。

虽然抗倭最终取得了胜利，但也暴露了明朝政治和军事上的弱点：在军事上，明代军事将领很少懂得谋略。武举仅仅考试骑马射箭等勇武功夫，却没有韬略和文化上的考核。这使得明朝将领在军事上的胜利难以长久维持。另外，将领的腐败导致军力削弱，他们经常中饱私囊，克扣属下军饷等，导致军心涣散，军备松弛，武器落后，不堪一击。这样的军队难以抵挡训练有素的倭寇。最后，军事将领之间互不信任，拉帮结派，互相拆台，给脆弱的军队又雪上加霜。而军事上的脆弱归根结底乃明朝政治所导致。

在政治上，家天下式的管理使各种弊端积重难返。家天下式的管理方式对统治者的德行和智慧要求极高，如果统治者不能明辨忠奸是非、任贤举能，则会为奸佞所乘，导致内部倾轧、派系林立、小人得志、腐败丛生，最终是统治动荡、内外交攻，不堪一击。很清楚的是，家天下式的统治方式是不可能长久维持的，因为这样的统治者是可遇而不可求的。在最初几朝的清明之后，必然会出现昏庸无治之状况。中国历朝统治都体现了这一特征。而明朝尤其陷入这样一种循环。可以说倭乱就是统治失衡的结果。统治者不能明察沿海居民所求，强制推行海禁，而不是利导之，最终致使谋利之徒公然犯禁。而与倭寇作战过程中更显示了朝廷之昏庸，上面赏罚不明、任人不智，下面则欺瞒矫饰，导致军队战斗力每况愈下。令人啼笑皆非的是剿贼抗倭功臣朱纨、胡宗宪之死。他们没有死在贼寇之手，却死在同僚倾轧、皇帝昏庸上。可以说外交乃由内政始，政治上的昏聩必然致使外交上的混乱和失败。虽然抗倭战争最终艰难地取得了胜利，但其军事和政治的脆弱已经显露无遗。当其遇到一个更强大的对手时，其崩溃之期也就不远了。

四、在与海外交流方面。明代浙江地区的对外文化交流，主要可分为两部分：一部分是与日本的文化交流；一部分是与西方文化的交流。

在明代，宁波成为浙江对外交流的唯一出口，而交流的主要对象就是日本。日本频繁来中国朝贡，除了其经济政治上的交往，同时也有文化上的交流和互动。日本文人频繁来宁波等地与浙江文人进行交往，促进了中国文化向日本的传播。通过这种交往，我们可以看到当时中日文化交流的如下特点：（一）入贡时间虽然间隔较长，但交往仍很密切。日本学人充分利用在明朝朝贡居留的时间，最大限度地结交明代士人，以加深他们对中国文化的学习和理解。（二）日本文人爱慕中华文化之心流露无疑。明代传统文化达到了顶峰，尤其是儒家文化的发展和完善，硕果累累。经过宋明士人的努力，程朱理学和陆王心学将传统思维推到了极致，这就使日本文人倍加敬羡和爱慕，日本文人的主要载体是僧人，所以我们经常看到日本僧人随朝贡船队到中国交流和学习。中国文化在日本的传播也主要是靠这一群体。（三）明士人对日本文人评价很高，皆因其学习和使用中国文化方面达到很高程度。正所谓惺惺相惜，日本文人倾慕和学习中国文化，并达到相当高的水平，自然会赢得中国士人的赞扬，这也是文化自信和胸襟开阔的体现。

与西方的文化交流，又可以分为两部分：一部分是科技文化的交流；一部分是宗教信仰文化的交流。在科技文化方面，与西方交流较多的是天文历法知识，其次还有数学和地理知识。在这些交往中展示了明人对西方科技的基本态度：既承认西学之精准，同时又强调其中学之源流。仍有一种优越之心态在里面。其将西学这种精准看成是好奇、喜新、竞胜之习性的结果，本身就有着一种轻视。因为这些习性皆是不成熟、不自信之表现。西方科技在明人眼中的地位就清楚了。对成熟的中国文化来说，对精确性的追求也是需要的，但并不那么极端，因为他们知道天道是人道所不能穷尽的，历法是不断变化的，西法也是如此。所以不能说谁就是最后的胜者。这一观念对现今的科技来说也是有启发性的。

与西方宗教文化的交流方面，体现了传统儒学与天主信仰的冲突和交流。对天主教的主流态度很明显，就是怀疑和拒斥。对于西方人所信仰的天主和耶稣，明廷士大夫皆认为是荒诞不经之物。至于允许利玛窦等在华寄居和传教，明廷给予宽大处理，而这不过是天朝大国怀远之策的表现。万历嘉许其远道而来，且眷顾中华，特许其居留京师，优待有加。士大夫也敬重其人品和才能，皆与其交往。于是天主教得以在中国传播。其死后还被赐葬于城西。虽然允许利玛窦等传教，但当其与儒家正统思想发生冲突时，统治者就会考虑禁止并驱逐之。其遭驱逐之原因可归纳如下：（一）天主教传播者妄自称胜，即认为天主教是最高的信仰，贬低其他国家和民族的文化。这就招致传统士人之反感；（二）私自聚众，形成民间势力，威胁社会和朝廷稳定。传统社会是家国体制，稳定和谐是重中之重。任何能够威胁到社会和政权稳定的事情都要禁止。民间的私自集会和信仰活动就是一个敏感的问题。任何活动只有在政府的控制之下，才能进行。同时，更要杜绝外来力量对本国民众的驾驭和渗透。侍郎沈淮、给事中晏文辉等上疏斥其邪说惑众，而且怀疑其为佛郎机政府之代理，对明廷图谋不轨，要求立即驱逐之。礼科给事中余懋孳所指控的更加严重，他认为，天主教传教士王丰肃、阳玛诺等煽惑群众不下万人，朝拜动以千计。而通番和旁门左道皆是应禁之活动。天主教徒公然夜聚晓散，一如白莲、无为诸教。且往来壕镜，与澳中诸番通谋，再不进行遣散和驱逐，国家禁令将成虚设，国家安全也将堪忧。

综合这两者，我们可以说，任何宗教信仰，如果在威胁到中国正统和国家权威的时候，就很可能会被禁止。然而，统治者对西方传教士还是有好感的，尤其是利玛窦等走合儒路线的传教士。他们不仅谨慎对待儒家思想，还在现代科技上帮助了明廷，如日食的测定和历法的制定等。这就使明统治者在禁止其传教方面并不走极端，而是睁一只眼闭一只眼，所以才出现了“命下久之，迁延不行，所司亦不为督发”的现象。而王丰肃等变换了姓名继续传教，也没有被驱逐出境。只要传教活动不触动上述两个底线，传教士的活动还是可以开展的。所以我们就看到了浙江的传教士活动，其活动还产生了一定的影响，并产生了一批儒士基督徒，如李之藻、杨廷筠、朱宗元等。他们试图融合儒家思想和天主信仰，但其融合成功与否，令人怀疑。其思想一般由合儒、补儒、超儒三部分组成，然而在其对儒家学说的附会和比较中，多出于误解，这就致使调和的努力终归失败。天主信仰始终没有融入明朝主流思想中。

五、在海洋观念和意识方面。通过对明代海洋文学作品和海神信仰的考察，我们可以一窥明代浙江人的海洋观念和意识。明代浙江人的海洋意识基本上是传统的。海边居民对大海有一定的依赖，并希望形成一种和睦的关系。随着对海洋的逐渐熟悉，他们和海洋结成了亲如一家的关系。但这并不是全部，技术的局限和大海的不稳定也给他们带来了困苦和烦恼。他们在感恩大海的同时也恐惧和埋怨它。除了这两种矛盾的心情，还有对海洋的敬畏和信仰，这就是海神崇拜，而对海洋的征服意识似乎并没有占主导位置。而对于社会上层人士甚至统治者来说，对海洋的观念还有所不同，具体表现如下：（一）在政治和疆域上来说，陆地是传统统治者所管辖之区域，也是其权力的边界。大海则是陆地的尽头，它更多被看作疆域的边界和抵御外敌的屏障。（二）大海及海上渔民生活并不是人们谋生的首要选择。在传统社会中，农业是最根本的谋生手段，这也是传统天人合一思想中最为理想的人与自然之关系的反映。而商业、渔业等，则是次要的生活手段。如果不是环境所迫，人们是不向往海上生活的。（三）海边生活投射在人的精神层面，不同的人有不同的表现。海乃天之际，远离凡尘和权力，一片荒芜，让人产生一种清苦孤寂之感。对于向往孤寂清闲生活的人来说，海边的孤寂和清闲生活是一种享受。（四）虽然海洋在传统社会难以被权力笼罩，但海洋的状态和国家安定仍有一定的关联。海洋的安定与否影响着陆地的安定。若海不平静，就会影响到在陆地上生存的人和物，使人们没有安全感。所以，传统社会的政治权力虽不会统治大海，但最低限度上要保证大海的安宁，包括不受外来威胁的侵扰。这种感觉会促生古人独有的天下观或国际秩序观。其进一步延伸就是夷夏国际秩序之设想。尽管陆地是权力的界限，但若海外不安定，一国也难安定。因此一国的安定就有赖于整个天下或宇宙的安定。后世中国尤其是唐宋以后，统治者致力于建立一个和谐稳定的夷夏国际秩序，即朝贡体系，原因也在于此。但这种夷夏国际秩序和现代霸权不同，它是防御性的而不是侵略性的。

六、在海洋灾害防护方面。明代浙江雨、雪、水灾甚是频繁。对于民心，明统治者是最在意的，因此，在救灾问题上它是非常积极和重视的。在救灾措施上有以下几种，即赈灾、修河渠和海塘。明代君臣对赈灾策略和措施有详细的研究和讨论，其赈灾行为也是在具体的策略和措施指导下进行的。

通过对明代浙江赈灾的大致描述，我们可以看出明代赈灾之基本特征：其一，有系统的理论。皇帝及其大臣都以传统天道思想为其理论基础，论证了赈灾的必要性。其二，有具体的赈灾策略和措施。可以看到，明代君臣不断丰富和充实着赈灾策略和措施，从政府到民间、从朝廷到地方，各个层面所应担负的职责和注意事项都有所考虑。其三，有成熟的经验和较为周到的准备。由于自然灾害频发，明政府已经积累了大量的赈灾经验。在赈灾的储备和应对过程中，明政府的安排还算有条不紊。其四，灾害过多，考验太大。尽管明政府有积极的态度和周密的措施，但其所遭受的自然灾害过于频繁，最终导致其国库空虚，疲于奔命。这也影响了其赈灾的效果，而民间义军的兴起也与此有关。再加上外来入侵，军饷加派，内外交攻，终致明政权摇摇欲坠。

明代在浙江也进行了一系列的河渠、海堤的修建，从中我们还能看到一些特点：首先，除了地方官员要尽职尽责外，平民百姓也可以直接向朝廷提议进行河渠和海堤建设。明朝历代皇帝很重视民间的声音，这也反映了天道生民之法则。其次，海洋灾害频繁，河渠海堤不断被冲毁和重建。这也加大了民众的负担，影响了明朝的国力。

综观明代浙江海洋文明的种种表现，我们可以看出，明代浙江的海洋文明基本上是在传统的范围之内。其海洋政策、海洋经济、海外战争、海外交往、海洋文化等各个方面皆表现出了传统的特色。在没有遇到西方大规模入侵之前，这种文明还是有周旋余地的。而当进入现代的西方挟着一种极端的力量来叩关时，传统文明就难以抵挡了。因为传统文明追求的是一种整体平衡，尽管这种平衡很脆弱且往往又被昏庸的君王和贪婪的大臣所打破，但它一直是传统社会的追求。这种平衡社会很难抵御极端社会的攻击，如极端发展物质力量的现代西方。随着西方的叩关，传统社会的瓦解不可避免，它被迫跟随西方去发展某种极端的物质力量。但我们也该静下心来想想，传统社会的整体构想和平衡发展思想是否有它的可取之处？我们目前的极端发展能否再在一个更高层面上实现整合和平衡？这恐怕是当前从事历史研究的学者们所无法回避的重要问题，值得我们去认真思考和探索。

参考文献

文献

(春秋) 左丘明:《国语》,上海古籍出版社1978年版。

(西汉) 刘向集录,范祥雍笺证,范邦瑾协校:《战国策笺证》,上海古籍出版社2006年版。

(西汉) 司马迁:《史记》,中华书局1959年版。

(东汉) 班固:《汉书》,中华书局1962年版。

(东汉) 袁康:《越绝书》,上海古籍出版社1992年版。

(东汉) 赵晔著,苗麓点校:《吴越春秋》,江苏古籍出版社1986年版,第55页。

(南宋) 范晔撰,(唐) 李贤等注:《后汉书》,中华书局1965年版。

(三国) 沈莹撰,张崇根辑校:《临海水土异物志辑校》,农业出版社1988年版。

(北魏) 阚骃纂:《十三州志》,中华书局1985年版。

(唐) 房玄龄等:《晋书》,中华书局1974年版。

(唐) 陆龟蒙:《甫里集·四明山九诗·云南》,文渊阁四库全书本,商务印书馆1987年版。

(唐) 欧阳询撰:《艺文类聚舟船部》,上海古籍出版社1965年版。

(唐) 魏征、令狐德棻撰:《隋书》,中华书局1973年版。

(后晋) 刘昫等撰:《旧唐书》,中华书局1975年版。

(宋) 陈亮:《陈亮集》,中华书局1974年版。

(宋) 陈耆卿、徐三见点校本:《嘉定赤城志》,中国文史出版社2004年版。

(元) 程钜夫:《雪楼集》,台湾商务出版社1986年版。

（宋）范浚撰：《香溪集》，中华书局1985年版。

（宋）方凤：《方凤集》，浙江古籍出版社1993年版。

（宋）罗濬等撰：《宝庆四明志》，宋元浙江方志集成本，杭州出版社2009年版。

（宋）欧阳修、宋祁撰：《新唐书》，中华书局1975年版。

（宋）王溥：《唐会要》，中华书局1985年版。

（宋）吴自牧：《梦粱录》，浙江人民出版社1980年版。

（宋）杨万里撰：《诚斋集》，上海古籍书店1987年版。

（宋）张津：《乾道〈四明图经〉》，《宋元浙江方志集成》本，杭州出版社2009年版。

（宋）朱彧：《萍洲可谈》，中华书局1985年版。

（宋）庄绰撰，萧鲁阳点校：《鸡肋篇》，唐宋史料笔记丛书，中华书局1983年版。

（元）陶宗仪：《辍耕录》，丛书集成初编本，中华书局1985年版。

（元）脱脱等撰：《宋史》，中华书局1977年版。

（元）袁桷撰：《清容居士集》，中华书局1985年版。

（明）包汝楫：《南中纪闻》，中华书局1985年版。

（明）陈霆纂：正德《新市镇志》，浙江图书馆藏清刻本。

（明）陈子龙辑：《明经世文编》，中华书局1985年版。

（清）陈元龙撰：《格致镜原》，江苏广陵古籍刻印社影印1989年版。

（明）程楷修，杨俊卿纂：天启《平湖县志》卷一《舆地·都会》，“天一阁藏明代方志选刊续编”，上海书店1990年版。

（明）程子鏊修，徐用检纂，刘芳诘等增补纂修：万历《兰溪县志》，上海古籍出版社2010年版。

（明）方以智：《物理小识》，商务印书馆1937年版。

（明）冯梦龙：《警世通言》，人民文学出版社1956年版。

（明）冯梦龙著，顾学颉校注：《醒世恒言》，人民文学出版社1956年版。

（明）高拱撰：《高文襄公集》，齐鲁书社1997年版。

（明）顾炎武：《天下郡国利病书》，艺文印书馆1956年版。

（明）海瑞、陈义钟编校：《海瑞集》，中华书局1962年版。

（明）郝成性、陈霆纂修：嘉靖《德清县志》，上海图书馆藏明刻本。

（明）何良俊：《四友斋从说》，中华书局1959年版。

（明）胡居仁：《居业录》，中华书局 1985 年版。

（明）黄宗羲：《明夷待访录》，中华书局 1981 年版。

（明）金木散人编撰：《鼓掌绝尘》，江苏古籍出版社 1990 年版。

（明）李梦阳撰：《空同先生集》，伟文出版社 1976 年影印本。

（明）李培修，黄洪宪纂：万历《秀水县志》，上海书店出版社 1993 年版。

（明）李贤、彭时等纂修：天顺《大明一统志》，国家图书馆出版社 2009 年版。

（明）李言恭、郝杰编：《日本考》，中华书局 1983 年版。

（明）李贽：《焚书》，中华书局 1975 年版。

（明）林应翔修，叶秉敬纂：天启《衢州府志》，上海古籍出版社 2010 年版。

（明）凌濛初：《二刻拍案惊奇》，上海古籍出版社 1985 年版。

（明）陆容：《菽园杂记》，元明史料笔记丛刊，中华书局 1985 年版。

（明）毛凤韶撰：《嘉靖浦江志略》，上海古籍书店 1981 年版。

（明）梦觉道人：《三刻拍案惊奇》，上海古籍出版社 1990 年版。

（明）聂心汤纂修：《钱塘县志》，成文出版社 1975 年版。

（明）丘浚：《大学衍义补》，京华出版社 1999 年版。

（明）任洛修，谭桓同纂：正德《桐乡县志》，明正德九年（1514）修，嘉靖补修，清抄本，南京图书馆藏。

（明）沈杰修，吾冔、吴夔纂：弘治《衢州府志》，上海书店 1990 年版。

（明）申时行等修：《明会典》，中华书局 1989 年版。

（明）田管纂修：万历《新昌县志》，上海古籍出版社 2010 年版。

（明）田汝成著，陈志明校：《西湖游览志》，东方出版社 2012 年版。

（明）天一阁藏嘉靖《太平志》，上海古籍书店出版社 1981 年版。

（明）万表：《玩鹿亭稿》卷五《海寇议》，齐鲁书社 1997 年版。

（明）万历十三年官撰：《大明律集解附例》，成文出版社 1969 年影印版。

（明）万历《秀水县治》，《中国地方志集成》（浙江府县志专辑）第 31 册，上海书店 1993 年影印。

（明）万廷谦修，曹闻礼纂：万历《龙游县志》，上海古籍出版社 2010 年版。

（明）汪道昆：《太函集》，《四库全书存目丛书》（集部），齐鲁书社1997年版。

（明）文震亨：《长物志》，金城出版社2010年版。

（明）王懋德：万历《金华府志》，国家图书馆出版社2014年版。

（明）王士性：《广志绎》，中华书局1981年版。

（明）王世贞撰：《弇州史料》，明万历四十二年（1614）刻本。

（明）王世贞撰：《弇山堂别集》，中华书局1985年版。

（明）王守仁撰，吴光、钱明、董平、姚延福编校：《王阳明全集》，上海古籍出版社1992年版。

（明）王在晋辑：《海防纂要》，四库禁毁书丛刊史部17，北京出版社1997年版。

（明）王瓒、蔡芳编纂，胡珠生校注：弘治《温州府志》，温州文献丛书，上海社会科学院出版社2006年版。

（明）西冷狂者著，江木点校：《载花船》，江苏古籍出版社1993年版。

（明）萧良幹修，张元忭、孙鑛纂：《万历〈绍兴府志〉点校本》，宁波出版社2012年版。

（明）谢肇淛：《西吴枝乘》，明万历三十六年（1608）刻本。

（明）徐献忠撰：《吴兴掌故集》嘉靖三十九年刊本，上海古籍出版社2010年版。

（明）徐光启：《农政全书》，中华书局1956年版。

（明）杨明撰，（明）释无忧辑：《天童寺集》附录，《四库全书存目丛书》本，齐鲁书社1996年版。

（明）姚士麟撰：《见只编》，中华书局1985年版。

（明）张瀚撰：《松窗梦语》，中华书局1985年版。

（明）张燮：《东西洋考》，文渊阁四库全书本，台湾商务印书馆1987年版。

（明）郑若曾撰，李致忠校：《筹海图编》，中华书局2007年版。

（明）郑舜功：《日本一鑑 穷河话海》1939年据旧抄本影印。

（明）郑晓：《今言》，中华书局1984年版。

（明）郑晓撰：《皇明四夷考》，文殿阁书庄1937年版。

（明）周希哲等纂：嘉靖《宁波府志》，中国方志丛书，明嘉靖三十九年（1560）刻本。

（明）朱纨：《甓余杂记》，《四库全书存目丛书》集部，第78册，齐鲁书社 1995 年版。

（明）曾才汉修，叶良佩纂，浙江温岭市地方志办公室整理：嘉靖《太平县志》，中华书局 1997 年版。

（清）曹梦鹤主修：嘉庆《太平县志》，黄山书社 2008 年版。

（清）陈梦雷、蒋廷锡撰：《古今图书集成 · 职方典》，中华书局影印本，1934—1940 年版。

（清）顾炎武撰：《天下郡国利病书》，《续修四库全书》第 595 册，上海古籍出版社 2002 年版。

（清）谷应泰编：《明史纪事本末》，中华书局 1985 年版。

（清）光绪《塘栖志》，文化塘栖本丛书本，浙江摄影出版社 2010 年版。

（清）黄印撰：《锡金识小录》，凤凰出版社 2013 年版。

（清）黄宗羲：《明文海》，上海古籍出版社 1994 年版。

（清）黄宗羲：《黄宗羲全集》，第十册，浙江古籍出版社 1985 年版。

（清）黄宗羲撰，沈善洪主编：《黄宗羲全集》，浙江古籍出版社 2005 年版。

（清）黄遵宪著，吴振清、徐勇、王家祥点校整理：《日本国志》，天津人民出版社 2005 年版。

（清）嵇璜等撰：《钦定续文献通考》，文渊阁四库全书本，台湾商务印书馆 1987 年版。

（清）金准：《濮川所闻记》，《中国地方志集成》本（乡镇志专辑），上海书店 1992 年版。

（清）康熙《德清县志》，中国地方志集成本，上海书店 1993 年版。

（清）李堂纂修：乾隆《湖州府志》，乾隆二十三年（1758 年）刻本。

（清）李卫等修：《浙江通志》，商务印书馆 1934 年版。

（清）刘锦藻等：《续通典》，浙江古籍出版社 2000 年版。

（清）钱咏撰：《履园丛话》，中华书局 1979 年版。

（清）清高宗敕选：《明臣奏议》，中华书局 1985 年版。

（清）沈谦纂，（清）张大昌补遗：《临平记》，《中国地方志集成》本，上海书店出版社 1992 年版。

（清）孙志熊纂：光绪《菱湖镇志》，《中国地方志集成》本，上海书店出版社 1992 年版。

（清）唐甄：《潜书》，古籍出版社 1955 年版。

（清）杨树本纂：万历《濮院琐志》，《中国地方志集成》本（乡镇志专辑），第21册，上海书店1992年影印。

（清）王同纂：光绪《塘栖志》，《中国地方志集成》本（乡镇志专辑），上海书店1992年影印。

（清）王逋撰：《蚓庵琐语》，齐鲁书社1995年版。

（清）吴文忠纂：《忠义乡志》，上海书店1992年版。

（清）许瑶光修，吴仰贤等纂：光绪《嘉兴府志》，上海古籍出版社2010年版。

（清）徐兆昺：《四明谈助》，宁波出版社2000年版。

（清）杨谦纂：光绪《梅里志》，《中国地方志集成》本（乡镇志专辑），上海书店1992年影印。

（清）杨树本纂：《濮院琐志》，《中国地方志集成》本，上海书店1992年影印本。

（清）雍正《浙江通志》，《四库全书》刊本，商务印书馆影印1983年版。

（清）张履祥：《杨园先生全集》，中华书局2014年版。

（清）张履祥注：《补农书校释》，农业出版社1983年版。

（清）张履祥：《补农书后》，中华书局1956年版。

（清）张履祥辑补：《沈氏农书》，中华书局1956年。

（清）张廷玉等撰：《明史》，中华书局1974年版。

（清）朱维熊、陆菜纂修：康熙《平湖县志》，上海书店影印1992年版。

（清）宗源瀚等：同治《湖州府志》，上海书店1993年版。

宁波市地方志编纂委员会编：《宋元四明六志》，宁波出版社2011年版。

四库全书存目丛书编纂委员会编：《四库全书存目丛书》，齐鲁书社1997年版。

台湾“中央”研究院历史语言研究所校勘：《明实录》，上海书店1982年影印本。

中华书局编辑部编：《宋元方志丛刊》，中华书局1990年版。

著作

A. J. H. Charignon 著，冯承钧译：《马可波罗行纪》，中华书局1954

年版。

半坡博物馆：《姜寨——新石器时代遗址发掘报告》，文物出版社 1988 年版。

包伟民主编：《浙江区域史研究》，杭州出版社 2003 年版。

晁中臣：《明代海禁与海外贸易》，人民出版社 2005 年版。

陈高华等编：《元典章》，中华书局 2011 年版。

陈国灿：《浙江城镇发展史》，杭州出版社 2008 年版。

陈尚胜：《"怀夷"与"抑商"：明代海洋力量兴衰研究》，山东人民出版社 1997 年版。

陈尚胜：《闭关与开放——中国封建晚期对外关系研究》，山东人民出版社 1993 年版。

陈剩勇：《浙江通史·明代卷》，浙江人民出版社 2006 年版。

陈训正等：《鄞县通志》，成文出版社 1973 年版。

慈溪市地方志编纂委员会编：《慈溪县志》，浙江人民出版社 1992 年版。

[德] 马克思：《资本论》，人民出版社 1975 年版。

[德] 奥·斯宾格勒：《西方的没落》，陈晓林译，黑龙江教育出版社 1988 年版。

樊洪业：《耶稣会士与中国科学》，中国人民大学出版社 1992 年版。

樊树志：《国史十六讲》，中华书局 2009 年版。

范金民等：《江南丝绸史研究》，农业出版社 1993 年版。

范金民：《江南社会经济史研究入门》，复旦大学出版社 2012 年版。

方长生主编：《舟山市歌谣谚语卷》，中国民间文艺出版社 1989 年版。

方豪：《中国天主教史人物传》，中华书局 1988 年版。

傅璇琮主编，钱茂伟、毛阳光著：《宁波通史》，宁波出版社 2009 年版。

傅衣凌主编，杨国桢、陈支平著：《明史新编》，人民出版社 1993 年版。

韩琦、吴旻校注：《熙朝崇正集 熙朝定案（外三种）》，中华书局 2006 年版。

杭州市地方志编纂委员会编：万历《杭州府志》，中华书局 2015 年版。

侯外庐主编：《中国思想通史》第 4 卷，人民出版社 1960 年版。

黄汴：《一统路程图记》，山西人民出版社 1992 年版。

黄公勉、杨金森：《中国历史海洋经济地理》，海洋出版社1985年版。

黄锡全：《古文字论丛》，台北艺文印书馆1999年版。

黄一农：《两头蛇——明末清初的第一代天主教徒》，上海古籍出版社2006年版。

贾庆军：《冲突抑或融合：明清之际西学东渐与浙江学人》，海洋出版社2009年版。

江文汉：《明清间在华的天主教耶稣会士》，知识出版社1987年版。

金华市地方志编纂委员会整理编：万历《金华府志》，国家图书馆出版社2014年版。

金普森、陈剩勇主编：《浙江通史·明代卷》，浙江人民出版社2005年版。

金云铭：《陈第年谱》，台湾文献史料丛刊，台湾大通书局1987年版。

乐承耀：《宁波古代史纲》，宁波出版社1995年版。

乐成耀：《宁波农业史》，宁波出版社2013年版。

李伯重：《江南的早期工业化：1550—1850年》，社会科学文献出版社2000年版。

李晋德：《客商一览醒迷》，山西人民出版社1992年版。

李利安：《观音信仰的渊源与传播》，宗教文化出版社2008年版。

李天纲：《跨文化的阐释：经学与神学的相遇》，新星出版社2007年版。

李喜所主编，陈尚胜著：《五千年中外文化交流史》，世界知识出版社2002年版。

利玛窦等撰，吴相湘编：《天主教东传文献》，台湾学生书局1965年版。

梁启超：《中国近三百年学术史》，东方出版社1996年版。

林士民、沈建国：《万里丝路——宁波与海上丝绸之路》，宁波出版社2002年版。

林士民：《三江变迁——宁波城市发展史话》，宁波出版社2002年版。

刘恒武：《宁波古代对外文化交流——以历史文化遗存为中心》，海洋出版社2009年版。

刘耘华：《诠释的圆环：明末清初传教士对儒家经典的解释及其本土回应》，北京大学出版社2005年版。

柳和勇：《舟山群岛海洋文化论》，海洋出版社2006年版。

楼宇烈顾问，郑安德编辑：《明末清初耶稣会思想文献汇编》，第三十册，北京大学宗教研究所，2003 年版。

［美］何炳棣、葛剑雄译，《明初以降人口及其相关问题 1368—1953》，生活 · 读书 · 新知三联书店 2000 年版。

［美］列奥 · 施特劳斯著，彭刚译：《自然权利与历史》，三联出版社 2003 年版。

［美］马士著，张汇文等译：《中华帝国对外关系史》，上海书店 2000 年版。

［美］塞缪尔 · 亨廷顿著，周琪等译：《文明的冲突与世界秩序的重建》，新华出版社 1998 年版。

萌萌主编：《启示与理性——哲学问题回归或转向》，中国社会科学出版社 2001 年版。

南炳文、汤纲：《明史》，上海人民出版社 1991 年版。

南浔镇志编纂委员会：《南浔镇志》，上海科学技术文献出版社 1995 年版。

宁波市文物考古研究所编著：《句章故城考古调查与勘探报告》，科学出版社 2014 年版。

钱伯诚等主编：《全明文》，上海古籍出版社 1992 年版。

曲金良：《海洋文化概论》，青岛海洋大学出版社 1999 年版。

曲金良等：《中国海洋文化史长编》，中国海洋大学出版社 2013 年版。

［日］木宫泰彦著，胡锡年译：《日中文化交流史》，商务印书馆 1980 年版。

绍兴县地方志编纂委员会编：《绍兴县志》，中华书局 1999 年版。

沈定平：《明清之际中西文化交流史——明代：调适与会通》，商务印书馆 2001 年版。

沈云龙辑：《明清史料汇编》第六集，台湾文海出版社 1969 年版。

施存龙：《中国东方深水大港——宁波港》，海洋出版社 1987 年版。

孙尚扬：《基督教与明末儒学》，东方出版社 1994 年版。

汤锦台：《闽南海上帝国——闽南人与南海文明的兴起》，如果出版事业股份有限公司 2013 年版。

万明：《中国融入世界的步履——明与清前期海外政策比较研究》，社会科学文献出版社 2000 年版。

万明：《晚明社会变迁问题与研究》，商务印书馆 2005 年版。

汪向荣：《中日关系史资料汇编》，中华书局 1984 年版。

王辑五：《中国日本交通史》，商务印书馆 1937 年版。

王慕民、张伟、何灿浩：《宁波与日本经济与文化交流史》，海洋出版社 2006 年版。

王慕民：《海禁抑商与嘉靖“倭乱”——明代浙江私人海外贸易的兴衰》，海洋出版社 2011 年版。

王荣国：《海洋神灵——中国海神信仰与社会经济》，江西高校出版社 2003 年版。

王守信：《建国以来甲骨文研究》，中国社会科学出版社 1981 年版。

王万盈：《东南孔道—明清浙江海洋贸易与商品经济研究》，海洋出版社 2009 年版。

王毓铨：《中国古代货币的起源和发展》，科学出版社 1957 年版。

王毓铨主编：《中国经济通史 · 明代经济卷》，经济日报出版社 2000 年版。

吴相湘编：《天主教东传文献续编（二）》，台湾学生书局 1966 年，

吴相湘主编：《天主教东传文献三编》，第二册，台湾学生书局 1984 年版。

徐海松：《清初人士与西学》，东方出版社 2000 年版。

徐定宝：《黄宗羲评传》，南京大学出版社 2002 年版。

徐质斌等：《海洋经济学教程》，经济科学出版社 2003 年版。

徐宗泽：《明清间耶稣会士译著提要》，上海书店出版社 2006 年版。

杨凤琴：《浙江古代海洋诗歌研究》，海洋出版社 2014 年版。

杨国帧：《东溟水土——东南中国的海洋环境与经济开发》，江西高校出版社 2003 年版。

义乌县志编纂委员会编：《义乌县志》，浙江人民出版社 1998 年版。

［英］阿诺德 · 汤因比著，徐波等译：《人类与大地母亲》，上海人民出版社 1992 年版。

于文杰、邱明正撰：《中华文化通志》，上海人民出版社 1998 年版。

余英时：《士与中国文化》，上海人民出版社 2003 年版。

张萍：《明代余姚吕氏家族研究》，浙江大学出版社 2012 年版。

张寿镛辑刊：《四明丛书》，扬州广陵书社 2006 年版。

张如安：《宁波通史 · 六朝卷》，宁波出版社 2009 年版。

张如安：《北宋宁波文化史》，海洋出版社 2009 年版。

张守广：《宁波帮志·历史卷》，中国社会科学出版社 2009 年版。

张显清主编：《明代后期社会转型研究》，中国社会科学出版社 2008 年版。

赵晖：《耶儒柱石——李之藻、杨廷筠传》，浙江人民出版社 2007 年版。

浙江省地方志编纂委员会编著：《宋元浙江方志集成》，杭州出版社 2009 年版。

郑安德编：《明末清初耶稣会思想文献汇编》第三卷，北京大学宗教研究所，2000 年。

钟鸣旦等编：《徐家汇藏书楼明清天主教文献》，台北辅仁大学神学院 1996 年版。

钟鸣旦：《杨廷筠：明末天主教儒者》，社会科学文献出版社 2002 年版。

《中国兵书集成》编委会编：《中国兵书集成（第 18 册）》，解放军出版社；辽沈书社 1995 年版。

中国实学研究会编：《浙东学术与中国实学——浙东学派与中国实学研讨会论文集》，宁波出版社 2007 年版。

中国民间文学集成全国编辑委员会：《中国民间故事集成·浙江卷》，中国 ISBN 中心，1997 年版。

“中研院”历史语言研究所编：《明清史料》乙编第 7 本，北京图书馆出版社 2008 年影印本。

周峰主编：《元明清名城杭州》，浙江人民出版社 1997 年版。

周运中：《郑和下西洋新考》，中国社会科学出版社 2013 年版。

朱秋枫主编：《中国歌谣集成·浙江卷》，中国 ISBN 中心，1995 年版。

朱雍：《不愿打开的中国大门》，江西人民出版社 1989 年版。

朱宗元：《郊社之礼所以事上帝也》，巴黎法国国家图书馆藏稿本。

论文

白斌：《明清浙江海洋渔业与制度变迁》，上海师范大学博士学位论文，2012 年。

贝逸文：《论普陀山南海观音之形成》，《浙江海洋学院学报》2003 年第 3 期。

晁中辰：《论明代的海禁》，《山东大学学报》（哲学社会科学版）1987

年第 2 期。

晁中辰：《论明代海禁政策的确立及其演变》，载《中外关系史论丛》第三辑，世界知识出版社 1991 年版。

晁中辰：《论明代实行海禁的原因》，《海交史研究》1989 年第 1 期。

陈尚胜：《明代后期筹海过程考论》，《海交史研究》1990 年第 1 期。

陈尚胜：《论明朝月港开放的局限性》，《海交史研究》1996 年第 1 期。

陈尚胜：《也论清前期的海外贸易》，《中国经济史研究》1993 年第 4 期。

陈尚胜：《试论清朝前期封贡体系的基本特征》，《清史研究》2010 年第 2 期。

陈尚胜：《明前期海外贸易政策比较——从万明〈中国融入世界的步履〉一书谈起》，《历史研究》2003 年第 6 期。

陈尚胜：《试论中国传统对外关系的基本理念》，《孔子研究》2010 年第 5 期。

陈尚胜：《“闭关”或“开放”类型分析的局限性——近 20 年清朝前期海外贸易政策研究述评》，《文史哲》2002 年第 6 期。

陈尚胜：《明代海防与海外贸易——明朝闭关与开放问题的初步研究》，载《中外关系史论丛》第三辑，世界知识出版社 1991 年版。

陈克俭、叶林娜：《明清时期的海禁政策与福建财政经济积贫问题》，《厦门大学学报》（哲学社会科学版）1990 年第 1 期。

陈小法：《论明代宁波方仕与日本的文化交流》，载张伟主编《浙江海洋文化与经济》，第二辑，海洋出版社 2008 年版。

陈小法：《渡唐天神与中日交流》，《日语学习与研究》2007 年第 5 期。

程俊：《论舟山观音信仰的文化嬗变》，《浙江海洋学院学报》2003 年第 4 期。

川胜守：《十六、十七世纪中国稻谷种类、品种的特性及其地域性》，《九州大学东洋史论集》19 号，1991 年。

从翰香：《论明代江南地区的人口密集及其对经济发展的影响》，《中国经济史研究》1984 年第 3 期。

邓端本：《论明代的市舶管理》，《海交史研究》1988 年第 1 期。

邓田田：《论周公之孝道伦理思想》，《伦理学研究》2010 年第 1 期。

丁正华：《伦唐代明州在中日航海史上的地位》，《中国航海》1982 年第 2 期。

段春旭：《〈镜花缘〉中的海洋文化思想》，《学理论》2010 年第 2 期。

樊树志：《明清长江三角洲的市镇网络》，《复旦学报》（社会科学版），1987 年第 2 期。

方如金：《宋代两浙路的粮食生产及流通》，《历史研究》1988 年第 4 期。

傅亦民：《唐代明州与西亚波斯地区的交往—从出土波斯陶谈起》，《海交史研究》2000 年第 2 期。

郭蕴静：《试论清代并非闭关锁国》，载中外关系史学会编《中外关系史论丛：第 3 辑》，世界知识出版社 1991 年版。

韩淑举：《酷爱藏书的黄宗羲》，《图书馆学研究》2002 年第 9 期。

（明）韩霖：《守圉全书》卷 3 之 1 李之藻《恭进收贮大炮疏》，台北“中研院”傅斯年图书馆善本书室藏明崇祯九年刊本，转引自汤开建、马占军：“《守圉全书》中保存的徐光启、李之藻佚文”，《古籍整理研究学刊》2005 年第 2 期。

何芳川：《“华夷秩序”论》，《北京大学学报》（哲学社会科学版）1998 年第 6 期。

何宏权、程福祜：《略论海洋开发和海洋经济理论的研究》，《中国海洋经济研究》，海洋出版社 1984 年版。

怀效锋：《嘉靖年间的海禁》，《史学月刊》1987 年第 6 期。

黄启臣：《清代前期海外贸易的发展》，《历史研究》1986 年第 4 期。

黄顺力：《“重陆轻海”与“通洋裕国”之海洋观刍议》，《深圳大学学报》（人文社会科学版）2011 年第 1 期。

黄年红：《浅析观音菩萨女性化的依据》，《苏州大学学报》2007 年第 6 期。

黄盛璋：《明代后期海禁开放后海外贸易若干问题》，《海交史研究》1988 年第 1 期。

黄顺力：《海洋文明、海洋观念与“重陆轻海”的传统意识》《中华文化与地域文化研究——福建省炎黄文化研究会 20 年论文选集》第一卷，2011 年版。

贾庆军：《阳明思想中“良知”与“良能”概念之关系探究——兼论其“意”之分层》，《当代儒学研究》（台北），2012 年第 12 期。

贾庆军：《黄宗羲天理人欲之辩——兼论其公私观念》，《宁波大学学报》（人文科学版）2013 年第 3 期。

贾庆军：《中国明代天道外交的观念及其现代价值》，《太平洋学报》2012年第8期。

简军波：《中华朝贡体系：观念结构与功能》，《国际政治研究》2009年第1期。

廖大珂：《世界的16—17世纪欧洲地图中的宁波港》，《世界历史》2013年第6期。

李大伟：《公元11—13世纪印度洋贸易体系初探》，《历史教学》2013年第2期。

李金明：《明代后期部分开放海禁对我国社会经济发展的影响》，《海交史研究》1990年第1期。

李金明：《明代后期海澄月港的开禁与都饷馆的设置》，《海交史研究》1991年第2期。

李金明：《论明初的海禁与朝贡贸易》，《福建论坛》（人文社会科学版）2006年第7期。

李庆新：《明代市舶司制度的变态及其政治文化意蕴》，《海交史研究》2000年第1期。

李强华：《晚清海权意识的感性觉醒与理性匮乏——以李鸿章为中心的考察》，《广西社会科学》2011年第4期。

李强华：《我国先秦哲学中的“海洋”观念探索》，《上海海洋大学学报》2011年第5期。

李利安：《观音信仰的中国化》，《山东大学学报》2006年第4期。

李桂红：《普陀山佛教文化（二）》，《天津市社会主义学院学报》2005年第3期。

李宪堂：《大一统秩序下的华夷之辨、天朝想象与海禁政策》，《齐鲁学刊》2005年第4期。

李跃：《再议河姆渡人的水上交通工具》，《东方博物》2003年。

李映发：《明代中日关系述评》，《史学集刊》1987年第1期。

李映发：《元代海运兴废考略》，《四川大学学报》1987年第2期。

李小红、谢兴志：《海外贸易与唐宋明州社会经济的发展》，《宁波大学学报》（人文科学版）2004年第5期。

林浩：《唐代四大海港之一“Djanfou”不是泉州是明州（越府）》，《三江论坛》2007年第5期。

李蔚、董滇红：《从考古发现看唐宋时期博多地区与明州间的贸易往来》，《宁波大学学报》（人文科学版）2007 年第 3 期。

林士民、沈建国：《稻作农业的传播》，《万里丝路——宁波与海上丝绸之路》，宁波出版社 2002 年版。

林士民：《浙江宁波东门口罗城遗址发掘收获》，《东方博物》1981 年创刊号。

林士民：《宁波港沉船考古研究》，《浙东文化论丛》2009 年第二集，上海古籍出版社 2010 年版。

刘成：《论明代的海禁政策》，《海交史研究》1987 年第 2 期。

刘成纪：《中国社会早期海洋观念的演变》，《北京师范大学学报》（社会科学版）2014 年第 5 期。

刘士岭：《试论明代的人口分布》郑州大学硕士学位论文，2005 年。

刘世旭、秦荫远：《四川普格县瓦打洛遗址调查》，《考古》1985 年第 6 期。

刘永连：《"东南丝绸之路"刍议——谈从江浙至广州的丝绸外销干线及其网络》，《海交史研究》2013 年第 1 期。

宁波市文物考古研究所、象山县文管会：《浙江象山县明代海船的清理》，《考古》1998 年第 3 期。

吕明涛、宋凤娣："《天学初函》所折射出的文化灵光及其历史命运"，载《中国典籍与文化》2002 年第 4 期。

罗有松、萧林来：《黄宗羲藏书考》，《华东师范大学学报》（自然科学版）1980 年第 4 期。

罗丰年：《从宁波发现的邻国钱币看宁波的对外交往》，《宁波金融》1988 年第 3 期。

曲金良：《中国海洋文化研究的学术史回顾与思考》，《中国海洋大学学报》（社会科学版）2013 年第 4 期。

宋宁而、杨丹丹：《我国沿海社会变迁与海神国家祭祀礼仪的演变》，《广东海洋大学学报》2013 第 2 期。

尚畅：《从禁海到闭关锁国——试论明清两代海外贸易制度的演变》，《湖北经济学院学报》（人文社会科学版）2007 年 10 期。

［日］山田佳雅里：《遣唐判官高階遠成の入唐》，《密教文化》2007 年。

施存龙：《浙东运河应划作中国大运河东段》，《水运科学研究》2008 年第 4 期。

沈定平：《明代南北港口经济职能的比较研究》，《海交史研究》1993年第1期。

苏松柏：《论明成祖因循洪武海禁政策》，《海交史研究》1990年第1期。

苏新红：《晚明士大夫党派分野与其对耶稣会士交往态度无关论》，《东北师范大学学报》（哲学社会科学版）2005年第1期。

孙光圻：《论明永乐时期的“海外开放”》，载《中外关系史论丛》第三辑，世界知识出版社1991年版。

唐勇：《宋代明州“庆元”港城研究》2006年宁波大学硕士学位论文。

［日］藤川美代子：《闽南地区水上居民的生活和祖先观念》，第二届海洋文化与社会发展研讨会论文集，上海海洋大学，2011年12月。

［日］《头陀亲王入唐略记》，日本东寺观智院本《万里丝路——宁波与海上丝绸之路》“头陀亲王与明州”一节，宁波出版社2002年版。

万明：《明前期海外政策简论》，《学术月刊》1995年第3期。

王结华、许超、张华琴：《句章故城若干问题之探讨》，东南文化，2013年第2期。

王连胜：《普陀山观音道场之形成与观音文化东传》，《浙江海洋学院学报》2004年第3期。

王连胜：《明代佛国逸史钩沉》，佛教导航网 http：//www. fjdh. com/wumin/2009/04/16044058804. html。

王慕民：《明清之际浙东学人与耶稣会士》，见陈祖武等编《明清浙东学术文化研究》，中国社会科学出版社2004年版。

王守稼：《明代海外贸易政策研究——兼评海禁与弛禁之争》，《史林》1986年第3期。

王玉祥：《明代海运衰落原因浅析》，《中国史研究》1992年第4期。

汪义正：《遣唐使船是日本船学说的臆断问题》，《第十一届明史国际学术讨论会论文集》，天津古籍出版社2007年版。

王勇：《唐代明州与中日交流》，宁波与“海上丝绸之路”国际学术研讨会论文集，2005年。

闻黎琴：《朱宗元思想研究》，硕士学位论文，浙江大学，2007年。

吴建雍：《清前期对外政策的性质及其对社会发展的影响》，《北京社会科学》1989年第1期。

吴光等编：《黄梨洲三百年祭——祭文·笔谈·论述·佚着》，当代中国出版社 1997 年版。

吴珊珊、李永昌：《中国古代海洋观的特点与反思》，《海洋开发与管理》2008 年第 12 期，第 15—16 页。

吴松弟：《宋代靖康乱后江南地区的北方移民》，《浙江学刊》1994 年第 1 期。

吴玉贤、王振镛：《史前中国东南沿海海上交通的考古学观察》，《中国与海上丝绸之路论文集》，福建人民出版社 1991 年版。

向玉成：《清代华夷观念的变化与闭关政策的形成》，《四川师范大学学报》（哲学社会科学版）1996 年第 1 期。

谢必震、黄国盛：《论清代前期对外经济交往的阶段性特点》，《福建论坛》（文史哲版）1992 年第 6 期。

徐明德：《明代宁波港海外贸易及其历史作用》，载《浙江师范学院学报》1983 年第 2 期。

徐明德：《明清时期的闭关锁国政策及其历史教训》，载《中外关系史论丛》第 3 辑，世界知识出版社 1991 年版。

徐明德：《论十四至十九世纪中国的闭关锁国政策》，《海交史研究》1995 年第 1 期。

薛国中：《论明王朝海禁之害》，《武汉大学学报》（人文科学版）2005 年第 2 期。

杨凤琴：《浙江古代海洋诗歌滨海生活题材探究》《第二届海洋文化学术研讨会暨首届中国海洋文化经济论坛论文集》2014 年版。

杨金森：《发展海洋经济必须实行统筹兼顾的方针》，《中国海洋经济研究》，海洋出版社 1984 年版。

杨国桢：《关于中国海洋社会经济史的思考》《中国社会经济史研究》1996 年第 2 期。

《全国海洋经济发展规划纲要》，《海洋开发与管理》2004 年第 3 期。

杨小明：《黄宗羲的科学成就及其影响》，吴光等编：《黄梨洲三百年祭——祭文·笔谈·论述·佚著》。

杨小明：《黄宗羲与科学》，《世界弘明哲学季刊》2002 年 9 月号。

杨小明、黄勇：《从〈明史〉历志看西学对清初中国科学的影响——以黄宗羲、黄百家父子的比较为例》，《华侨大学学报》（哲学社会科学版）2005 年第 2 期。

岩见宏：《湖广熟天下足》，《东洋史研究》20 卷 4 号，1962 年。

游修龄:《占城稻质疑》，载《农业考古》1983年第1期。

喻常森:《试论朝贡制度的演变》,《南洋问题研究》2000年第1期。

袁巧红:《明代海外贸易管理机构的演变》，《南洋问题研究》2002年第4期。

虞浩旭:《论唐宋时期往来中日间的“明州商帮”》，《浙江学刊》1998年第1期。

曾其海:《有关台州的韩国僧贾的史料和史迹》，载于《韩国研究》第2辑，杭州大学出版社1995年版。

张彬村:《明清两朝的海外贸易政策：闭关自守?》，载吴剑雄编《中国海洋发展史论文集：第4辑》，“中研院”中山人文社会科学研究所，1991年。

张爱诚:《简论海洋经济学是一门领域学》，《海洋经济研究文集》，山东社会科学院海洋经济研究所，1989年。

张彬村:《十六—十八世纪中国海贸思想的演进》，《中国海洋发展史论文集》，第二辑，台北中研院，1987年。

张二平:《东晋净土及观音信仰的地域流布》，《五台山研究》2010年第1期。

张永熙:《试论青海古代文化与原始货币的产生与发展》，《中国钱币论文集》第二辑，中国金融出版社1992年版。

张永刚:《东林党的实学思想及政治理念》，《江淮论坛》2006年第1期。

章深:《市舶司对海外贸易的消极作用——兼论中国古代工商业的发展前途》,《浙江学刊》2002年第6期。

郑筱筠:《观音信仰原因考》,《云南大学学报》2001年第5期。

中国社会科学院考古研究所辽宁工作队:《敖汉旗大甸子遗址1974年试掘简报》,《考古》1975年第2期。

钟遐:《从兰溪出土的棉毯谈到我国南方棉纺织的历史》，载《文物》1976年第1期。

周金琰:《妈祖对中国海洋文明的影响》《国家航海》第五辑，上海古籍出版社2013年版。

周生春:《论宋代太湖地区农业的发展》（中国史研究)，1993年第3期。

周秋良:《论中国化观音本生故事的形成》，《中南大学学报》2009年第1期。

朱江:《唐代扬州市舶司的机构及其职能》,《海交史研究》1988年第1期。

庄国土:《明朝前期的海外政策和中国背向海洋的原因——兼论郑和下西洋对中国海洋发展的危害》,载杨允中主编《郑和与海上丝绸之路》,香港城市大学出版社2005年版。

庄国土:《论中国海洋史上的两次发展机遇与丧失的原因》,《南洋问题研究》2006年第1期。

邹振环:《徐福东渡与秦始皇的海洋意识》,《第二届海洋文化学术研讨会暨首届中国海洋文化经济论坛论文集》2014年。

后　记

本书为浙江省哲社重点课题“浙江古代海洋文明史研究”（10JDHY01Z）阶段性成果。本书由贾庆军、钱彦惠共同完成。其中贾庆军撰写了第一章、第二章第一节的部分内容、第三章、第四章、第五章和结语；钱彦惠撰写了第二章的绝大部分内容。此外，还需说明的是，关于明代文学作品中的海洋观念、明代舟山的海洋信仰、朱宗元的宗教思想等部分内容由方薇薇、余依丽、王泽颖等提供初稿，贾庆军修改补充完成。

在本书写作过程中，还得到了张伟教授、王万盈教授、陈君静教授、刘恒武教授等的支持；本书的部分观点还受到宁波大学跨学科沙龙的启发，尤其感谢友人冯革群、潘家云、王军等的宝贵意见，在此表示感谢。

本书的完成，还要感谢妻子马晓霞的支持和付出，是她承担了繁琐家务和照顾小孩的重担。

最后，感谢中国社科出版社的宫京蕾老师，她的热忱和细致周到的安排促成了本书的出版。

贾庆军

2016 年 6 月于宁大花园